U0266952

小动物多排螺旋CT

基本原理、技术与临床应用

Body MDCT in Small Animals

Basic Principles, Technology, and Clinical Applications

主编　［意］乔瓦娜·贝托里尼（Giovanna Bertolini）

主译　傅梦竹　戴榕全　谢富强

长江出版传媒

湖北科学技术出版社

First published in English under the title

Body MDCT in Small Animals: Basic Principles, Technology, and Clinical Applications

edited by Giovanna Bertolini

Copyright © Springer International Publishing AG, 2017

This edition has been translated and published under licence from All Rights Reserved.

本简体中文版由 Springer Nature 授权北京北农阳光文化有限公司。本书内容的任何部分，事先未经出版者书面许可，不得以任何方式和手段复制或刊载。

著作权合同登记号：图字 17-2023-021 号

图书在版编目（CIP）数据

小动物多排螺旋 CT：基本原理、技术与临床应用 /（意）乔瓦娜·贝托里尼（Giovanna Bertolini）主编；傅梦竹，戴榕全，谢富强主译 . —武汉：湖北科学技术出版社，2024.2

书名原文：Body MDCT in Small Animals: Basic Principles, Technology, and Clinical Applications

ISBN 978-7-5706-2635-9

Ⅰ.①小… Ⅱ.①乔… ②傅… ③戴… ④谢… Ⅲ.①兽医学 – 诊断学 Ⅳ.① S854.4

中国国家版本馆 CIP 数据核字（2023）第 118848 号

小动物多排螺旋 CT：基本原理、技术与临床应用
XIAO DONGWU DUOPAI LUOXUAN CT: JIBEN YUANLI、JISHU YU LINCHUANG YINGYONG

| 策　　划：林　潇 | 责任校对：童桂清 |
| 责任编辑：雷霈霓 | 封面设计：曾雅明 |

出版发行：湖北科学技术出版社

地　　址：武汉市雄楚大街 268 号（湖北出版文化城 B 座 13-14 层）

电　　话：027-87679468　　　　　　　　　　　　　　　邮　　编：430070

印　　刷：北京金康利印刷有限公司　　　　　　　　　　　邮　　编：100094

| 889×1194 | 1/16 | 19 印张 | 494 千字 |

2024 年 2 月第 1 版　　　　　　　　　　　　　　　2024 年 2 月第 1 次印刷

定　　价：328.00 元

（本书如有印装问题，可找本社市场部更换）

译 委 会

主　　译：傅梦竹　戴榕全　谢富强

副 主 译：刘　蕾　白　鹤

参译人员：（按姓氏笔画排列）

白　鹤　白　璐　戴榕全　傅梦竹

康　博　邝　怡　刘　蕾　刘　舟

曲　艺　苏　畅　王佳尧　吴　凡

吴　璇　谢富强　于　飞　张博闻

张志轩　周媛媛

译 者 序

近年来，国内临床兽医对于使用 CT 进行疾病诊断的需求激增，CT 设备在兽医市场的数量也呈井喷式增长。然而，目前市面上仍缺乏一本详尽的宠物 CT 诊断教科书。此时，《小动物多排螺旋 CT：基本原理、技术与临床应用》的翻译出版，恰如雪中送炭，填补了这一领域的空白。

本书从 CT 基础原理入手，以专业详细的描述、丰富充实的病例介绍了胸部与腹部各种疾病的典型 CT 征象。这本书的特别之处在于，它并不仅仅是一本图谱展示。对于每一种疾病，书中都从病理生理角度出发，解释疾病发生发展的过程，以及这些过程在 CT 影像上的表现。这使得读者不仅能够了解疾病的表现，还能理解其深层机制。这种全面的介绍方式对于提高医生的诊断水平是很有帮助的。

对大多数需进行 CT 检查的病例来说，血管造影是必不可少的一步。因此，书中重点阐述了血管造影的原理和方法，涵盖了团注试验与团注追踪技术的操作方式，以及不同造影方式对成像效果的影响。这些内容对于提高 CT 诊断的准确性和效果具有重要意义。

此外，本书还介绍了先进的 CT 技术，如心脏双源 CT。这些技术在国外已经得到一定程度的应用，但在国内尚未开展。我们希望通过本书的翻译，让更多的兽医了解并掌握这些先进技术，推动我国兽医影像学的发展。

在翻译过程中，我们力求保持原文的准确性和完整性，同时注重语言的流畅性和可读性。我们希望读者能够通过阅读本书，对小动物 CT 诊断有更深入的了解和掌握，为临床提供有力的支持。

最后，我们要感谢所有参与翻译和校对工作的同仁。我们相信，《小动物多排螺旋 CT：基本原理、技术与临床应用》的翻译出版，必将在我国兽医影像诊断领域发挥积极的推动作用。

傅梦竹

2023.12.19

前　　言

多排螺旋计算机断层扫描（MDCT）体现了计算机断层扫描（CT）技术的巨大进步，在多种疾病的诊断标准中也越发重要。尽管 MDCT 在兽医领域中已被广泛应用，但到目前为止可供参考的文献较少，且尚未有相关主题的书籍出版。

这本书是基于我从事犬猫 MDCT 检查 14 年的临床经验编写而成。2003 年，我开始在临床中使用 16-MDCT 设备，这是当时最先进的 MDCT 设备。我意识到关于医学影像和小动物医学的一场变革已经开始，这将引领我们进入一个新的诊断世界。我优化了扫描协议，并为各种临床场景设计新的 CT 扫描方法。在 2014 年时我决定编写这本书，当时我的团队开始使用双源技术，这让我意识到 CT 技术将会进一步演变，而这些变化将带来全新的挑战。

截至目前，笔者的医院已对超过 13 000 只犬猫进行 MDCT 检查。所有的操作都由我与我的同事们夜以继日地亲自完成。这一经验使我们可以根据各种临床情况定制扫描策略，最大限度地提高诊断价值。本书中的病例均有病史、临床检查、临床病理、手术、内窥镜及组织病理学的支持。

这些图像都来自我们的报告数据库，也反映了我们的日常工作。

我希望这本书可以有助于其他 MDCT 的使用者。由于人医和兽医的普遍相似性，以及这方面的兽医文献匮乏，本书中的一些论述是基于人医放射学的文献和个人的经验。随着 CT 技术的发展，本书中的一些内容在将来需要修订。如果有知识渊博的读者可以提出建设性意见并发表自己的研究成果，我会非常高兴。

本书分为 7 部分 21 章，有 600 多张图片。第 1 部分介绍了 MDCT 技术及其发展。这些知识对于理解各种 MDCT 设备功能和应用方面的差异至关重要。如今，随着快速 MDCT 设备的出现，CT 血管造影可能需要进行 MDCT 的标准化扫描。因此，第 2 部分阐述了犬猫 MDCT 血管造影的基本原则。本书的其余部分涵盖了犬猫腹部和胸部结构的主要病理状况，以及最新的 MDCT 应用，如心脏 CT 和双源 CT 的潜力。

乔瓦娜·贝托里尼（Giovanna Bertolini）

意大利帕多瓦

致　　谢

感谢顶级 CT 专家 Dr. Sebastian Faby 和 Dr. Thomas Flohr 对本书第一部分所做出的贡献。他们力求详细地描述 MDCT 和双源计算机断层成像系统（DSCT）技术的基本原理和发展，并借鉴了大量支持性参考文献和说明。感谢 Dr. Randi Drees 在心脏 MDCT 和肺血管章节中的重要贡献。

感谢有意或无意中为我的职业发展做出贡献的所有人。特别感谢人医放射科医生 Dr. Stefano Cesari，他是我的第一位导师。我将永远感激 Mathias Prokop 教授，他是我在荷兰获得博士研究奖学金期间的导师。感谢圣马可动物医院 CT 和 MRI 部门的同事。我要特别感谢我的朋友兼同事 Dr. Luca Angeloni，感谢他持续、热情和称职的工作。也要特别感谢才华横溢的同事和朋友 Dr. Arianna Costa 和 Dr. Chiara Briola。我喜欢和他们一起工作，如果没有他们的支持，我不可能完成这本书。圣马可动物医院内科医师、外科医师及其他专科医师的协作和专业知识，每天都在为各种临床环境中 MDCT 的应用和认可做出贡献。特别要感谢 Dr. Tommaso Furlanello 对我们工作的支持。感谢麻醉医师，他们的工作对患病动物的安全和获得高质量的图像至关重要。特别感谢 Dr. Cristiano stefanello 10 年来的合作和友谊。

特别感谢我的丈夫 Dr. Marco Caldin，圣马可动物医院和实验室的创始人。我自始至终都十分钦佩他，感谢他启发了我对医学的好奇心和热爱。感谢我的家人和朋友们，在我写作这本书时对我无微不至的关心和帮助。

目　　录

第 1 部分　工艺与技术 ·· 1

第 1 章　多排螺旋 CT 的基本原理、技术进展和当前技术 ·············· 1

第 2 部分　MDCT 血管造影 ·· 21

第 2 章　MDCT 血管造影基础原理 ································· 21

第 3 部分　腹部 ·· 31

第 3 章　腹部血管 ··· 31

第 4 章　肝脏 ··· 59

第 5 章　胆囊与胆道系统 ··· 82

第 6 章　脾脏 ··· 93

第 7 章　胃肠道 ··· 104

第 8 章　胰腺外分泌 ··· 123

第 9 章　泌尿系统 ··· 134

第 10 章　腹腔、腹膜后腔和腹壁 ···································· 152

第 4 部分　胸部 ·· 168

第 11 章　胸部血管系统 ·· 168

第 12 章　肺血管 ·· 179

第 13 章　肺及气道 ·· 185

第 14 章　纵隔与颈部 ·· 209

第 15 章　胸壁、胸膜和横膈 ·· 229

第 5 部分　心脏 ·· 241

第 16 章　心脏 CT 血管造影 ·· 241

第 17 章　心脏双源 CT ·· 252

第 6 部分　内分泌系统 ·· 257

第 18 章　肾上腺皮质功能亢进的 MDCT ··· 257

第 19 章　甲状腺和甲状旁腺的 MDCT ·· 266

第 20 章　胰腺内分泌的 MDCT ·· 273

第 7 部分　身体创伤的 MDCT ·· 276

第 21 章　身体创伤 ··· 276

索引 ··· 291

第1部分　工艺与技术

第1章　多排螺旋 CT 的基本原理、技术进展和当前技术

Sebastian Faby and Thomas Flohr

1. 多排螺旋 CT 的基本原理

计算机断层扫描（computed tomography，CT）是一种患者吸收 X 射线后产生横断面图像的成像方式。横断面图像是由从不同角度（即测量系统相对于患者的不同角度位置）获得的多个 X 线投影重建得来的。如今，多排螺旋 CT（MDCT）系统包括一个 X 线球管和一个探测器阵列，该探测器阵列安装在患者两侧连续旋转的机架中（图1.1）。机架旋转内部（转子）和固定外部（定子）之间的供电与数据传输通常由滑环实现。近年来，随着旋转时间的缩短，非接触式传输技术得以实现。X 线球管所需的高压由安装在机架旋转部分的发电机提供。根据系统和所需的功率储备（考虑到旋转时间和扫描速度等），这些发电机通常提供 30 ~ 120 kW 的功率。可用的管电压范围通常为 80 ~ 140 kV，近些年该范围扩大为 70 ~ 150 kV。X 线球管发出约 50° 的扇形束可覆盖直径为 50 cm 的圆形扫描视野（scan field of view，SFOV）。探测器阵列通常由 16 排或更多排探测器和每排约 700 个或更多个探测器元件组成。在一个完整的旋转机架中，探测器会采集 1000 ~ 2000 个投影。如今的 X 线探测是基于闪烁体材料（如西门子 UFC）将传入的 X 线光子转换为可见光，它可以被硅光电二极管探测到。随后，产生的模拟信号通过模数转换器（analog-to-digital converter，ADC）被处理转换为数字信号。之前这些信号都在单独的电路板上进行处理。最近，出现了完全集成的电子探测器（如 Siemens stellar 探测器）。在这种探测器中，信号处理和 ADC 电子设备直接与闪烁体下方的二

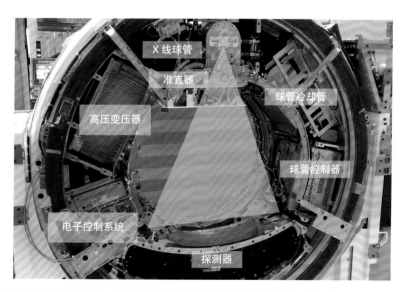

图 1.1　安装在扫描机架中的基础 CT 组件。X 线球管向探测器发射的扇形束显示为绿色

极管集成在一起。这使得模拟信号路径更短，从而减少电子噪声和探测器层间干扰。电子噪声会在低信号场景中作用明显，如扫描大体型患者或在低辐射剂量水平下进行检查。一项在 80 kV 下使用 30 cm 水模扫描的研究表明，与传统探测器相比，集成电子探测器具有显著的降噪效果（Duan et al., 2013）。

通过使用不同排数的探测器或不同的准直宽度，探测器可以提供不同的准直。准直宽度始终在等中心处测量，即机架旋转的中心。根据供应商和设备的不同，最小准直宽度通常为 0.5 mm、0.6 mm 或 0.625 mm。通过组合多排的数据，也可以直接生成更厚的切片，如 2×0.6 mm=1.2 mm。如传统的 16 排扫描仪提供 16×0.6 mm 的准直。通过进一步关闭 X 线管处的准直器叶片，使发射的 X 线束变窄，该系统还可以提供 4×0.6 mm 的准直。如果探测器仅具有相同尺寸的探测器元件，如 0.6 mm，则被称为固定阵列探测器。多数 64 排探测器是固定阵列探测器，如具有 64 排的 0.6 mm 探测器元件能够提供 64×0.6 mm 的准直。一些较小的探测器使用称为自适应阵列探测器的概念。许多 16 排系统就是这种情况。它们不仅提供 16×0.6 mm 的准直，也有可能提供 16×1.2 mm 的准直。这是通过电子组合两排 0.6 mm 探测器的数据来实现的，从而得到 8×1.2 mm 的准直，并在每侧额外使用 4 排元件尺寸为 1.2 mm 的探测器。因此，本例中的探测器不仅具有 0.6 mm 的探测器元件，而且在外部还具有更大的 1.2 mm 的探测器元件。这个概念如图 1.2 所示。

如今，主要的采集模式是螺旋扫描，通过连续的机架旋转和扫描床移动进行。其次是逐层采集模式（轴位或步进式），后者仅用于心脏成像等特殊应用。螺旋图像采集允许在已获取容积的任何位置重建图像，还允许通过选择相应的重建间隔来重叠层面。也可以从同一数据集中重建比所获取的准直厚度更厚的层面。螺旋扫描中的一

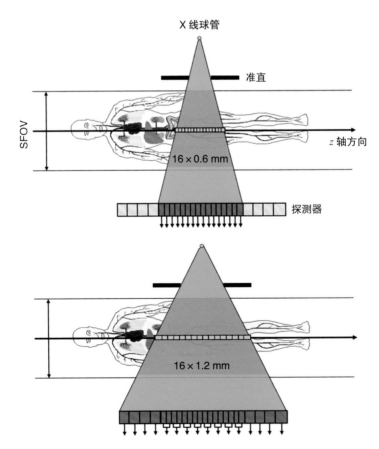

图 1.2　自适应阵列探测器的工作原理说明，24 排探测器既可以提供 16×0.6 mm 准直（上），也可以通过成对组合更薄的内层探测器提供 16×1.2 mm 准直（下）

个非常核心的参数是螺旋螺距因子，其定义为：

　　螺距 = 扫描机架每旋转一周扫描床运行的距离 / 准直器宽度　　　　　　　　　　（1）

　　思考以下示例：具有 64 排和 0.6 mm 准直宽度的探测器，其探测器准直宽度为 64×0.6 mm= 38.4 mm。如果扫描床速度为每圈 38.4 mm，则螺距为 1。螺距可以被理解为数据采样密度的度量，螺距＜1 表示重叠采样，而螺距＞1 表示更稀疏的数据采样。在等中心系统中，螺距为 0.5 代表线束形之间有 50% 的重叠（图 1.3）。在 MDCT 中，最大可用螺距约为 1.5。

　　许多 CT 参数取决于螺距，如扫描速度：

　　扫描速度 = 准直探测器宽度 × 螺距 / 旋转时间　　　　　　　　　　　　　　　（2）

　　扫描速度描述的是每次 CT 扫描的容积覆盖率。如在胸部成像中，扫描速度用来确定扫描整个肺所需的时间。所需的采样时间越短，运动伪影（如呼吸造成的）发生的可能性就越小。采样时间可以通过扫描范围除以扫描速度来粗略估计。利用上面的例子，当准直探测器宽度为 64×0.6 mm= 38.4 mm，旋转时间为 0.3 s，螺距为 1.5 时，使用公式可得扫描速度为 38.4 mm×1.5/0.3 s=192 mm/s，因此，肺的 300 mm 扫描范围可以在 300 mm/（192 mm/s）≈ 1.6 s 内获得。这一扫描时间通常比人屏息的时间要短得多。需要注意的是这种对扫描时间的估计是最理想的情况，其忽略了螺旋扫描中为了能够重建包括开始和结束处边界的全部范围所需的扫描前和扫描后的旋转时间。同样重要的是，也要考虑到快速扫描本身还需要更高功率的球管。

　　扫描速度不仅对避免患者长轴方向的运动伪影很重要，对平面内时间分辨率（或轴向时间分辨率）也很重要，也就是单个轴向图像的时间分辨率。平面内时间分辨率不仅取决于采集参数，如螺距和旋转时间，还取决于重建算法。在平行束几何体中，180° 的投影数据是重建已获取的全视野（field of view，FOV）图像所必需的。在扇形几何体中，就像如今的 CT 系统中使用的那样，需要的最小数据通常是所需扫描野的 180° + 扇形角度，即要重建的区域。对于一个完整的 50 cm 扫描野，至少需要 180° +50° =230° 的数据。对于较小的扫描野，所需的扇形角度逐渐减小。接近等中心点（如在心脏成像中），仅需约 180° 覆盖范围。这相当于机架旋转半周，因此平面内时间分辨率与旋转时间直接相关。在最佳情况下，逐层扫描中的时间分辨率是旋转时间的一半。然而，许多逐层扫描模式使用全旋转时间的数据，这种情况下时间分辨率则是完整的旋转时间。在螺旋扫描中，情况则比较复杂，螺距值也起作用。如上文所述，螺距决定了数据的重叠。在螺距为 1 时，

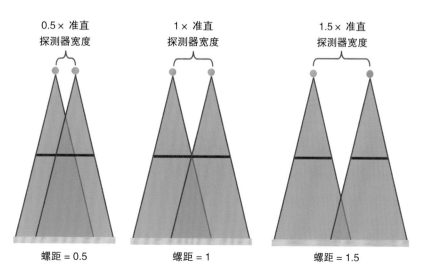

图 1.3　螺距对数据重叠的影响。当螺距为 0.5 时，旋转一周后图像在准直探测器宽度一半的中点重叠；当螺距为 1 时，旋转一周后扫描床移动的距离恰好与准直探测器宽度等长；当螺距为 1.5 时，会产生半个准直探测器宽度的间隙

全部旋转时间的数据可用于重建，因此时间分辨率大致等于旋转时间。以最大螺距值（1.5）进行扫描不会产生冗余数据，这种情况下，时间分辨率为旋转时间的 1/2。将螺距降低到 0.5 会导致有两个旋转时间的数据可用，即时间分辨率为旋转时间的 2 倍。因此，时间分辨率可以被定义为收集用于重建图像的数据所需的时间。在双源 CT 中，具有两个 X 线源和探测器，可以获得更好的时间分辨率（旋转时间的 1/4）。这一概念将在下一节中连同 MDCT 的发展一起更详细地描述。

有效管电流时间乘积（"有效 mAs"）也取决于螺距：

有效 mAs= 管电流 × 旋转时间 / 螺距　　（3）

"有效 mAs"概念考虑了上述不同螺距因素引起的重叠。调整管电流，使有效 mAs 与逐层扫描中的相同（管电流 × 旋转时间）。这种方法的优点是图像的噪声水平恒定，与螺距和旋转时间无关，对用户而言辐射剂量与螺距无关。有效 mAs 与 X 线球管输出成正比，同样与剂量和容积 CT 剂量指数（CTDIvol）成正比。使用具有 200 mA、0.5 s 旋转时间（200 mA × 0.5 s=100 有效 mAs）的管电流进行逐层扫描，不同参数的变化说明了其相关性。下面的例子都会产生相同的 100 有效 mAs 和相同的剂量（假设具有相同的管电压、几何形状等）：

- 螺旋扫描采用相同的管电流和旋转时间，螺距为 1：200 mA × 0.5 s/1=100 有效 mAs。
- 将螺距减小到 0.5（50% 重叠），管电流减少 1/2：100 mA × 0.5 s/0.5=100 有效 mAs。
- 将螺距增加到 1.5 且管电流增加 50%：300 mA × 0.5 s/1.5=100 有效 mAs。
- 此外，在螺距为 1.5 的情况下将旋转时间减少到 0.25 s，管电流较高：600 mA × 0.25 s/1.5=100 有效 mAs。

这是一个快速扫描示例（快速旋转时间，高螺距），突出了对球管的高功率要求。在管电压较低时，这个问题尤为突出。

2. 多排螺旋 CT 的发展

自 1971 年 10 月首次在临床上对患者进行 CT〔当时 CT 仅适用于头部（EMI mArk I 头部 CT）〕扫描以来，CT 技术取得了实质性的进步，由于其具有非侵入式断层成像的优点，CT 这一技术被快速接受。CT 发展过程中最重要的一步是 1998 年引入多排螺旋 CT，这开启了 CT 从逐层横断面采集到真正的容积采集模式的过渡。使多排螺旋 CT 得以实现的关键创新是引入了螺旋扫描（Kalender et al.，1990），其可进行连续球管—探测器的旋转和扫描台的移动，并且在 z 轴方向（即扫描台移动方向 / 尾 – 颅侧方向）上构建了具有多排的探测器阵列。

1992 年引进的第一台双层螺旋 CT（Elscint CT Twin）（Liang and Kruger，1996）是迈向多排螺旋 CT 的第一步。1998 年，所有主要供应商都推出了真正的多层系统，即在机架旋转时间降至 0.5 s 的同时可采集 4 层图像（4×1 mm 或 4×1.25 mm 准直）（Klingenbeck-Regn et al.，1999）。与之前相比，尤其与单层步进式扫描模式相比，多排螺旋 CT 扫描时间更短，z 轴方向空间分辨率显著提高。扫描时间的缩短可以使患者的一次屏气中扫描整个器官，从而避免运动伪影的产生。z 轴分辨率不仅对细微征象的可视化至关重要，还会影响到各向同性的空间分辨率（即在所有方向上都相等的分辨率），这是三维图像后处理的先决条件之一，关于这一点将在后文描述。四层螺旋系统在扫描时间方面仍有一些限制，这导致了对于许多常规应用，仍然不能达到完全的各向同性分辨率。用 4×1 mm 准直和 0.5 s 旋转时间的系统进行人胸部扫查需要 25 ~ 30 s。然而鉴于其能达到亚节段动脉水平，CT 很快被公认为是诊断肺栓塞（PE）的金标准（Remy-Jardin et al.，2002）。此时还引入了心电门控功能，以便能够使用 CT 来评估冠状动脉（Ohnesorge et al.，2000）。但因为时间分辨率有限，此时的冠脉 CT 血管成像仅适用于心率较低的人类患者（Achenbach et al.，2000）。

2000 年引进了 8 层螺旋 CT，在扫描时间上有了改进，但是 z 轴方向的空间分辨率并没有提高（8×1.25 mm 准直）。

这种情况直到 2001 年商业化的 16 层 CT 问世才有所改变。有了这套系统，多排螺旋 CT 第一次发挥其所有的优势，允许以真正的各向同性亚毫米空间分辨率进行常规扫描（Flohr et al.，2002）。这套系统的最薄准直为 16×0.5 mm、16×0.625 mm 或 16×0.75 mm，具体取决于制造商。机架最快的旋转时间为 0.42 s，后来减少到 0.375 s，可以在 8~10 s 内以各向同性分辨率覆盖人体胸部，较 4 层系统的性能有了显著的提高。这对临床应用产生了几类影响，如允许同时进行整个胸部和腹部的 CT 血管成像（CTA）。得益于时间分辨率（旋转时间的 50%）和空间分辨率的改进（Nieman et al.，2002），心脏 CTA 可在一次扫描中评估心脏功能（Coche et al.，2005）。对于胸部诊断，即使是呼吸困难的患者，中央及外周的肺栓塞检测也变得更加可靠（Schoepf et al.，2003）。

然而 CT 技术的发展并没有止步于 16 层，仅仅 3 年后，即 2004 年，所有主要供应商都推出了能采集 64 层图像的 CT，从而使获得的层数翻了 2 倍。机架旋转时间也得到了改善，可以在 0.33 s 内完成一次完整的旋转。64 层的准直宽度为 0.5 mm、0.6 mm 或 0.625 mm，具体取决于制造商。其中一家供应商使用了 32 排探测器和 z 轴方向的双重采样技术，获得了 64 层的重叠图像。这种双重采样是通过 X 线管中所谓的 z 轴飞焦点技术（z-FFS）实现的，X 光焦点在 z 轴方向上的阳极进行周期性偏转，从而获得 64 个厚度为 0.6 mm 的重叠层面（图 1.4）。这种方法的好处是在与螺距无关的情况下增加了 0.33 mm 的各向同性空间分辨率。此外，z-FFS 方法大大减少了风车伪影（Flohr et al.，2005）。临床上，64 层系统进一步扩大了亚毫米分辨率下可覆盖的解剖范围。人体胸部的图像采集仅需要不到 5 s，对配合度差和急诊患者的成像有很大改善。由于时间分辨率的提高，冠脉 CTA 的表现变得更加稳定（Leber et al.，2005），

促进其成为临床常规扫描方案。包括冠状动脉高分辨率成像等心脏形态和功能的检查可以在全面扫描中进行评估（Salem et al.，2006）。对急性胸痛患者进行所谓的单次扫描三联成像也是从 64 层 CT 引入的（Johnsonnn et al.，2007）。这类检查的目的是区分肺栓塞、主动脉夹层动脉瘤，或冠状动脉疾病（coronary artery disease，CAD）。尽管这些系统比以前的 16 层 CT 有了很大的改进，但仍然存在一些缺陷，特别是心胸成像中的运动伪影。

到目前为止，CT 的技术革新一直是增加越来越多的层数，但目前 CT 已经站在技术革新的十字路口。大多数制造商继续选择增加层数，2007 年不同的制造商相继推出了 128 层系统［64×0.6 mm×2（z-FFS 双采样），0.3 s 旋转时间，西门子 Definition AS+］、256 层系统［128×0.625 mm×2（z-FFS），0.27 s 旋转时间，飞利浦 Brilliance iCT］，甚至在对 256×0.5 mm 准直和 0.5 s 旋转时间的系统进行了较长时间的原始评估之后（Mori et al.，2004），东芝推出了 320 层系统（320×0.5 mm 准直 =16 cm 等中心覆盖，0.35 s 旋转时间，东芝 Aquilion ONE）。这种 16 cm 宽的探测器方法背后的逻辑是尽可能在不移动扫描台的情况下通过一次旋转覆盖某些器官，如心脏、大脑或肾脏（Rybicki et al.，2008），特别是在灌注成

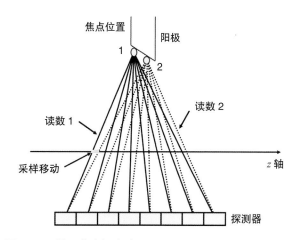

图 1.4　z 轴飞焦点概念（z-Sharp，西门子医疗）
由于两个读数之间的焦点位置交替，z 轴方向上的采样得到了改善。选择焦点位置，使得采样在等中心上移动半个准直宽度。两个读数的数据交织在一起在 z 轴采样距离一半的位置形成 2 倍层面数的一个投影。

像方面。这时，有一家制造商在 2005 年为 CT 成像引入了一个新概念，即双源 CT（DSCT）。DSCT 的特点是将 2 个 X 线球管和 2 个探测器以 90° 成角的方式安装在一个机架内（Flohr et al.，2006）（图 1.5）。这种方法的优点是显著提高了基于硬件的时间分辨率，降至 83 ms（旋转时间的 1/4），这一技术的应用与心脏成像有关，但该值本身与患者的心率无关。此时类似的单源多排螺旋 CT 系统的时间分辨率为 165 ~ 190 ms。

第二家采用宽体探测器方法的制造就晚了很多，其在 2013 年推出了一款准直 256 × 0.625 mm、旋转时间 0.28 s 的系统（GE Revolution CT）（Raju et al.，2016）。最初的双源 CT 也在 2005 年投产（2 × 64）层［2 × 32 × 0.6 mm × 2（z-FFS），0.33 s 旋转时间，西门子 SOMATOM Definition］，在 2008 年进一步改进到（2 × 128）层［2 × 64 × 0.6 mm × 2（z-FFS），0.28 s 旋转时间，西门子 SOMATOM Definition Flash］，并在 2013 年再次改进到（2 × 192）层［2 × 96 × 0.6 mm × 2（z-FFS），0.25 s 旋转时间，西门子 SOMATOM Force］。这 3 个双源 CT 系

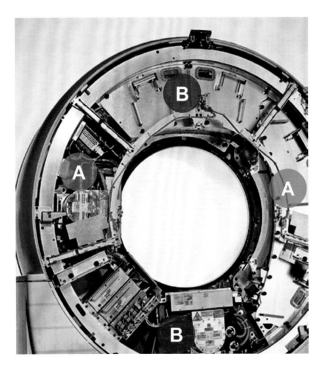

图 1.5　双源 CT 系统，2 个 X 线球管和 2 个探测器以 90° 成角安装（源 – 探测器系统 A 和 B）

统的时间分辨率分别从 83 ms（Petersilka et al.，2008）降至 75 ms（Flohr et al.，2009），并进一步降至 66 ms（Flohr et al.，2015）。

显然，目前心脏 CT 成像有两种不同的方法，即宽 16 cm 探测器和双源 CT，这是 2016 年 CT 的状况。现在将讨论这两种方法的优缺点。传统上，由心电信号控制的心脏采集由连续心跳的多个图像堆积组成。不同的堆积组合以获得完整的容积图像。图像所需的堆积数量取决于探测器的宽度。对于 4 cm 的探测器，可能需要 4 层堆积，而对于 8 cm 的探测器，仅需 2 层。由于每次心跳时心脏运动不同，这些堆积可能会产生相对移位。这将显示为阶梯或带状伪影。16 cm 的探测器可以在一次轴向扫描中覆盖整个心脏，从而避免这些伪影（图 1.6）。同时其也具有以下缺点，即当心律失常或异位心跳干扰数据采集时，所有的图像都将受到影响。宽体探测器已被证明可以成功的应用在心脏成像中（Dewey et al.，2009），也可用于首过灌注的评估（George et al.，2014）。据报道，相比初代系统，使用新一代的 320 层系统进行冠脉 CTA 扫描所需要的辐射剂量更少（Tomizawa et al.，2013）。最近发表了第一个使用 256 层 CT 进行动态心肌灌注的体模和猪的研究（So et al.，2016），研究还讨论了 16 cm 探测器数据所需的所有必要校正。这与一个技术事实有关，即这些宽体探测器需要 X 线束在 z 轴方向的大锥角才能进行数据采集，这意味着采集的平面具有强烈的倾斜性。这首先给图像重建带来了难题（Li et al.，2012）。锥形线束产生的锥形扫描野在等中心位置覆盖 16 cm，将 50 cm 的轴向扫描野外部减少到仅约 10 cm（图 1.6）。X 线光谱也因为大锥角而受到足跟效应的影响，由于固有的阳极预过滤不同，足跟效应导致光谱的形状因 z 轴位置不同而不同，潜在导致 16 cm 处 CT 值不均匀。16 cm 系统的好处是在不需要移动扫描台的前提下，能够通过重复扫描来覆盖有限的解剖区域。这对于大脑的研究尤其重要，如关于血管畸形（Willems et al.，2012）或灌注（Manniesing et al.，2015）的研

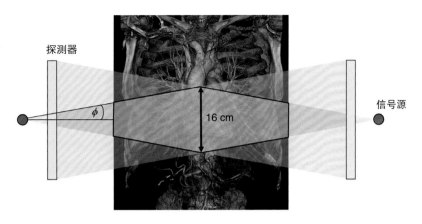

探测器

信号源

16 cm

ϕ

图 1.6　带有宽体探测器的轴向扫描，可以覆盖心脏，而不需要移动扫描床。获得的扫描野随锥角 ϕ 向外减小

究。在胸腔扫描中已有报道可用于区分肺结节的首过灌注研究（Ohno et al., 2011）。

双源 CT 依赖于 2 个独立的源 – 探测器系统，如上所述，其优点是无须依靠大锥角即可获得相当于单源系统 2 倍的探测器覆盖范围。通过结合两个探测器的数据，在 0.25 s 旋转时间下，时间分辨率可以降至 66 ms。至少需要 180° 的扫描数据才能重建接近等中心的图像，此方法也称为部分扫描或快速扫描。然而如果锥角变得太大，这将不再适用于外层。通过将双源 CT 两个测量系统的 90° 段合并，时间分辨率大约是获取 90° 数据所需的时间，即旋转时间的 1/4。重要的是，这里的时间分辨率与患者的心率无关，因为只有同一个心动周期内的数据才能重建图像。通过使用所谓的多段重建，单源系统也能够实现类似的远低于 100 ms 的时间分辨率值，但其使用的是多个心动周期的数据构成图像。这种情况下，时间分辨率强烈地依赖于心率和旋转时间。许多临床研究表明，双源 CT 在心率高且不规则的人类患者中也可以进行可靠的冠脉 CTA（Sun et al., 2011）。即使在难以成像的患者中，双源 CT 也可以诊断出具有临床意义的冠心病（Westwood et al., 2013）。双源 CT 的高时间分辨率在心胸研究中也是有益的（Sandfort et al., 2016）。双源 CT 还有另一个突出的优势，通过结合两个测量系统的数据，不仅能提供高时间分辨率，而且扫描速度也非常快（Petersilka et al., 2008；Flohr et al., 2009）。单源

多排螺旋 CT 的最大螺距通常约为 1.5，而双源 CT 的螺距是其 2 倍（128 层双源 CT 螺距为 3.4，192 层双源 CT 螺距为 3.2）。128 层双源 CT 的最快扫描速度为 458 mm/s，192 层双源 CT 的扫描速度则能达到 737 mm/s。因为无须获取冗余数据，在最大螺距下该扫描模式的时间分辨率为旋转时间的 1/4。降低螺距的同时，时间分辨率也会降低。在螺距为 2 的情况下，时间分辨率为旋转时间 ×0.4，即旋转时间为 0.25 s 时，时间分辨率为 100 ms（Flohr et al., 2009）。这种高螺距扫描模式非常适合在短时间内以高时间分辨率覆盖大的解剖范围，从而最大限度地减少运动伪影。常见的应用场景是胸部 CTA（Sabel et al., 2016），胸痛三联成像（Hou et al., 2013），在低辐射和低造影剂剂量下对主动脉进行快速 CTA（Zhang et al., 2015），以及不配合的患者或儿科患者（Bridoux et al., 2015）。这种高螺距扫描模式也可以与心脏成像的心电触发技术一起使用。先计算扫描台的加速度和定位扫描台的位置，使扫描台能在所要求的心脏时相内全速到达规定的 z 轴位置。这种扫描模式能以很低的辐射剂量在一次心动周期内扫描整个心脏（Gordic et al., 2014）。这也是一种避免前文所说的心脏由多个图像堆积而成的扫描方式。对于需要在急诊室进行胸部综合检查或经导管主动脉瓣置入术（transcatheter aortic valve implantation, TAVI）的术前计划，就可以使用双源 CT 的心电触发高螺距扫描模式，因为它可以在低辐射剂量

下一次扫描冠状动脉、主动脉和髂动脉。极短的扫描时间也可能减少造影剂的剂量（Bittner et al., 2016）。双源 CT 还通过使用两个测量系统和扫描台的往返运动覆盖大约 2 倍的探测器宽度，实现了全时间分辨率的定量动态心肌灌注成像（Caruso et al., 2016）。通过反复地前后移动扫描台，也可以对远超探测器宽度范围内的解剖结构或器官进行动态成像。192 层双源 CT 可以动态覆盖多达 80 cm 的范围，如动态 CTA 研究，128 层双源 CT 可覆盖 48 cm（Haubenreisser et al., 2015）。而例如对大脑或肝脏的定量动态血流灌注研究，192 层双源 CT 在 1.5 s 的采样时间下可覆盖 22 cm，128 层双源 CT 可覆盖 14 cm（Morsbach et al., 2014）。带有 2 个 X 线球管的双源 CT 允许在 2 个不同的管电压下进行操作，以获取双能数据。双能 CT 将在下一节中更详细地描述。双源 CT 的概念也有一些问题需要克服。一个问题是两个测量系统之间散射辐射的交叉散射（Engel et al., 2008），即由管 A 发出的光子经过患者发生散射并被探测器 B 检测到，反之亦然。散射辐射会降低对比度噪声比（CNR）。交叉散射可以通过反散射网格来减少，并通过算法有效地校正（Petersilka et al., 2010；Petersilka et al., 2014）。另一个问题是机架空间有限，导致第二个探测器的扫描野较小（192 层双源 CT 为 35 cm），这可能使全双源扫描模式下较小扫描野之外的信息不完整。对于体型较大的患者，这是一个较为棘手的问题。

CT 发展的另一个技术趋势是低千伏成像。低千伏成像（使用远低于常规 120 kV 的管电压）是为了在增强 CT 扫描中节省辐射能和（或）造影剂的剂量。这背后的理论基础是，造影剂中碘的 K- 缘在 33 keV 时显示出明显的低能量对比度（图 1.7）。在恒定的辐射能和造影剂剂量下，碘的 K- 缘特性导致其对比度噪声比（CNR）在较低的管电压下增加。在 120 kV 下保持碘的 CNR 相对恒定，可以将 CNR 在较低管电压下的增加转化为对辐射能和（或）造影剂剂量的节省（Lell et al., 2015）。随着 CT 扫描速度的加快，设备需要更强

大的球管，以便在更短时间内产生一定量的球管输出，而低千伏成像甚至对发生器和 X 线球管提出了额外的要求。为了不仅能在小体型患者身上使用如 90 kV、80 kV 甚至 70 kV 的低管电压，在正常甚至更大体型的成年人中也能使用，在低管电压下我们需要提高球管功率。西门子的 Vectron 球管（120 kW，可用于 192 层双源 CT）设计用于在 70 kV、80 kV 和 90 kV 下提供 1300 mA 的管电流（每管），可在常规扫描中实现低千伏成像。该球管能够以 10 kV 为单位提供 70 ~ 150 kV 管电压，以更好地适应患者（Winklehner et al., 2015）。西门子的 Straton 球管也进行了重新设计（Straton MX sigma，100 kW，可用于 128 层双源 CT，西门子 SOMATOM Drive），以满足低千伏成像的需求，可在 70 kV 时提供 650 mA，在 80 kV 和 90 kV 时提供 750 mA，以及在 70 ~ 140 kV 时以 10 kV 为单位进行管电压的升降。

3. 双能 CT

双能 CT（DECT）的想法可以追溯到 CT 的起源阶段（Alvarez 和 Macovski，1976）。这个想法背后的原理是不同材料在不同能量下的 X 线吸收行为不一样（图 1.7）。此外，在 CT 成像的相关能量范围内，X 线吸收过程在物理上受光电效应和康普顿散射两个过程控制。因此，使用两种不同的能量扫描同一个物体，将提供该物体能量依赖性的吸收系数信息，从而提供其材料信息。现如今 X 线球管发出的 X 线光谱远不是单能的，它们通常从 30 keV 左右开始，并上升到管电压可提供的最大能量，如对于 120 kV 管电压为 120 keV。根据不同管电压，每个 X 线光谱具有不同的平均能量，从而出现不同的图像对比度（图 1.8）。因此可以使用不同管电压产生的 2 个不同光谱扫描患者以获得所需的 2 个能量信息（= 双能量）。一些供应商可能将双能 CT 称为能谱 CT。双能 CT 的临床获益来自材料特性的区别。传统的单能 CT 扫描中，骨结构和含有碘造影剂的血管在以亨斯菲尔德单

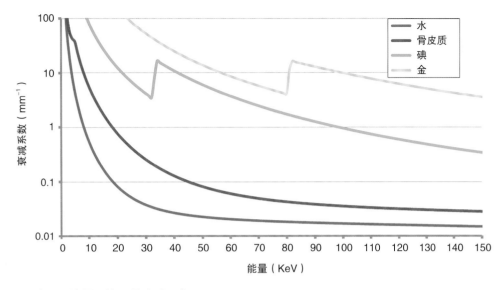

图 1.7　不同材料在不同能量下的 X 线衰减系数

水和骨骼的表现不同，特别是在光电效应占主导地位的低能量情况下。光电效应也是碘元素和金的吸收系数不连续的原因，也就是所谓的 K- 缘。K- 缘（碘，33.2 keV；金，80.7 keV）以上衰减增加的原因是通过超过这一能量，X 线光子能够从最内层的 K 壳层中移除电子。K- 缘的位置取决于元素的原子序数（Z）。

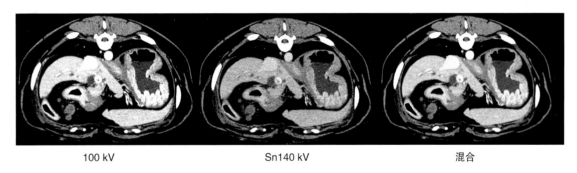

100 kV　　　　　　Sn140 kV　　　　　　混合

图 1.8　双能 CT 数据示例

请注意，低能数据（100 kV）和高能数据（Sn140 kV= 140 kV+ 锡滤过片）的软组织对比度不同，尤其是造影剂填充的结构。伴随明显的光谱分离，这种差异就变得更加显著，这对于双能 CT 的后处理尤其重要。右侧的混合图像是低能图像和高能图像的组合，因此包含了完整的信息。混合图像类似于 120 kV 的图像。

（数据由 San mArco Veterinary Clinic，Padova, Italy 提供。）

位（HU）为单位的 CT 值测量中可能相同。而双能 CT 则可以区分骨（钙）和碘，且允许在 CTA 检查中去除骨以便更清楚地看到血管。DECT 的应用将在本节结束时描述。

此外，为了能够以更有效的方式利用双能 CT，需要考虑光谱分离、时间相干性、时间分辨率和剂量效率等标准。这些标准的重要性取决于所需的双能 CT 应用程序及不同的双能 CT 技术。光谱分离描述了低能信息和高能信息的不同程度，即检测到的光谱之间的重叠有多大。它是衡量两种

材料可分离性的一种方法。这对于获取可靠的和定量的材料分解尤其重要。光谱分离越明显，获得相同图像质量所需的辐射剂量越少（Faby et al.，2015）。时间相干性描述了获得的低能和高能投影在时间上的相关性有多强。由于造影剂是动态且流动的，时间相干性很重要。造影剂的动态变化导致血管和器官中的碘浓度在两个不同的时间点上不同，因此，应该在没有明显延迟的情况下获得低能和高能数据。时间分辨率指的是低能图像和高能图像本身的时间分辨率，其定义为收集重

建数据所需的时间（见上文）。在心脏或胸部成像中，高时间分辨率与剂量效率尤为重要。与常规的 120 kV 扫描相比，双能 CT 的辐射剂量不应过高。所有已建立的剂量减少技术也应适用于双能 CT 扫描，如管电流调制和迭代重建。接下来将描述双能 CT 的历史和不同的技术方法。

早在 20 世纪 80 年代，双能 CT 就在西门子 SOMATOM DRH（Kalender et al., 1986）上通过使用一种快速千伏切换技术，在投影间交替改变管电压达到商业可用。当时主要应用于椎体矿物质分析，但由于其临床获益与双能 X 线吸收测量仪的可用性有限，以及患者辐射剂量增加，快速千伏切换技术被淘汰。2005 年，随着双源 CT（西门子 SOMATOM Definition）的引入，双能 CT 开始复兴，允许通过 2 个不同管电压（80 kV/140 kV）的 X 线球管对患者进行扫描（Flohr et al., 2006）。通过 90° 相位差同时获得低能和高能投影，从而得到良好的时间相干性。两种探测系统每次旋转都能获得全部投影数。2008 年，双源双能 CT 概念的改进版本问世（西门子 SOMATOM Definition Flash）。该系统具有一个锡滤过片——X 线管上的一个附加滤过片，可从高能 140 kV 光谱（Sn140 kV 中去除低能光子，以改善低能谱和高能谱之间的光谱分离（图 1.9）（Primak et al., 2009）。使用此方法，双能 CT 可以提供最佳的可用光谱分离。两根球管可以独立调节管电流，从而适应患者的解剖结构以获得最佳图像效果。双能数据仅在第二个检测器的较小扫描野内获得（最大 35 cm，取决于系统），这对于体型较大或肥胖的患者可能是个问题。快速千伏切换双能 CT 由另一家供应商重新引入市场，其在投影之间快速将管电压从 80 kV 切换到 140 kV，并于 2009 年作为宝石能谱图像（Discovery CT750 HD，GE Healthcare）推出（Zhang et al., 2011）。这种方法能够几乎同时获取低能和高能投影（一种投影偏移），因此时间相干性很高。管电压快速切换技术的一个缺点是，受到技术限制，管电流不能在投影之间进行如此快速地切换。因此，管电流必须固定保持在相对较高的水平，以

实现管电压的稳定切换。这会导致管电流无法根据患者的解剖结构进行调制，但此时的管电流对于 80 kV 而言太低，对于 140 kV 而言又太高。只有当 80 kV 的投影长度是相应的 140 kV 投影长度的 2 ~ 4 倍时，才能在 80 kV 和 140 kV 投影中实现相等的剂量水平。由于过渡不完美，标称 80 kV 和 140 kV 的快速切换也会导致光谱模糊，从而导致光谱分离减弱。2013 年，飞利浦推出了配备双层探测器的双能 CT 系统（Philips IQon spectral CT）（Gabbai et al., 2015），这种方法在之前已经研究试验了一段时间（Carmi et al., 2005）。这种方法使用固定千伏设置的球管（120 kV 或 140 kV）和一个由两层闪烁体组成的特殊探测器。上层吸收入射 X 线光谱的低能部分，下层吸收已经穿透上层闪烁体的高能光子。由于吸收是一个统计的过程，因此两层探测到的光谱之间有很强的重叠性，导致只有中等程度的光谱分离（Tkaczyk et al., 2007）。一个探测器层直接位于另一个探测器层的上方，使低能和高能投影都被完美捕捉到，从而产生最理想的时间相干性。2013 年，双源双能 CT 再次得到改进（Siemens SOMATOM Force），将可用管电压范围扩展至 70 ~ 150 kV 并采用更厚的锡滤过片（图 1.9），实现了更好的光谱分离（Krauss et al., 2015）。

2014 年又出现了一种新的双能成像方法，即 TwinBeam 双能（Siemens Healthcare）（Euler et al., 2016），可用于特定的单源 CT 系统。该技术通过在 X 线球管 z 轴方向上使用两种不同类型的前置滤波器（金和锡），从 120 kV 的光谱中产生两种不同的 X 线光谱，从而得到 Au120 kV 的低能光谱和 Sn120 kV 的高能光谱。锡从光谱中去除低能光子，其工作方式与双源双能 CT 中用于高能光谱的锡滤过片相同。由于金的 K- 缘为 80.7 keV，金滤过片可以将入射的 120 kV 光谱转换为较低的能量。关键是 K- 缘前方的吸收比后方更高（图 1.7）。TwinBeam 技术也称为分体滤波器。滤波器在 z 轴方向产生两种不同的 X 线光谱，它们同时入射到探测器上（图 1.10），假设为 64 排探测器，前 32

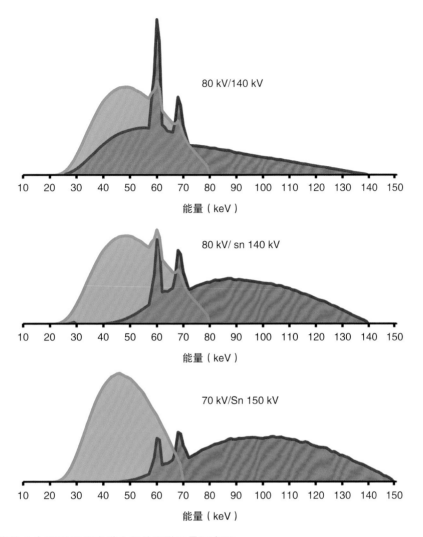

图 1.9　用于双能成像的 2 个不同 X 线光谱之间的光谱重叠示意图

第一种情况为主要用于高能谱的没有附加锡滤过片的双源双能 CT，可以在 2 次扫描之间（"双螺旋"双能 CT）或旋转之间（慢 kV 切换双能 CT）切换管电压。然而，这种情况不适用于快速千伏切换双能 CT，其中管电压在投影之间交替，快速切换会导致光谱模糊，从而导致光谱分离减弱。当前的 X 线球管技术也不允许在快速千伏切换中针对 2 个管电压调制各自的管电流。第二种情况显示的光谱代表了双源双能 CT 的情况，并为高能光谱添加了额外的锡滤过片。与上面的 140 kV 光谱相比，锡滤过片将光谱转移到更高的能量，从而减少了光谱重叠。第三种情况显示的 2 个光谱目前仅适用于使用西门子 Vectron 球管的 192 层双源双能 CT。增加了锡滤过片的厚度、提供了更高的管电压和应用低千伏频谱技术，形成了具有出色的光谱分离特性的高精度双能成像。

排接收低能谱，后 32 排接收高能谱。由于低能谱和高能谱基于相同的 120 kV 频谱，因此产生中等程度的光谱分离。TwinBeam 双能 CT 采用螺旋采集方式，时间相干性的偏差缩短到单次旋转时间内。另一种双能 CT 技术是慢速千伏切换（目前在东芝 80 kV/135 kV 系统中使用，如 Aquilion ONE）（Cai et al.，2015），是一种管电压在旋转中交替切换，区别于依靠投影间相互切换的快速千伏切换技术。这种方法相较于快速千伏切换的好

处是，由于切换速度较慢，可以调制管电流。管电压的较慢切换也可获得更大程度上的光谱分离，因为在转换时间内的模糊减少了。快速千伏切换的缺点是时间相干性至少需要单次旋转时间的偏移，还要再加上潜在的叠加时间。当然也可以使用 2 个不同的 X 线光谱（"双螺旋"双能 CT）扫描患者 2 次来生成双能数据。2 次扫描中的每一次都使用大约传统单能扫描剂量的 50%。这种方法的问题是 2 次扫描之间存在时间延迟，可能导致

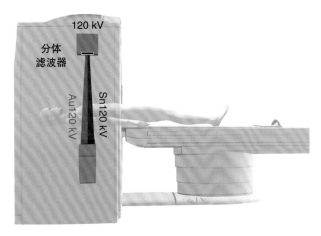

图 1.10　TwinBeam 双能 CT（Siemens Healthcare）背后的原理

X 线球管上的 2 个不同前置滤波器将光谱分别移动到低能（Au120 kV）和高能（Sn120 kV）区域。两种不同的光谱同时入射到患者身上，分别由探测器的前半部分或后半部分接收。

低能数据和高能数据之间的错位，即时间相干性低。虽然可以使用图像配准算法来纠正偏差，但时间延迟会造成一个更严重的问题，那就是在 2 次扫描中造影剂的流动导致血管和器官中的碘浓度不同。时间延迟的严重程度取决于 CT 的扫描速度和扫描范围。因此这种"双螺旋"双能 CT 不建议用于 CTA 或伴随着呼吸和心脏运动的胸部成像，但可用于静态结构的成像。如果使用 80 kV 和 140 kV 光谱，则光谱分离良好，在这种情况下的光谱分离表现与在相同管电压下的慢速千伏切换技术相同（图 1.9）。

　　如上所述，双能 CT 的强大之处在于其描述材料的能力。大多数双能 CT 的数据处理方法可以归类为材料分解法（定量）和材料标记法（定性）中的一种。根据应用的不同，可以采用附加分割、设定阈值、改变滤波或其他后处理。来自双能数据的附加信息通常在灰度图像上使用彩色编码叠加显示。图 1.11 为材料分解和材料标记技术的基本原理。在双能图中双能数据表示为图像体素的低能 CT 值与同一体素的高能 CT 值。此图的对角线上可以找到所有含能量依赖关系物质的体素（如水），即低能 CT 值和高能 CT 值相同（斜率为 1）。物质在这条线上的确切位置取决于它们

的密度。这种表现归因于 CT 系统的水校正。纯水的 CT 值应始终为 0 HU，与应用的光谱无关。但这不适用于其他材料。其他材料在低能图像和高能图像中可能为不同的 CT 值，这使其在这张图中的表现不同于能量依赖关系物质，进而出现材料的特征斜率。上文提到的光谱分离对特征斜率有很大的影响（Krauss et al.，2015），光谱分离越好，两种材料（如水和碘或骨骼和碘）之间的角度就越大，从而可以更可靠地区分材料。材料标记技术（图 1.11 左图）利用材料的斜率和双能图中某个体素的位置来分离碘和骨体素，进而进行去骨以便区分不同类型的肾结石。材料分解技术（图 1.11 右图）可以解释为基元变换的改变，将双能信息表达为基体材料的浓度，而不是低能 / 高能 CT 值。因此，双能数据的表现可以被分解为两种基体材料，如水和碘或水和骨骼。与材料标记法相反，材料分解法可以提供物质的定量信息，如以 mg/mL 为单位的碘浓度。在双能图中，新基由所选基体材料的物质向量给出。通过体积守恒约束，将物质分解为三种材料。图 1.11 右图所示的情况是一种三材料分解，首先使用碘矢量和软组织矢量（由脂肪和肝组织定义）获得碘图像和所谓的虚拟非造影（VNC 或虚拟未增强）图像，去除造影剂作为无造影剂平扫 CT 的替代（Johnson，2012）。此方法还确定了脂肪和肝组织的相对占比。另一种重要的应用类型是单能（或单色）成像（Yu et al.，2011），以用户可选择的能量进行成像，通常在 40 ~ 190 keV。这可以通过使用多色的低能和高能数据将一种物质分解为两种基体材料或转化为光电效应和康普顿散射分量的吸收系数。因为所选基体材料的能量依赖关系，光电效应或康普顿散射是已知的，根据这些信息可以计算不同能量下的衰减情况。因为单能图像是从双能数据中计算出来的，并未使用真正的单能 X 线源获得实际图像，这种技术也被称为伪单能或虚拟单能成像。下文将描述如今可选的一些双能 CT 应用。

　　在单能成像中选择低千电子伏水平，可以在临床上改善 CTA 中或一般造影检查中碘的 CNR

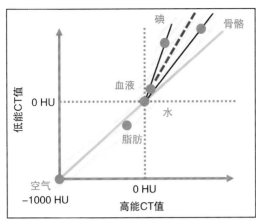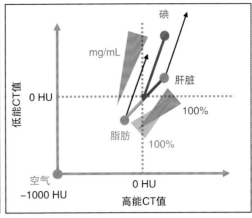

图 1.11　双能数据处理技术在双能图中的说明

左图的方法称为材料标记法，根据不同类型材料的特征斜率进行区分，如蓝色虚线所示骨骼与碘的区分。右图所示为材料分解法，在双能数据处理中采用三材料分解法。如棕色点代表一个假设由 50% 脂肪和 50% 肝组织组成的示例体素。通过添加碘造影剂，体素沿碘向量（黑色箭头）的方向移动到其所示位置。三材料分解法将每个体素投影到软组织向量（由脂肪和肝脏参考点定义）上。碘向量方向的位移长度与碘浓度（蓝色箭头）成正比。软组织向量上的位置给出了脂肪（绿色）和肝组织（红色）的相对占比。

（Sudarski et al.，2014）。此方法还能减少射线硬化效应伪影（Secchi et al.，2014），如果金属密度不太大或体积不大（Winklhofer et al.，2014），甚至可以减少金属伪影。但这种情况下，更推荐使用高千电子伏水平。单能成像还具有改善软组织对比度的潜力，如用于提升灰白质的差异性（Postma et al.，2015）。传统的单能成像在低千电子伏水平下产生高对比度，但噪声水平也会增加，这可能导致在最低能量水平下 CNR 下降。使用新的分频方法可以提高低千电子伏和高千电子伏时的性能（Monoenergetic Plus，Siemens Healthcare）。使用目标低千电子伏能级的低空间频率（主要包含对象结构）算法和具有最佳噪声特性低千电子伏能级的高空间频率（主要代表图像噪声）算法来混合最终图像。该算法的好处已在多篇出版物中描述（Grant et al.，2014），同等情况下可节省造影剂剂量（Meier et al.，2016）。

在虚拟未增强成像中，从造影增强扫描中减去碘，从而产生具有替代平扫潜力的 VNC 图像，进而减少辐射剂量和时间。该应用同时可提供显示造影剂分布的定量碘图。前文详细描述的"肝脏 VNC"三材料分解算法（Siemens Healthcare）专为腹部应用而设计，如肝脏、肾脏或胰腺成像

（De Cecco et al.，2016）（图 1.12）。定量测量病灶碘摄取可应用于肿瘤学，如监测治疗反应（Uhrig et al.，2013）。类似的算法，用空气和软组织代替脂肪和肝组织作为基材料可以应用于肺部成像，如用于诊断肺栓塞。灌注肺容积的指标可用碘含量替代（Meinel et al.，2013）。

另一个双能 CT 的广泛应用是尿结石分析。区分尿酸结石与非尿酸结石的材料标记应用（图 1.13），这与治疗方案的选择相关，使用药物溶解尿酸结石或冲击波碎石术甚至介入治疗（Jepperson et al.，2013）。

还有一个重要的材料标记应用是监测尿酸单钠（monosodium urate，MSU）晶体沉积物。可以将 MSU 晶体的分布和数量可视化，有助于在避免关节穿刺的前提下对痛风进行鉴别诊断（Melzer et al.，2014）。

双能信息支持骨去除，如为了在躯干 CTA 研究中更好地观察血管（Schulz et al.，2012），可使用材料标记法将骨与碘分离（图 1.14）。

最近，一种新的双能 CT 商业化应用可用于骨髓成像。它是基于三材料分解法的"虚拟无钙"成像，其中钙被去除，从而可以评估骨髓密度的差异。此应用可用于创伤性或压缩性骨折（Kaup et

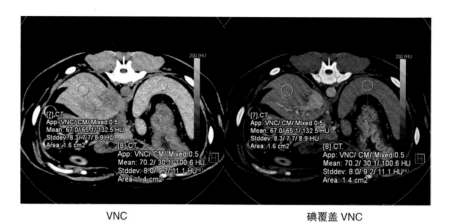

VNC　　　　　　　碘覆盖 VNC

图 1.12　肝脏 VNC 应用（siemens healthcare）使用双能 CT 数据计算虚拟非造影图像（VNC，左侧），其中已去除造影剂作为平扫的替代。右侧的图像显示使用颜色编码覆盖在 VNC 图像上的碘分布。ROI 测量直接显示 VNC 图像的平均 CT 值和标准差、造影剂（CM）增强和混合图像

（数据由 San mArco Veterinary Clinic, Padova, Italy 提供。）

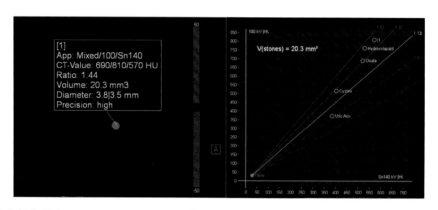

图 1.13　结石特性分析应用（siemens healthcare）图像。材料标记法使用红色表示尿酸结石，蓝色表示非尿酸结石。结石 ROI 不仅显示低能、高能、混合图像中的 CT 值以及体积和尺寸信息，还显示双能比，对应图 1.11 所示的双能图中的材料特征斜率。右侧的图表中更详细地显示了此信息。结合结石材料的不同参考点，可以更具体地鉴定结石特性

（数据由 San mArco Veterinary Clinic, Padova, Italy 提供。）

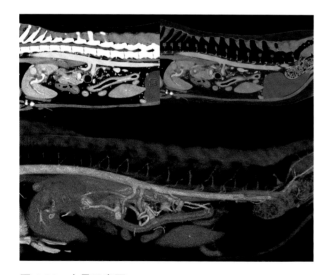

图 1.14　去骨示意图

左上角的矢状图像仍然包含所有骨骼结构。而右上角的图像中，骨骼已被移除，从而在底部图像中可以更好地观察血管系统。

（数据由 San mArco Veterinary Clinic, Padova, Italy 提供。）

al., 2016）或多发性骨髓瘤病变（Thomas et al., 2015）。

最近的另一个应用是采用材料分解法以产生电子密度（rho）和有效原子序数（Z）的分布图（rho/Z，Siemens Healthcare）。这两个物理参数是物质特有的且与物质的吸收特性相关，因此可用于一般物质特征分析，并且可能对未来的放射治疗计划，特别是离子治疗具有意义。

4. 后处理应用

如今已经有许多不同类型的后处理应用，所以 CT 数据并不总是在其横断面图像中读取。图像后处理可以在扫描控制台（手动或自动）、单独

的工作站、图片存档和通信系统（picture archiving and communication system，PACS）的控制台上完成，具体方式取决于应用程序的类型、可用性和工作环境。随着医生可获得的信息量的增加，标准化变得越来越重要。随着智能读取和后处理软件的更新迭代，用户可以采用标准化的方式高效地处理数据，人工手动交互变得越来越少。一些软件已经能够根据具体病例识别所需的后处理，并自动执行所需的后处理步骤，最后将生成的图像发送到 PACS（如，syngo. 经由快速结果后处理技术，西门子医疗）。

　　然而，横断面图像仍是所有后处理技术的基础，因此应仔细考虑其重建参数。虽然多数情况下可获取薄层图像（如 0.6 mm 准直宽度），但原始数据的重建允许选择更厚的层厚（如 0.6 ~ 10.0 mm）和层间隔。较厚层厚的图像通常用于初步查看和 PACS 存档，而亚毫米薄层则用于评估和后处理。选择小于层厚的层间隔可以提高图像体积 z 轴方向的分辨率，但会生成更多的图层。使用 0.5 ~ 0.7 倍层厚的层间隔，可以解析低至重建层厚 0.7 ~ 0.9 倍的图像尺寸。图像重建通常选择 512 × 512 矩阵，一些供应商也会提供 1024 × 1024 的大矩阵用于重建。根据等式视野 / 矩阵尺寸定义平面内的体素尺寸选择视野，如 500 mm/512 ≈ 0.98 mm 体素尺寸或 300 mm/512 ≈ 0.59 mm 体素尺寸。z 轴体素的尺寸由重建层厚决定。需要注意的是，体素尺寸不一定等于空间分辨率。在图像重建中，重建算法的选择对平面内空间分辨率也会产生很大的影响（图 1.15）。通常用软组织算法将空间分辨率限制在 0.6 mm 左右。这与传统视野（FOV）（30 cm）体素尺寸及许多系统的最小可用层厚 0.6 mm 相匹配，从而实现了各向同性的空间分辨率。只有最锐利的算法，如用于骨骼评估，才能提供大约 0.3 mm 的平面内空间分辨率（受扫描硬件限制，如采样、焦点大小、探测器元件大小）。这种情况下，高空间分辨率必须搭配较小的扫描野（如 150 mm/512 ≈ 0.29 mm）。重建算法对 z 轴方向的分辨率没有影响。z 轴方向的分辨率由重建的层厚所决定。较厚的层厚图像噪声较小，但空间分辨率较低。这个问题在一定程度上可以通过使用薄层重建避免，可将其视为几毫米厚度的最大密度投影。这些成像概念将在下文描述。

　　横断面图像可以构建出三维容积图像，多平面重建（MPR）允许用户在该容积中放置所需方向的平面图像来与该容积进行交互。被该平面切割的所有体素都在平面图像中可视化。因此，多平面重建的空间分辨率由平面内空间分辨率和 z 轴方向空间分辨率共同决定，其相对贡献取决于重建平面的方向。通过选择适当的重建参数进行重建，多平面重建的质量取决于各向同性空间分辨率。将轴面图像视为平行于 x-y 平面的多平面重建（动物的横断面），通常也选择另外两个垂直成

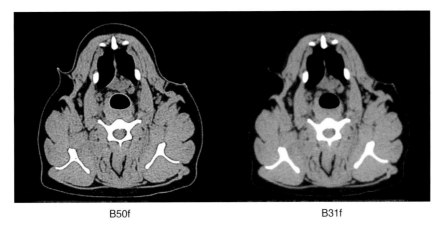

B50f　　　　　　　　　　　　B31f

图 1.15　两种不同重建算法的比较。左侧是用于肺或骨骼成像的更锐利的算法。右侧是更均匀的软组织算法。更高的锐利度通常带来更高的图像噪声水平

（数据由 San mArco Veterinary Clinic，Padova, Italy 提供。）

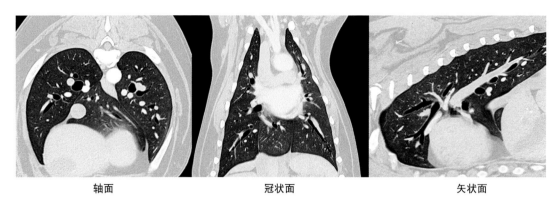

| 轴面 | 冠状面 | 矢状面 |

图 1.16　多平面重建显示 3 个正交成像平面：肺的轴面（横断面）、冠状面（背侧面）和矢状面
（数据由 San mArco Veterinary Clinic, Padova, Italy 提供。）

像平面进行重建，例如，在胸部成像中矢状面多平面重建（平行于 y–z 平面）和冠状面多平面重建（平行于 x–z 平面，动物的背侧面）（图 1.16）。这些正交平面非常适合肺部成像，但其他器官可能在斜向的多平面重建上更容易展示，即任意方向的斜面。如为了对曲折的冠状动脉进行成像，可以沿左前降支或右冠状动脉的倾斜角度进行多平面重建。也可以生成所谓的弯曲多平面重建，可以在弯曲平面上计算，但最终显示为平面二维图像。这样的曲面既可以由用户手动定义，也可以由血管的自动中心线追踪来显示。通过这种方式，曲面多平面重建允许追踪蜿蜒的血管路径。先进的后处理软件会自动为冠状动脉执行此操作，以评估其狭窄程度。多平面重建的层厚也可以修改。层厚的定义是体素值与所选视图平面正交的平均范围，它是多平面重建的"切片厚度"。可以通过降低分辨率以减少图像噪声。多平面重建可以与轴面图像一样保存完整的信息而没有信息丢失。但是如果手动操作，视图平面的定位则取决于操作人员，定位不当可能对诊断产生负面影响。

查看三维容积图像的另一种方法是使用最大密度投影（MIP）。与多平面重建一样，用户可以在容积中选择任意平面进行观察，最大密度投影算法沿观察方向的平行射线采集最大 CT 值并显示。射线通过容积垂直投射到观察平面上。最大密度投影保留灰度和图像锐度的视觉感知，同时降低噪声水平。然而，最大密度投影不能保持轴

面图像的全部信息，因为它们是深度信息丢失的投影图像，并且通过高衰减组织掩盖了较低衰减的组织。最大密度投影可以很好地区分造影剂增强后的结构和背景，如血管成像。MIP 中钙化和骨骼等高对比度的结构清晰可见，因此可能需要去除骨骼以避免骨骼与脉管系统重叠。缺少的深度信息可能不利于复杂结构的可视化，例如胸腔脉管系统。这种情况可以通过使用薄层最大密度投影来改善（Napel et al., 1993）。这种类型的最大密度投影不显示沿整个容积方向的完整射线的最大 CT 值，而只显示用户选择的垂直于观察平面的距离。与多平面重建的层厚概念相同，这个距离就是层厚。为了可视化冠状动脉，典型的薄层最大密度投影层厚范围为 3～10 mm。交互软件允许使用薄层最大密度投影。计算可以即时完成。也可以使用曲面薄层最大密度投影（Raman et al., 2003），就像曲面多平面重建一样，具有能够跟随血管等弯曲结构的优势。虽然薄层最大密度投影仅显示有限范围内的最大 CT 值，但由于其投影性质，同样不适合显示支架内腔。此外，不建议使用最大密度投影显示肺动脉中的血块以诊断肺栓塞。然而当使用适当的层厚时，斑块（如冠状动脉中的斑块）的显示效果非常好。还存在相反的概念，即最小密度投影（MinIP），它显示最小 CT 值，可用于显示体内或气道中的空气。

3D 数据可以通过计算机图形技术生成表面阴影 显 示（shaded surface display, SSD）（Calhoun et al., 1999）。这种技术的几乎与 CT 起源于同一时期，其定义基于阈值的表层表现。从沿着射线的角度开始，对所有超过预设阈值的第一个体素进行不透明化，并将其定义为表层，所有后面的体素都不纳入考虑。虚拟光源用于生成阴影效果并提高 SSD 的三维立体表现。这种类型的处理丢弃了原始的 CT 值，只显示定义为表层之上的信息，而不显示表层之下的信息，从而剔除了数据集中的大量信息。因此必须谨慎选择阈值。如果将阈值设置得非常低，则只有患者的皮肤或衣服会在后处理中显现，而皮肤内的一切都均不可见。显示的对象可以进行各个方向的转动并查看。SSD 可用于手术计划制订（Franca et al., 2000）。

计算机渲染三维容积发展的下一步是容积重建（volume rendering, VR）技术（Calhoun et al., 1999）。与仅考虑观察方向射线超过定义阈值的第一个体素的 SSD 不同，容积重建可以利用观察方向内射线的所有体素。这些体素的图像表现取决于它们的不透明度。CT 上的不透明度由一个传递函数定义，将特定不透明度分配给特定的 CT 值。不透明度可以描述光的吸收能力。不透明度为 1 的体素指可完全吸收光，因此是完全不透明的，而不透明度为 0 的体素是完全透光的，因此不可见。当射线碰到不透明度为 1 的体素时，只会显示这个体素，而其他所有不透明度较低的体素此时被设置为 0。用户可以根据需要调整传递函数，使某些结构增减透明度。传递函数通常在一定 CT 值范围内呈线性、三角形或梯形。因为生成的图像是 CT 值的加权和，仅以不透明度为参数的容积重建仍然是灰度图像。用户还可以对 CT 值采用颜色查找表，例如，对范围内的软组织 CT 值选用棕红色表示，而 CT 值更高的骨骼可用白色表示。容积重建软件可能具有某些附加功能，如描述局部 CT 值梯度的传递函数。CT 值变化小的同质区域，也就是低梯度的区域不透明度降低（更高的透明度），而 CT 值变化强烈的区域（高梯度）不透明度则增加（更低的透明度）以增强边界的显示。根据周围光计算视点方向上的漫反射和镜面反射，可

以应用不同的照明和遮光技术来改善容积重建图像的 3D 效果。容积重建需要大量用户操作才能获得良好的图像效果。如果不进行自动分割，可能需要手动对周围或重叠结构进行分割，如分离心脏。由于各种参数多变及应用不正确可能出现的问题，应谨慎使用容积重建功能。然而容积重建仍有助于以交互和 3D 的方式显示解剖结构，如将异常解剖结构的可视化。容积重建也可用于无创虚拟内窥镜（Rubin et al., 1996），如 CT 结肠镜检查（Macari et al., 2002）。

最近引入了一种新型的容积重建技术，它模拟光子与解剖结构的相互作用生成非常逼真的电影渲染效果（Cinematic Rendering, syngo.via VB20, Siemens Healthcare）（Dappa et al., 2016）。入射光

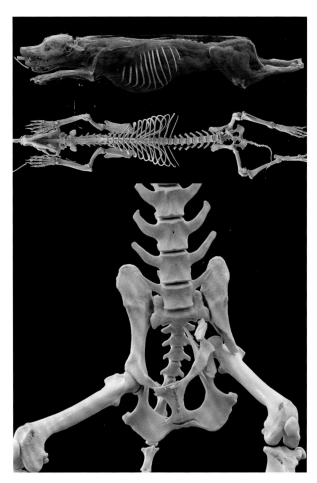

图 1.17　犬创伤案例中的电影渲染示例。图上为软组织窗重建。图中为骨窗重建，显示了几节椎骨的横突骨折和骨盆骨折。图下为骨盆情况的详细视图

（数据由 San mArco Veterinary Clinic, Padova, Italy 提供。）

子采用 Monte Carlo 方法进行模拟，与传统容积重建相比，可以更真实地模拟影响光子行为的物理效应（图 1.17）。这种方法的灵感来自用于动画电影的渲染技术。这一应用可能会超越传统的容积重建，用于虚拟解剖教学中。

还有许多其他高级应用程序可支持用户使用，如骨骼展开（裂口或头骨展开到平面上）有助于检测骨折等病变（Bier et al.，2016）或进行自动脊柱标记。

参考文献

[1] Achenbach s, Ulzheimer s, Baum U, et al. Noninvasive coronary angiography by retrospectively ECG-gated multislice spiral CT. Circulation. 2000; 102:2823–8.

[2] Alvarez RE, Macovski A. Energy-selective reconstructions in x-ray computerised tomography. Phys Med Biol. 1976; 21:733.

[3] Bier G, Mustafa DF, Kloth C, et al. Improved follow-up and response monitoring of thoracic cage involvement in multiple myeloma using a novel CT postprocessing software: the lessons we learned. Am J Roentgenol. 2016; 206:57–63.

[4] Bittner DO, Arnold M, Klinghammer L, et al. Contrast volume reduction using third generation dual source computed tomography for the evaluation of patients prior to transcatheter aortic valve implantation. Eur Radiol. 2016; 26:4497–504.

[5] Bridoux A, HUtt A, Faivre J-B, et al. Coronary artery visibility in free-breathing young children on non-gated chest CT: impact of temporal resolution. Pediatr Radiol. 2015; 45:1761–70.

[6] Cai X-R, Feng Y-Z, Qiu L, et al. Iodine distribution map in dual-energy computed tomography pulmonary artery imaging with rapid kVp switching for the diagnostic analysis and quantitative evaluation of acute pulmonary embolism. Acad Radiol. 2015; 22:743–51.

[7] Calhoun PS, Kuszyk BS, Heath DG, et al. Three-dimensional volume rendering of spiral CT Data: theory and method 1. Radiographics. 1999; 19:745–64.

[8] Carmi R, Naveh G, Altman A. Material separation with dual-layer CT. IEEE; 2005, 3 pp.

[9] Caruso D, Eid M, schoepf UJ, et al. Dynamic CT myocardial perfusion imaging. Eur J Radiol. 2016; 85:1893–9.

[10] Coche E, Vlassenbroek A, Roelants V, et al. Evaluation of biventricular ejection fraction with ECG-gated 16-slice CT: preliminary findings in acute pulmonary embolism in comparison with radionuclide ventriculography. Eur Radiol. 2005; 15:1432–40.

[11] Dappa E, Higashigaito K, Fornaro J, et al. Cinematic rendering-an alternative to volume rendering for 3D computed tomography imaging. Insights Imaging. 2016; 7:849–56.

[12] De Cecco CN, Muscogiuri G, schoepf UJ, et al. Virtual unenhanced imaging of the liver with third-generation dual-source dual-energy CT and advanced modeled iterative reconstruction. Eur J Radiol. 2016; 85:1257–64.

[13] Dewey M, Zimmermann E, Deissenrieder F, et al. Noninvasive coronary angiography by 320-row computed tomography with lower radiation exposure and maintained diagnostic accuracy. Circulation. 2009; 120:867–75.

[14] Duan X, Wang J, Leng s, et al. Electronic noise in CT detectors: impact on image noise and artifacts. Am J Roentgenol. 2013; 201:W626–32.

[15] Engel KJ, Herrmann C, Zeitler G. X-ray scattering in single-and dual-source CT. Med Phys. 2008; 35:318–32.

[16] Euler A, Parakh A, Falkowski AL, et al. Initial results of a single-source dual-energy computed tomography technique using a split-filter: assessment of image quality, radiation dose, and accuracy of dual-energy applications in an in vitro and in vivo study. Investig Radiol. 2016; 51:491–8.

[17] Faby s, Kuchenbecker s, sawall s, et al. Performance of today's dual energy CT and future multi energy CT in virtual non-contrast imaging and in iodine quantification: a simulation study. Med Phys. 2015; 42:4349–66.

[18] Flohr T, stierstorfer K, Bruder H, et al. New technical developments in multislice CT – Part 1: approaching isotropic resolution with sub-millimeter 16-slice scanning. ROFO Fortschr Geb Rontgenstr Nuklearmed. 2002; 174:839–45.

[19] Flohr T, stierstorfer K, Ulzheimer s, et al. Image reconstruction and image quality evaluation for a 64-slice CT scanner with z-flying focal spot. Med Phys. 2005; 32:2536–47.

[20] Flohr TG, McCollough CH, Bruder H, et al. First performance evaluation of a dual-source CT(DSCT) system. Eur Radiol. 2006; 16:256–68.

[21] Flohr TG, Leng s, Yu L, et al. Dual-source spiral CT with pitch up to 3.2 and 75 ms temporal resolution: Image reconstruction and assessment of image quality. Med Phys. 2009; 36:5641–53.

[22] Flohr TG, De Cecco CN, schmidt B, et al. Computed tomographic assessment of coronary artery disease: state-of-the-art imaging techniques. Radiol Clin N Am. 2015; 53:271–85.

[23] Franca C, Levin-Plotnik D, sehgal V, et al. Use of three-dimensional spiral computed tomography imaging for staging and surgical planning of head and neck cancer. J Digit Imaging. 2000; 13:24–32.

[24] Gabbai M, Leichter I, Mahgereftteh s, sosna J. spectral material characterization with dual-energy CT: comparison of commercial and investigative technologies in phantoms. Acta Radiol. 2015; 56:960–9.

[25] George RT, Mehra VC, Chen MY, et al. Myocardial CT perfusion imaging and sPECT for the diagnosis of coronary artery disease: a head-to-head comparison from the CORE320 multicenter diagnostic performance study. Radiology. 2014; 272:407–16.

[26] Gordic s, HUsarik DB, Desbiolles L, et al. High-pitch coronary CT angiography with third generation dual-source CT: limits of heart rate. Int J Cardiovasc Imaging. 2014; 30:1173-9.

[27] Grant KL, Flohr TG, Krauss B, et al. Assessment of an advanced image-based technique to calculate virtual monoenergetic computed tomographic images from a dual-energy examination to improve contrast-to-noise ratio in examinations using iodinated contrast media. Investig Radiol. 2014; 49:586-92.

[28] Haubenreisser H, Bigdeli A, Meyer M, et al. From 3D to 4D: Integration of temporal information into CT angiography studies. Eur J Radiol. 2015; 84:2421-4.

[29] Hou DJ, Tso DK, Davison C, et al. Clinical utility of ultra high pitch dual source thoracic CT imaging of acute pulmonary embolism in the emergency department: are we one step closer towards a non-gated triple rule out? Eur J Radiol. 2013; 82:1793-8.

[30] Jepperson MA, Cernigliaro JG, sella D, et al. Dual-energy CT for the evaluation of urinary calculi: image interpretation, pitfalls and stone mimics. Clin Radiol. 2013; 68:e707-14.

[31] Johnson TR. Dual-energy CT: general principles. Am J Roentgenol. 2012; 199:S3-8.

[32] Johnson TR, Nikolaou K, Wintersperger BJ, et al. ECG-gated 64-MDCT angiography in the differential diagnosis of acute chest pain. Am J Roentgenol. 2007; 188:76-82.

[33] Kalender WA, Perman W, Vetter J, Klotz E. Evaluation of a prototype dual-energy computed tomographic apparatus. I. Phantom studies. Med Phys. 1986; 13:334-9.

[34] Kalender WA, seissler W, Klotz E, Vock P. spiral volumetric CT with single-breath-hold technique, continuous transport, and continuous scanner rotation. Radiology. 1990; 176:181-3.

[35] Kaup M, Wichmann JL, scholtz J-E, et al. Dual-energy CT-based display of bone marrow edema in osteoporotic vertebral compression fractures: impact on diagnostic accuracy of radiologists with varying levels of experience in correlation to MR imaging. Radiology. 2016; 280:510-9.

[36] Klingenbeck-Regn K, schaller s, Flohr T, et al. subsecond multi-slice computed tomography: basics and applications. Eur J Radiol. 1999; 31:110-24.

[37] Krauss B, Grant KL, schmidt BT, Flohr TG. The importance of spectral separation: an assessment of dual-energy spectral separation for quantitative ability and dose efficiency. Investig Radiol. 2015; 50:114-8.

[38] Leber AW, Knez A, von Ziegler F, et al. Quantification of obstructive and nonobstructive coronary lesions by 64-slice computed tomography: a comparative study with quantitative coronary angiography and intravascular ultrasound. J Am Coll Cardiol. 2005; 46:147-54.

[39] Lell mm, Jost G, Korporaal JG, et al. Optimizing contrast media injection protocols in state-of-the art computed tomographic angiography. Investig Radiol. 2015; 50:161-7.

[40] Li B, Toth TL, Hsieh J, Tang X. simulation and analysis of image quality impacts from single source, ultra-wide coverage CT scanner. J X-Ray sci Technol. 2012; 20:395-404.

[41] Liang Y, Kruger RA. Dual-slice spiral versus single-slice spiral scanning: comparison of the physical performance of two computed tomography scanners. Med Phys. 1996; 23:205-20.

[42] Macari M, Bini EJ, Xue X, et al. Colorectal neoplasms: prospective comparison of thin-section low-dose multi-detector row CT colonography and conventional colonoscopy for detection 1. Radiology. 2002; 224:383-92.

[43] Manniesing R, Oei MT, van Ginneken B, Prokop M. Quantitative dose dependency analysis of whole-brain CT perfusion imaging. Radiology. 2015; 278:190-7.

[44] Meier A, Higashigaito K, Martini K, et al. Dual energy CT pulmonary angiography with 6g iodine—a propensity score-matched study. PLoS One. 2016; 11:e0167214.

[45] Meinel FG, Graef A, Bamberg F, et al. Effectiveness of automated quantification of pulmonary perfused blood volume using dual-energy CTPA for the severity assessment of acute pulmonary embolism. Investig Radiol. 2013; 48:563-9.

[46] Melzer R, Pauli C, Treumann T, Krauss B. Gout tophus detection—a comparison of dual-energy CT(DECT) and histology. semin Arthritis Rheum. 2014; 43:662-5.

[47] Mori s, Endo M, Tsunoo T, et al. Physical performance evaluation of a 256-slice CT-scanner for four-dimensional imaging. Med Phys. 2004; 31:1348-56.

[48] Morsbach F, sah B-R, spring L, et al. Perfusion CT best predicts outcome after radioembolization of liver metastases: a comparison of radionuclide and CT imaging techniques. Eur Radiol. 2014; 24:1455-65.

[49] Napel s, Rubin GD, Jeffrey RB. sTS-MIP: a new reconstruction technique for CT of the chest. J Comput Assist Tomogr. 1993; 17:832-8.

[50] Nieman K, Cademartiri F, Lemos PA, et al. Reliable noninvasive coronary angiography with fast submillimeter multislice spiral computed tomography. Circulation. 2002; 106:2051-4.

[51] Ohnesorge B, Flohr T, Becker C, et al. Cardiac imaging by means of electrocardiographically gated multisection spiral CT: initial experience 1. Radiology. 2000; 217:564-71.

[52] Ohno Y, Koyama H, Matsumoto K, et al. Differentiation of malignant and benign pulmonary nodules with quantitative first-pass 320-detector row perfusion CT versus FDG PET/CT. Radiology. 2011; 258:599-609.

[53] Petersilka M, Bruder H, Krauss B, et al. Technical principles of dual source CT. Eur J Radiol. 2008; 68:362-8.

[54] Petersilka M, stierstorfer K, Bruder H, Flohr T. strategies for scatter correction in dual source CT. Med Phys. 2010; 37:5971-92.

[55] Petersilka M, Allmendinger T, stierstorfer K. 3D image-based scatter estimation and correction for multi-detector CT imaging. International society for Optics and Photonics; 2014. pp. 903309-903309.

[56] Postma AA, Das M, stadler AA, Wildberger JE. Dual-energy

CT: what the neuroradiologist should know. Curr Radiol Rep. 2015; 3:1–16.

[57] Primak A, Ramirez Giraldo J, Liu X, et al. Improved dual-energy material discrimination for dualsource CT by means of additional spectral filtration. Med Phys. 2009; 36:1359–69.

[58] Raju R, Cury RC, Precious B, et al. Comparison of image quality, and diagnostic interpretability of a new volumetric high temporal resolution scanner versus 64–slice MDCT. Clin Imaging. 2016; 40:205–11.

[59] Raman R, Napel s, Rubin GD. Curved–slab maximum intensity projection: method and evaluation. Radiology. 2003; 229(1): 255–60.

[60] Remy–Jardin M, Tillie–Leblond I, szapiro D, et al. spiral CT angiography(SCTA) of pulmonary embolism(PE) in patients with underlying respiratory disease: impact of multislice CT(MSCT) on image quality and diagnostic accuracy. Eur Radiol. 2002; 12:149.

[61] Rubin GD, Beaulieu CF, Argiro V, et al. Perspective volume rendering of CT and MR images: applications for endoscopic imaging. Radiology. 1996; 199:321–30.

[62] Rybicki FJ, Otero HJ, steigner ML, et al. Initial evaluation of coronary images from 320–detector row computed tomography. Int J Cardiovasc Imaging. 2008; 24:535–46.

[63] Sabel BO, Buric K, Karara N, et al. High–pitch CT pulmonary angiography in third generation dual–source CT: image quality in an unselected patient population. PLoS One. 2016; 11: e0146949.

[64] Salem R, Remy–Jardin M, Delhaye D, et al. Integrated cardio-thoracic imaging with ECG–gated 64–slice multidetector-row CT: initial findings in 133 patients. Eur Radiol. 2006; 16:1973–81.

[65] Sandfort V, Ahlman MA, Jones EC, et al. High pitch third generation dual–source CT: coronary and cardiac visualization on routine chest CT. J Cardiovasc Comput Tomogr. 2016; 10:282–8.

[66] Schoepf UJ, Becker CR, Hofmann LK, et al. Multislice CT angiography. Eur Radiol. 2003; 13:1946–61.

[67] Schulz B, Kuehling K, Kromen W, et al. Automatic bone removal technique in whole–body dualenergy CT angiography: performance and image quality. Am J Roentgenol. 2012; 199: W646–50.

[68] Secchi F, De Cecco CN, spearman JV, et al. Monoenergetic extrapolation of cardiac dual energy CT for artifact reduction. Acta Radiol. 2014. doi:10.1177/0284185114527867.

[69] So A, Imai Y, Nett B, et al. Technical note: evaluation of a 160–mm/256–row CT scanner for whole–heart quantitative myocardial perfusion imaging. Med Phys. 2016; 43:4821–32.

[70] Sudarski s, Apfaltrer P, Nance JW, et al. Objective and subjective image quality of liver parenchyma and hepatic metastases with virtual monoenergetic dual–source dual-energy CT reconstructions: an analysis in patients with gastrointestinal stromal tumor. Acad Radiol. 2014; 21:514–22.

[71] Sun M, Lu B, Wu R, et al. Diagnostic accuracy of dual-source CT coronary angiography with prospective ECG–triggering on different heart rate patients. Eur Radiol. 2011; 21:1635–42.

[72] Thomas C, schabel C, Krauss B, et al. Dual–energy CT: virtual calcium subtraction for assessment of bone marrow involvement of the spine in multiple myeloma. Am J Roentgenol. 2015; 204: W324–31.

[73] Tkaczyk JE, Rodrigues R, shaw J, et al. Atomic number resolution for three spectral CT imaging systems. International society for Optics and Photonics; 2007. pp. 651009–651009.

[74] Tomizawa N, Maeda E, Akahane M, et al. Coronary CT angiography using the second–generation 320–detector row CT: assessment of image quality and radiation dose in various heart rates compared with the first–generation scanner. Int J Cardiovasc Imaging. 2013; 29:1613–8.

[75] Uhrig M, sedlmair M, schlemmer H, et al. Monitoring targeted therapy using dual–energy CT: semi–automatic RECIST plus supplementary functional information by quantifying iodine uptake of melanoma metastases. Cancer Imaging. 2013; 13:306.

[76] Westwood ME, Raatz HD, Misso K, et al. systematic review of the accuracy of dual–source cardiac CT for detection of arterial stenosis in difficult to image patient groups. Radiology. 2013; 267:387–95.

[77] Willems PW, Taeshineetanakul P, schenk B, et al. The use of 4D–CTA in the diagnostic work–up of brain arteriovenous malformations. Neuroradiology. 2012; 54:123–31.

[78] Winklehner A, Gordic s, Lauk E, et al. Automated attenuation–based tube voltage selection for body CTA: Performance evaluation of 192–slice dual–source CT. Eur Radiol. 2015; 25:2346–53.

[79] Winklhofer s, Benninger E, spross C, et al. CT metal artefact reduction for internal fixation of the proximal HUmerus: value of mono–energetic extrapolation from dual–energy and iterative reconstructions. Clin Radiol. 2014; 69:e199–206.

[80] Yu L, Christner JA, Leng s, et al. Virtual monochromatic imaging in dual–source dual–energy CT: radiation dose and image quality. Med Phys. 2011; 38:6371–9.

[81] Zhang D, Li X, Liu B. Objective characterization of GE discovery CT750 HD scanner: gemstone spectral imaging mode. Med Phys. 2011; 38:1178–88.

[82] Zhang LJ, Zhao YE, schoepf UJ, et al. seventy–peak kilovoltage high–pitch thoracic aortic CT angiography without ECG gating: evaluation of image quality and radiation dose. Acad Radiol. 2015; 22:890–7.

第2部分　MDCT血管造影

第2章　MDCT血管造影基础原理

Giovanna Bertolini

1. 概述

计算机断层扫描血管造影（computed tomography angiography，CTA）是影像诊断领域最受人瞩目的成就之一。20世纪90年代初，随着螺旋CT的出现，CTA应运而生。螺旋CT连续旋转的机架和可移动的工作台使其能够迅速扫描指定的身体区域，因此只需一次扫描即可显示注射造影剂后血管的瞬时增强情况。1998年，许多制造商推出了旋转时间为0.5 s的4排探测器扫描仪，扫描性能比单排CT大幅度提升。

多排螺旋计算机断层扫描血管造影（multidetectorrow computed tomography angiography，MDCTA）在21世纪初首次用于犬猫检查。尽管这种模式在小动物临床领域显示出了巨大的应用潜力，但最初兽医放射科医生并没有意识到这能为高级影像学领域带来一场革命性的改变，因此MDCT在兽医临床领域中的推广仍历时10年之久。另一个导致MDCT推广速度慢的原因是设备本身的成本较高。在过去的几年中，随着世界范围内许多大学放射科和私人诊所有了自己全新或二手的设备，MDCT得到了巨大的发展，如今MDCTA作为血管成像的标准技术被广泛接受。

MDCTA是一种高度标准化的成像技术，它能提供有关血管系统的三维（threedimensional，3D）信息，并能够同时评估血管腔以及管壁和周围结构。然而，CT技术的进步速度往往超过了放射科医生以最佳、最适当的方式使用这些先进仪器的能力。因此特别是在兽医中，了解MDCTA的主要技术因素对于持续获得高质量的图像至关重要。

2. 造影剂的分布

使用造影剂（contrast medium，CM）进行MDCTA是十分必要的。造影剂通常通过放置在外周静脉的留置针进行注射。造影剂自头静脉注射后，会回流到心脏然后沿心血管系统遍及全身。

血管内、间质内和细胞内是身体中3个主要储存液体的部位。造影剂只在血浆内运输，不与机体相互作用，因为它不穿透细胞膜（肝细胞除外）。

因此，造影剂的分布包括两个阶段：初始的血管内相和随后的血管外相（间质相），在血管外相造影剂从血管重新分布到器官间隙（图2.1）。

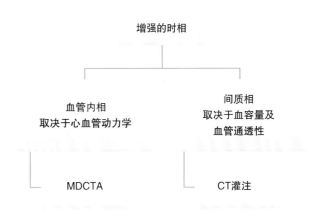

图2.1　造影剂在体内的分布时相。第一阶段，即血管内相，有助于血管研究。第二阶段，即间质相，是一种用于组织灌注研究的血管外相

体内造影剂分布的第一阶段（血管内相）对 MDCTA 有用。在这个阶段，造影剂的输送取决于血液循环动力学。第二阶段（间质相）用于组织灌注研究。在第二阶段，造影剂的增强取决于血容量和每个特定组织或器官的通透性。而第一阶段，造影剂的分布和血液一样受血流动力学、生理和生理病理变化的影响。

只有动脉供血的器官，如肺、脾和肾，在造影剂第一次经过右心房时迅速增强。在第二阶段，混合在血液中的造影剂被运送到循环系统的外围，在那里通过毛细血管内皮的毛细孔进入间质。血浆渗透压、静水压和毛细血管壁通透性是影响造影剂分布的主要因素。体内造影剂动力学如图 2.2 所示。

2.1 造影增强

在设计 MDCTA 协议时，覆盖的解剖范围、CM 协议、采集和重建参数以及后处理技术都是需要考虑的重要因素。在操作中，其目标是在一定时间内（造影增强的时间）实现特定血管区域的充分增强（造影增强的程度），并在整个扫描过程中保持一致的增强水平（造影剂的成形）。

血管造影增强受各种因素的影响，这些因素可以分成三组：① 个体因素；② 造影剂因素；③ MDCT 扫描因素（图 2.3）。个体因素和造影剂

因素高度相关，需要了解造影剂的药代动力学，从而实现动态的造影增强。这些因素可以不同程度地影响造影增强的时间模式和幅度。扫描技术并不直接影响增强效果，但一些依赖于扫描设备的因素发挥着关键作用，它们能够实现在特定的增强时间点采集数据，并提供高质量的容积数据（在时间分辨率和空间分辨率两方面）。

2.2 影响造影增强的个体因素

影响血管增强的生理特征包括心输出量（心率和每搏输出量）和体重。这两种特征在动物中的差别很大，因为它们的体型和心率范围很广。此外，不同的目标血管（主动脉、肺动脉、髂动脉等）达到峰值的时间也不同，这取决于血管到

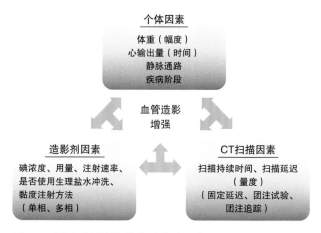

图 2.3　影响造影剂在体内分布的因素

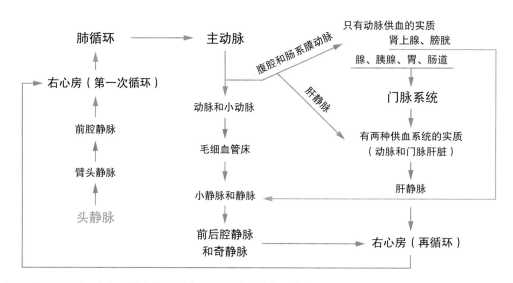

图 2.2　外周注射造影剂后，血管系统内造影剂分布示意图（经头静脉）

静脉通路部位的距离和基础病理状况等多种因素。其他因素如扫描体位、麻醉方案和血管异常，也可能影响造影剂分布。

在血管和实质器官研究中，体重是影响增强幅度的最重要的个体因素。体重与增强幅度呈负相关。对于体型较大的动物，注入的造影剂也被稀释到更大的血管腔中。然而造影增强的时间不受体重的影响。可以通过调整碘制剂的总量［增加造影剂体积和（或）碘浓度］并与体重成比例地增加注射速率来降低血管造影的个体差异。根据研究的血管区域和 CT 设备不同，兽医文献中已有使用 300 ~ 800 mgI/kg 的造影剂剂量进行扫描的报道。

心输出量和心血管循环是影响造影增强时间模式的主要个体相关因素。心输出量与动脉增强程度呈负相关（尤其是在第一次循环中）。在心输出量正常的患病动物，动脉造影增强的峰值是在造影剂注射后不久实现的。对正常犬使用单排 CT 扫描的研究表明，头侧腹主动脉增强峰值的中位时间为 2 ~ 12 s，门静脉增强峰值的中位时间为 23 ~ 46 s。最近一项对一组使用不同造影协议的正常猫进行的研究表明，主动脉增强达到峰值的时间为 11 ~ 25.5 s。主动脉增强达到峰值的时间范围很广，这反映了动物个体的生理和病理差异。患者在 CT 扫描开始时的心输出量是未知的，对患病动物来说尤其如此，因为它们体型各异，在造影剂注射期间心血管的变化以及麻醉对心脏参数的影响都是不同的。

一般来说，造影剂在心输出量下降和低血容量的动物中分布、清除缓慢，导致动脉和实质增强的峰值延迟且持续时间延长。在为具有更快图像采集速度的高级 MDCT 设备设计造影协议时，必须牢记这一影响，因为快速扫描可能会早于造影剂团注，并在造影增强峰值到来之前进行图像采集（即远端血管尚未得到增强）。对于心输出量较高的动物（在小型犬、玩具犬和猫中可能是正常的，或与各种临床因素相关，如贫血和败血症），造影剂分布是不可预测的，因此这些情况下不建

议使用固定的注射至扫描延迟。

2.3 个性化设置注射至扫描延迟时间

对于 MDCTA，有一些方法可以用来预测造影剂在特定动物中的表现（如团注试验）或进行个性化实时注射 – 扫描延迟（如自动触发团注或使用团注追踪技术）。

对于团注试验，注射少量造影剂，在感兴趣区（region of interest，ROI）进行多次低剂量非增量扫描，直到在选定的血管中看到造影剂。利用这种方法能够得知造影剂到达目标血管的时间，从而确定该动物的最佳扫描延迟时间。对于慢速扫描仪（从单排 CT 到 4–MDCT 设备），这个时间总是直接用作后续 CTA 的扫描延迟。但这种方法不适用于更先进的 MDCT 扫描仪和造影剂注入时间极短的情况。为确保得到目标血管最佳的图像增强效果，需考虑额外的延迟时间以获得准确诊断（计算延迟时间应考虑扫描长度）。对于更快速地 MDCT 扫描仪（64–MDCT 及以上的设备），选择合适的扫描延迟时间至关重要。在计算最佳扫描延迟时，需要考虑造影剂到达时间、扫描速度和造影剂注射持续时间（图 2.4）。

从理论上讲，团注试验技术不仅可以为单个动物量身定制动脉增强峰值时间，而且可以利用药代动力学模拟计算造影剂注射参数。换句话说，它不仅可以用来确定造影剂在特定动物体内的分布时间，还可以用来确定造影剂在特定动物体内的分布方式。这项技术是心脏功能受损动物的首选方案，这能够获得更快的可变的动静脉相图像采集时间。在兽医临床中团注试验技术有一个缺点，虽然其所需造影剂仅为几毫升，但对于小体型动物而言，其所使用的造影剂总量和体重相比仍然大到夸张。

使用团注追踪技术则不需要进行团注试验。所有最先进的 MDCT 系统都具有这一功能。在造影剂注入过程中，通过 ROI 以非增量的方式获得多幅图像。ROI 内的衰减值被不断监测，并在监视器上显示出来。当 ROI 区域内的 CT 值超过预定

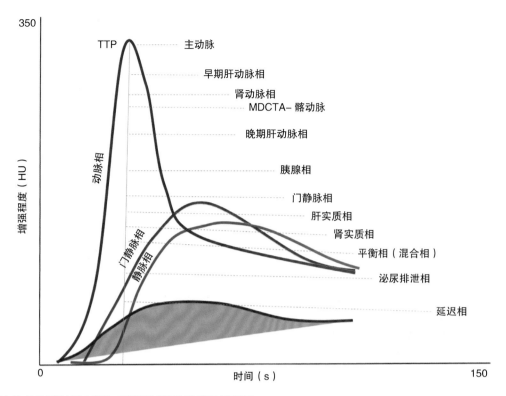

图 2.4　单次注射造影剂后血管和实质区域的造影增强示意图
红色、绿色和蓝色线分别代表肝脏的动脉相、门静脉相和静脉相。棕色线为肝实质增强曲线。TTP，达到主动脉增强峰值的时间。对于大多数先进的 MDCT 设备来说，个别动脉达到增强峰值的时间不能作为全身的扫描延迟。虚线表示 TTP 和扫描开始之间所需的额外延迟。这种延迟取决于器官固有的血流动力学、造影协议和扫描仪的特性。

亨氏单位（Hounsfield unit，HU）时自动触发扫描（例如，在腹部研究中定义降主动脉为 30 HU）或当达到视觉阈值时手动触发扫描（第一代 MDCT 扫描仪）（图 2.5）。这种技术比团注试验技术耗时更少，且在多数情况下，它都能持续提供良好的 CTA 图像质量。

2.4 影响造影增强的造影剂相关因素

碘的衍生物是犬猫 CT 增强中最常用的注射型造影剂。碘具有吸收 X 线的能力，使得血浆和靶器官中的 HU 值升高，从而增强血管结构和富含血管病灶的显影。造影剂浓度和注射方式影响血管的增强表现。碘的含量和 X 线的能级直接影响造影增强的程度。注射造影剂后，特定组织的不透明度增加与该组织中达到的碘浓度成正比（例如，在 120 kVp 时，1 mgI/mL= 造影增强 26 HU），并与 X 线能量水平成反比（较低的 kVp 导致更明显的造影增强，但也带来更多的图像噪点）。

造影剂的选择取决于各种因素，包括扫描设备类型、注射泵和成本。市售静脉注射造影剂有不同的碘浓度，范围是 240～370 mgI/mL。表 2.1 总结了一些已发布的协议，在犬猫的几种临床情况下使用不同的扫描设备进行 CT 血管造影。

通常需要根据实际情况调整造影剂浓度和注射协议，以充分利用所使用的 MDCT 设备功能。例如，快速的 MDCT 扫描设备（64 排、128 排或更多排 CT）首选较高浓度的碘造影剂（高达 370 mgI/mL），以实现更高和更快速地碘输送率，从而最大限度地提高 MDCTA 的动脉增强效果。高浓度造影剂只是一种可选方案，另一种方案是通过增加造影剂注射速率来获得良好的血管造影图像（图 2.6）。高浓度造影剂可以用在那些小体型、存在心血管疾病或血管脆弱的动物身上，在这些动物中如果提高造影剂注射速率可能会引发问题。

"造影剂注射协议参数"能够改变目标血管增

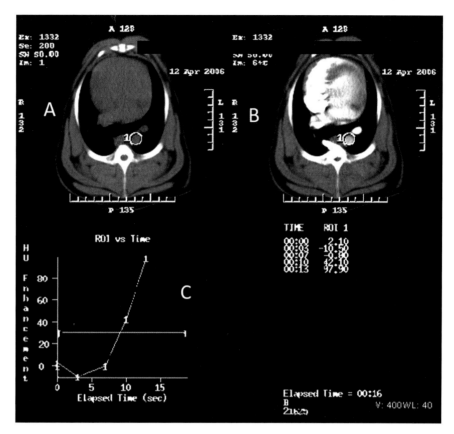

图 2.5　团注追踪过程中 CT 控制台的监视器外观示例（Lightspeed 16; GE Medical Systems）
A. 通过膈顶进行预增强扫描。注意降主动脉的圆形 ROI 区域（1）。B. 造影剂注射时获得的非增量系列图像。注意心血管结构的增强。C. 显示增强曲线的时间图像。使用该扫描仪，当 ROI 内达到预定阈值（这里是 30 HU）时，将手动触发扫描。

强的持续时间（体积 ÷ 速率）、增强速率和增强容积（持续时间 × 速率）。碘制剂的注射时间会影响血管造影增强的幅度和时机。动脉的增强取决于血流速率（mL/s）。注射速率的增加会缩短血管增强的时间，增加血管增强的幅度（即当使用密集型团注时）。此外在肝脏、胰腺和胃肠系统血管多相检查中，更快的注射速率提高了不同血管时相的区分，从而提高了对高血管化病灶的显现（图 2.7）。然而，短时间、高速率的造影剂注射并不适合用于实质研究。脑实质增强峰值出现在动脉增强之后，因此注射时间需要延长。多相（多血管相）扫描方法对于腹部研究是必要的，可以用来评估血管和实质组织。

"造影剂注射类型"包括单相、双相和多相注射。对于单相注射，全部造影剂以恒定速度推注。通过这种注入，造影增强达到一个峰值，然后开始下降。CTA 包括在造影剂分布曲线的上行和下

行范围内，并且在容积采集时，这种增强可能是不均匀的。这一特征对于小的扫描范围（如颈部或胸部的 CTA）不太重要，但对于较大的血管区域（如大型患病动物或外周血管 CTA）可能会有问题。

双相注射（第一阶段快速推注，随后较慢速推注）和多相指数减速注射技术（多相速度团注，注射速度呈指数下降）提供了更均匀的增强和更长的平台期。这些技术适用于需要覆盖较大血管区域的临床应用或用于慢速 CT 扫描仪。

机械动力高压注射泵是 MDCTA 不可缺少的设备。所有注射泵都允许对造影剂体积和注射速度进行预先编程，并设置注射压力限制。多数注射系统均能够实现单相和多相注射。双筒注射系统有两个不同的注射器（一个充满造影剂，另一个充满生理盐水），可以用来冲洗目标静脉并推动造影剂。生理盐水冲洗能够改善动脉内造影剂分

表 2.1　CTA 的推荐协议

作者	物种	目的	扫描仪种类	造影剂类型（mgI/mL）	剂量（mgI/kg）	注射程序	注射速率（mL/s）	盐水冲洗	目标血管	阈值（HU）	方法	管电压（kV）
Bertolini et al.（2006）and Bertolini（2010）	犬	用于诊断 PSS 的双相造影	16–MDCT	碘克沙醇 320	640	单筒高压注射泵	3	—	降主动脉	30	团注追踪	120
Nelson、Nelson（2011）	犬	用于诊断 PSS 的双相造影	16–MDCT	碘海醇 300	810	单筒高压注射泵	3	—	降主动脉	—	团注试验	120/140
Habing et al.（2012）	犬	肺 CTA	16–MDCT	碘海醇 300	390	单筒高压注射泵	5	—	右肺动脉干	—	团注追踪	—
Henjes et al.（2011）	犬	主动脉弓异常	64–MDCT	碘比醇 350	640	单筒注射泵	3	稀释造影剂	主动脉弓	110	团注试验	120
Drees et al.（2012）	犬	冠状动脉	64–MDCT	碘帕醇 370	555～962	双筒高压注射泵	2	30 mL	降主动脉	—	团注试验	120
Cassel et al.（2013）	犬	肺 CTA	双排 CT	碘海醇 300	600	单筒高压注射泵	3	手动冲洗	右肺动脉干	150	团注试验	130
May et al.（2013）	猫	肾脏 CTA	16–MDCT	碘海醇 240	528	双筒高压注射泵	5	10 mL	降主动脉	90	团注试验和团注追踪	—
Kim et al.（2013）	犬	用于诊断 PSS 的双相造影	8–MDCT	碘海醇 350	700	单筒高压注射泵	3	—	降主动脉	30	团注追踪	120
Goggs et al.（2014）	犬	肺栓塞	16–MDCT	碘海醇 300	600	双筒高压注射泵	2～3	—	肺动脉	—	团注试验	120
Brunson et al.（2016）	犬	用于诊断 PSS 的三相造影	8–MDCT	碘海醇 350	640	单筒高压注射泵	3	—	未报道	未报道	团注追踪	未报道

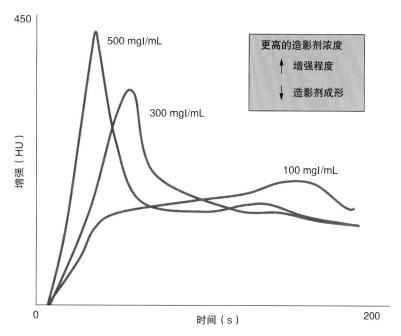

图 2.6　使用恒定碘浓度和可变注射速率（mL/s）的理论动脉增强行为示意图

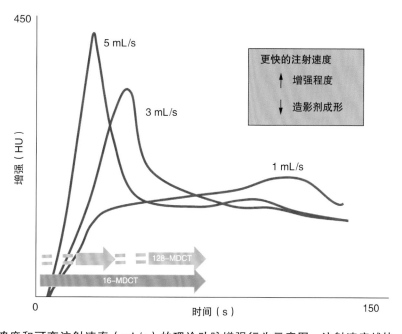

图 2.7　使用恒定碘浓度和可变注射速率（mL/s）的理论动脉增强行为示意图。注射速度越快，血管增强时间越短，增强幅度越大。更快的注射使得能够使用更快速的扫描仪进行多相血管研究，提高不同血管相的区分能力。箭头表示 128-MDCT 和 16-MDCT 腹腔假想扫描方案的比较。黄色虚线表示使用更快速的 128-MDCT，避免错过造影剂所需的扫描延迟时间

布不均的问题，延长动脉增强平台期。在兽医中，显著的、均匀的造影增强配合高 z 轴分辨率成像对于血栓、栓塞、血管侵袭和血管异常的诊断以及对 3D 容积渲染图像的充分分割是必不可少的。

当不使用生理盐水冲洗时，一些造影剂可能会成为相对静态的造影柱残留在头静脉中；造影剂的清除非常缓慢，导致胸段气管水平出现明显的条纹伪影。此外，静脉内残留的造影剂对动脉增强没有任何贡献。根据笔者的经验，在造影剂注射后，以相同速度使用 1/2 至等体积的生理盐水冲洗（使用双筒注射系统），能够有效地改善造影剂分布，能在采集过程中将注射的全部造影剂输送

到整个血管系统。生理盐水冲洗对于小体型动物尤其有用，因为造影剂的总用量很小（如用于评估玩具犬的血管异常）。

2.5 影响造影增强的仪器相关因素

MDCT扫描技术和协议可以通过获取一个特定时间点的造影增强数据间接影响血管研究的成功率。扫描参数的差异与可用的扫描设备类型（即4排、8排、16排、64排、128排、256排或320排探测器进行CT扫描）和性能有关。即使已经对特定动物进行了研究，也对造影剂参数进行了优化，但不恰当的CT扫描参数也会导致不可预测的血管增强效果。

随着从单排螺旋CT向多排螺旋CT技术的转变以及扫描设备的更新换代，CT协议发生了重大的变化。MDCT扫描仪的探测器排数逐渐增加，扫描时间随之大大缩短。自20世纪80年代中期以来，扫描设备的性能大约每两年翻1倍。与4-MDCT相比，64-MDCT因为增加了探测器排数和旋转速度，使其性能提高了20倍以上。最新的双源CT采用了两个球管探测器阵列，可以实现最短0.25 s的旋转时间和737 mm/s的容积覆盖速度。

在MDCTA中，决定扫描设备性能最重要的因素是扫描速度和z轴方向分辨率之间的关系（最大床速和使用该床速可以重建的最薄横断面层厚）。各向同性（$x=y=z$）分辨率对小动物的高质量血管研究是必不可少的。使用第一代MDCT扫描设备（4排、8排、16排），对于较小体积可以获得高空间分辨率的纵向（z轴）数据，但不适用于对整个腹部或身体的大面积扫描。在这些情况下，获得高质量血管造影研究的策略是只将扫描范围限制在感兴趣的血管范围内，并在整个扫描过程中维持造影剂的注射。当需要覆盖较大体积时，慢速MDCT扫描设备的策略是获取各向同性数据进行50%重叠建相。例如，使用16-MDCT对大型犬腹部进行MDCTA检查，如果想要获得质量尚可的图像，体积覆盖和图像质量之间的良好平衡点可能是：0.7 s机架旋转速度, 0.938：1螺距, 1.2 mm

层厚，50%重叠建相。

在血管造影前先进行平扫可能导致X线球管的热容量上升，限制了4排、8排、16排MDCT在高质量MDCTA序列检查时的可用性。在多数情况下，对于血管研究，非增强扫描不能显著增加MDCT血管造影图像的诊断价值，也不需要获取。

大多数先进的MDCT扫描仪（具有64排、128排、256排和320排检测器）具有更好的时间分辨率和空间分辨率，能够在几秒钟内实现更大扫描范围内的各向同性容积采集，使我们能够在图像质量不受影响的情况下对全身、胸部、腹部和外周血管进行多相扫描。

3. 如何回顾MDCTA数据资料

在大多数MDCT应用中，各向同性腹部血管成像可为每个序列提供数千张图像。重建和查看MDCTA数据集几乎有无数种方法，很难说哪一种方法是完全正确的。与二维多平面重建图像和三维图像相比，横断面图像的研究耗时且精度较低，尤其是对血管结构的研究。轴面图像对于2D MPRs或3D容积渲染图像上的可疑伪影分析仍然有用。现在多数3D重建都是实时交互的，非常复杂的处理技术如自动去骨等，只需几秒钟即可完成（参见第1章）。以下是临床实践中用于MDCTA数据集的最常见的2D和3D后处理技术。

● 多平面重建（multiplanar reformatted reformation, MPR）是一种二维（two-dimensional, 2D）实时技术，可以同时显示同一体素的矢状面、冠状面、横断面或任何斜面角度的多个视图。多平面重建的图像质量直接取决于图像层厚。当使用各向同性分辨率时，重建图像在任何平面上的质量几乎与原始轴位图像相同。MPRs让放射医生能够将数据作为一个整体进行交互，而不是单独查看数百或数千个横断面图像。

● 最大密度投影（maximum intensity projection,

MIP）是一种使用计算机算法的 3D 实时技术，它沿着观察者的眼睛穿过图像的一条直线评估每个体素，并选择最大密度的体素作为显示像素的值。它是 CT 血管造影术中应用最广泛的血管三维可视化技术。

- 容积重建（volume rendering，VR）是最灵活的三维可视化工具。与 MIP 中只使用 CT 值最高的体素相比，VR 中使用每个体素来计算最终图像。图像生成的方法是根据衰减值为图像中的每个体素分配一个不透明度值（从 0% 到 100%，透明到不透明）。颜色可以通过预置选择或交互改变参数来增强组织之间的分辨能力，直到达到预期的效果。

- 腔内成像或"虚拟内窥镜"是一种透视式 VR 技术，允许人们将解剖或病理结构的腔内情况可视化。虚拟内窥镜用于显示含气结构是最成功的，如气管支气管树，但也可以应用于高密度结构，如增强后的血管。

笔者的 MDCTA 数据分析包括交互式评估二维正交和多斜面 MPR 视图，以及血管树的 3D 薄层 MIP 和容积渲染图像。在临床中，5~20 mm 厚度的薄层 MIP 对于描述造影剂填充的结构是最好的。MIP 和 VR 提供了优秀的三维血管重建图像。但重要的是，由于只有最高 CT 值（HU）的体素会被投影在 MIP 图像上，使得这种 3D 技术会影响观察者对结构之间深度关系的感知。MIP 只显示 CT 值最高的体素，而 VR 则使用每个体素来计算最终图像。容积重建可以在许多不同的情况下显示图像，使所需的解剖结构可视化。例如使用来自各向同性数据集的 3D-VR 来评估血管异常，这极大简化了对小血管或复杂血管关系的解读。容积渲染图像包含了更多的图像信息，可能比原始 2D 图像更有用。重要的是，VR 的图像质量在很大程度上取决于原始数据的质量和用户优化渲染参数的技能。

表 2.2 概述了 MDCTA 优化的建议。

表 2.2　对 MDCTA 的优化建议

MDCTA 优化

- 避免不必要的扫描（球管产热）
- 限制扫描范围（对于慢速扫描仪）
- 使用团注追踪或团注试验技术
- 计算额外的扫描延迟（对于快速扫描仪）
- 使用各向同性或近似各向同性的分辨率（重叠建相）
- 利用高速碘造影剂注射率、高浓度和快速扫描，优化动脉增强
- 使用生理盐水冲洗改善血管显影
- 使用双相或多相注射以获得更均匀的增强并延长平台期（如外周动脉的显影）
- 使用 2D-MPR 和 3D-VR 后处理技术回顾 MDCT 数据资料

参考文献

[1] Bae KT. Intravenous contrast medium administration and scan timing at CT: considerations and approaches. Radiology. 2010; 256(1):32–61. doi:10.1148/radiol.10090908.

[2] Bertolini G, Prokop M. Multidetector-row computed tomography: technical basics and preliminary clinical applications in small animals. Vet J. 2011; 189(1):15–26. doi:10.1016/j.tvjl. 2010. 06.004.

[3] Bertolini G, Rolla EC, Zotti A, Caldin M. Three-dimensional multislice helical computed tomography techniques for canine extra-hepatic portosystemic shunt assessment. Vet Radiol Ultrasound. 2006; 47(5):439–43.

[4] Cassel N, Carstens A, Becker P. The comparison of bolus tracking and test bolus techniques for computed tomography thoracic angiography in healthy beagles. J s Afr Vet Assoc. 2013; 84(1). doi:10.4102/jsava.v84i1.930.

[5] Fishman EK, Ney DR, Heath DG, Corl FM, Horton KM, Johnson PT. Volume rendering versus maximum intensity projection in CT angiography: what works best, when, and why. Radiographics. 2006; 26:905–22.

[6] Fleischmann D. CT angiography: injection and acquisition technique. Radiol Clin N Am. 2010; 48(2):237–47, vii. doi:10.1016/j.rcl.2010.02.002.

[7] D F, Kamaya A. Optimal vascular and parenchymal contrast enhancement: the current state of the art. Radiol Clin N Am. 2009; 47(1):13–26. doi:10.1016/j.rcl.2008.10.009.

[8] Ichikawa T, Erturk sM, Araki T. Multiphasic contrast-enhanced multidetector-row CT of liver: contrast-enhancement theory and practical scan protocol with a combination of fixed injection duration and patients' body-weight-tailored dose of contrast material. Eur J Radiol. 2006;

58(2):165-76.

[9] Kim J, Bae Y, Lee G, Jeon s, Choi J. Dynamic computed tomographic determination of scan delay for use in performing cardiac angiography in clinically normal dogs. Am J Vet Res. 2015; 76(8):694-701. doi:10.2460/ajvr.76.8.694.

[10] Kirberger RM, Cassel N, Carstens A, Goddard A. The effects of repeated intravenous iohexol administration on renal function in healthy beagles – a preliminary report. Acta Vet scand. 2012; 54(1):47. doi:10.1186/1751-0147-54-47.

[11] Kishimoto M, Yamada K, Tsuneda R, shimizu J, Iwasaki T, Miyake Y. Effect of contrast media formulation on computed tomography angiographic contrast enhancement. Vet Radiol Ultrasound. 2008; 49(3):233-7.

[12] Hu K-C, Kuo C-J, Chen L-K, Yeh L-S. Effects of body weight and injection rate of contrast medium on 16-row multidetector computed tomography of canine aorta. Taiwan Vet J. 2011; 37(2):93-103.

[13] Lee CH, Goo JM, Bae KT, Lee HJ, Kim KG, Chun EJ, Park cm, Im JGCTA. contrast enhancement of the aorta and pulmonary artery: the effect of saline chase injected at two different rates in a canine experimental model. Investig Radiol. 2007; 42(7):486-90.

[14] Mai W, suran JN, Cáceres AV, Reetz JA. Comparison between bolus tracking and timing-bolus techniques for renal computed tomographic angiography in normal cats. Vet Radiol Ultrasound. 2013; 54(4):343-50. doi:10.1111/vru.12029.

[15] Makara M, Dennler M, Kühn K, Kalchofner K, Kircher P. Effect of contrast medium injection duration on peak enhancement and time to peak enhancement of canine pulmonary arteries. Vet Radiol Ultrasound. 2011; 52(6):605-10. doi:10.1111/j.1740-8261.2011.01850.x.

[16] Napoli A, Fleischmann D, Chan FP, Catalano C, Hellinger JC, Passariello R, Rubin GD. Computed tomography angiography: state-of-the-art imaging using multidetector-row technology. J Comput Assist Tomogr. 2004; 28(Suppl 1):S32-45.

[17] Pannu HK, Thompson RE, Phelps J, Magee CA, Fishman EK. Optimal contrast agents for vascular imaging on computed tomography: iodixanol versus iohexol. Acad Radiol. 2005; 12(5):576-84.

[18] Schoellnast H, Deutschmann HA, Berghold A, Fritz GA, schaffler GJ, Tillich M. MDCT angiography of the pulmonary arteries: influence of body weight, body mAss index, and scan length on arterial enhancement at different iodine flow rates. AJR Am J Roentgenol. 2006; 187(4): 1074-8.

[19] Tateishi K, Kishimoto M, shimizu J, Yamada K. A comparison between injection speed and iodine delivery rate in contrast-enhanced computed tomography(CT) for normal beagles. J Vet Med sci. 2008; 70:1027-30.

第3部分　腹　　部

第3章　腹部血管

Giovanna Bertolini

1. 概述

成年哺乳动物有 3 个不成对的腹部血管系统：主动脉系统、后腔静脉系统和门静脉系统。在正常成年动物中，3 个系统之间没有有效连接（图3.1）。位于左脐静脉和门静脉左支之间的静脉导管为存在于胎儿体内的肝内连接，于出生后不久关闭。此章会描述简要的解剖学背景。

1.1 腹部动脉

腹主动脉始于膈肌的主动脉裂孔，沿脊柱腹侧延伸，通过大量的动脉网络发出分支，供应胃、肾、肠道、性腺和其他器官。腹主动脉的分支可分为三组：壁支、脏支和终支。腹主动脉的壁支由胎儿背侧节间动脉发育而来，包括成对对称的膈动脉、腹部动脉、腰动脉和旋髂深动脉。腹主动脉的脏支包括未成对的腹腔动脉、前肠系膜动脉和后肠系膜动脉以及其他成对的血管，即肾动脉、肾上腺动脉和性腺动脉。主动脉末端分为两条主要血管，即向后肢和骨盆供血的髂动脉（图 3.2）。

腹腔动脉　未成对的腹腔动脉从第一腰椎水平的腹主动脉腹侧发出。它至少有 3 条分支：肝动脉、胃左动脉和脾动脉。它以三叉分支结束，或者可以发出肝动脉和胃脾血管干。胃脾血管干随后分支为胃左动脉和脾动脉。在肝外部分，肝动脉从头腹侧向右侧延伸至门静脉旁。它发出 3~5 个分支，进入肝门区并与门静脉肝内分支伴行。肝动脉分支的数量、走向及它们所供应的区域因个体而异。

肠系膜动脉　前肠系膜动脉是腹主动脉最大

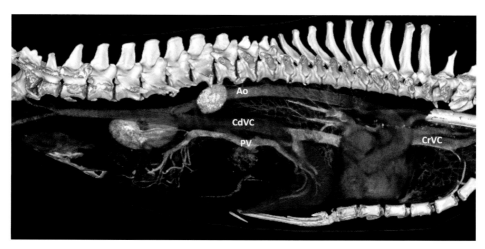

图 3.1　犬腹部血管的三维容积渲染图像（右侧视图），显示了 3 个血管系统

Ao，主动脉；CdVC，后腔静脉；CrVC，前腔静脉；PV，门静脉。

的脏支。它起源于腹主动脉腹侧，位于腹腔动脉尾侧。它为胰腺、小肠和大肠发出几个分支。后肠系膜动脉是一条细小血管，起源于腹主动脉腹侧（与旋髂深动脉处于大致相同的水平），供应小肠的末端。

肾动脉　肾动脉是腹主动脉的成对的外侧脏支，其形态可能极其多变。通常，一条肾动脉分叉为背侧和腹侧分支，为肾脏的头部和尾部供血，这种分支的位置极其多变。双肾动脉可发生于单侧或双侧。在肾门处，每个肾动脉分支发出叶间

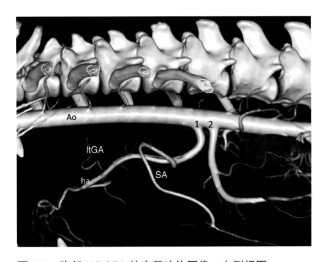

图 3.2　腹部 MDCTA 的容积渲染图像，左侧视图
Ao，腹主动脉；1. 腹腔动脉；2. 前肠系膜动脉；ha，肝动脉；SA，脾动脉；ltGA，胃左动脉。

动脉，这些动脉继续进入肾脏，形成弓形动脉、小叶间动脉和肾小球入球小动脉。

终支　在倒数第二或最后腰椎的水平上，腹主动脉发出供应后肢的左右髂外动脉，随后发出髂内动脉后迅速变细，延续为荐正中动脉。

1.2 后腔静脉

后腔静脉（CdVC）开始于倒数第二腰椎周围，或更靠近头侧，靠近左、右髂总静脉的汇合处。它是腹部最大的血管。根据其胚胎起源，后腔静脉通常分为 4 个节段：肾前段、肾段、肝前段和肝段。旋髂深静脉是后腔静脉的第一支（图 3.3）。当后腔静脉从头侧开始至第六腰椎时，旋髂深静脉汇入相应的髂总静脉。腰静脉是伴随相应动脉的节段性血管。肾静脉是后腔静脉的成对分支。在肾脏内，弓形静脉和小叶间静脉与相应的动脉伴行。左肾静脉接收左性腺静脉，与相应的动脉伴行，而对侧性腺静脉直接连接后腔静脉。肝静脉存在于肝实质内，并于侧面及腹侧与后腔静脉（肝段）相连。主要的肝静脉包括右侧肝叶的肝右静脉；引流肝方叶的肝中静脉；位于肝脏左侧的肝左静脉。每个肝静脉接收来自肝脏不同部位的许多支流（图 3.4）。

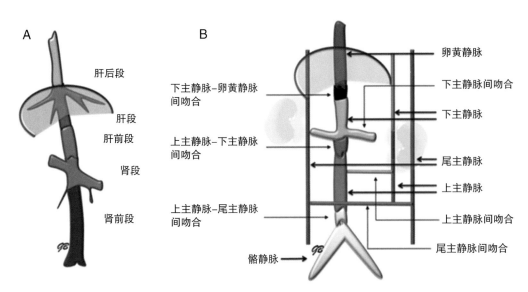

图 3.3　成年哺乳动物后腔静脉节段（A）是胚胎中复杂血管吻合和退化的结果（B）

1.3 门静脉系统

门静脉（PV）及其分支构成门静脉系统，将血液从腹部脏器输送至肝脏。它从胃肠道（直肠尾段和肛管除外）、脾脏和胰腺收集血液。门静脉系统的主要分支是前肠系膜静脉和后肠系膜静脉，它们引流大部分肠道；与相应动脉伴行的脾静脉；胃左静脉，是脾静脉的一个分支；胃十二指肠静脉、胃右静脉和胃网膜静脉。在肝门，门静脉分为左、右两支（图3.5）。右支供应肝脏的右侧部分，包括右外叶和尾状叶的尾状突。门静脉的左支供应肝脏的中央和左侧部分，包括右内叶、方叶、左内叶和左外叶。尾状叶乳头突的小分支起源于左支。

2. MDCT 成像策略

腹部 MDCTA 适用于怀疑腹部血管系统异常的病例。螺旋 CT 和最先进的 MDCT 技术之间存在一些重要的区别。首先，MDCT 扫描仪可以比螺旋 CT 扫描仪更快地获取图像（旋转时间快达0.25 s）。更短的旋转时间可以提高时间分辨率，这

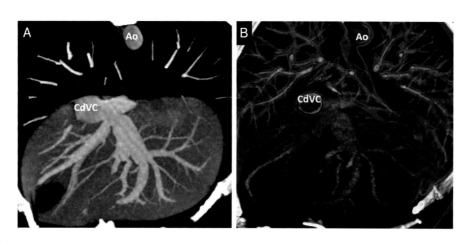

图 3.4 肝静脉
A. 薄层 MIP 横断面图像。B.VR 薄层图像。CdVC，后腔静脉；Ao，主动脉。

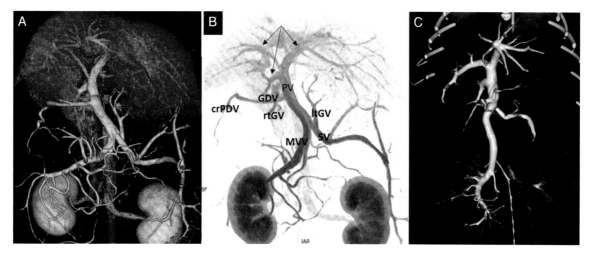

图 3.5 A. 犬门静脉系统的 VR 图像。B. 同一图像的薄层 MIP（反向视图）。哺乳动物的门静脉系统由前肠系膜静脉和后肠系膜静脉（MVV）汇合而成。它从左侧接收脾静脉（SV）和胃左静脉（ltGV），从右侧接收胃十二指肠静脉（GDV）、胰十二指肠前静脉（crPDV）和胃右静脉（rtGV）（以及胃网膜静脉，此处不可见）。门静脉（PV）在肝脏内分为左、右两支（箭头）。C. 猫正常门静脉系统的 VR 图像

对于血管检查至关重要。16 排 MDCT 扫描仪可以获取真正的各向同性体积数据集（$x=y=z$），而螺旋 CT 获取的是单个切片数据。有了这些快速扫描仪，在患病动物进行腹部双相或三相检查时，可以进行常规的各向同性 MDCTA。这种能力具有巨大的优势，因为它能同时提供有关血管和实质结构的信息。使用先进的 MDCT 扫描仪，可分别做动脉相和门静脉相的 CTA 检查，并可提供有关腹部器官正常结构和病理结构增强的信息。其次，高质量的血管图像后处理是在不影响纵向（z 轴）空间分辨率的情况下快速获取薄层数据的先决条件。

笔者的目标是在靶血管区域达到一定程度的造影增强，并在整个扫描过程中保持一致的增强水平。在目标血管的整个纵向范围和图像采集期间，血管内衰减至少达到 250 HU（最好为 300 ~ 400 HU），是 CTA 的先决条件。这一看似简单的目标在实践中可能很难实现，尤其是对于体型和心输出量（影响血管造影增强的两个主要因素）差异较大的患病动物。当使用更快速的 MDCT 扫描仪进行 CTA 时，根据经验性开发的螺旋 CT 协议手动注射造影剂（CM）不适用。因此，应使用针对所采用技术设计的注射系统和 CM 注射协议。

在兽医文献中，正常犬的主动脉增强峰值为 2 ~ 9.8 s，门静脉增强峰值为 14.6 ~ 46 s。血管异常可能会影响 CM 到达目标血管及达到峰值的预期时间。在笔者对患有先天性门体分流（CPSS）的犬进行的一项研究中，主动脉增强峰值发生在 CM 注射后 2.4 ~ 10.2 s，门静脉达到峰值（约 250 HU）的时间为 5.5 ~ 11.1 s。不同论文中描述的血管增强峰值的差异，强调了用于许多常规非血管应用的固定延迟扫描对血管评估不足。必须使用团注试验或团注追踪技术为每个受试动物调整扫描时间，并选用合适的扫描仪技术（详见第 2 章）。

本书的特定章节中描述了肝脏、胰腺、肾脏和脾脏的腹部血管区域的 MDCT 成像策略。

对于主动脉及髂动脉的评估，容积覆盖速度取决于成像场的长度，而成像场的长度又取决于患病动物的个体形态。鉴于容积流体动力学的可变性，必须精确选择采集和 CM 注射参数，以同步扫描持续时间（床速和容积覆盖率）和 CM 注射。使用团注试验或团注追踪技术来确定 CM 在主动脉中的通过时间，以进一步确定单只患病动物的循环时间。动脉流入和静脉流出的解剖结构通常通过单次注射进行评估。对于较慢的扫描仪（即床速为 30 ~ 40 mm/s 的扫描仪），双相注射（主动脉增强之前开始）可能有助于改善动脉增强。CM 团注的长度应接近扫描的长度，并在到达主动脉和扫描开始之间增加延迟（扫描仪延迟）。相反，如果使用速度更快的扫描仪，CM 可能会"跑得更远"，扫描床的移动速度比血管系统中的 CM 快，扫描仪的速度可能会超过造影剂。因此，髂动脉在采集时未增强。如果扫描仪允许，主髂动脉 MDCTA 的一种可能策略是以前后方向扫描该区域，并以后前方向预编程第二次采集，以防第一次扫描时远端动脉未增强。心血管疾病患病动物 CM 到达主动脉的时间可能存在显著差异。因此，建议在这些患病动物中使用团注追踪技术进行定制的双相 CM 注射，以实现更可预测的主髂动脉增强。注射结束时的盐水冲洗会推动 CM 以获得均匀且持久的血管增强。

3. 腹部血管疾病

具有不同程度临床相关性的广泛血管疾病可累及腹部血管系统。MDCTA 成像方案的选择取决于对临床问题的适当考虑，包括可疑异常的类型和涉及的血管区域（动脉、门静脉或静脉）。腹部动脉变异和解剖异常在小动物中相对罕见。最常见的血管变异和病理情况涉及后腔静脉和门静脉系统。后腔静脉异常本身没有或仅有较小临床意义，但通常与其他血管异常相关，如门体分流术，可能会产生相关的临床表现。先天性和获得性静脉病变以及门静脉系统病变包括几种模式，随着临床实践中越来越多地使用先进成像方式，这些病变模式越来越为人们所认识。在过去的 10 年中，

MDCT 给临床血管成像带来了巨大的变化，提供了曾经难以想象的无创诊断的可能。

3.1 血管损伤

MDCTA 无疑是评估血管损伤的首选成像方法，其中大多数是患病动物的创伤。据报道，犬在经历钝性腹部创伤后，可能出现大动脉和小动脉的创伤性血管损伤（如肾动脉撕脱、肠系膜缺血）。

骨盆骨折和其他严重创伤可导致主髂血管的创伤性破裂。多相扫查方法可能对这些患病动物有用。在一次综合检查中，MDCT 可以提供有关创伤中涉及的各种器官和组织的信息（图 3.6）。此外，它有助于区分动脉和静脉损伤，并可能指导治疗管理。腹膜后间隙或软组织（如肌肉）的血管外区域在早期动脉相扫描中的衰减值与主动脉的衰减值相似或更高，提示动脉出血。在门静脉相和血管延迟相，这些区域保持较高的衰减值。门静脉相出现高衰减区，但动脉相未出现，提示活动性静脉出血。在严重骨盆创伤的情况下，动脉和静脉可能撕裂，动脉相和门静脉相 CM 外渗提示活动性出血，可能存在出血性肌肉梗死和腹膜后间隙出血。血管损伤的其他 MDCT 征象为血管闭塞、假性动脉瘤和动静脉瘘。

动静脉畸形和动静脉瘘是先天性和获得性高流量血管连接。异常的血管连接使血液沿着阻力最小的路径从高压动脉流向低压静脉，导致静脉压升高和远端灌注减少。

血管造影检查对于确定瘘管的精确位置是必要的。MCDT 血管造影征象包括动脉增粗、扭曲及静脉过早充盈（图 3.7）。

3.2 腹主动脉及其分支异常

3.2.1 腹主动脉及其分支的先天性异常

腹主动脉本身的先天性异常在小动物中非常罕见。其分支的变异或异常在犬和猫上更为常见。在 MDCTA 过程中，可以偶然发现腰动脉的异常起源和走向，但几乎不会引起临床症状。腹主动脉脏支的数量和位置变化更常见。大约 80% 的犬，每个肾脏都有一条肾动脉，肾动脉分为次级背侧支和腹侧支（以极其多变的方式），供应叶间动脉。后者可能具有不同的模式，并与集合系统有着密切的关系。少数犬有两条肾动脉供应左肾和（或）右肾。在早期动脉相获得的 MDCT 图像上，可以很容易地研究肾动脉的重复畸形以及次级分支和叶间分支的变化。肾动脉分支模式的变化没有相关的临床症状。然而，了解个体的血管解剖变异在介入放射学和外科手术规划中非常重要（图 3.8）。

合并的复杂血管异常可能涉及不同的血管区。使用 4-MDCT 扫描仪在一只犬身上观察到一条共同的腹腔肠系膜血管干，同时伴有获得性门静脉侧支，最终诊断为门静脉发育不良（图 3.9）。另一份报告描述了使用 CTA 作为一种无创技术来计

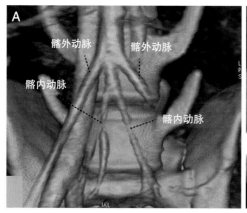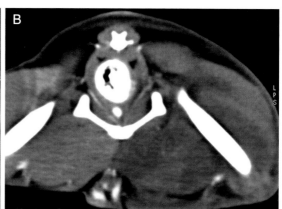

图 3.6　2 岁雄性杰克罗素㹴的 16-MDCT 检查，由咬伤导致左侧髂外动脉和双侧髂内动脉多处撕裂

A. 受损血管的 VR 图像。B. 注意左侧肌肉低衰减（梗死）。

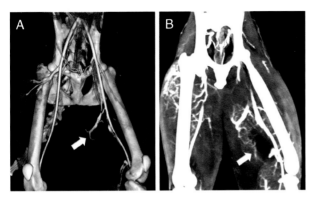

图 3.7　1 岁家养短毛猫的左腿慢性肿胀和疼痛。由于多发动静脉瘘，主髂动脉水平 128-DSCT 图像显示左侧股静脉早期增强。注意同侧肌肉肿胀。对侧肢也有细而弯曲的动脉

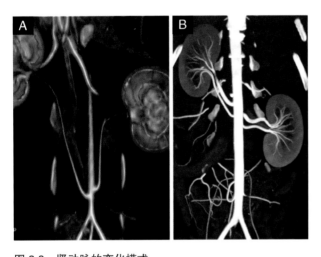

图 3.8　肾动脉的变化模式

A. 异位肾动脉起源于尾侧的 1 岁雄性布偶猫。B. 具有双侧肾动脉重复畸形的杂交犬。

划与犬后腔静脉肾前段囊状扩张相关的主 - 腔静脉血管连接的经动脉线圈栓塞。

3.2.2 腹主动脉及其分支的获得性异常

与人相比，犬和猫的主动脉瘤鲜有报道，大多数涉及胸主动脉。MDCTA 检查偶尔可见腹主动脉节段性扩张和走向偏差，无相关临床意义（图 3.10）。在人中，直径比该主动脉段预期直径 ≥ 50% 的主动脉扩张称为动脉瘤。据报道，小动物腹主动脉节段扩张与真菌系统性感染有关，但尚未确定小动物主动脉瘤的阈值。

很少有报道描述小动物的主动脉夹层，单独发生或与主动脉瘤相关。其发病机制包括导致主动脉壁应力增加的病理条件（如系统性高血压、遗传性疾病），以及动脉壁本身薄弱。在最近的一项研究中，64-MDCTA 被用于猫主动脉夹层的诊断和描述。据报道，人类患者使用快速（≥ 64 排）MDCT 扫描仪诊断主动脉夹层的敏感性和特异性分别高达 100% 和 98%。此外，MDCT 有助于识别主动脉夹层的主要并发症，如纵隔出血、心包出血、夹层延伸至其他主要血管和血栓形成。

主动脉血栓形成和血栓栓塞是涉及主动脉及其分支的最常见的获得性疾病。通常，在犬和猫

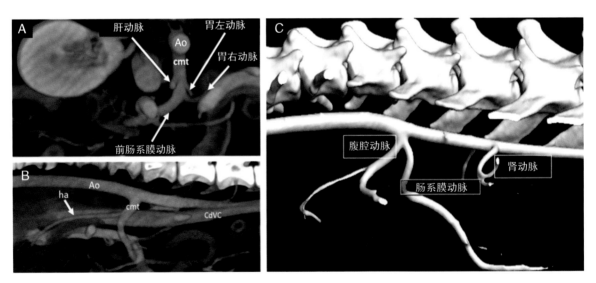

图 3.9　A. 具有共同腹腔肠系膜血管干（cmt）的犬腹部混合血管相（4-MDCT）MIP。B. 同一只犬的矢状面 MIP。C. 猫较短的腹腔肠系膜血管干

Ao，主动脉；CdVC，后腔静脉；ha，肝动脉。

（A、B 由意大利巴里 Pingry 动物医院的 Dr. Mario Ricciardi 提供。）

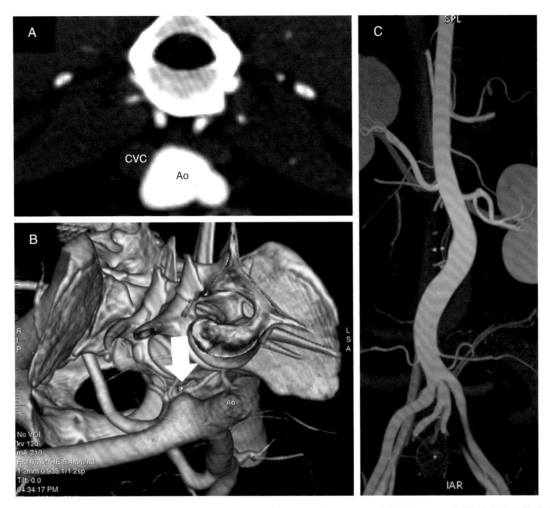

图 3.10　A. 主动脉分叉处假性动脉瘤扩大犬的 16–MDCTA 横断面图像。B.VR，头侧斜切，显示假性动脉瘤（箭头）。C. 另一只犬的 16–MDCTA 图像，其降主动脉的腹部部分弯曲

Ao，主动脉；CVC，后腔静脉。

身上，血栓形成于具有潜在血栓形成条件的形态正常的动脉血管中。脏支和终支比主动脉节段更容易受累。犬最有可能出现主动脉远端局部血栓形成并栓塞髂动脉和（或）股动脉（图 3.11 和图3.12）。主动脉血栓栓塞易发生在有心脏病和其他慢性易感疾病的猫身上。MDCTA 在犬和猫主动脉血栓形成的最终诊断中起着重要作用，它有助于评估血管闭塞的实际范围，以及规划外科和介入放射学程序。莱昂贝格犬有家族性主动脉瘤伴夹层出血的报道。严重系统性疾病患病动物可发现导致自发性主动脉夹层的附壁血栓和（或）血肿（图 3.13）。

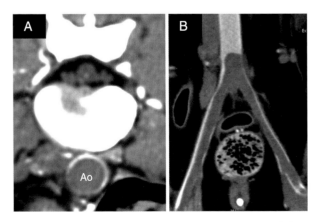

图 3.11　因利什曼病导致肾病综合征继发广泛主髂动脉血栓形成的 8 岁犬

A. 横断面图像。注意主动脉（Ao）的充盈缺损。B. 同一只犬的冠状面 MPR 图像，显示血栓延伸至两条髂动脉。

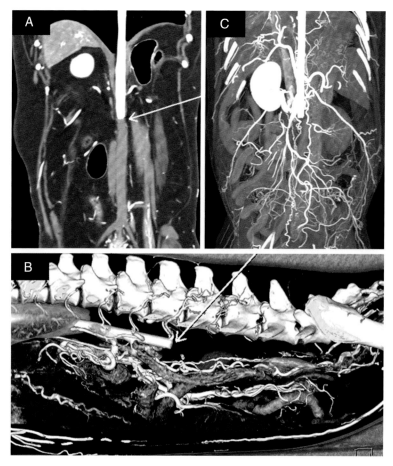

图 3.12 犬的 128-DSCT 腹部血管造影图像，显示主动脉血栓累及肾左动脉、后肠系膜动脉和髂动脉

A. 冠状面 MPR 图像显示降主动脉造影剂分布中断（箭头）。B. 冠状面薄层 MIP 显示膈腹动脉腹侧支的大量侧支。C.VR（左侧视图）显示降主动脉、腰动脉和髂动脉的腰段未增强。

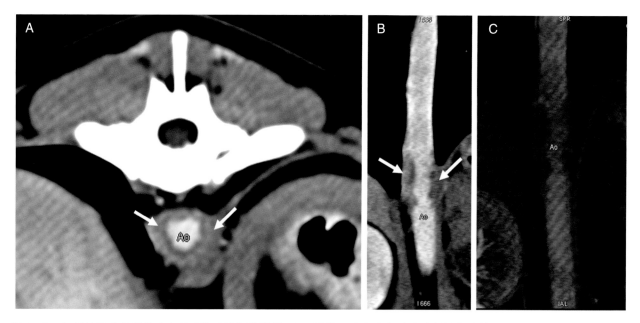

图 3.13 A. 系统性分枝杆菌病患犬晚期动脉相的横断面 2D 图像。注意降主动脉壁的浸润（箭头）。B、C. 相同病例的 2D 冠状面 MPR 图像和 3D-VR，显示壁浸润的范围和血管腔的不规则充盈缺损

Ao，主动脉。

3.3 后腔静脉异常

广泛的先天性变异、异常和病理情况可影响后腔静脉和腹部静脉。在成年哺乳动物中，腹部后腔静脉通常是一条单支靠右侧血管，从尾侧到头侧分为五段：肾前、肾、肝前、肝和肝后。

3.3.1 后腔静脉先天性异常

大多数后腔静脉的尾侧节段更容易发生先天性变异，这在临床上通常是无症状的。然而，熟悉这些变异对于避免手术中的误判和潜在并发症非常重要。此外，腔静脉变异可能影响股静脉的静脉通路，因此应在介入放射学操作之前考虑。同样，它们通常与其他具有重大临床相关性的血管和非血管异常相关（表 3.1）。了解后腔静脉节段性变异和异常的发生机制对于放射学解读至关重要。然而，对犬猫静脉系统正常发育过程的全面描述超出了本书的范围。下文，笔者简要概述了每种腔静脉变体或异常的可能胚胎机制。

当右主静脉系统不能正常发育时，就会出现输尿管前的腔静脉。泌尿生殖系统和腔静脉系统分别发育，但输尿管和后腔静脉之间的空间关系取决于正确的血管胚胎发育。持续存在的右主静脉将同侧输尿管的一部分夹在其背侧（图 3.14）。这种后腔静脉的异常，也称为"腔静脉周围输尿管"或"腔静脉后输尿管"，可在 MDCT 检查中偶然发现。输尿管可能明显受压，导致输尿管扩张和肾积水。在猫身上，输尿管前的腔静脉与下泌尿道的各种体征有关，正如在人上所报告的那样。

左位后腔静脉累及肾前段血管（图 3.15）。左位腔静脉肾前段代表左上主静脉持续存在，右上主静脉异常退化。在肾脏区域，左位腔静脉穿过腹中线与正常的右位腔静脉相连。这种情况可导致左位腔静脉后输尿管。

在猫和犬身上，后腔静脉重复畸形是一种常见的 MDCT 表现。犬有两种不同的重复模式：完全重复，即肾前段和肾段重复；部分重复，仅涉及腔静脉的肾前段（图 3.16）。上主静脉和下主静脉持续吻合以及上、下主静脉吻合紊乱可能是重复畸形的胚胎机制。在笔者医院对犬进行的一项大规模研究中，后腔静脉重复畸形的患病率为 2.08%。

表 3.1　CdVC 变异和伴发的异常

异常	性质	CT 征象
左位后腔静脉	先天性	形态正常、左位后腔静脉肾前段于肾水平跨过中线。可能导致输尿管扩张和肾积水。可能同时存在其他 CVC 及门静脉异常
双后腔静脉	先天性	部分（肾前段）及完全（肾前段、肾段）型。肾左静脉与 CVC 主干或持久性左后腔静脉相连。两条腔静脉的直径可能相同或不同。CVC 重复畸形和 PSS 可能相关
输尿管前的腔静脉	先天性	输尿管位于 CVC 背侧，可能导致输尿管扩张和肾积水。可能同时存在其他 CVC 异常（左位 CVC 或重复畸形）或门静脉异常
后腔静脉中断伴奇静脉延续	先天性	在肾区，CVC 向背侧延伸，与右奇静脉相连（伴扩张）。可能同时存在其他 CVC 和门静脉异常
后腔静脉瘤	先天性／获得性	CVC 节段性扩张。可能与先天性奇静脉延续有关。可能同时存在肾静脉瘤。可能存在血栓和腔静脉侧支循环
后腔静脉血栓／侵袭	获得性	在造影增强扫描中出现充盈缺损。常出现新生血管和侧支循环
后腔静脉侧支循环	获得性	可能存在腔静脉－腔静脉侧支（深、中、浅旁路）和腔静脉－门静脉侧支（结肠静脉、肠系膜静脉旁路）。肝段／肝后段 CVC 梗阻，可能同时存在获得性门体分流

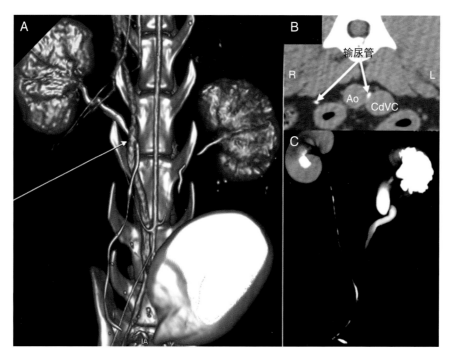

图 3.14　A. 右侧输尿管前的腔静脉的猫 16-MDCT 图像（VR，腹侧视图），显示同侧输尿管受压。注意输尿管压迫附近轻微扩张。B. 伯恩山犬左侧输尿管夹在主动脉（Ao）和左位后腔静脉（CdVC）肾前段之间的排泄相横断面图像。C. 相同容积数据的容积补偿图像，显示左侧输尿管扩张和肾积水

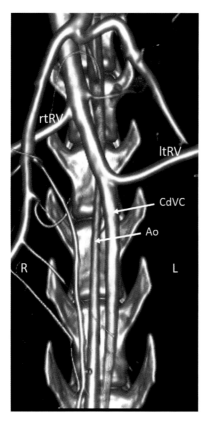

图 3.15　猫左位后腔静脉肾前段（16-MDCT 容积补偿图像，腹侧视图）

rtRV，右肾静脉；ltRV，左肾静脉；CdVC，后腔静脉；Ao，主动脉。

小型犬更容易出现腔静脉重复，完全重复是最常见的模式。某些玩具品种，如约克夏㹴、泰迪犬和马尔济斯犬，腔静脉重复的风险似乎更高，这种异常现象与 CPSS 显著相关。

当右下主静脉 - 肝静脉无法吻合，导致右下主静脉萎缩时，会发生后腔静脉中断伴奇静脉延续。在这种情况下，没有后腔静脉的肝段。后腔静脉接收肾段的肾静脉后从背侧穿过膈脚，与胸腔的右奇静脉相连（图 3.17）。后腔静脉的肝前节段没有正常发育并伴奇静脉延续可能是偶然发现。然而，这种血管变异通常与其他具有临床相关性的血管及非血管异常相关。在犬身上，已有描述后腔静脉奇静脉延续与门静脉发育不全和门静脉分流有关，伴或不伴有腹部脏器转位（图 3.18）。

后腔静脉瘤是一种罕见的血管壁局部永久性扩张。据报道，先天性后腔静脉瘤与腔静脉中断伴奇静脉延续及肾静脉瘤有关。可能存在腔静脉血栓，同时可能形成腔静脉侧支以维持静脉回流至右心（图 3.19）。

后腔静脉经常与 CPSS 和获得性门体分流

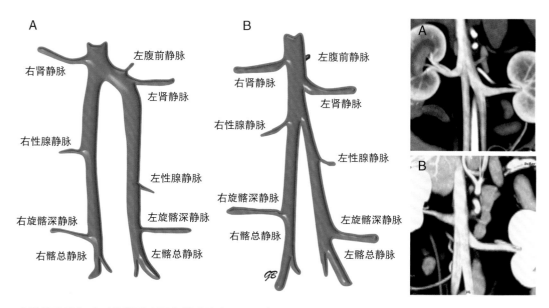

图 3.16 犬腔静脉重复畸形的类型（更多描述请参见正文）

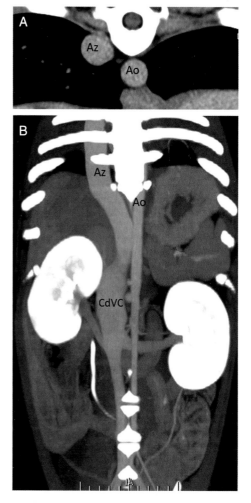

图 3.17 后腔静脉的奇静脉延续

A. 横断面显示奇静脉切面直径大于主动脉。B. 另一只犬奇静脉延续的冠状面 MIP 图像。Ao，主动脉；Az，奇静脉；CdVC，后腔静脉。

（APSS）有关。后腔静脉的肝前段和肝段是 CPSS 最常累及的部位。后腔静脉的肾段通常直接或通过肾静脉或膈腹静脉参与获得性门体分流。

3.3.2 后腔静脉获得性异常

后腔静脉及其分支的血栓形成表现为血管中出现持续性充盈缺损，可通过造影增强检查观测到（图 3.20）。凝血功能障碍和肿瘤是导致后腔静脉和肝静脉血栓形成的最常见原因。重要的是，CM 注射速率过快和扫描时期过早，可能出现来自肾静脉已增强血液与来自身体大多数尾侧区域的未增强血液的混合物，这可能会在后腔静脉中形成填充伪影，从而出现血栓形成的假象，导致误诊。

一些肿瘤，尤其是肾和肾上腺肿瘤，可以扩散到后腔静脉。MDCT 可以很容易地识别肿瘤对后腔静脉的侵袭，并清楚地显示团块与血管内癌栓的关系，有助于区分恶性血栓和血性血栓。这一信息至关重要，因为临床治疗取决于对癌栓程度和范围的正确评估。

后腔静脉血栓是腹膜后间隙肿瘤患病动物血管侵袭的主要影像学征象。恶性血栓形成可累及一段或多段后腔静脉。肾肿瘤可直接延伸至后腔静脉或生长至肾静脉然后进入肾段腔静脉。同样，肾上腺肿瘤可直接累及腔静脉，或扩散至膈腹静

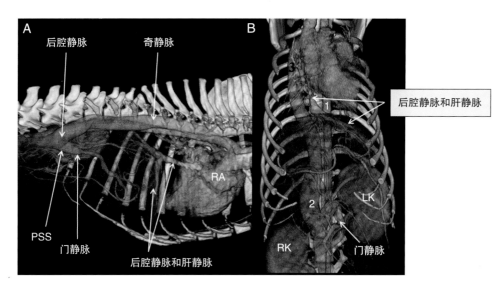

图 3.18　A. 犬后腔静脉伴奇静脉延续的容积补偿右侧视图（16-MDCT），且门静脉闭锁伴门腔静脉连接（门体分流）。B. 同一只犬的腹侧容积补偿图像显示腹部脏器转位。左肾（LK）位于头侧，右肾（RK）位于尾侧

1. 主动脉；2. 后腔静脉；3. 右奇静脉。RA，右心房；PSS，门体分流。

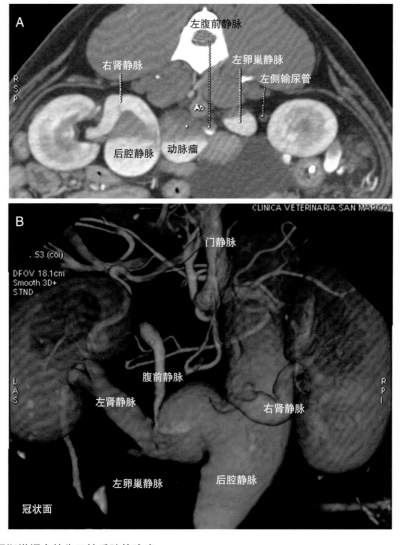

图 3.19　1 岁雌性美国斯塔福犬的先天性后腔静脉瘤

A. 横断面图像。B. 肾静脉受累的冠状面容积补偿图像。Ao，主动脉。

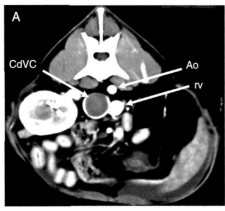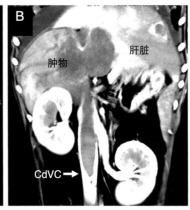

图 3.20　肝脏肉瘤患犬的后腔静脉血栓形成

Ao，主动脉；CdVC，后腔静脉；rv，肾静脉。

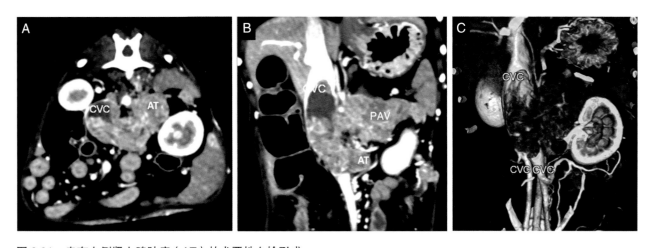

图 3.21　患有左侧肾上腺肿瘤（AT）的犬恶性血栓形成

A. 横断面图像。肿瘤侵袭膈腹静脉（PAV），到达肾段后腔静脉（CVC）。注意血栓的不同性质（肿瘤性和血性）。B. 冠状面 MPR 图像显示肿瘤性血栓和血性血栓的范围。C. 相同容积数据集的 VR 图像，显示患犬也有肾前段后腔静脉的重复畸形。

脉和（或）肾静脉，然后再扩散至后腔静脉（图 3.21）。根据肿瘤侵袭的部位、栓塞的等级和持续时间，可以预期并分析其他 CT 征象。在动脉相可以观察癌栓内部和周围的新生血管，有助于区分恶性和非恶性栓塞。

随着后腔静脉的慢性阻塞（无论何种阻塞原因），可能形成腔静脉侧支旁路，以保证静脉回流至右心房。在笔者的医院使用 16-MDCT 扫描仪进行的一项研究中，确定了犬的四种主要侧支旁路：①浅表旁路。将血液引流至旋髂浅静脉皮下分支，再经肋间静脉汇入奇静脉（图 3.22）。②中间旁路。绕过梗阻位点，通过性腺静脉和输尿管周围静脉引流，汇入肾静脉或后腔静脉（图 3.23）。③深层

旁路。直接或通过椎静脉丛引流至右奇静脉，最终汇入奇静脉（图 3.24）。④门静脉旁路。通过肠系膜静脉分支汇入门静脉，也称为腔门静脉侧支（图 3.25）。

这些旁路不应与其他不同性质的先天性或获得性血管异常相混淆，如门体分流。但获得性门体分流可与静脉侧支旁路同时发生。当后腔静脉血栓向头侧延伸，累及肝段和（或）肝后段后腔静脉时，肝内静脉血流受阻可导致门静脉高压（窦后性门静脉高压）。在这些病例中，MDCT 中可见门静脉高压的间接征象，如腹水、静脉曲张和其他获得性门体侧支（巴德基亚里样综合征）。在肝段 / 肝后段后腔静脉梗阻的动物中，慢性静脉阻

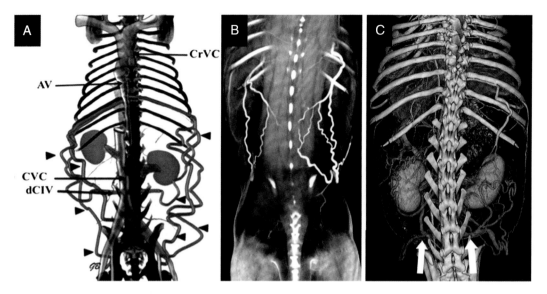

图 3.22　A. 浅表旁路示意图。旋髂静脉（dCIV）扩张，将髂总静脉血液引流至位于腹部背侧皮下组织间的旋髂静脉头侧及尾侧浅表分支（箭头），最终经肋间静脉汇入奇静脉（AV）。B. 存在浅表旁路的犬的冠状面 MIP 图像。C. 同一只犬的冠状面容积重建图像。注意旋髂深静脉扩张（箭头）

CVC，后腔静脉；CrVC，前腔静脉。

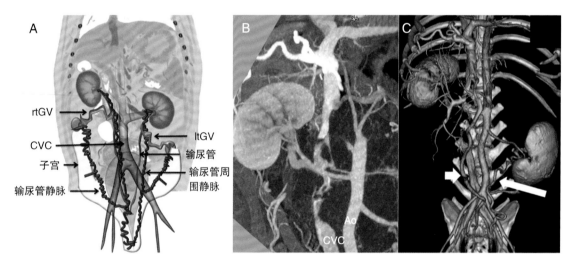

图 3.23　A. 中间旁路示意图。B. 犬的后腔静脉（CVC）肿瘤侵袭。C. 注意输尿管周围静脉扩张（长箭头）、左结肠静脉扩张（短箭头）（同时伴有腔门静脉侧支）

Ao，主动脉；rtGV，胃右静脉；ltGV，胃左静脉。

塞导致的腔门静脉侧支以及窦后性门脉高压引发的门体侧支可能同时存在，使影像学分析变得困难。在多相 MDCT 扫查中，侧支血管中造影剂的衰减度与其血流来源的静脉系统中造影剂衰减度一致，在腔门静脉侧支病例中为腔静脉，在获得性门体侧支病例中为门静脉。高质量的 MDCTA 图像及解剖学和病理生理学知识对于准确地解读

图像十分必要。

3.4 门静脉系统异常

门静脉循环引流消化器官、脾脏和胰腺，并通过门静脉分支及肝内门静脉将血液输送至肝脏。在正常情况下，门静脉系统的所有分支血流均为向肝性（从尾侧向头侧流动），使肠道吸收的有毒

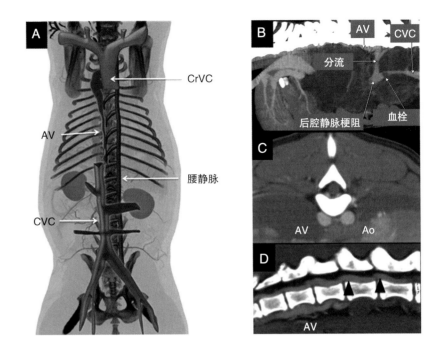

图 3.24　A. 深层旁路示意图。B. 犬由肿瘤侵袭引起后腔静脉梗阻导致腔静脉 – 奇静脉连通。C、D. 注意椎静脉丛（箭头）和奇静脉（AV）扩张

CVC，后腔静脉；CrVC，前腔静脉；Ao，主动脉。

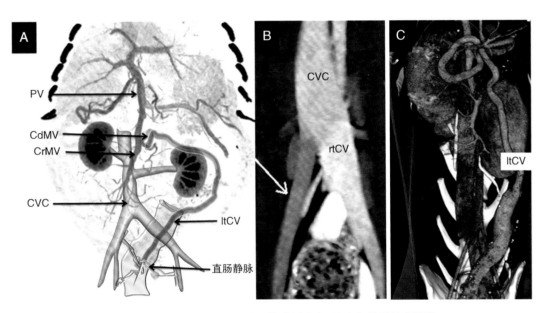

图 3.25　犬右侧髂总静脉梗阻引发的门静脉侧支旁路（腔门静脉侧支）。注意左结肠静脉扩张

PV，门静脉；CdMV，后肠系膜静脉；CrMV，前肠系膜静脉；CVC，后腔静脉；ltCV，左结肠静脉；rtCV，右结肠静脉。

物质在进入体循环前可先在肝脏进行代谢。去除有毒物质后的血液经肝静脉引流，汇入肝段及肝后段后腔静脉，最后汇入右心。

在正常成年哺乳动物中，门静脉系统和体静脉循环之间不存在明显的血管连接。体静脉循环包括所有将各种组织和脏器静脉血液直接引流（绕过肝脏）进入右心房的血管系统，即后腔静脉、奇静脉和前腔静脉。门静脉系统和体静脉循环之间任何水平的明显解剖学连接均可能导致严重的临床后果。

小动物存在许多可能影响门静脉系统的先天性和获得性异常。此外，先天性门静脉系统异常（PVSA）可能导致获得性门静脉侧支。随着近年来高级影像技术在兽医实践中的普及，越来越多的门静脉及门静脉系统异常在小动物临床中被发现。

门静脉系统的先天性疾病反映了多种胚胎、胎儿发育障碍，可能为单发性或者与复杂血管疾病并发，并可能引起获得性血管异常。MDCT 现已被广泛认可为诊断和监测门静脉血管异常的首选方法。MDCTA 使复杂血管异常得到良好的可视化，并且能对整个门脉系统和腹部其他血管性和非血管性结构进行全面概览。

先天性门静脉缺如（CAPV）是指肝外门静脉缺如，门静脉汇入后腔静脉，且门静脉血流完全分流至体循环。肝外门静脉由卵黄静脉尾部选择性退化形成。门静脉缺如是由于十二指肠周围卵黄静脉过度退化或卵黄静脉无法与肝窦建立吻合，导致门静脉系统部分或完全缺失。仅靠影像学不能区分这两种情况。组织学上确定肝脏肝门三联征中门静脉小支是否存在是门静脉不发育（或发育不全）最终确诊所必需的。

肝外门体分流（EHPSS）中是否存在门静脉（闭锁）是影响治疗方案和预后的重要影像学发现。然而，MDCT 征象解读应谨慎。由于分流支的血流使门静脉内血流量减少，这可能类似门静脉缺如（图 3.26）。高质量的门静脉血管相可以显示一条细的、低灌注的门静脉血管及分支，这类患病动物可以进行门静脉分流支的手术缩减。对于怀疑先天性门静脉缺如的动物，应进行导管血管造影和肝实质的组织病理学分析。当确诊门静脉缺如时，门体连接处血管的外科缩窄会引发致命的急性门静脉高压。在先天性门静脉缺如的犬中可能同时并发其他发育异常，这些异常可以辅助放射学诊断。这些异常包括内脏反位、先天性心脏病、腔静脉异常和多脾综合征（图 3.18）。

门静脉狭窄和梗阻可见于一些慢性渐进性门静脉血栓形成（PVT）及其他慢性疾病（如门静脉纤维化、外源性肿瘤压迫）的病例中。门静脉狭窄和梗阻可引起门静脉高压，并可能伴发门静脉 – 门静脉侧支和获得性门体分流（APSS）。

门静脉发育不全（PVH）是一种形态学［原发性门静脉发育不全（PPVH）］或功能性（继发性 PVH）疾病，代表显微水平肝门静脉发育不全。仅依靠影像学不能诊断这类疾病，因此需进行组织病理学诊断。但是，为了排除宏观门静脉系统异常，必须将影像学和组织学信息相整合。一

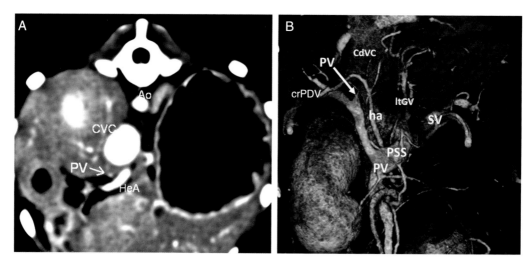

图 3.26　先天性肝外门静脉分流患犬存在门静脉闭锁

A. 横断面图像。注意低灌注、直径较细的门静脉及扩张的后腔静脉。B.VR 显示门体分流及明显的门静脉中断（箭头）。

ha、HeA, 肝动脉；PV, 门静脉；Ao, 主动脉；CVC、CdVC, 后腔静脉；ltGV, 胃左静脉；SV, 脾静脉；crPDV, 胰十二指肠前静脉；PSS, 门体分流。

些引发肝脏长期低灌注的宏观疾病与 PPVH 具有相同的组织学特征，如门体分流、动脉门静脉瘘（APF）和 PVT。PPVH 的 MDCT 征象包括肝脏体积减小、肝脏灌注障碍，通常未见 CPSS。由于继发的肝门静脉高压，PPVH 病例中可能出现腹水和获得性门脉侧支。

门静脉瘤（PVA）在犬中是一种相对罕见的疾病，有报道其发病率为 0.49%。该疾病可以是先天性或获得性的。先天性血管壁薄弱或卵黄静脉远端不完全退化可能引发门静脉瘤。该疾病在大型公犬中更常发，且拳师犬似乎较容易患 PVA。MDCT 图像中，PVA 表现为门静脉或其分支的囊状或梭形扩张。肝外 PVA 常发于胃十二指肠静脉汇入门静脉处。肝内 PVA 则常发于肝内门静脉分叉处（图 3.27）。PVA 的临床症状与其大小及可能的并发症相关，如血栓形成、门静脉瘤破裂及门静脉高压。PVA 可能与获得性门静脉侧支并存。门静脉分支的局灶性扩张也可见于肝内 CPSS 和 APF 的病例。肠系膜静脉瘤也可发生于犬，可能为单发或与 PVA 并发（图 3.28）。

3.5 门静脉血管连接异常

异常的门静脉连接可分为先天性和获得性，其特征表现为门静脉与动脉间或门静脉与体循环间的宏观上的功能性连接。可将其大致分为高流量和低流量门静脉连接。

高流量异常门静脉连接是高压肝动脉分支与低压门静脉分支间的罕见的结构性或功能性连接，

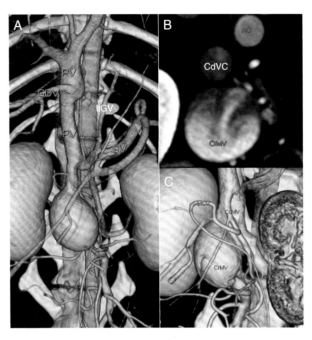

图 3.28　A. 容积重建图像显示一只犬巨大的前肠系膜静脉瘤。同时也出现了肝外门静脉扩张。B. 横断面图像显示肠系膜静脉瘤及主动脉（Ao）、后腔静脉影像（注意门静脉相可见湍流）。C.VR 显示前肠系膜静脉瘤及其与其他区域血管的联系

PV，门静脉；GDV，胃十二指肠静脉；ltGV，胃左静脉；SV，脾静脉；CrMV，前肠系膜静脉；CdMV，后肠系膜静脉；ltCV，左结肠静脉；CdVC，后腔静脉。

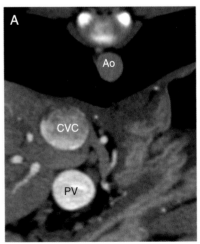
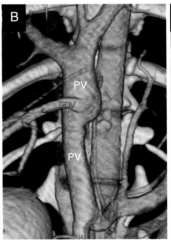

图 3.27　A. 患慢性肝病的犬肝门水平的横断面图像，可见门静脉扩张。B. 肝外门静脉瘤样扩张。C. 同一只犬，肝内门静脉左主支中支部分可见小的门静脉瘤（箭头）

Ao，主动脉；PV，门静脉；CVC，后腔静脉；GDV，胃十二指肠静脉。

其可能导致窦前型门静脉高压。这种类型包括先天性肝动静脉畸形（HAVM）和获得性动脉门静脉瘘（APF）。HAVM 的特征为多发复杂肝内血管异常，可能伴有 PVA，且难以治愈（图 3.29）。穿透性腹部创伤（如肝活检）及肿瘤是获得性 APF 可能的病因（图 3.30）。这些异常在犬猫中已有报道。它们可以应用经导管血管栓塞术治疗或结合外科手术（图 3.31）进行治疗（在大多数严重的病例中）。

APF 的 MDCT 征象包括在多时相薄层扫描中门静脉及其分支在早期动脉相出现提早增强。可观察到一个或多个门静脉分支的瘤样扩张。其周围肝实质可能出现短暂的节段性增强。可能出现门静脉高压的间接征象，如腹水、静脉曲张和其他获得性门体侧支。在多种肝脏病理状态中，均可能检查到小的获得性外周 APF。这些 APF 不需

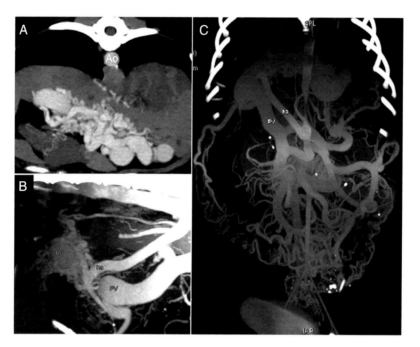

图 3.29　先天性 HAVM 患犬的 16-MDCTA 图像
A. 肝门水平横断面图像。B. 矢状面 MPR 图像。C. 同一只犬的冠状面薄层 MIP 图像，可见多个侧支旁路。Ao，主动脉；PV，门静脉；ha，肝动脉。

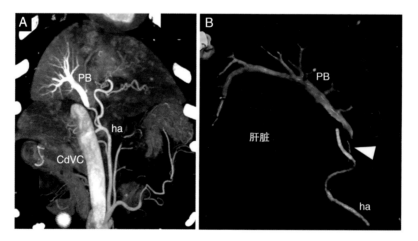

图 3.30　单发性获得性肝内 APF 患犬的肝脏多时相 128-DSCT 图像
A. 冠状面 MIP 图像可见肝内肝动脉（ha）有一小动脉分支与门静脉右支（PB）直接连接。注意门静脉血管化及周围实质的早期增强。后腔静脉（CdVC）也可见增强（肝实质早期灌注经静脉引流）。B. 肝内动脉与门静脉连接（箭头）的容积重建放大图像。

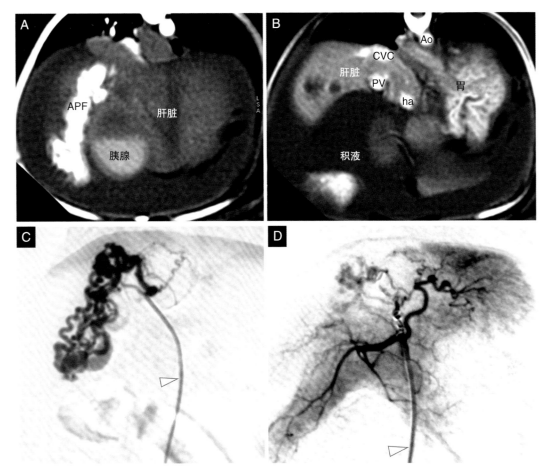

图 3.31　A、B. 患有获得性肝内 APF 和 PH 的 8 岁吉娃娃犬（2 kg）的 16-MDCTA 横断面图像。C、D. 同一只犬的超选择性微弹簧圈栓塞血管造影前后的图像。箭头指示肝动脉内的微导管

Ao，主动脉；PV，门静脉；ha，肝动脉；CVC，后腔静脉。

要治疗，通常会自发消退。

低流量异常门静脉连接包括先天性和获得性门体分流、门静脉－门静脉侧支和腔静脉－门静脉侧支。后者在本章前文中已有描述，并介绍了慢性后腔静脉梗阻中各种侧支旁路。门静脉－门静脉侧支可能伴随慢性门静脉血栓形成，这种情况会在本章后文中进行介绍。

3.5.1 门体分流

MDCT 技术的出现彻底改变了小动物先天性门体分流的诊断方法。MDCT 能够同时评估血管异常及其对机体的影响。MDCT 可以提供关于肝脏体积，肾结石，胃肠道并发症及继发于慢性肝性脑病的脑萎缩信息。十多年前，有研究首次应用 MDCT（16 排 CT 扫描仪）评估犬的先天性门体分流。然而，

科学界并未接受这种巨大的变革，可能是由于这项技术在当时成本很高。现今这种情况已经改变，低成本和不断翻新的 MDCT 扫描仪在全世界兽医放射学中心得到普及。目前，MDCT 被认为是兽医血管异常诊断的推荐方法。

先天性门体分流（CPSS）是指胚胎发育异常或胚胎血管持续存在导致异常血管连接，它绕过肝脏，将门静脉系统直接与体静脉（后腔静脉或奇静脉）相连。根据解剖位置，CPSS 可分为两种主要类型：肝内门体分流和肝外门体分流。

肝内门体分流（IHPSS）与静脉导管未闭相关，静脉导管通常应在动物出生后早期关闭。兽医文献中通常依据连接肝段后腔静脉的位置将 IHPSS 分为三种表型：右侧支、中央支和左侧支（图 3.32 ~ 图 3.34）。IHPSS 最常发生于大型犬。

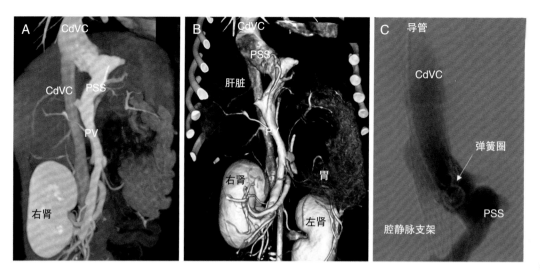

图 3.32　犬的左侧支 IHPSS

A、B.128-DSCT 冠状面 MIP 图像和容积重建血管影像。C. 血管内治疗（腔静脉支架置入及弹簧圈栓塞术）。CdVC，后腔静脉；PSS，门体分流；PV，门静脉。

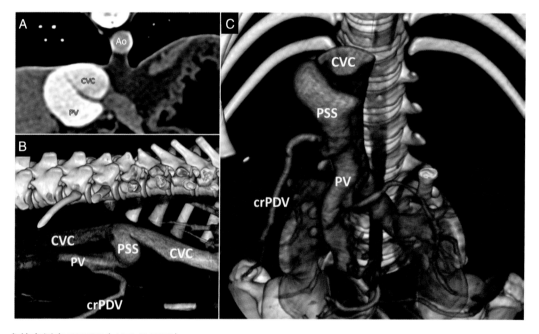

图 3.33　犬的右侧支 IHPSS（128-DSCT）

A. 横断面图像。B. 容积重建图像，右侧观。C. 容积重建图像，头侧斜向视图。Ao，主动脉；CVC，后腔静脉；PV，门静脉；PSS，门体分流；crPDV，胰十二指肠前静脉。

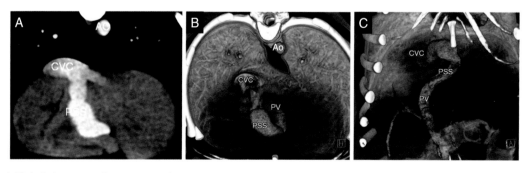

图 3.34　犬的中央支 IHPSS（128-DSCT）

A. 横断面图像。B. 肝门水平薄层 VR。C.VR，腹侧面观。Ao，主动脉；PV，门静脉；PSS，门体分流；CVC，后腔静脉。

随着 MDCT 在疑似 CPSS 病例中的广泛应用，新的 IHPSS 类型得以不断被发现。可能出现门静脉分支与肝静脉间单支或多支外周连接，累及单个或多个肝叶，以及通过肝门静脉瘤样扩张相连接的肝内门体分流（图 3.35）。这些病例通常伴发严重的临床症状且难以治疗。

肝外门体分流（EHPSS）是由形成门静脉的卵黄静脉和形成体静脉的主静脉之间的异常连接引起的发育性异常。虽然 CPSS 在犬的遗传学基础尚不明确，但许多研究表明，这种疾病在纯种犬中更常发，且在多种小型犬和玩具犬种中具有遗传倾向。已有研究描述了多种重复的 EHPSS 类型，反映了常见的潜在胚胎学异常。依据病例集、报告及文献回顾中观察到的形态学异常，提出了多种 PSS 分类。图 3.36 中展示了大多数常见的 EHPSS 类型。分流支可直接位于门静脉与体静脉（后腔静脉或右奇静脉）间，或位于门静脉分支（胃左静脉、脾静脉或胃右静脉）与体静脉间（图 3.26、图 3.37 ~ 图 3.40）。门静脉与体静脉间的直接连接可能为先天性门静脉缺如（如前文所述）。

已报道犬的复杂性多发性先天性 EHPSS。不应将其与慢性门静脉高压并发的多发性获得性门体分流（APSS）相混淆。患多发性先天性 EHPSS 的动物可能存在静脉系统的其他先天性血管异常，如后腔静脉重复畸形或多支肾静脉。伴发腹水和静脉曲张通常提示为获得性疾病。

CPSS 及门静脉未闭的动物中，可应用血管内或多种其他外科技术对分流支血管进行封堵或缩减。治疗前后的 MDCT 检查可显示分流支血管的缩减程度、肝脏体积和灌注变化及可能的缩减后并发症。

获得性门体分流（APSS）为门静脉高压（门静脉系统阻力增加）或前腔静脉阻力增加引发的离肝性旁路。这些病例中，血流动力学、解剖学和血管生成因素的综合作用导致了新的血管生成并开放了先前存在的门体循环间的血管连接。在正常哺乳动物中，这些血管系统间没有明显的连接。但事实上，在正常动物中至少存在三处没有

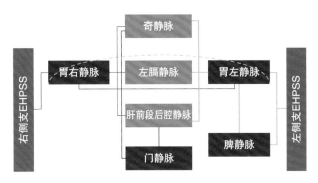

图 3.36　犬常见的 EHPSS 类型。门静脉可能中断并直接与后腔静脉或奇静脉相连（门静脉发育不全引起的端 – 侧分流）。侧 – 侧分流位于门静脉支流和体静脉间。胃右静脉产生短路支可直接汇入后腔静脉或奇静脉，或经膈静脉汇入后腔静脉，或与左脾胃静脉相连，随后汇入体循环血管内。来自脾静脉和胃左静脉的异常血管可从左侧汇入后腔静脉或奇静脉，或通过左膈静脉汇入后腔静脉。虚线代表横膈

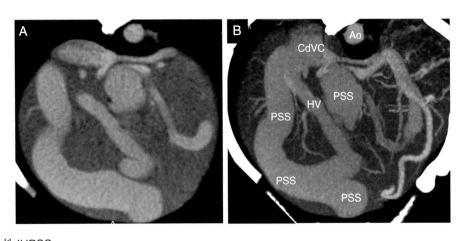

图 3.35　幼犬的复杂性 IHPSS

PSS，门体分流；CdVC，后腔静脉；HV，肝静脉；Ao，主动脉。

灌注或灌注极少的胚胎血管连接，并且这些连接的血管可能扩张，即左结肠 – 阴部静脉、胃左 – 心脏食道分支和膈 – 门静脉分支。

已报道犬猫中的多种 APSS 类型。可大体分为大分流（如左脾性腺静脉分流、脾膈静脉分流）和小分流（如食道静脉曲张）。大型和小型 APSS 经常共存（图 3.41）。静脉曲张可根据解剖位置和旁路类型被细分为胃左静脉曲张、胃膈静脉曲

张、网膜静脉曲张、胆囊静脉曲张、腹壁静脉曲张、十二指肠静脉曲张和结肠静脉曲张（图 3.42 ~ 图 3.45）。

MDCT 在门静脉高压或前腔静脉梗阻导致获得性门静脉侧支的病例诊断中起着重要作用。侧支血流总是绕过阻力增加或梗阻的位点，这与门静脉高压的病因无关。在 MDCT 中，梗阻位点尾侧的门静脉及其分支往往出现扩张。可以观察到单

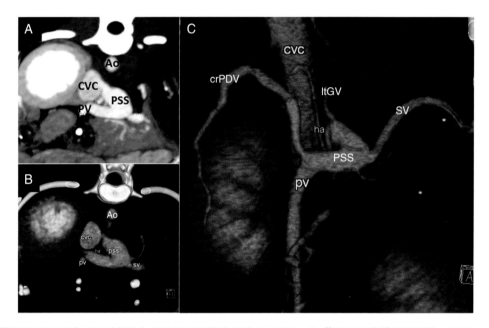

图 3.37　A. 横断面 MIP 图像显示脾静脉与肝前段后腔静脉间的 EHPSS。B. 薄层 VR 的横断面图像。C.VR，腹侧面观
Ao，主动脉；crPDV，胰十二指肠前静脉；ltGV，胃左静脉；SV，脾静脉；ha，肝动脉；PV，门静脉；PSS，门体分流；CVC，后腔静脉。

图 3.38　A、B. 犬胃左静脉和左膈静脉间 EPHSS 的横断面和冠状面容积重建图像
Ao，主动脉；PSS，门体分流；CVC，后腔静脉；ltGV，胃左静脉。

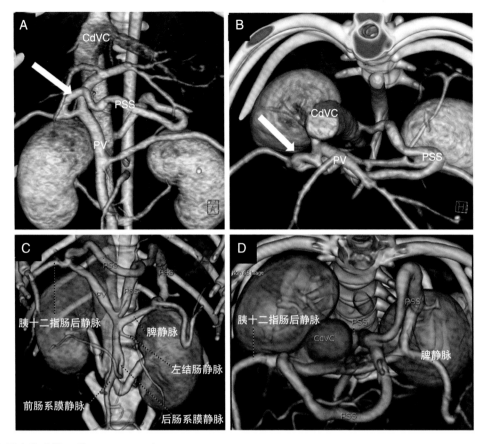

图 3.39　来自胃右静脉的两种 EHPSS 亚型

A、B. 容积重建腹侧观及头侧观图像。胃右静脉短路支（箭头）横跨腹中线从左侧汇入肝前段后腔静脉。C、D. 来自胃右静脉的一种门体分流亚型的两个视图。异常血管起始于胃右静脉，沿胃小弯延伸并汇入胃左静脉，随后进入肾前段后腔静脉。PV，门静脉；PSS，门体分流；CdVC，后腔静脉。

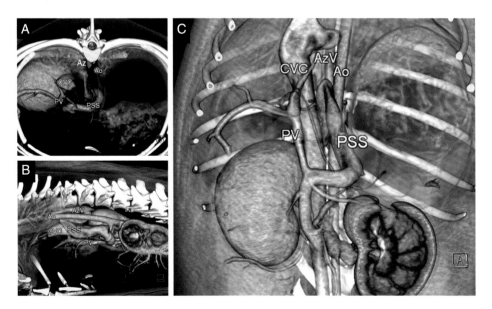

图 3.40　胃左 – 奇静脉分流

A～C. 128—DSCT 容积重建血管造影图像的横断面、左侧观和腹侧观。分流血管起源于胃左静脉，向头侧和背侧延伸，形成一对环型，最后汇入右奇静脉。PV，门静脉；Az，奇静脉；CVC，后腔静脉；Ao，主动脉；PSS，门体分流。

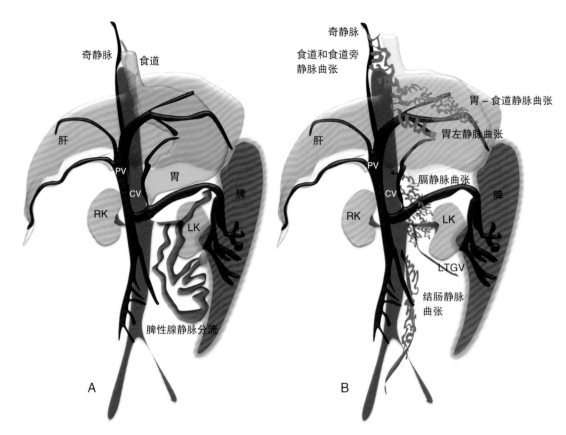

图 3.41   大型和小型获得性门静脉侧支示意图
A. 脾性腺静脉分流。B. 最常见的静脉曲张类型及其位置。LTGV，左性腺静脉；CV，腔静脉；PV，门静脉；RK，右肾；LK，左肾。

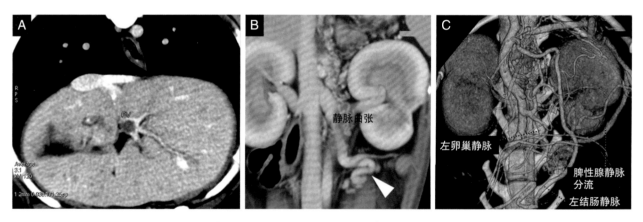

图 3.42   A.肝内 PVT 患犬的 16-MDCT 检查。B.冠状面图像可见左侧腹膜后（膈）静脉曲张，同时可见脾性腺静脉分流（箭头）。C.同一只犬的 VR 图像可见脾静脉及左卵巢静脉间的脾性腺静脉分流，以及左结肠静脉扩张

支或多支侧支旁路，其增强程度与门静脉相时门静脉系统的增强程度一致。并且可能出现腹水和与门静脉高压相关的胃肠道并发症（如浅表出血、胃和胰腺水肿）。通过全身 MDCT 检查可以很容易地确定大多数门静脉高压的肝前性、肝性和肝后性病因。MDCT 可帮助鉴别 PVT、门静脉肿瘤侵袭或外源性压迫、门静脉狭窄、肝实质和胆管疾病、

肝后性后腔静脉压迫或侵袭，以及右心房是否受累。

3.6 门静脉血栓形成

门静脉血栓形成（PVT）是指门静脉部分或完全腔内梗阻，伴有或不伴有向肝内门静脉分支、脾静脉或肠系膜静脉的延伸。在犬猫中罕见。PVT 病例中一般存在单个或多个血栓形成的风险因素。

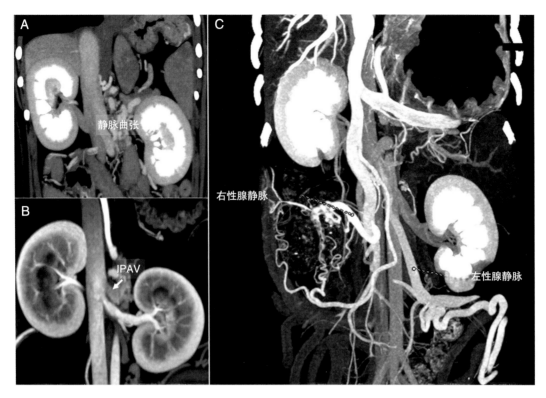

图 3.43　A. 犬左侧腹膜后静脉曲张（来自胃脾静脉）的冠状面图像。B. 静脉曲张汇入左侧膈腹静脉（IPAV）。该处 PVA 扩张不应被误认为是先天性门体分流的止点。C. 母犬的 MIP 图像，可见双侧性腺静脉扩张，引流来自脾静脉（左脾性腺静脉分流）和后肠系膜静脉（肠系膜 – 右性腺静脉分流）的血液

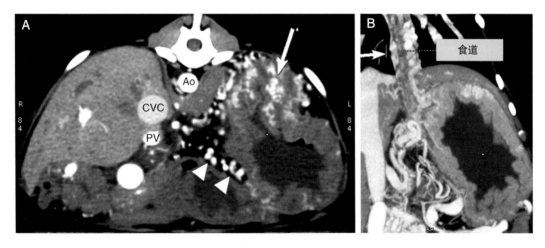

图 3.44　A. 先天性肝内 APF 导致 PH 的幼犬，可见胃食道静脉曲张（无尾箭头）及胃黏膜下层静脉曲张（箭头）。B. 冠状面 MIP 图像可见食道旁静脉曲张（箭头）

Ao，主动脉；CVC，后腔静脉；PV，门静脉。

肝胆疾病、肿瘤及其他血栓前状态是犬猫 PVT 的易感因素。

　　MDCT 是诊断恶性和非恶性 PVT、评估其并发症的良好手段。在大多数病例中，MDCT 也能够确定 PVT 的诱发病因。MDCT 易于识别一些局灶性

病因，如 PVA、肝脏或胰腺肿瘤的血管侵袭，也可发现肝胆疾病、肾上腺皮质功能亢进、骨髓增殖性疾病及其他与高凝状态相关的潜在疾病。

　　晚期动脉相中门静脉及其分支的层流可能类似血栓影像。在这一血管时相，来自脾静脉的高

衰减血液与肠系膜静脉或脾静脉中低衰减血液混合，可能造成门静脉内一过性的造影剂充盈缺损。这种假性的血栓影像会在门静脉相和更晚期的时相消失。因此诊断 PVT 及相关的肝脏灌注疾病必须采用多时相扫描。

MDCT 可以识别 PVT 的直接和间接征象。在急性 PVT 病例中，平扫时门静脉腔内可见衰减值轻度升高的内容物，且门静脉相时不增强。此外，该血管供应的肝实质可能会在动脉相表现出更显著地增强，但在门静脉相增强不显著（图 3.46）。PVT 可能导致门静脉腔内部分或完全梗阻。部分及完全梗阻 PVT 均可能表现出外周增强，这些情况需加以鉴别。部分梗阻的病例中，一些造影剂会在血栓旁通过。而完全梗阻的病例中，血栓的外周边缘增强可能是由于试图使血管再通畅的滋养血管扩张。

PVT 慢性梗阻的间接征象包括门静脉 - 门静脉侧支、动脉 - 门静脉分流及 APSS。门静脉梗阻后，代偿机制被立刻激活以重建门静脉对肝脏的血流供应。第一种代偿机制是肝动脉及其分支在肝实质内扩张，即动脉化。肝内可能形成小的动脉 - 门静脉连接。第二种代偿机制是门静脉侧支循环的形成。在肝外门静脉完全性梗阻的病例中，主要以内脏循环高压力和肝窦内正常压力为特征，血栓节段血管周围会形成多条向肝性侧支血流。

门静脉海绵样变（Cavernous transformation of the portal vein，CTPV）是指门静脉血栓周围形成门静脉 - 门静脉侧支的影像学表现。近期笔者在犬猫的慢性 PVT 病例中发现了这些侧支。在回顾 MDCT 病例时发现了两种主要的门静脉 - 门静脉侧支类型：血栓周围和内部的短且屈曲的侧支循环及长侧支循环（图 3.47）。长侧支循环形成血管网，在肝十二指肠韧带内延伸，环绕胆囊、胆囊管和胆总管，并终止于肝内门静脉分支，以克服门静脉梗阻。当完全性门静脉梗阻形成一段时间后，可能随之发生门静脉高压，并形成离肝性门体侧支旁路。

图 3.48 展示了门静脉系统异常及其相互关系。

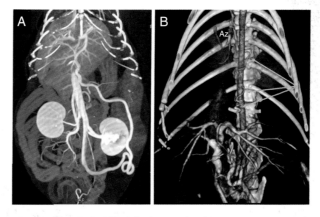

图 3.45　A. 猫左脾性腺静脉分流的冠状面 MIP 图像。B. 猫的容积重建图像，可见胃左静脉和右奇静脉（Az）间的胃左静脉曲张（箭头）

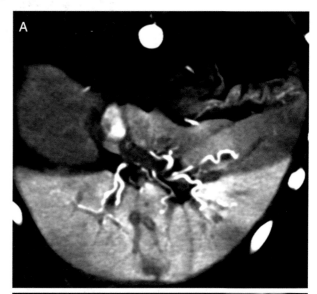

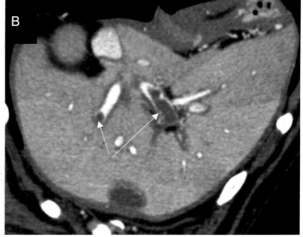

图 3.46　A. 肝内 PVT 患犬的肝脏动脉相图像。肝动脉血管屈曲，一些肝实质出现早期增强（不应在这一血管时相出现）。B. 同一只犬的 PVP 图像。可见门静脉分支的造影剂充盈缺损（箭头）

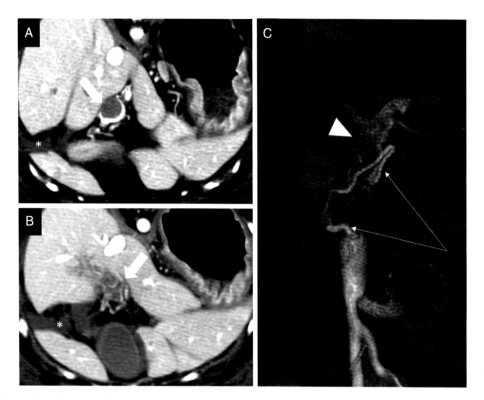

图 3.47　A. 犬肝门水平横断面图像，可见门静脉内较明显的充盈缺损（箭头）。血栓周围仍可见少量造影剂通过。B. 较图 A 中头侧的横断面图像，可见血栓段血管周围短的侧支循环（箭头）。该病例中由于门静脉梗阻而出现了腹水（＊）。C. 长侧支循环（箭头）和短侧支循环（无尾箭头）的形成试图使血栓段门静脉血流再通畅

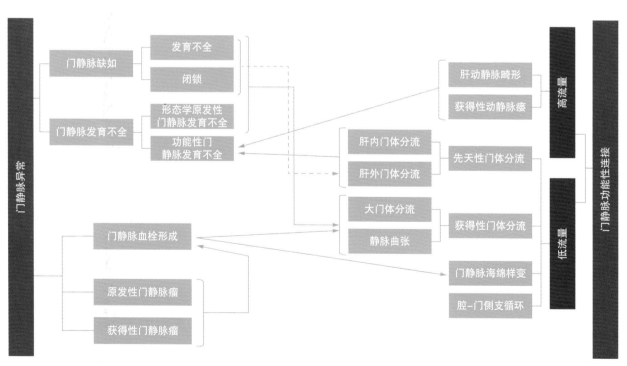

图 3.48　犬猫的门静脉异常和功能性门静脉侧支循环。箭头表示先天性和（或）获得性疾病的共存性和关系（具体解释详见正文）

参考文献

[1] Bertolini G. Acquired portal collateral circulation in the dog and cat. Vet Radiol Ultrasound. 2010; 51(1):25–33.

[2] Bertolini G, Caldin M. Computed tomography findings in portal vein aneurysm of dogs. Vet J. 2012b; 193(2):475–80. doi:10.1016/j.tvjl.2011.12.002.

[3] Bertolini G, Prokop M. Multidetector-row computed tomography: technical basics and preliminary clinical applications in small animals. Vet J. 2011; 189(1):15–26. doi:10.1016/j.tvjl.2010. 06.004.

[4] Bertolini G, Rolla EC, Zotti A, Caldin M. Three-dimensional multislice helical computed tomography techniques for canine extra-hepatic portosystemic shunt assessment. Vet Radiol Ultrasound. 2006; 47(5):439–43.

[5] Bertolini G, De Lorenzi D, Ledda G, Caldin M. Esophageal varices due to a probable arteriovenous communication in a dog. J Vet Intern Med. 2007; 21(6):1392–5.

[6] Bertolini G, Diana A, Cipone M, Drigo M, Caldin M. Multidetector row computed tomography and ultrasound characteristics of caudal vena cava duplication in dogs. Vet Radiol Ultrasound. 2014; 55(5):521–30. doi:10.1111/vru.12162.

[7] De Rycke LM, Kromhout KJ, van Bree HJ, Bosmans T, Gielen IM. Computed tomography atlas of the normal cranial canine abdominal vasculature enhanced by dual-phase angiography. Anat Histol Embryol. 2014; 43(6):413–22. doi:10.1111/ahe.12090.

[8] Fukushima K, Kanemoto H, Ohno K, Takahashi M, Fujiwara R, Nishimura R, Tsujimoto H. Computed tomographic morphology and clinical features of extrahepatic portosystemic shunts in 172 dogs in Japan. Vet J. 2014; 199(3):376–81. doi:10.1016/j.tvjl.2013.11.013.

[9] Hunt GB, Culp WT, Mayhew KN, Mayhew P, Steffey MA, Zwingenberger A. Evaluation of in vivo behavior of ameroid ring constrictors in dogs with congenital extrahepatic portosystemic shunts using computed tomography. Vet Surg. 2014; 43(7):834–42.

[10] Kim SE, Giglio RF, Reese DJ, Reese SL, Bacon NJ, Ellison GW. Comparison of computed tomographic angiography and ultrasonography for the detection and characterization of portosystemic shunts in dogs. Vet Radiol Ultrasound. 2013; 54(6):569–74. doi:10.1111/vru.12059.

[11] Kraun MB, Nelson LL, Hauptman JG, Nelson NC. Analysis of the relationship of extrahepatic portosystemic shunt morphology with clinical variables in dogs: 53 cases (2009–2012). J Am Vet Med Assoc. 2014; 245(5):540–9. doi:10.2460/javma.245.5.540.

[12] Nelson NC, Nelson LL. Anatomy of extrahepatic portosystemic shunts in dogs as determined by computed tomography angiography. Vet Radiol Ultrasound. 2011; 52(5):498–506. doi:10. 1111/j.1740–8261.2011.01827.x.

[13] Parry AT, White RN. Portal vein anatomy in the dog: comparison between computed tomographic angiography (CTA) and intraoperative mesenteric portovenography (IOMP). J Small Anim Pract. 2015. doi:10.1111/jsap.12392.

[14] Pey P, Marcon O, Drigo M, Specchi S, Bertolini G. Multidetector-row computed tomographic characteristics of presumed preureteral vena cava in cats. Vet Radiol Ultrasound. 2015; 56(4): 359–66. doi:10.1111/vru.12251.

[15] Ricciardi M, Martino R, Assad EA. Imaging diagnosis-celiacomesenteric trunk and portal vein hypoplasia in a pit bull terrier. Vet Radiol Ultrasound. 2014; 55(2):190–4. doi:10.1111/vru. 12062.

[16] Scollan K, Sisson D. Multi-detector computed tomography of an aortic dissection in a cat. J Vet Cardiol. 2014; 16(1):67–72. doi:10.1016/j.jvc.2013.11.002.

[17] Specchi S, d'Anjou MA, Carmel EN, Bertolini G. Computed tomographic characteristics of collateral venous pathways in dogs with caudal vena cava obstruction. Vet Radiol Ultrasound. 2014; 55(5):531–8. doi:10.1111/vru.12167.

[18] Specchi S, Pey P, Javard R, Caron I, Bertolini G. Mesenteric-reno-caval shunt in an aged dog. J Small Anim Pract. 2015a; 56(1):72. doi:10.1111/jsap.12255.

[19] Specchi S, Pey P, Ledda G, Lustgarten M, Thrall D, Bertolini G. Computed tomographic and ultrasonographic characteristics of cavernous transformation of the obstructed portal vein in small animals. Vet Radiol Ultrasound. 2015b. doi:10.1111/Vru.12265.

[20] Weisse C, Berent AC, Todd K, Solomon JA, Cope C. Endovascular evaluation and treatment of intrahepatic portosystemic shunts in dogs: 100 cases (2001–2011). J Am Vet Med Assoc. 2014; 244(1):78–94.

[21] White RN, Parry AT. Morphology of congenital portosystemic shunts emanating from the left gastric vein in dogs and cats. J Small Anim Pract. 2013; 54(9):459–67. doi:10.1111/jsap.12116.

[22] White RN, Parry AT. Morphology of congenital portosystemic shunts involving the right gastric vein in dogs. J Small Anim Pract. 2015; 56(7):430–40. doi:10.1111/jsap.12355.. Epub 2015 Apr 14.

[23] Yoon H, Choi Y, Han H, Kim S, Kim K, Jeong S. Contrast-enhanced computed tomography angiography and volume-rendered imaging for evaluation of cellophane banding in a dog with extrahepatic portosystemic shunt. J S Afr Vet Assoc. 2011; 82(2):125–8.

第 4 章 肝　　脏

Giovanna Bertolini

1. 概述

CT 成像的进步为小动物肝脏评估提供了独特的能力。随着 MDCT 技术的进步，肝胆系统和肝血管的成像受到了极大的影响。弥漫性和局灶性肝脏疾病，以及肝血管异常，可以使用多相 MDCT 评估。对于已知肝脏病变的患病动物，肝脏肿物的特征、术前评估和介入放射学规划是肝脏 MDCT 的常见适应证。肝脏的详细评估在肿瘤分期和腹部创伤患病动物中也很重要。

肝脏有双重血供：80% 来自门脉系统，20% 来自肝动脉（图 4.1）。当它们进入肝脏时，肝动脉和门静脉分成几个分支，彼此平行地进入肝实质。门静脉系统从胃肠道系统输送含氧、营养丰富的血液和毒素。氧也通过肝动脉及其分支到达肝脏，这些分支通常供应胆管周围神经丛、门静脉间质和肝内门静脉壁。当胎儿处于宫内环境中时，肝动脉和门静脉直径大致相等。当胎儿成熟时，门静脉成为主要的血管。这两条血管之间的密切解剖关系将贯穿整个生命周期。了解肝脏血液供应的两个来源之间的代偿关系很重要，在许多先天性和获得性疾病（如门静脉分流、门静脉发育不全、门静脉血栓）中，门静脉供血减少时，动脉供血增加。

2. MDCT 成像策略

优化造影增强对于肝脏的 MDCT 检查是至关重要的。造影增强研究的目的是通过增强区分受累和未受累肝组织之间的差异，发现肝实质的局灶性或弥漫性病变。不同的病变可在特定的血管相中，出现区分于周围组织的高血管性或低血管性表现。因此，检查人员必须考虑进行哪个血管相的 CT 扫查，以正确解读图像数据。影响体内造影剂（contrast medium，CM）动力学的各种因素在本书的第 2 章中有详细的论述，并在表 4.1 中进行了总结。

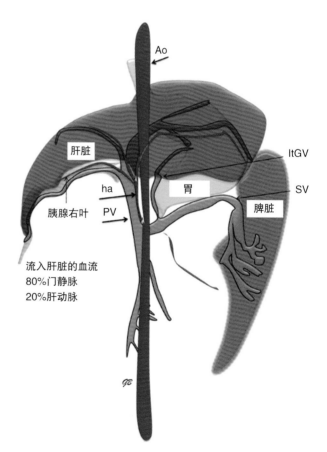

图 4.1　肝脏血供示意图

Ao，主动脉；PV，门静脉；ha，肝动脉；SV，脾静脉；ltGV，胃左静脉。

表 4.1　影响 CT 造影增强的最主要因素

影响造影增强的因素
患病动物相关因素
●体重
●心输出量（心率和每搏输出量）
●静脉通路
●疾病状态
造影剂相关因素
●造影剂黏稠度
●碘体积
●碘浓度
●注射速度
●盐水冲洗
●注射类型（单相、多相）
扫描相关因素
●扫描持续时间
●扫描延迟

2.1 肝脏的多相扫描方法

造影前序列（非造影序列、直接扫描序列或平扫序列）

造影前序列在肝胆疾病中可能有用，但在常规肝实质研究中通常不是必需的。造影前扫描在两种临床情况下很重要：在胆管梗阻中，检测胆管矿化和结石；在腹部创伤中，发现潜在的出血（见第 21 章）。此外，造影前扫描可能有助于鉴别弥漫性实质病变，如肝脏脂肪变性和脂质沉积。

在笔者的医院，使用第二代双源 CT（dual-source CT，DSCT）扫描设备，并不总是需要采集真正的造影前序列。来自虚拟非造影序列的图像可以作为真正的非造影序列图像的替代品，无须再采集单独的造影前序列。这种方法是可行的，因为 DSCT 在图像空间（在图像被重建后）中，使用了三种材料分解算法，并依赖于三种材料（碘、软组织和脂肪）在低能量和高能量下已知的 X 线吸收特性。鉴于碘（造影剂的主要成分）在不同能级（80 kV、100 kV 和 140 kV）下的吸收特性，可以从一个容积中提取这种材料来生成一组模拟的平扫图像。目前还没有关于材料减影在小动物常规临床应用中有效性的研究发表。

造影后序列（增强序列）

由于肝脏独特的双血供特性，因此多相 MDCT 是一种非常适合肝脏不同血管相的成像技术。使用单层和双层 CT 扫描仪，一般需要扫描 40 s 以上，才能得到质量可接受的肝脏图像。因此，使用这些 CT 技术对肝脏的某些区域进行扫描总是太早或太迟，导致检查效果不理想。随着探测器数量的增加（16～64 排或更多），使用各向同性分辨率和更大容积覆盖的扫描协议，可以在几秒钟内完成常规的扫描。更短的扫描时间有一个巨大优势——能够精确计算整个肝脏的不同肝血管期，从而改善扫描的图像，使分辨病变和其他疾病成为可能。肝动脉相、门静脉相或延迟相的扫描可最大限度地显示肝实质病变和血流动力学变化。注射造影剂后，有三种方法可用于确定最佳扫描时机：团注追踪（或触发）技术、团注试验和标准延迟技术（见第 2 章）。兽医文献中描述了使用这些方法对肝脏进行的双相或三相研究，用于门静脉异常研究和评估肝脏肿物。可用的扫描仪类型、患病动物的特征、CM 方案和所研究的病理学对肝脏 MDCT 检查成功与否有很大的影响。考虑到患病动物和使用技术的多样性，强烈建议在多相 MDCT 检查中使用自动团注 – 触发技术对扫描延迟进行个性化处理（图 4.2）。

当注射 CM 后，首先出现肝动脉及其分支的增强（图 4.3）。根据造影剂分布，肝动脉相（hepatic arterial phase，HAP）可分为早期动脉相（early arterial phase，EAP）和晚期动脉相（late arterial phase，LAP），肝实质无增强或轻度增强。EAP（图 4.4）为血管畸形（动静脉畸形和动脉门静脉瘘）病例提供重要信息。同样，对于正在接受血管内手术的患病动物，EAP 可快速且准确地识别其局灶性病变的供血动脉，但一般关于局灶性肝脏病变特征的信息很少。在 LAP 中可观察到门静脉流入，并且动脉血管内仍表现良好的造影剂充盈（图 4.5A）。在这个阶段，良性和恶性高血管性病变通常表现为最大限度地增强。在单相扫描的方法中，当由于扫描仪的局限性而无法进行多相 MDCT 成

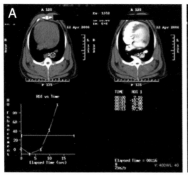 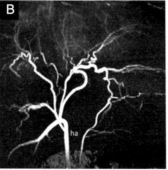 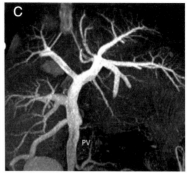

图 4.2 16-MDCTA 检查监测相图像

感兴趣区（ROI）置于腹主动脉腔内。A. 增强（y 轴）与时间（x 轴）的关系图，显示了主动脉的初始增强图像（阈值为 30 HU）。对于较慢的（4 ~ 16 排的 MDCT）扫描仪，此时应启动动脉相扫描（手动或自动）。对于快速的扫描仪，额外的扫描延迟是必要的。B. 冠状面最大密度投影显示肝动脉在动脉期的增强。C. 冠状面最大密度投影显示门静脉在门脉期的增强。

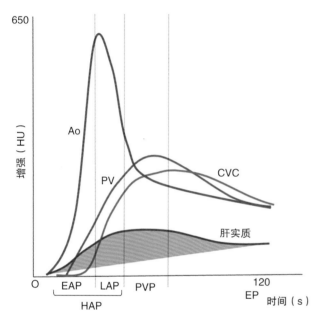

图 4.3 单次注射 CM 后血管和肝实质区域的造影增强示意图

不同的曲线代表肝脏的动脉、门脉和静脉相。下面的区域代表肝实质的增强曲线。虚线区分不同的血管相。EAP，早期动脉相；LAP，晚期动脉相（门静脉分支开始增强）；PVP，门静脉相（肝实质增强最显著）；EP，平衡相（更确切地说，肝间质相）。

像时，或者当肝脏造影评估是全身成像协议的一部分而不怀疑特定的肝脏病理状况时，LAP、门静脉流入相是检查肝脏异常、血管和局灶性病变最有效的扫描时相。

门静脉相（portal venous phase，PVP）发生在注射 CM 后 35 ~ 40 s（图 4.5B 和 C）。在正常患病动物中，其对应的是肝实质最大限度地增强。门静脉异常的患犬可能有不可预测的门静脉峰和肝实质增强。在这个时相，可以看到一些肝静脉的增强。

间质相或平衡相（equilibrium phase，EP）可在注射 CM 约 120 s 后获得。当 CM 到达肝脏时，它立即开始从血管区缓慢扩散到间质，然后回到中央血管室（central vascular compartment），导致肝实质增强的逐渐减弱。在间质相，肝静脉完全增强。这一阶段在评估无血管供应或极少血管供应的病理变化方面很重要，如肝囊肿、脓肿和胆

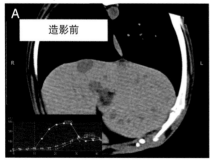 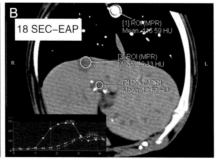 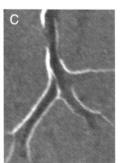

图 4.4 德国牧羊犬（38 kg，700 mg/mL，4 mL/s，生理盐水冲洗）肝脏的多相血管研究（128-DSCT）

A. 造影前（真正的未造影）横断面视图。B. EAP 的相同切面视图。主动脉平均衰减值 =416.59 HU。门静脉和后腔静脉未见增强（分别为 18.57 HU 和 28.33 HU）。C. 肝脏特写，显示动脉分支的明显增强内衬出未增强的门静脉分支。

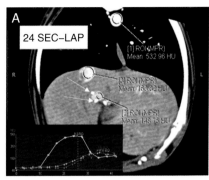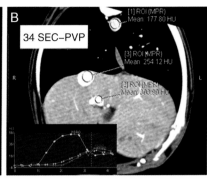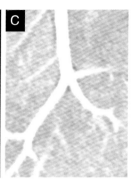

图 4.5   图 4.4 中同一只犬肝脏的多相血管研究

A. LAP，主动脉增强更明显（532.96 HU），肝实质内动脉（箭头）清晰可见。在这个阶段，门静脉开始增强（门静脉流入相，148.75 HU）。B. PVP，注意主动脉增强减弱（177.8 HU）。门静脉及其分支最大限度地增强（303.99 HU）。肝段后腔静脉开始增强（254.12 HU）。C. 肝脏特写（同图 4.4C），显示门静脉分支较高程度的增强，使得平行的动脉分支变得模糊。

管扩张，以及评估静脉血栓形成、肝静脉和肝段后腔静脉的肿瘤侵袭。

表 4.2 整理了不同的血管期及其用途。

2.2 后处理与数据分析

肝脏数据的定性定量 CT 评估包括肝实质的衰减值和肝脏体积的评估。在造影前图像上，犬和猫的肝实质表现均质。通过比较肝、脾的衰减值，可定量评估肝实质的 CT 密度。在人类最近的研究中表明，简单测量肝衰减值更省时，并可提供类似于肝 - 脾比较的结果。在犬中，报道的肝实质衰减值为 59.58 ± 3.34 HU，比脾实质的衰减值高 4.69 ± 7.77 HU。在人类中，肝衰减值＜ 40 HU 或比脾衰减值低 10 HU 及以上时，可通过 CT 诊断肝脏脂肪变性。在犬猫的实验条件和自发条件下，肝实质的 CT 衰减值也有变化。猫肝脂肪沉积和犬肝脏脂肪变性时，可以观察到肝脏密度显著降低（图 4.6）。有报道称，高剂量糖皮质激素和类固醇诱导的肝病（糖原贮积）肝衰减值升高。

肝脏大小通常在常规 CT 检查中根据影像学标准进行主观评估。然而，一些情况下，需要对体积进行量化来确定客观的肝实质大小。CT 被认为是一种非侵入性工具，用于测量 CPSS 患犬手术前后肝脏体积的变化。肝脏体积测量应根据体型（每千克体重）进行校正。手动测量犬正常肝脏 CT 体积为 24.5 ± 5.6 cm^3/kg。

传统的 CT 估计肝脏体积是通过在轴向图像上逐层勾画肝脏轮廓来进行手动测量，不包括大血

表 4.2   肝脏的多相 CT 血管相及其临床应用

多相研究 - 序列			用途
非造影（造影前、直接扫描或平扫）	NC	正常衰减值（犬） 59.58 ± 3.34 HU	肝脏挫伤、肝脏破裂、活动性出血（创伤） 胆囊和胆管矿化和结石 弥漫性贮积性疾病（糖原、脂肪变性、脂质沉积等）的衰减值变化
肝动脉相	HAP		
早期动脉相	EAP	肝实质没有增强	血管造影研究（动脉门静脉瘘、动静脉瘘、栓塞术前评估等）
晚期动脉相（门静脉流入相）	LAP	肝实质增强最小	肝脏灌注疾病、检测高血管性局灶性病变
门静脉相	PVP	肝实质增强最大	肝实质疾病、高血管性 / 低血管性局灶性病变、门静脉异常
间质相（平衡相或肝静脉相）	EP		肝脏囊肿、脓肿、胆管疾病、静脉血栓、静脉肿瘤侵袭

管和胆囊。然后，软件通过将 ROI 的值相加，计算出总体积。手动技术可以进行精确的测量，但是精确的手工勾画肝脏轮廓十分耗时，这阻碍了肝脏大小的常规 CT 测量。通过先进的技术，自动计算机化的肝脏体积测量可以取代手工肝脏体积测量，显著缩短了该程序所需的时间。然而，对于某些对比度分辨率低（肝衰减值与邻近组织相似）或有噪点的 CT 图像，自动分割可能会失败。据报道，半自动化方法，即对多平面重建图像进行引导式自动分割，比全自动方法更有效。肝脏体积的准确估计依赖于肝脏的精确分割，而层厚较薄的 CT 图像可以得到更精确的结果（图 4.7）。对人类患者的研究表明，肝脏层厚与计算出的肝脏体积之间成反比关系。从亚毫米层厚的 CT 切片

分析得到的肝脏体积，通常比从层厚较大的图像计算得到的体积大。重要的是，肝脏体积的评估取决于扫描时相。直观地说，相对于造影前测得的肝脏体积，PVP 中测得的肝脏 CT 体积被高估了。虽然前者可能代表肝脏的实际大小，但 PVP 是人类估计肝脏体积的首选。在这一时相，造影增强可以更好地勾画出血管和胆管结构。为了精确计算肝脏体积，应排除这些结构。

3. MDCT 肝脏灌注：正常和异常肝脏特征

肝脏通过两条血管接受约 25% 的心输出量，即门静脉和肝动脉。两者均从肝门进入肝脏，与

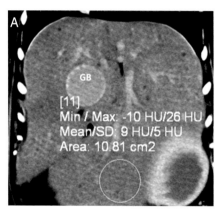
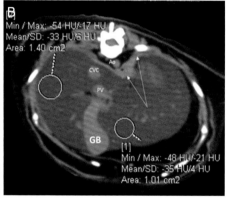

图 4.6　肝脏造影前图像
A. 肝脏脂肪变性（糖尿病）患犬的肝脏冠状面图像。肝实质整体呈低衰减（平均值为 9 HU），而胆囊（gallbladder，GB）和血管结构呈相对高衰减。B. 肝脏脂质沉积患猫的肝脏造影前横断面图像。肝实质呈低衰减（ROI 1 和 2 分别为 -35 HU 和 -33 HU）。注意胆囊（GB）、血管结构和横膈（箭头）呈相对高衰减。Ao，主动脉；CVC，后腔静脉；PV，门静脉。

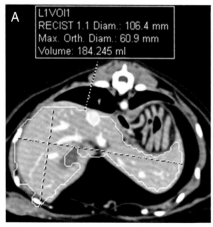
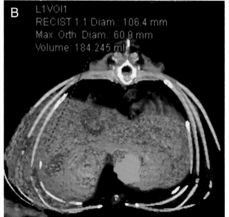

图 4.7　使用自动化 CT 体积软件估算犬肝脏体积（Syngo.via CT Liver Analysis—Oncology; Siemens Healthcare）

胆管、淋巴管和神经一起分布于肝实质内。除了这两条传入血管外，肝循环还包括肝静脉参与的传出系统，肝静脉通过肝段和肝后段后腔静脉将血液回流至右心房。

3.1 肝脏的动脉化

门静脉不能控制其血流量，门静脉的血流量只是肝外内脏器官（肠道、脾脏、胰腺和胃）流出量的总和。肝脏的两个血液来源（肝动脉和门静脉）之间存在着代偿关系，即当门静脉血流量减少时，肝动脉血流量增加。这种机制被称为"肝动脉缓冲反应"（hepatic arterial buffer response，HABR），表示肝动脉在门静脉血流变化时产生代偿性血流变化的能力，它能够缓冲门静脉减少的 25% ~ 60% 的血流量。例如，一项用动态单层 CT 进行的研究发现，先天性门体分流（congenital portosystemic shunt，CPSS）患犬的肝门静脉灌注值显著低于临床正常的犬［（0.52 ± 0.47）mL/（min·mL）vs.（1.08 ± 0.45）mL/（min·mL）］，而肝动脉灌注值显著高于临床正常的犬［（0.57 ± 0.27）mL/（min·mL）vs.（0.23 ± 0.11）mL/（min·mL）］。其他研究表明，CPSS 患犬的肝动脉灌注分数在术前评估中升高，在分流血管流量成功减少后，大多数犬的肝动脉灌注分数恢复正常。对于门体分流患病动物和许多患其他疾病的动物，在 HAP 中可以定性评估肝内动脉部分的增加（图 4.8）。重要的是，我们必须记住，进入肝脏的动脉和门静脉血流之间的代偿关系不是相互的。肝动脉灌注的改变不会引起门静脉血流量的代偿性改变。当肝动脉灌注损伤时，将快速形成动脉侧支。门静脉血流的改变可能有其他原因，如门脉高压，这是需要深入探究的。

3.2 肝实质灌注的定性和定量评估

正常肝脏在 PVP 期肝实质最大增强。在动脉期，肝实质不增强或轻度增强（表 4.2）。患病动物经常发生肝脏灌注的定性变化，可以通过多相 MDCT 检测到。放射科医生应该熟悉患病动物的外观、病理生理机制和可能的病因，其中大多数在 CT 图像上很容易识别。

肝脏 CT 灌注成像包括肝脏灌注的定性和定量评估。CT 灌注成像是在静脉注射碘化 CM 后，通过一系列动态获取的 CT 图像，测量组织密度随时间的变化。利用定量或半定量参数，如血流、血容量、平均转运时间、门静脉相肝脏灌注、动脉相肝脏灌注、肝脏灌注指数等，对肝脏及其他器

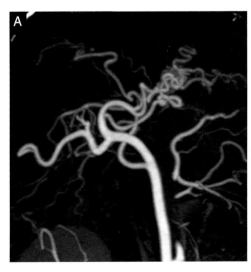
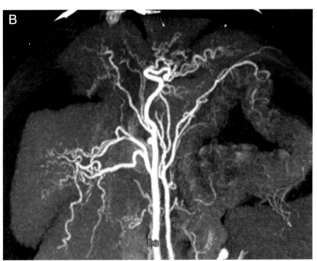

图 4.8　肝动脉化

A. 先天性门体分流患犬动脉期冠状面 MIP 视图。B. 肝病和门脉高压（portal hypertension，PH）患犬的动脉期冠状面视图。

官的正常组织和病理组织的灌注进行功能评估。有报道称，可以使用多种侵入性和非侵入性方法（包括单层螺旋 CT）评估犬的肝脏灌注。在人类中，MDCT 肝脏灌注成像用于进一步发现肝脏疾病形态特征，如肝肿瘤、与慢性肝病相关的肝纤维化，并用于评估放疗和化疗后的治疗反应，以及放疗和外科干预后的肝脏灌注变化。最早的兽医临床实践经验集中在量化 CPSS 患犬术前和术后肝脏灌注的变化。MDCT 扫描仪能够获得 16 层或更多的切面，并可扩大扫描范围，使肝脏灌注的容积评估成为可能，并有可能用于其他临床应用。

3.2.1 肝脏灌注异常

肝脏灌注异常（hepatic perfusion disorder，HPD）是指在 HAP 期间，早期肝实质节段性增强。这种情况的发生是因为进入肝脏的动脉和门静脉微循环不是独立的。肝小动脉和门静脉之间通常存在多种通道，在神经和体液因素的作用下，经窦、经血管和经丛（或胆管周围）的动脉 – 门静脉连通（分流）正常打开（图 4.9）。在某些病理情况下，动脉和门静脉之间的器质性或功能性连接增多，并且由于肝动脉床的高压和门静脉系统的低压，导致动脉血流重新分布到局部门静脉血流区域。在动脉 – 门静脉分流增加的区域，CM 从动脉逃逸到门静脉，导致 MDCT 图像上的 HAP 期间出现意料之外的肝实质增强。HPD 是典型的一过性现象；在人类放射学文献中，它也被称为"一过性肝实质增强模式"。与周围实质相比，受肝脏疾病

影响的区域，在造影前呈等衰减或轻度高衰减；在肝动脉相呈明显高衰减；在随后的 PVP 期间呈等衰减至轻度高衰减，这是由于造影剂密度的快速平衡（肝实质完全增强）。

HPD 是犬和猫在 MDCT 检查中常见的表现。HPD 的病因包括肝脏的良性和恶性病变，如弥漫性实质疾病（弥漫性肝纤维化、肝炎、恶性肿瘤浸润），局灶性良性和恶性病变（图 4.10 ~ 图 4.12）。

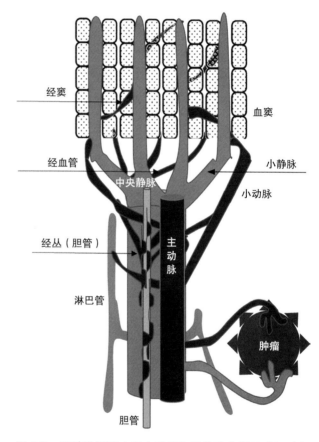

图 4.9　肝脏微循环中肝小动脉和门静脉之间的连通路径示意图

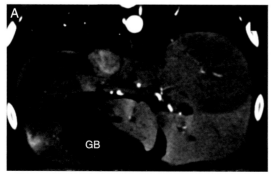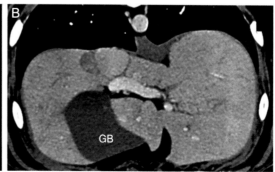

图 4.10　一只患类固醇性肝病的金毛寻回猎犬的 HPD

A. EAP 图像显示部分肝实质早期增强。B. 在 PVP 中的同水平切面肝实质呈均匀增强。GB，胆囊。

当肝内门静脉血流明显减少或中断（如 PVT、狭窄、压迫）时，动脉 – 门静脉分流可能会打开，从而导致相应肝叶的动脉血流量代偿性增加。在严重门静脉阻塞的病例中，如慢性门静脉阻塞，胆管周丛和经血管丛尤其受累及。在患有胆囊炎、胆管炎和其他原因导致的肝内胆管扩张的患犬，以及那些导致周围肝实质受到压迫和炎症的其他良性病变患犬中，都可以发现区域性肝动脉灌注增加。

重要的是，非病理性肝实质压迫可能导致可逆性的 HPD。因此，体重大的犬俯卧位时，特别是那些肝肿大或肋骨异常造成肝实质受压迫的犬，可能表现出被膜下肝脏压迫区灌注障碍。最后，

不应使用单一血管相（如 LAP、流入门脉相）获得的序列来评估肝实质灌注。

4. 肝脏疾病的 MDCT

在 2009 年，世界小动物兽医协会肝脏标准化组织提供了犬和猫肝脏疾病的形态学分类，试图解决现有文献中不一致和混乱的情况。这种形态学方法可以帮助放射科医生对肝胆疾病进行影像判读和鉴别诊断。该分类有四大类疾病：弥漫性肝实质疾病、局灶性肝脏疾病、胆管疾病和血管疾病。这些分类包括良性和恶性疾病，在疾病晚期可能同时出现。

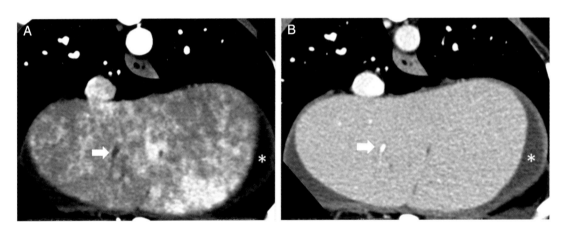

图 4.11　肝硬化患犬的 HPD

A. EAP 肝实质呈早期、短暂的弥漫性增强。B. 在 PVP 同水平切面肝实质呈均匀增强。箭头指向肝内的门脉分支。星号显示门脉高压导致腹膜腔内有游离液体。

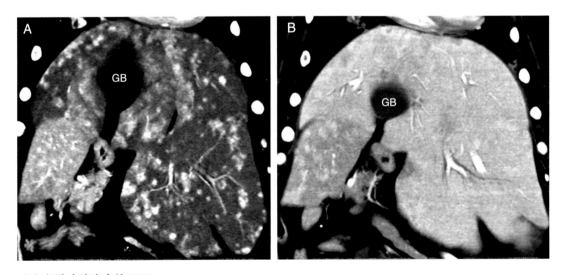

图 4.12　组织细胞肉瘤患犬的 HPD

A. EAP 肝实质呈短暂、斑点状增强。B. 在 PVP 中不可见。GB，胆囊。

4.1 弥漫性肝脏疾病的 MDCT

根据主要的病理生理机制，弥漫性肝实质疾病可分为炎性、贮积相关性（先天性和获得性）、中毒性、退行性、肿瘤浸润性疾病。兽医研究集中于使用多相（双相或三相）MDCT 来发现肝脏肿物的特征。目前还没有关于用 MDCT 评估弥漫性肝病的有效性和敏感性的报道。对于没有破坏肝脏结构的肝脏浸润性疾病，很难通过造影前或造影后的单相 CT 发现病变。然而，如本章前文所述，造影前 CT 图像诊断肝脏弥漫性疾病的有效性已被证明，例如，在犬的类固醇性肝病和猫的肝脏脂质沉积症中（图 4.6）。

在笔者的医院对 175 只患病动物进行的一项博士研究结果显示，大多数弥漫性肝脏非肿瘤疾病（如肿胀、充血、肝炎、类固醇性肝病、肝脏脂质沉积症、肝脏淀粉样变性）和浸润性肿瘤（如淋巴瘤、组织细胞肉瘤、肥大细胞瘤）的特点是肝肿大，伴有节段性或弥漫性的均质性和衰减变化。多相 MDCT 对肝脏的评估可以发现肝实质灌注的细微变化。在一些非肿瘤性和肿瘤性疾病中，PVP（或实质期）中的 HPD 和不均匀的实质增强模式很容易被识别出来（图 4.10~图 4.13）。然而，由于这些改变在大多数病例中是非特异性的，病史调查和引导下细针抽吸或活检对于最终诊断是必要的。

4.2 肝脏局灶性病变和团块的 MDCT

肝脏局灶性病变包括良性和恶性病变。MDCT 经常在无症状的患病动物中发现小的局灶性病变。在多相 MDCT 常规检查中经常发现肝脏和胆管周围囊肿（参见第 5 章）。它们容易与周围实质及其他局灶性病变区分开，一般临床意义不大，除非它们增大并压迫腹内其他器官或结构，或破裂出血（图 4.14）。良性胆管囊腺瘤是猫最常见的原发性肝脏肿瘤。与囊性病变不同，在非肿瘤患病动物中偶然发现实质性、结节性病变时，难以出具影像报告和给予管理方面的建议。在笔者个人经验中，由于其他原因，接受 CT 检查的患病动物经常在肝脏多相检查中发现高血管性的局灶性病变（图 4.15）。在类固醇性肝病（肝细胞糖原过度堆积）和肝脏脂肪变性表现为肿大的肝脏中，可见单个或多个结节性或团块样病变（图 4.16 和图 4.17）。在人类中，优化这些偶然发现肝脏病变的患者的管理方案才刚刚开始出现，即决定哪些病变可以忽略或只需长期监测，哪些需要活检。兽医文献中没有关于多相 MDCT 偶然发现的肝脏局灶性病变的诊断标准或检查。

根据尸检研究，犬原发性肝胆肿瘤的患病率为 0.6%~2.6%，猫原发性肝胆肿瘤的患病率为 1.5%~2.3%。原发性肝胆肿瘤可分为良性或恶性。它们可起源于肝细胞〔肝细胞腺瘤、肝细胞癌

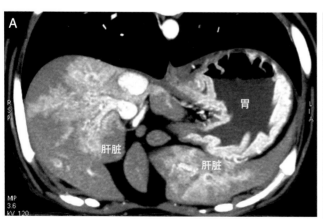
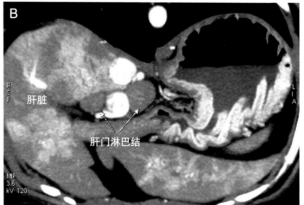

图 4.13　不明原因发热患犬的化脓性肝炎

A. LAP 横断面，血管周围实质呈早期增强。B. 横断面，注意肝门淋巴结肿大（箭头）。

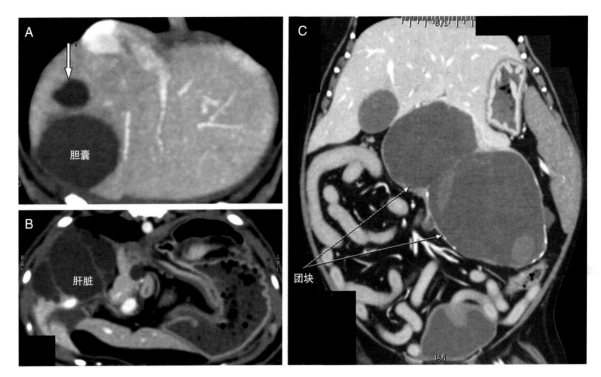

图 4.14 肝脏囊性病变

A. 在一只犬身上偶然发现肝囊肿。B. 波斯猫同时患有多囊肾和肝脏囊性团块。C. 患大囊腺瘤博美犬的大双叶囊性团块。

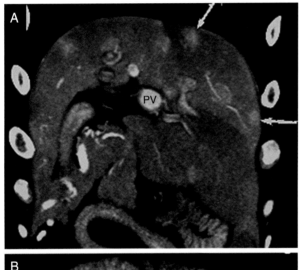

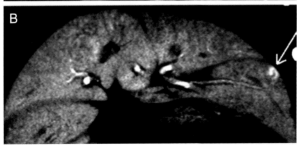

图 4.15 A. 肝细胞肿胀（空泡性肝病）患犬（冠状面视图）。注意 PVP 中的多个高血管性实质区域（箭头）。B. 非特异性反应性肝炎患犬。肝实质弥漫性不均匀增强（PVP），伴有局灶性高血管性病变（箭头）

PV，门静脉。

（hepatocellular carcinoma，HCC）]、胆管上皮［胆管腺瘤、胆管癌或胆管细胞癌（cholangiocellular carcinoma，CCC）]、神经内分泌细胞（神经内分泌癌、类癌）和间质细胞（肉瘤）。在这些肿瘤中，HCC 是最常见的，其次是 CCC 和类癌（神经内分泌）。除了血管肉瘤外，原发性血管和间质肿瘤在犬猫中很少见。血液淋巴肿瘤（淋巴瘤、恶性组织细胞增多症、浆细胞瘤、肥大细胞增多症）可累及肝脏（图 4.12、图 4.18 和图 4.19）。

在形态学上，原发性肝脏肿瘤可表现为单个大团块，累及单个肝叶（团块状），也可表现为结节样（结节状），累及多个肝叶，或浸润肝实质（弥漫性）。在人医中，多相 MDCT 检查被认为是肝脏团块诊断和特征性描述的首选方法；它在 HCC 的诊断中具有特别重要的作用。人类肝脏疾病的主要研究表明，在多相 MDCT 中，HCC 的标志性诊断特征是动脉增强后伴 PVP 和（或）延迟相洗脱。兽医对这一课题的研究还处于初级阶段，关于原发性肝脏肿瘤的 MDCT 特征的初步发现与人类的有一些不一致。研究的病例数量少、疾病阶段的差异（原发性肝脏肿瘤的早期发现可能影响其影像学特征、大小和增强，以及检测到的转移灶数量），扫描协议和 CM 方案是导致结果不一致的主要因素。在所有已发表的研究中，犬的 HCC 在动脉期和 PVP 表现为不均匀的低衰减、等衰减或高衰减模式。图 4.20~ 图 4.26 显示了犬和猫的一些原发性肝胆肿瘤的外观。

　　MDCT 对已知肝脏病变患病动物的术前评估具

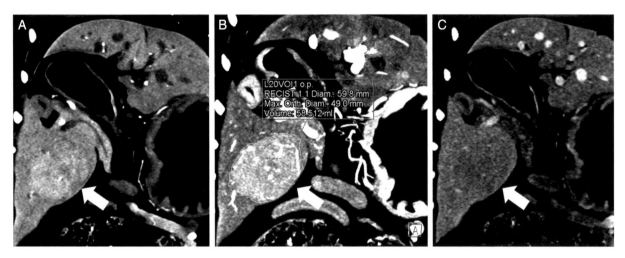

图 4.16　HAC 患犬的类固醇性肝病

A. LAP 肝脏冠状面，右外叶有卵圆形团块（箭头）。在 B（PVP）和 C（EP）中，团块分别呈明显增强和快速洗脱。

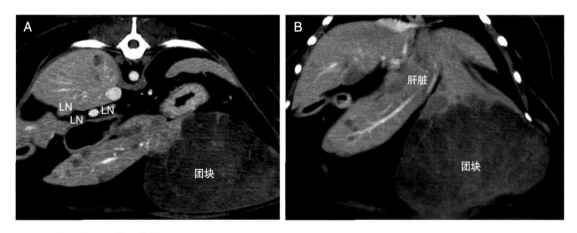

图 4.17　HAC 患犬的肝脏脂肪变性

A、B. EP 横断面和冠状面，肝实质中可见一个大的低衰减团块和其他几个小的低衰减病灶。LN，淋巴结。

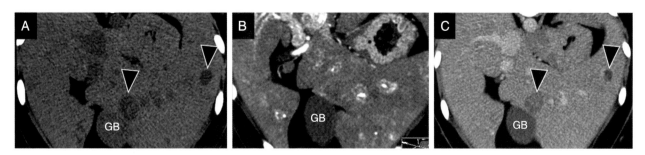

图 4.18　犬的原发性巨球蛋白血症

A. 造影前图像，局灶性低衰减病灶。B. LAP 图像，血管周围肝实质局灶性增强。C. EP 图像，可见造影前所见的低衰减病灶。GB，胆囊。

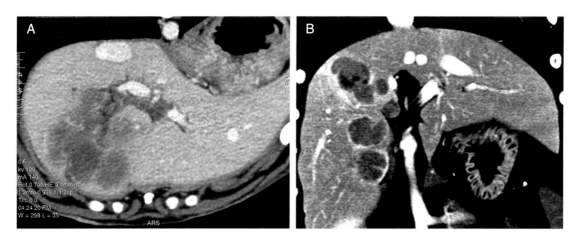

图 4.19　淋巴瘤

A、B. 来自两只不同犬肝脏局灶性病变的图像，这是淋巴瘤累及肝脏造成的。

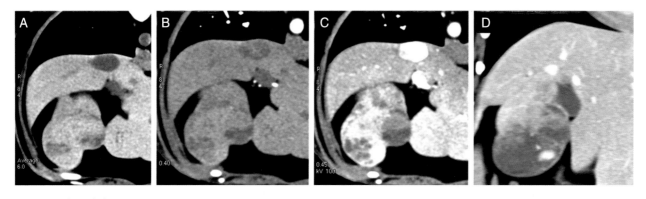

图 4.20　犬肝腺瘤

在 A（造影前序列）和 B（HAP 序列）中，团块呈等衰减。在 C（PVP）中呈明显的不均匀增强，而在 D（EP）中呈低衰减。

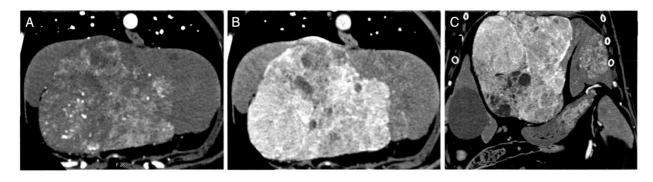

图 4.21　犬肝腺瘤

在 A（HAP）中，团块呈高度血管化（图 4.17），在 B（PVP）中呈更明显的增强，在 C（EP）中呈不均匀增强，有多个囊样区域。

有重要作用。根据笔者的经验，对于肝细胞癌或其他肝脏肿瘤患病动物而言，肝脏 EAP 序列中的三维 MIP 和 VR 也有助于在经动脉化疗栓塞 / 经动脉栓塞（trans-arterial chemoembolization/embolization，TACE/TAE）前，描绘供血动脉，并且用于这些患病动物的治疗后监测（图 4.27）。

原发性肝胆肿瘤的肝转移性病变可能是多个大小不同的肿瘤病灶，其特征与原发性肿瘤相似。犬猫原发性肝肿瘤的分期应进行全身 MDCT 检查。原发性肝脏肿瘤最常见的转移部位是局部淋巴结、其他肝叶、腹膜和肺。需要对肝脏肿物和潜在转移灶进行活检，以确认影像学疑似病变的诊断。

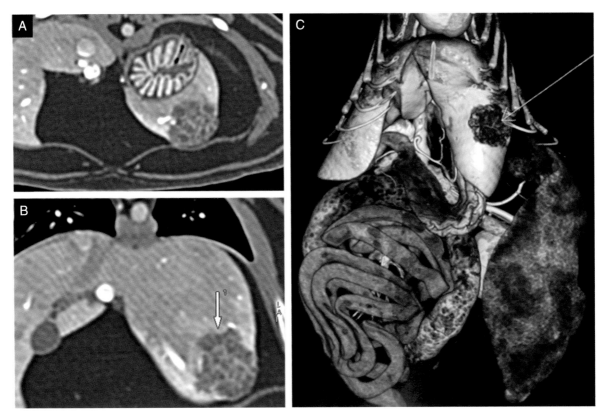

图 4.22　猫胆管腺瘤（箭头）

A、B. PVP 横断面视图。C. 腹部 VR。

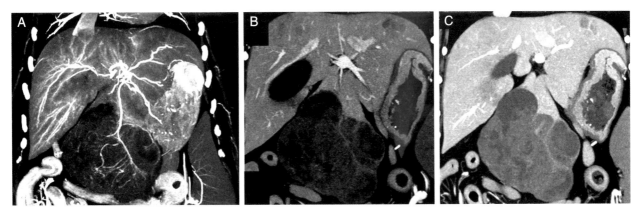

图 4.23　犬肝细胞癌

A. EAP，薄层最大密度投影冠状面视图，显示明显的供血动脉。在 B（PVP）和 C（EP）中，团块呈不均匀低衰减。其他肝叶也有类似病变。

在一些非肝脏来源肿瘤的分期中可以发现肝脏局灶性病变。转移性肝脏疾病在临床上很常见，30.6% ~ 36.8% 的原发性非肝脏肿瘤会发生肝转移。大多数转移性肝癌源于脾脏、胰腺或肠道。肝外肿瘤转移在多相 MDCT 上可能表现不一，取决于其血供、细胞分化、有无出血、纤维化和坏死程度。它们可能表现为单个或多个实质性病变，相对于周围实质呈等衰减或低衰减。大多数肝转移灶是低血管性的（如胃肠道肿瘤），因此在 PVP 中相对于正常肝实质呈低衰减（图 4.28）。结节性再生性增生也可表现为低衰减 / 低血管性结节（图 4.29）。然而，低血管性转移灶有时可能表现为外周（环形）增强或靶征样外观，这在 PVP 中尤其明显。高血管性转移灶（如胰腺胰岛瘤、嗜铬细胞瘤、类癌）具有动脉血供，因此会在更早期出现增强，在 HAP 中最明显（图 4.30 和图 4.31）。

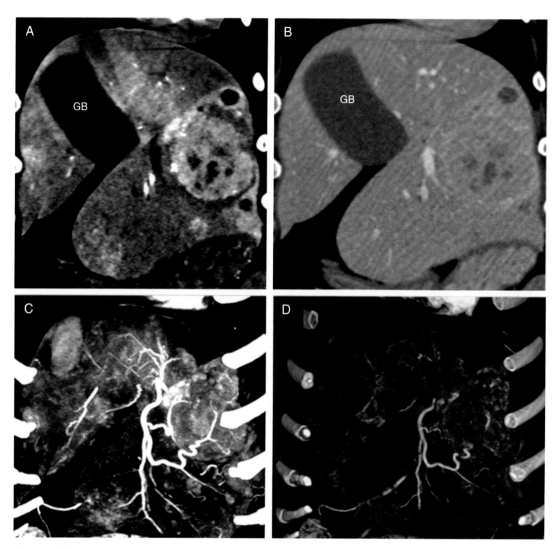

图 4.24　犬肝细胞癌

A. HAP，冠状面视图。左侧大团块，外观不均匀，可见早期实质强化区（HPD）。B. 同水平切面的 PVP，可见团块快速洗脱，与肝实质呈等衰减。C. HAP 薄层最大密度投影视图，显示团块的供血动脉。D. 相同体积的薄层容积重建。GB，胆囊。

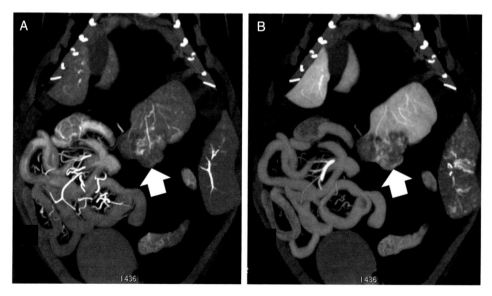

图 4.25　猫胆管癌

A. LAP。B. PVP。

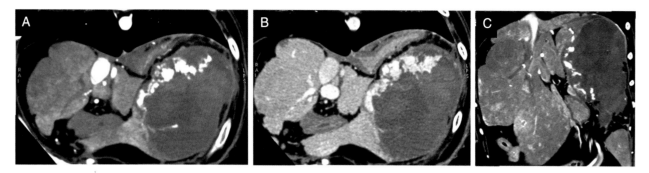

图 4.26　犬肝血管肉瘤

A. HAP，横断面。左侧大的低衰减、低血管性团块。B. 相同切面的 PVP 中呈最小的异质性增强。C. 同一只犬的冠状面 MPR 图像显示弥漫性肝实质异常和周围游离液体（团块破裂）。

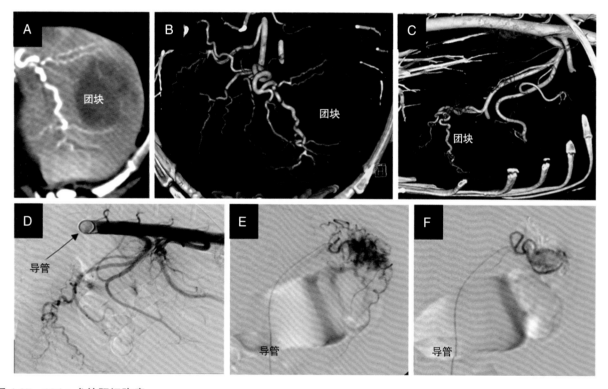

图 4.27　12 kg 犬的肝细胞癌

A. EAP 横断面显示团块位于左外叶。来自 EAP 的 3D-VR。B、C. 来自相同体积序列的容积重建的正面和左侧视图，显示团块的供血动脉。D. 同一只犬的腹部血管造影图像。用微线圈进行缓释超选择性经动脉栓塞（TAE）治疗。E、F. 栓塞前和栓塞后的图像。

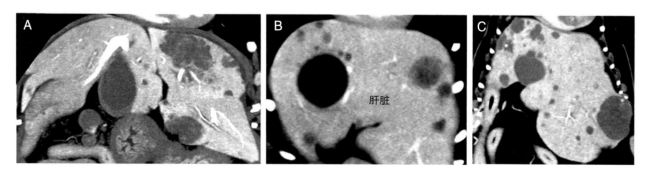

图 4.28　低血管性肝转移（PVP）

A. 患转移性胰腺癌的斗牛犬背侧观。B. 患乳腺癌肝转移的混种犬肝脏背侧观。C. 转移性血管肉瘤患犬肝脏背侧观。

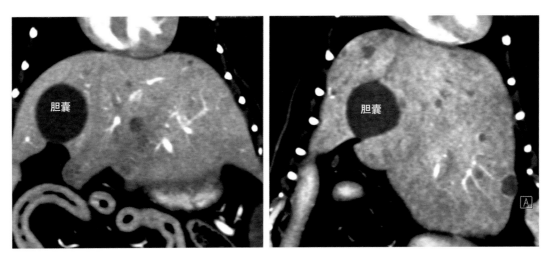

图 4.29 两只犬的局灶性结节增生表现为低血管性结节病变

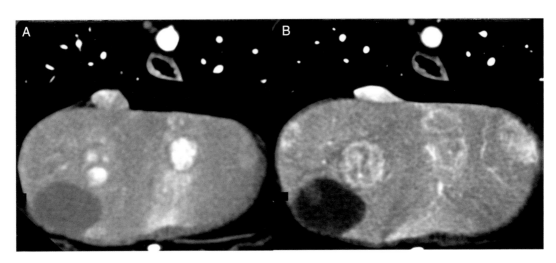

图 4.30 高血管性肝转移
犬胰腺胰岛瘤肝转移性图像。多相 CT 检查显示肝实质多灶性病变，A. LAP 明显增强，B. PVP 增强减少。

5. 肝扭转

肝扭转（liver lobe torsion，LLT）是一种罕见的疾病，在犬猫和兔子中有描述。尽管一些兽医放射学资料将其归于肝脏创伤性病变中，但小动物中 LLT 的诱发原因尚未确定，仅有一篇文献报道了一例怀疑有腹部创伤的病例（图 4.32）。其最常累及左内叶和左外叶，但也有累及尾状叶和右外叶的病例（图 4.33）。到目前为止，只描述了一例犬的 LLT 的 MDCT 特征，用 4-MDCT 对清醒状态下的患犬进行检查。造影前 CT 表现为左侧肝叶肿大，轮廓不规则，并向尾腹侧移位。在造影后图像中，受影响的肝叶没有增强（由于血管蒂扭转），而未受影响的肝叶则正常增强。与大多数报道的病例一样，本病例的 LLT 伴腹膜腔积液。

6. 门脉高压的 MDCT 发现

门脉高压是指门静脉循环阻力增加和（或）血流增加。MDCT 在 PH 的诊断中起着重要的作用，虽然它不能直接测量血流方向和流速，但 MDCT 可以很容易地发现 PH 的形态学改变，也可以用于发现引起 PH 的大多数疾病。

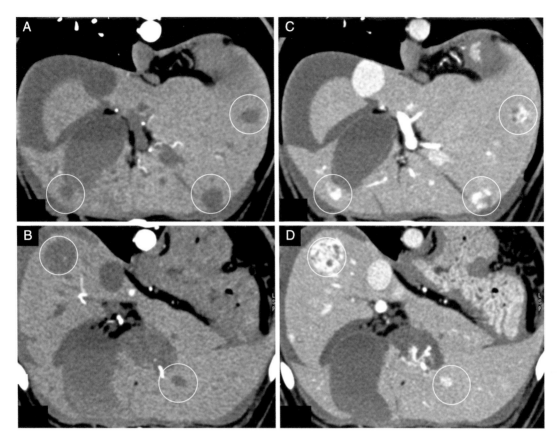

图 4.31　犬血管肉瘤肝转移
A、B. 动脉相，C、D. PVP 图像。

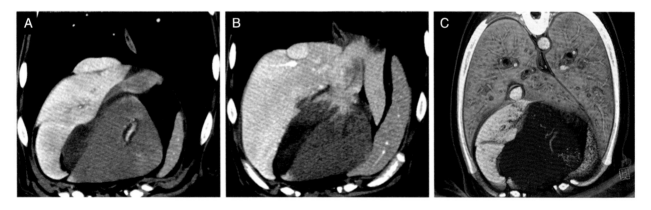

图 4.32　大丹犬的 LLT
A、B. 在 PVP 中，低衰减、低血管的左外叶和左内叶没有增强，而未受影响的肝叶中呈正常增强。C. 来自同一只犬的薄层 -VR。不同的颜色反映肝叶的不同衰减。

病理生理学背景

在门脉三联体中，血液从肝动脉和门静脉进入肝小叶，并在肝窦混合。每一条循环路径提供了不同成分的血液，使肝脏能够发挥其独特而重要的消化和代谢功能。血液混合后流入肝脏中央静脉，再经肝静脉流出肝脏，最终到达肝脏后段后腔静脉，返回右心房。门静脉压力梯度（门静脉和后腔静脉的压力差）是由门静脉血流和血管阻力的乘积决定的。当它增加时（＞10～12 mmHg），PH 随之增加。门静脉是肝的无瓣传入血管（入肝血流），收集肠道、脾脏、胰腺、胃、大网膜和胆囊的毛细血管系统血液。在 PH 的情况下，血液改变方

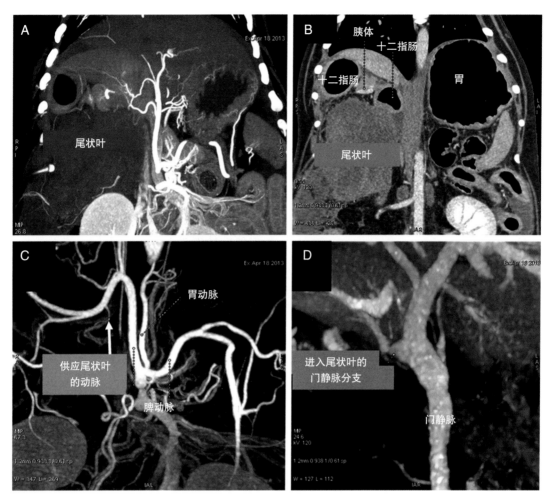

图 4.33 伯恩山犬的 LLT

A. 腹部 LAP 图像显示肿大、低血管性尾状叶。B. 胰腺和十二指肠向头侧移位。十二指肠和胃由于空气的存在而扩张。C、D. LAP 和 PVP 的最大密度投影图像。可见尾状叶细的、低灌注的动脉。D. 注意门静脉分支向尾状叶倾斜。

向，流向尾侧，远离肝脏（离肝血流）。门静脉压力的增加是门脉系统侧支血管网形成的最重要因素。先前存在的胚胎血管被重新开放，连接门静脉和体循环，而血管生成因子则有助于它们的维持。根据门脉系统阻力增加的解剖位置，PH 可分为肝前性、肝性或肝后性（图 4.34）。PH 位置的分类具有临床相关性，因为阻塞的程度往往提示了可能的原因和最佳的治疗方案。

MDCT 发现 PH 病因

MDCT 图像可发现大部分引起肝前性、肝性和肝后性 PH 的原因（表 4.3）。PH 会导致慢性多因素疾病。其原因和后果可能涉及腹部或胸部结构。因此，对于 PH 的患病动物，应进行全身 MDCT 扫描，包括多相肝脏扫描。

肝前性 PH 的原因发生在肝门尾侧的门静脉段，包括肝前段门静脉血栓（portal vein thrombosis，PVT）、狭窄或压迫，以及门静脉异常（如闭锁、动脉瘤）（图 4.35）。肝性 PH 的原因在组织学上可分为窦前性、窦性或窦后性（如静脉闭塞性疾病，很少报道）。常见的窦前性病因均可通过 CT 确诊，包括肝内 PVT、门静脉受压迫（如被肿瘤、胆管疾病挤压）和门静脉异常（如动静脉瘘）。CT 征象（小肝、门静脉变细、无明显的 PSS）怀疑原发性 PVH，需通过肝组织病理证实。PH 的窦性原因是慢性肝病（如肝硬化、肝纤维化、解离性肝炎、胆管疾病）（图 4.36）。肝后性 PH 的原因包括右

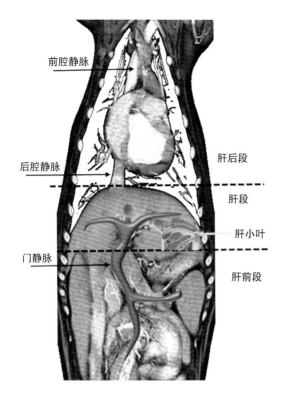

图 4.34　基于解剖学的 PH 分类。大多数肝前性、肝性和肝后性病因可通过影像学确定

心衰、心脏团块和由于血栓、压迫或肿瘤侵袭引起的后腔静脉阻力增加（图 4.37 和图 4.38）。当梗阻发生在肝静脉流出后腔静脉处或较大的肝外肝静脉处时，被称为布加综合征。

6.1 PH 的 MDCT 直接征象

肝脏的变化取决于 PH 的原因。肝的大小可能增大或减小，这取决于原发疾病。由于进入肝脏的门静脉血流量不足，肝脏动脉相（HAP）中可发现肝脏灌注障碍（HPD）。在 PVT 病例中，由于局部门静脉血流的改变，在肝 PVP 中肝实质呈不均匀增强。门静脉及其分支的增粗、弯曲可能是 PH 的直接征象（图 4.39）。慢性 PH 可导致门静脉动脉瘤。

6.2 PH 的 MDCT 间接征象

门静脉侧支循环

正常犬门静脉与全身静脉系统之间至少有三

表 4.3　可能导致 PH 的主要肝前性、肝性和肝后性疾病

肝前性	肝性	肝后性
门静脉闭锁	PHPV（窦前性）	肝后段后腔静脉血栓、压迫或狭窄（布加综合征）
门静脉血栓	动静脉瘘（窦前性）	前腔静脉血栓、压迫或狭窄（前腔静脉综合征）
门静脉狭窄、压迫	先天性或慢性胆管疾病（窦性）	右心衰
肿瘤侵袭门静脉	肝硬化、慢性肝炎或先天性纤维化（窦性）	心脏肿瘤、异常
手术、介入治疗并发症（PSS 结扎）	手术、介入治疗并发症（PSS 结扎）	心包填塞
	静脉闭塞性疾病（窦后性）	

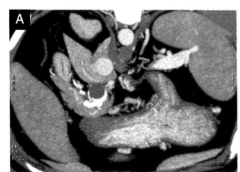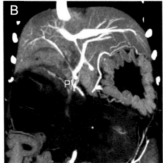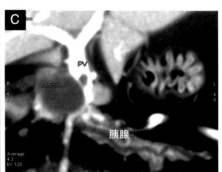

图 4.35　肝前性 PH 的原因

A. PVT 患犬的肝门水平横断面。B. 犬胰腺癌包裹肝外门静脉的薄层 -MIP 冠状面。C. 猫的胰腺癌压迫和侵袭肝外门静脉。PV，门静脉。

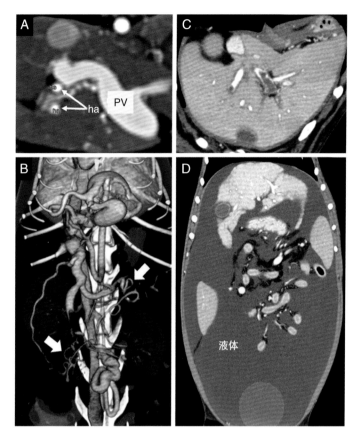

图 4.36　PH 的肝性原因

A. 肝内 APF 猫的肝脏横断面。B. 同一只猫的腹部血管容积重建图像。注意 APF、扩张的肠系膜静脉和 APSS 的复杂解剖（箭头）。C. 肝内 PVT 犬的肝脏横断面。D. 肝硬化伴腹水患犬的腹部 MPR 背侧观。PV，门静脉；ha，肝动脉。

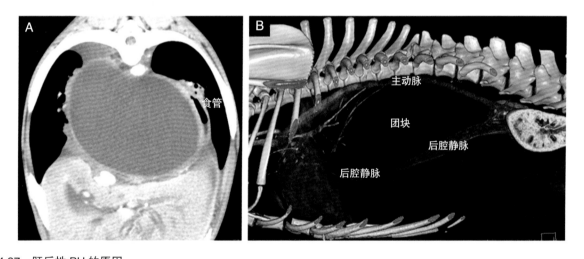

图 4.37　肝后性 PH 的原因

A. 横断面显示纵隔尾背侧有一个大脓肿，压迫了肝后段后腔静脉。B. VR，左侧视图，来自同一只犬，显示后腔静脉受压迫。

个胚胎期的连接，通常为无灌注或少量灌注。在 PH 中，这些循环路径可能会增粗并发挥功能，导致这些循环路径再次灌注从而形成获得性门体分流（acquired portosystemic shunt，APSS）。此外，PH 患病动物可能会出现新的血管。先前存在的路径有：门静脉结肠分支和阴部静脉分支之间；膈静脉和门静脉小分支之间；胃左静脉心脏分支和奇静脉食道分支之间。MDCT 是描述门静脉粗支和细支的绝佳工具，它能够完全确定它们的位置和路径。在笔者的医院，首次使用 16-MDCT 扫描仪对 PH 患病犬猫的门静脉侧支进行了全面的描述和分类。随着 MDCT 技术在兽医临床中的推广，发现了更多其他不同寻常的门体分类类型。对这些侧支血管的描述很重要，特别是在考虑介入手术时，如饲管放置、活检、内窥镜手术和常规手术，无意中破坏这些血管可能造成出血无法控制。在 PH 患病动物中，可发现大的侧支血管和小的曲张静脉，并根据其解剖位置命名。最常见的大型 APSS 累及性腺静脉。最常见的曲张静脉位于腹膜后（肾区）、胃和食道（见第 3 章）（图 4.40）。

重要的是，前腔静脉阻力增加或阻塞（前腔静脉综合征）也会导致食道和食道旁静脉曲张的形成（所谓的下坡静脉曲张或非高血压静脉曲张）。此外，并不是所有形式的 PH 都会导致侧支

形成。在肝后性 PH 中，由于门静脉和体循环之间没有压力梯度，所以没有形成侧支。因此，不能根据没有门静脉侧支而排除 PH。门静脉侧支形成在血流动力学方面并不总是有效，而且往往不足以使门静脉压力保持正常。因此，门静脉侧支的存在与患病动物在任何时候的门静脉压力水平都不完全相关。仅根据 MDCT 对侧支血管形态的评估来推测其功能时应非常谨慎。

6.3 PH 的 MDCT 辅助征象

辅助征象

门静脉压力升高促使液体进入组织间隙。淋

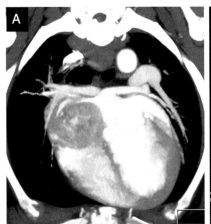
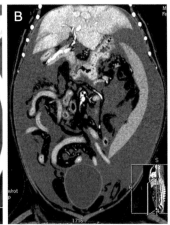
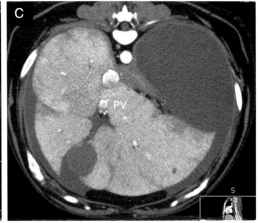

图 4.38　肝后性 PH 的原因

A. 犬胸部横断面，右心房团块（无门控，16-MDCT 图像）。B. 同一只犬的 MPR 背侧视图，显示大量腹水。C. 肝门水平横断面显示肝充血和门静脉低灌注。PV，门静脉。

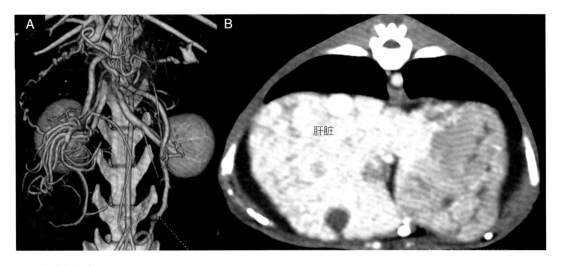

图 4.39　PH 的直接征象

A. 一只猫腹部血管 VR 显示由于 PH 肠系膜静脉和结肠静脉增粗。B. 同一只猫的肝脏横断面（肝硬化）。

巴管系统的作用是将组织中的间质液清除并回流至血液中。在 PH 中，淋巴管系统重新吸收肝脏和内脏区域的多余液体，有助于防止腹水的形成。当局部淋巴管超负荷时，就会形成腹水。刚开始可在肝脏周围、重力相关的位置发现腹水（基于衰减值＜10 HU）。在薄层 MDCT 图像上，PH 其他可能的间接征象有：腹部淋巴管和肝淋巴结充血，胃、小肠和胰腺充血，胃肠活动性出血，胆囊壁增厚（图 4.41）。

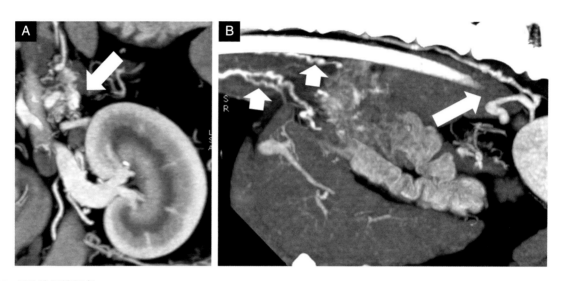

图 4.40　PH 的间接征象

A. 犬薄层最大密度投影冠状面，显示左侧膈腹静脉曲张（箭头）。B. 肝硬化犬薄层最大密度投影矢状面，显示左侧胃静脉曲张（长箭头）和食道旁静脉曲张（短箭头）。

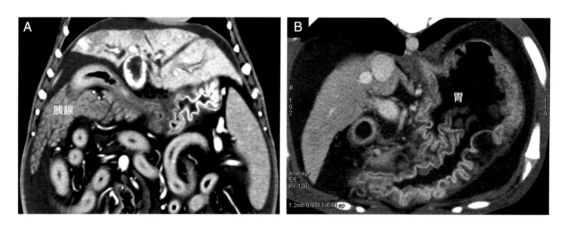

图 4.41　PH 的间接征象

A. 犬肝硬化引起的 PH、胰腺充血和腹水。B. 先天性肝纤维化患犬，胃充血和腹水（胆管板畸形）。

参考文献

[1] AK P, AI H, Lieberman PH. Canine hepatic neoplasms: a clinicopathologic study. Vet Pathol. 1980; 17:553–64.

[2] Bertolini G. Acquired portal collateral circulation in dog and cat. Vet Radiol Ultrasound. 2010; 51(1):25–33.

[3] Borsetto A. Hepatobiliary diseases in small animals: a comparison of ultrasonography and multidetector-row computed tomography. Dissertation thesis, 2011; http://amsdottorato. unibo.it/id/eprint/3492.

[4] Costa LAVS, Maestri LFP, Júnior JAM, et al. Hepatic radiodensity in healthy dogs by helical computed tomography. Cienc Rural. 2010; 40:888–93.

[5] Costa LAVS, et al. Quantitative computed tomography of the liver in dogs submitted to prednisone therapy. Arq Bras Med Vet Zootec. 2013; 65(4):1084–90. ISSN: 1678–4162.

doi:10.1590/s0102–09352013000400020.

[6] Cullen JM. Summary of the world small animal veterinary association standardization committee guide to classification of liver disease in dogs and cats. Vet Clin North Am Small Anim Pract. 2009; 39(3):395–418. doi:10.1016/j.cvsm.2009.02.003.

[7] Dr S. Clinicopathologic features of primary and metastatic neoplastic disease of the liver in dogs. J Am Vet Med Assoc. 1978; 173(3):267–9.

[8] European Association for the Study of the Liver, European Organisation for Research and Treatment of Cancer. Easl–Eortc clinical practice guidelines: management of hepatocellular carcinoma. J Hepatol. 2012; 56:908–43.

[9] Fukushima K, Hideyuki K, Ohno K, et al. Ct characteristics of primary hepatic mass lesions in dogs. Vet Radiol Ultrasound. 2012; 53:252–7.

[10] Furneaux RW. Liver haemodynamics as they relate to portosystemic shunts in the dog: a review. Res Vet Sci. 2011; 91(2):175–80. doi:10.1016/j.rvsc.2010.11.017.

[11] Kodama Y, Ng CS, Wu TT, et al. Comparison of CT methods for determining the fat content of the liver. Am J Roentgenol. 2007; 188:1307–21.

[12] Kudo M, Matsui O, Izumi N, Iijima H, Kadoya M, Imai Y, et al. Jsh Consensus–based clinical practice guidelines for the management of hepatocellular carcinoma: 2014 update by the liver cancer study group of Japan. Liver Cancer. 2014; 3:458–68.

[13] Kummeling A, Vrakking DJ, Rothuizen J, Gerritsen KM, Van Sluijs FJ. Hepatic volume measurements in dogs with extrahepatic congenital portosystemic shunts before and after surgical attenuation. J Vet Intern Med. 2010; 24(1):114–9.

[14] Lee KJ, Yamada K, Hirokawa H, Shimizu J, Kishimoto M, Iwasaki T, Miyake Y. Liver lobe torsion in a Shih–Tzu dog. J Small Anim Pract. 2009; 50(3):157. doi:10.1111/J.1748–5827. 2009.00733.X.

[15] Liu H, Liu J, Zhang Y, Liao J, Tong Q, Gao F, Hu Y, Wang W. Contrast–enhanced ultrasound and computerized tomography perfusion imaging of a liver fibrosis–early cirrhosis in dogs. J Gastroenterol Hepatol. 2016; 31(9):1604–10. doi:10.1111/jgh.13320.

[16] Makara M, Chau J, Hall E, Kloeppel H, Podadera J, Barrs V. Effects of two contrast injection protocols on feline aortic and hepatic enhancement using dynamic computed tomography. Vet Radiol Ultrasound. 2015; 56(4):367–73. doi:10.1111/vru.12239. Epub 2015 jan 30.

[17] Nakamura M, Chen HM, Momoi Y, et al. Clinical application of computed tomography for the diagnosis of feline hepatic lipidosis. J Vet Med Sci. 2005; 67:1163–5.

[18] Oliveira DC, Costa LSVS, Lopes BF. Computed tomography in the diagnosis of steroidal hepatopathy in a dog: case report. Arq Bras Med Vet Zootec. 2011; 63:36–9.

[19] Rockall AG, Sohaib SA, Evans D, et al. Hepatic steatosis in Cushing's syndrome: a radiological assessment using computed tomography. Eur J Endocrinol. 2003; 149:543–8.

[20] Rothuizen J, Bunch S, Charles J, et al. Standards for clinical and histological diagnosis of canine and feline liver diseases (WSAVA). Philadelphia: Elsevier Saunders; 2006.

[21] Sg S, Sl M, Keating J, Dl C. Liver lobe torsion in dogs: 13 cases (1995–2004). J Am Vet Med Assoc. 2006; 228(2):242–7.

[22] Stieger SM, Zwingenberger A, Pollard RE, Kyles AE, Wisner ER. Hepatic volume estimation using quantitative computed tomography in dogs with portosystemic shunts. Vet Radiol Ultrasound. 2007; 48(5):409–13.

[23] Suzuki K, Epstein ML, Kohlbrenner R, Garg S, Hori M, Oto A, Baron RL. Quantitative Radiology: automated CT liver volumetry compared with interactive volumetry and manual volumetry. AJR Am J Roentgenol. 2011; 197(4):W706–12. doi:10.2214/Ajr.10.5958.

[24] Swann HM, Brown DC. Hepatic lobe torsion in 3 dogs and a cat. Vet Surg. 2001; 30(5):482–6.

[25] Tian J–L, Zhang J–S. Hepatic perfusion disorders: etiopathogenesis and related diseases. World J Gastroenterol: WJG. 2006; 12(20):3265–70. doi:10.3748/Wjg.V12. I20.3265.

[26] Trigo FJ, Thompson H, Breeze RG, et al. The pathology of liver tumors in the dog. J Comp Pathol. 1982; 92:21–39.

[27] Zwingenberger A, Shofer F. Dynamic computed tomographic quantitation of hepatic perfusion in dogs with and without portal vascular anomalies. Am J Vet Res. 2007; 68(9):970–4.

[28] Zwingenberger A, Daniel L, Steffey MA, Mayhew PD, Mayhew KN, Culp WT, Hunt GB. Correlation between liver volume, portal vascular anatomy, and hepatic perfusion in dogs with congenital portosystemic shunt before and after placement of ameroid constrictors. Vet Surg. 2014; 43(8):926–34. doi:10.1111/J.1532–950x.2014.12193.X.

第 5 章　胆囊与胆道系统

Giovanna Bertolini

1. 概述

胆道系统由肝内和肝外结构组成，受多种疾病影响。微管膜是肝细胞膜的特殊组成部分，是肝脏最初胆管形成的部位。胆汁从肝小管（直径约 1 mm）沿胆管树流向胆囊，胆管树包括胆小管、小叶内胆管、小叶间胆管、肝管，以及连接胆囊和胆总管的胆囊管（图 5.1）。胆囊与肝脏相邻，

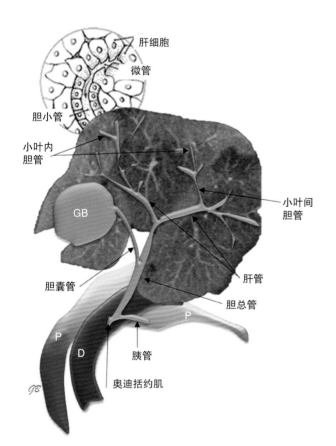

图 5.1　胆囊和胆道系统的宏观和微观解剖
GB，胆囊；P，胰腺；D，十二指肠。

位于右内叶和方叶之间的右侧窝中。胆总管是胆汁流至十二指肠的肝外胆管途径。奥迪括约肌是一种单向肌肉括约肌，可防止肠道内容物逆流至胆道系统。犬和猫的胆总管和十二指肠的连接在解剖学上是不同的，并且存在很大的种内差异，尤其是猫。犬的胆总管在十二指肠壁内经过一段短暂移行后，通常在十二指肠大乳头处（幽门远端 1.5 ~ 6 cm）、靠近两条胰管中较小的胰管（小胰管）处，进入十二指肠腔。较大的（副）胰管从远端几厘米处进入十二指肠腔。猫的胆总管和胰管在进入十二指肠大乳头前汇合，形成一个壶腹，距离幽门约 3 cm。

2. MDCT 成像协议

进行肝脏 CT 检查时应同时对胆道系统进行评估。对于已知或疑似累及胆管的病例，应制订相应的 CT 扫描协议以优化胆道系统成像，提高诊断准确性。获取薄层、各向同性（0.6 mm）的图像，有助于提高空间分辨率及减少肝内胆管结构的部分容积伪影。获得各向同性数据集对于高质量后处理技术的应用也至关重要，尤其在评估小型犬或猫的胆道系统时。

在多相扫查中，对胆道系统的评估应包括前腹部（包括肝脏、胆囊、胆总管、胰腺和近端十二指肠）的薄层平扫序列，以确认是否存在胆管结石，因为胆管结石在增强后的图像中会被造影剂影像掩盖。此外，初始平扫图像提供了基线

参考，以确定 CM 注射后病变是否增强。

造影后序列应包括不同的血管相，不同增强程度的肝实质、血管和胆管结构。胆囊和胆总管的动脉灌注由胆囊动脉供应，胆囊动脉是肝动脉的一个分支。肝内胆管由肝动脉和肝门静脉分支供应。因此，肝脏的多相扫查也有助于评估胆囊和胆管树。

胆管壁在正常动物的动脉相中通常不增强，增强常见于炎症和肿瘤疾病的病例。肝动脉相（hepatic arterial phase，HAP）中，累及胆道系统的团块很容易被辨认出来。胆囊动脉血栓常见于坏死性胆囊炎。在门静脉相（portal venous phase，PVP）中，肝内胆管结构显影更加清晰，因为它们相对于肝实质呈低衰减。犬猫肝内胆管不扩张时，几乎看不到。然而，在禁食的患病动物中，肝内胆管通常伴行肝门静脉分支，呈薄的、低衰减的管状结构（门静脉周围光晕征或项圈征）（图 5.2）。更晚的延迟相 CT 序列有助于评估创伤性、非创伤性胆管破裂、慢性炎症或肿瘤疾病。

多种后处理技术均可用于评估胆道系统。胆囊和其他胆管结构并不完全垂直于横断面。因此，横断面和高质量（来自各向同性数据）多平面重建（multiplanar reformatted，MPR）图像结合判读可大幅提高 MDCT 在评估胆管病变影响范围的诊断能力。曲面多平面重建（curved multiplanar reconstruction，cMPR）可在单个平面中显示出整个胆管。然而，这项技术的使用需要熟悉胆道系

统的解剖知识及后处理技术，才能避免重建出可能引起误诊的图像。可使用不同层厚的最小密度投影（Minimum intensity projection，MinIP）进行胆管树的快速概览，尤其是斜冠状面。MinIP 技术显示同一投影方向最低的衰减值，从而勾勒出胆管结构。重要的是，MinIP 层厚不应超过判读区域胆管管腔的直径，以避免投影中包含其他低衰减物质（如空气、脂肪）。

3. 胆囊和胆道系统疾病

不同的胆管疾病往往表现出类似的影像学特征。胆管疾病的评估需要结合多学科的方法来理解潜在的病理机制。胆管扩张可能由梗阻性或非梗阻性原因造成，且很容易通过 MDCT 区分。梗阻性原因包括结石和狭窄（炎症、炎症后和肿瘤性狭窄）。非梗阻性原因包括各种先天性和获得性疾病（图 5.3）。

3.1 胆管扩张的梗阻性原因

胆管结石（胆囊结石和胆石症）

胆结石和胆泥（沉淀的胆固醇结晶、胆色素、胆盐和黏蛋白的混合物）经常在中老年犬和猫身上偶然发现。与正常胆汁相比，胆泥呈中等高衰减信号，在胆囊中往往处于重力侧。在胆泥淤积动物中，晚期动脉相中局灶性胆管壁增厚和增强可提示胆管局灶性炎症。如果呈弥漫性，则可能

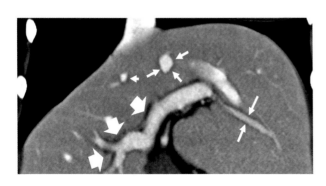

图 5.2　犬门静脉周围光晕征（或项圈征）
平行于或围绕门静脉主要分支及其细分支的薄层低衰减管状结构代表肝胆管（大箭头）和小叶间胆管（0.6 mm 层厚）。

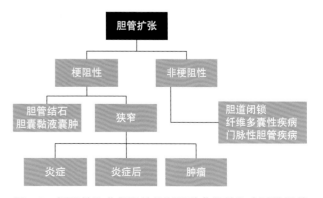

图 5.3　梗阻性和非梗阻性机制导致节段性和广泛性胆管扩张的流程图

与胆管炎或胆囊炎相关（见本章下文）。

　　伴侣动物的大多数胆结石是碳酸钙和胆红素结石，这些结石中并没有足够的矿物质，因此无法在 X 线片上观察到。此外，在没有胆管扩张的情况下，超声检查可能会漏诊。虽然在多数情况下动物没有症状，但胆汁淤积、炎症或感染均可导致胆结石。相反，胆结石会损伤胆管，导致胆汁淤积和炎症。CT 是否能检测到胆管结石取决于胆结石的化学成分、CT 的能量来源和其他技术因素。使用高（140 kVp）管电压设置可以提高某些胆管结石的检出率。薄层 MPR 和曲面重建图像可以极大地帮助诊断胆管结石（图 5.4 和图 5.5）。厚层 MIP 可以清楚地显示高衰减的结石，但应谨慎

使用，因为胃肠道中的矿物质可能叠加在肝脏上，造成胆管结石的假象。

　　胆囊黏液囊肿是一种非炎症性疾病，其特征是胆囊内胶冻状、不移动胆汁的不断积聚。浓缩的胆汁也可能自胆囊延伸到胆管树，造成梗阻。胆囊黏液囊肿的易感因素包括中老年、胆汁流量减少、胆囊动力降低、高脂血症、高胆固醇血症（如内分泌疾病、胰腺炎、肾病综合征）和使用皮质类固醇。苏格兰牧羊犬和其他品种有品种倾向性。胆囊黏液囊肿很容易通过腹部超声诊断。胆囊黏膜显示不同程度的增生，胆囊腔非重力侧有高回声内容物，通常具有特征性的细条纹状或星芒状（猕猴桃状）外观。在薄层 MDCT 图像上可以识别

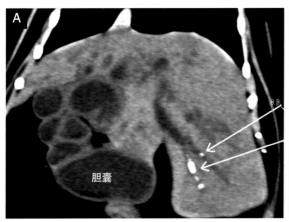 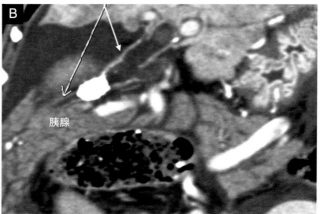

图 5.4　猫的胆管扩张

A. 肝脏造影前冠状面视图。注意多个胆结石（箭头）。B. 犬的梗阻性胆管疾病。肝脏冠状面视图（PVP），显示胆总管结石（箭头）。

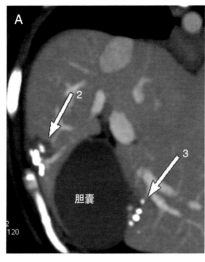 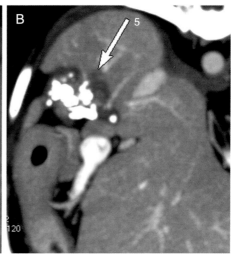

图 5.5　肝内胆管结石伴胆管扩张（箭头）

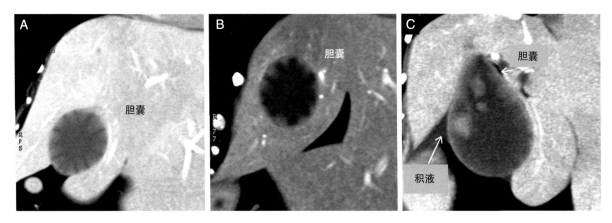

图 5.6　犬胆囊黏液囊肿

A、B. 2 只不同犬的冠状面图像，显示出与超声图像相似的 CT 征象。C. 胆囊黏液囊肿患犬的胆汁泄漏（箭头）。

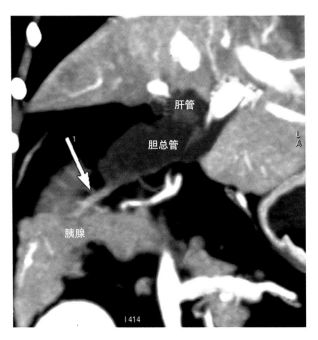

图 5.7　犬炎性病变后狭窄引起的良性 EHBDO。注意狭窄附近的胆总管扩张

出类似的图像（图 5.6），尽管迄今为止兽医文献中尚未描述过。胆囊黏液囊肿可能无症状，但可导致坏死性胆囊炎和胆囊破裂。

良性和恶性胆管狭窄

良性和恶性因素导致的狭窄均可导致胆总管和肝管梗阻［肝外胆管梗阻（extrahepatic biliary duct obstruction，EHBDO）］。胆汁流动受阻会导致狭窄前的胆管扩张，在 MDCT 图像上清晰可见（图 5.7）。良性狭窄包括胆泥阻塞、胆结石、胆管炎性病变后或膈疝中的胰腺卡压、钝性创伤和医源性狭窄（图 5.8 和图 5.9）。胆管狭窄的原因包括增生性和肿瘤性（胆管囊腺瘤、腺癌）等原发性疾病，或继发于胰腺肿瘤（图 5.10 和图 5.11）。无论是什么原因，胆管阻塞都可能在几周内导致严重的肝胆损伤。慢性病程中，主支的胆管扩张和扭结是

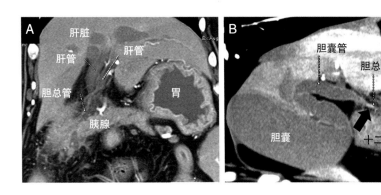
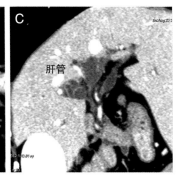

图 5.8　重度胰腺炎患犬良性胆管狭窄致 EHBDO

A. 冠状面图像显示胰腺肿大且边缘不清。B. 多平面重建的斜面观。注意胆囊、胆囊管和胆总管近端的扩张。胆总管的远端狭窄（箭头）。C. 冠状面图像显示肝管扩张。

不可逆的，伴有局灶性门脉周围纤维化。在这些病例中，可以在 CT 图像上看到门脉高压的征象，如腹水和获得性门脉侧支。

3.2 胆管扩张的非梗阻性原因

炎症状态（胆囊炎和胆管炎）

胆囊和胆管的炎症可能与各种感染源和系统性疾病有关，也可能继发于慢性良性和恶性胆管梗阻的胆汁淤积。急性和慢性胆管炎、胆管肝炎在猫中比在犬中更常见。猫胆管肝炎涉及门脉三联管和周围的肝实质，通常伴有十二指肠、胰腺和肾脏的炎症过程。对于疑似患有胆囊和胆管急性炎症的动物，超声是首选的成像技术。当临床症状模糊且超声检查结果模棱两可时，通常需要进行 MDCT

检查。MDCT 也适用于评估肿瘤病例（用于分期和术前计划），并发现可能的并发症（如气肿性炎症、穿孔），这可能表明需要开腹探查和外科治疗。

急性胆管炎症的典型 MDCT 征象包括胆管轻度至中度扩张，胆囊体积缩小，胆囊周围游离液体积聚（炎性渗出物与胆囊周围脓肿），胆囊和胆管壁增厚且在晚期动脉相中可能增强（图 5.12 和图 5.13）。在胆囊周围的肝实质中可以看到暂时性局灶性肝脏灌注障碍，这是胆囊充血发炎的结果。胆囊和（或）胆管中如存在气体（气肿性胆囊炎、胆管炎）在 MDCT 图像上很容易检测到（图 5.14），但并不常见。在慢性胆管炎症中，胆囊体积通常增大，并可能显示不规则的管壁增厚和矿化（图 5.15）。只有在延迟相中才能看到管壁增强。

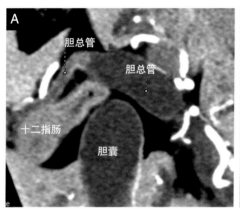
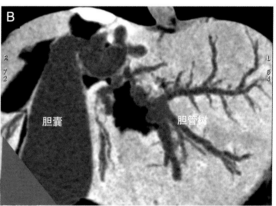

图 5.9　犬的良性 EHBDO
A. 常见的胆泥阻塞。注意梗阻附近的胆管扩张。B. 薄层的 MinIP 突显胆囊和胆道系统扩张。

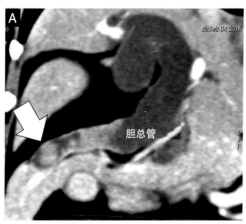
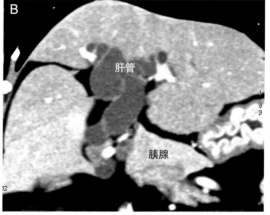

图 5.10　犬的良性 EHBDO
A. 冠状面。箭头指示胆总管远端息肉样病变（增生），胆总管近端扩张。B. 冠状面图像显示肝管扩张。

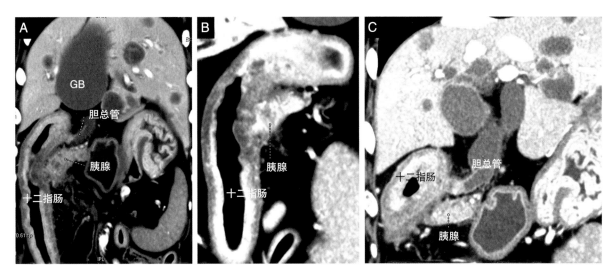

图 5.11　犬的恶性 EHBDO

A. 犬的胰腺癌（转移到肝脏）。注意充盈的胆囊（GB）。B. 降十二指肠近端和胆总管远端的恶性病变。C. 肝内胆管和小叶间胆管扩张。

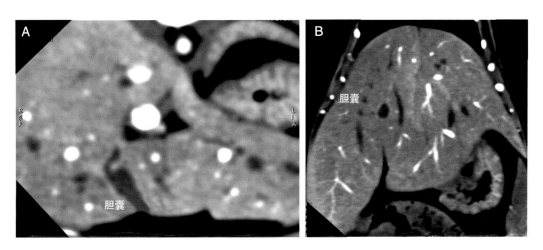

图 5.12　A、B. 急性胆管肝炎患猫肝脏的横断面和冠状面。胆囊很小，胆囊壁增厚。注意肝肿大（B）

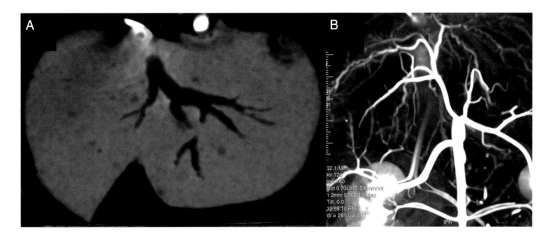

图 5.13　猫的胆管炎

A. 肝脏 MinIP 图像显示胆管扩张。B. 动脉相 MIP 冠状面图像显示肝脏动脉血管因炎症而明显增强和弯曲。

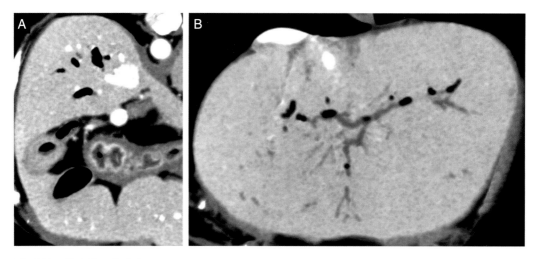

图 5.14 犬气肿性胆管炎的胆管积气

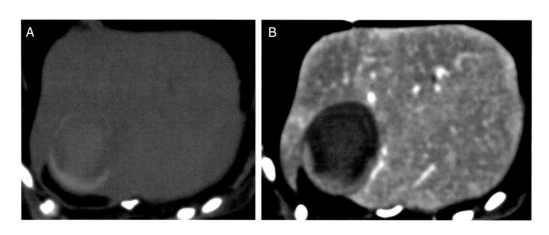

图 5.15 胆囊炎
A、B. 犬肝脏造影前和造影后（门静脉相）横断面图像显示胆囊壁增厚，底部高衰减且造影后增强。

胆管狭窄可能与慢性门静脉阻塞［门静脉血栓形成（portal vein thrombosis，PVT）］或门静脉海绵样变（cavernous transformation of the portal vein，CTPV）有关，这是由于门静脉侧支血管或局部缺血（门静脉高压性胆病）引起的外部压迫（更多详情请参阅第 3 章）。

先天性疾病——纤维多囊性疾病和发育不良

胚胎时期胆管板发育过程紊乱［胆管板异常（ductal plate anomalies，DPA）］可导致犬和猫的多种先天性胆管纤维多囊性疾病，胚胎发育时期的不同阶段发生紊乱会导致不同疾病。这一系列疾病复杂且病因尚不明确，其特征是胆管扩张和相关的先天性肝纤维化。先天性肝纤维化是胆管板最小的组成部分发育异常所致。其组织学特征是

小的肝内胆管周围出现不同程度的门静脉纤维化，肝内胆管形状不规则，并常伴扩张。而其他先天性胆管疾病也会出现不同程度的门静脉周围肝纤维化，所有这些疾病都属于同一类的胆管板畸形。在肝纤维化中，肝脏体积减小，对肝脏进行多相MDCT 血管造影研究可以发现晚期动脉相的实质动脉血管化和弥漫性肝脏灌注障碍。先天性肝纤维化是一个动态过程，可以随着时间的推移发展为肝硬化。因此，在出现门静脉高压时，可以观察到其他与门静脉高压相关的 CT 征象，如腹水、胃肠道出血、静脉曲张和其他类型的获得性门静脉侧支。胆管错构瘤（Von Meyenburg complexes）表现为最小的肝内胆管的胆管板异常。在犬猫中，这些错构结构表现为孤立的或多发性单纯的圆形

胆管囊性病变，直径从几毫米到几厘米不等，分散在整个肝脏（图 5.16A）。患病动物通常无症状，而形态异常在腹部影像学检查中为偶然发现。在进行 MDCT 分期的原发性肿瘤患病动物中，这些胆管病变可能被误认为是转移性病变。胆管囊性病变在造影前扫描呈低衰减，造影后通常不会增强，或呈环形增强。在犬猫中可发现单个肝脏先天性或获得性孤立的囊性病变。孤立囊肿在 CT 图像上表现为单个边界清晰的囊样病变，腔内含有均质低衰减的液体，腔内物质造影后不增强（图5.16B）。在猫中已确认存在常染色体显性多囊性疾病。胆管和肾小管畸形在波斯猫和其他品种猫中高发。也有一些年轻犬（凯恩狗、西高地白狗和金毛寻回猎犬）的胆管扩张伴随肾囊性畸形的报道（图 5.16C）。这种肝囊肿综合征可能表现为肝脏、肾脏和胰腺中的一些孤立囊肿。最严重的类型表现为这些器官中有无数亚毫米级囊性病变。

较大的肝囊肿可引起肝肿大和压迫，从而导致感染、出血和破裂等并发症，但较为罕见。已报道一些犬的 Caroli 样综合征，表现为增大的肝实质中出现多灶性扩张的管腔和管壁钙化，扩张的管腔与胆管树相通。这些管壁的矿化反映了胆汁流动停滞，从而导致胆管炎、结石和脓肿。不同程度的门静脉周围纤维化伴随胆管扩张，多囊肾可出现在同一患病动物中。已在猫中发现胆总管囊肿。胆总管囊肿是胆总管远端梭形扩张，并表现出严重的临床症状，包括腹痛、黄疸、发热和囊肿感染。影像学检查目的为排查胆总管扩张的阻塞性原因。明确诊断可能很困难，但对手术计划至关重要。一般来说，在胆总管囊性扩张的初始阶段，肝内胆管可能是正常的。然而，可能同时存在其他 DPA，胆总管囊肿可以与其他肝内和肝外胆管疾病以及门静脉周围纤维化同时出现。

犬胆囊和胆管树发育不良的报道十分少见。

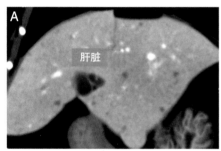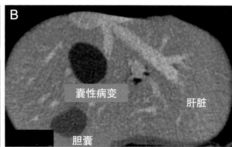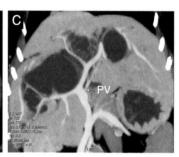

图 5.16　猫（A）和犬（B、C）的纤维多囊病（胆管板发育不良）
PV，门静脉。

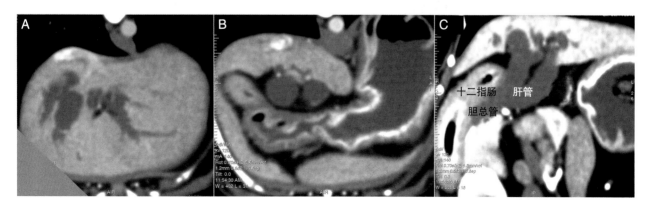

图 5.17　A. 2 岁迷你贵宾犬肝脏的横断面图像，显示肝内胆管扩张。该犬有门脉高压和侧支循环。CT 检查未发现胆囊，扩张的肝管。B、C. 直接连接到一个短而扩张的胆总管，该胆总管似乎没有进入十二指肠。手术证实胆囊发育不全和奥迪括约肌乳突狭窄

前肠原始憩室芽的异常胚胎发育可导致双胆囊、胆囊发育不全或闭锁，这些疾病可能单独出现或与 DPA 共存。胆囊发育不全的诊断是基于未在影像学检查中看到胆囊，需通过手术进行确诊。胆管闭锁是一种肝外胆道系统闭合或缺失的疾病。这些发育异常可导致黄疸和严重肝病。胆汁不能排泄到十二指肠可能导致胆管运动障碍和奥迪括约肌功能障碍，奥迪括约肌功能障碍使十二指肠内容物回流到胆总管，从而导致胆管肝炎。MDCT 检查可显示胆总管和肝管扩张（图 5.17）。肝门静脉高压可随之发生，相关征象可在 CT 图像上看到。

3.3 胆囊破裂

胆囊或胆总管破裂可能为胆结石、胆囊炎、胆泥淤积、胆囊黏液囊肿、血管供应受损、恶性肿瘤或钝性创伤的并发症。破裂导致胆汁漏入腹腔，从而导致胆汁性腹膜炎。胆汁性腹膜炎如不

采用胆囊切除术进行治疗，则可能致死。迄今为止，尚无兽医文献描述小动物急性和慢性胆囊穿孔的 CT 征象。而在人医文献中，广泛性胆汁性腹膜炎和胆囊壁游离为急性胆囊穿孔的特征，而亚急性或慢性胆囊破裂则伴有局限性腹膜炎或胆囊肠瘘。局灶性胆囊缺损在小动物临床超声中被描述为"空洞征"，在薄层 MDCT 中也可见到相应征象。该征象是犬胆囊穿孔的特异性征象（图 5.18）。其他的 CT 征象，如腹腔液、胆管积气和胆囊周围炎性病变，在非外伤性胆囊破裂病例中存在。亚急性胆囊穿孔患病动物中可见胆囊周围脓肿。

3.4 术后胆管并发症

针对一些患有先天性和获得性胆道系统疾病的犬猫，需要对其进行胆囊和（或）肝外胆管手术。对于胆管手术后出现新体征或实验室异常的患病动物，MDCT 在发现早期胆管并发症方面有

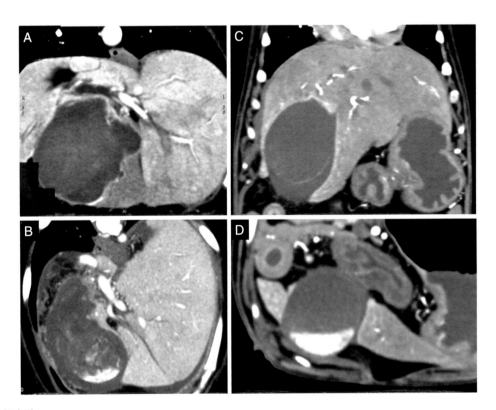

图 5.18　胆囊破裂

A. 坏死性胆囊炎患犬的肝脏横断面图像（门静脉相），显示胆囊破裂和胆囊周围积液。B. 另一只胆石症和胆囊炎患犬的肝脏横断面图像（门静脉相）。注意胆囊内的造影增强液体，与活动性出血一致。还要注意胆囊周围积液和腹膜增厚（胆汁性腹膜炎）。C. 一只囊性黏液增生患犬的肝脏冠状面 MPR 图像，胆囊破裂。注意胆囊周围积液。D. 同一只犬的另一张图像。注意胆囊底部造影增强物质（活动性出血）的积聚。

很大优势。胆管狭窄、吻合口胆汁泄漏、腹膜炎、胆汁瘤和胆管结石等并发症在 MDCT 中均易判读（图 5.19 和图 5.20）。

在对手术患病动物进行 MDCT 检查之前，收集详细的临床信息至关重要。对于术后早期并发症，应与外科医生一起解读 MDCT 表现，因为大多数此类并发症都是医源性的（如胆管意外结扎、遗漏的胆结石移位、结扎处开裂引起的胆汁性腹膜炎）。在这些病例中，MDCT 检查的目的是确定可能的并发症来源，并为二次手术进行规划。为评估术后早期并发症而进行的 MDCT 检查需重点关注前腹部。必须仔细检查的结构包括肝实质、胆管、胆囊、胆总管、十二指肠前段，因为一些外科手术同时涉及多个解剖区域。

必须进行薄层非增强扫描以排除胆结石和出血，出血是胆管手术常见的早期并发症，可由手

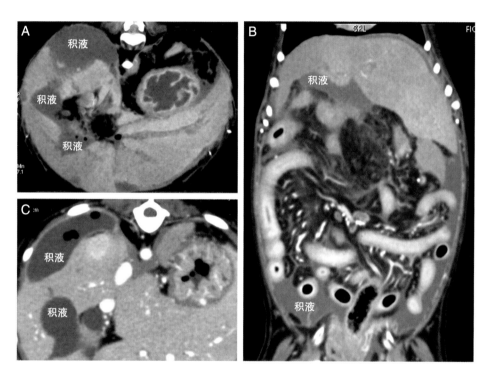

图 5.19　胆管术后并发症

A. 胆石症胆囊切除术后 3 天,转诊至笔者的医院的一只犬的肝脏薄层 MinIP 横断面图像。注意肝内 - 肝外胆管多发性胆汁积聚（胆汁瘤）和气体。B. 同一只犬的冠状面 MPR 图像，显示腹腔内游离液体，伴有增厚、腹膜条索征（胆汁性腹膜炎）。C. 一只约克夏狭犬胆囊十二指肠吻合术后几天，因胆汁瘤转诊到笔者的医院。

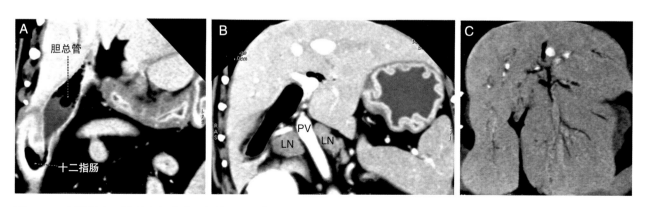

图 5.20　犬胆囊十二指肠吻合术后 3 年的 CT 图像

A. 冠状面 MPR 图像，显示胆囊和十二指肠的外科吻合。液体和气体可以自由地从十二指肠进入胆管。B、C. 胆管积气在这些患病动物中很常见。注意肝淋巴结中度肿大（B）。PV，门静脉；LN，淋巴结。

术中结扎胆囊动脉失败或意外的肝实质损伤引起。当非增强扫描结果为阴性或不清楚时，应进行完整的多相增强检查，包括动脉相和门静脉相，以及整个腹部的延迟相扫描。对于胆管手术的晚期并发症，应始终进行三相 MDCT 检查。并发症可在术后数天、数周或数月内出现，如胆管狭窄。在胆总管狭窄的情况下，需进行术前 MDCT 检查以便为放置胆管支架或新的手术干预进行规划。MDCT 能够准确测量胆管长度和直径，以便在术前选择支架尺寸。在放置胆管支架之前，应通过高级影像学检查排除胆管穿孔和胆管内肿物。

参考文献

[1] Austin B, Tillson DM, Kuhnt LA. Gallbladder agenesis in a Maltese dog. J Am Anim Hosp Assoc. 2006; 42(4):308–11.

[2] Choi J, Kim A, Keh S, Oh J, Kim H, Yoon J. Comparison between ultrasonographic and clinical findings in 43 dogs with gallbladder mucoceles. Vet Radiol Ultrasound. 2014; 55(2):202–7. doi:10.1111/Vru.12120.

[3] Göorlinger S, Rothuizen J, Bunch S, Van Den Ingh TSGAM. Congenital dilatation of the bile ducts (Caroli's disease) in young dogs. J Vet Intern Med. 2003; 17:28–32.

[4] Kamishina H, Katayama M, Okamura Y, Sasaki J, Chiba S, Goryo M, Sato R, Yasuda J.

[5] Gallbladder agenesis in a chihuahua. J Vet Med Sci. 2010; 72(7):959–62.

[6] Liptak JM. Gallbladder agenesis in a Maltese dog. J Am Anim Hosp Assoc. 2008; 44(2):50.

[7] Mehler SJ. Complications of the extrahepatic biliary surgery in companion animals. Vet Clin North Am Small Anim Pract. 2011; 41(5):949–67, Vi. doi:10.1016/j.cvsm.2011.05.009.

[8] Schulze C, Rothuizen J, Van Sluijs FJ, Hazewinkel HA, Van Den Ingh TS. Extrahepatic biliary atresia in a border collie. Small Anim Pract. 2000; 41(1):27–30.

[9] Vasanawala SS, Desser T. Value of delayed imaging in MDCT of the abdomen and pelvis. Am J Roentgenol. 2006; 187:154–63.

第6章 脾 脏

Giovanna Bertolini

1. 概述

脾脏是机体内最大的独立淋巴器官，主要功能是中枢免疫和造血。因此，许多疾病的病理过程中都会直接或间接的涉及或牵涉脾脏。CT 可以对脾脏进行彻底检查，在腹部检查时应对其进行评估。CT 评估脾脏适用于脾脏肿瘤的分期、急腹症、血腹以及创伤（脾脏创伤在"身体创伤"一章中进行介绍）。

犬猫的脾脏大致呈舌状，通常分为三部分：脾头、脾体和脾尾。不同个体之间脾脏大小差异较大，且受许多内在（如收缩）和外在因素的影响。进行 CT 检查的麻醉犬常可见脾肿大。临床上常用的一些麻醉药物，如乙酰丙嗪、硫喷妥钠和丙泊酚，均会导致正常犬脾肿大。因此，很难通过 CT 评估脾脏大小。犬猫的许多良恶性疾病中都会出现脾

肿大，包括非肿瘤性和肿瘤性疾病（如脾脏充血、脾脏扭转、免疫介导性溶血性贫血、炎性疾病、肥大细胞瘤、淋巴瘤）。

副脾（或异位脾）在小动物中很少见，但在全身 MDCT 检查中并不罕见。它们是由于在脾脏发育时期的胚胎细胞最初聚集融合失败，导致部分脾实质与脾脏主体分离。副脾通常沿脾－胰腺韧带、脾胃韧带或脾肾韧带分布，由脾动脉的一个分支供血（图 6.1）。它的 CT 征象与正常脾组织相同，多见于脾门附近。这些副脾没有临床意义，在无症状的动物中不应切除。然而，异位脾也会出现与原位脾脏相同的疾病。有少许报道指出在肝脏和胰腺等其他器官中也存在异位脾组织。如果出现原发性脾脏恶性肿瘤，如血管肉瘤，应仔细评估胰腺是否有转移。

脾淋巴结沿脾血管分布，在薄层 MDCT 图像

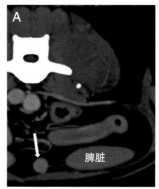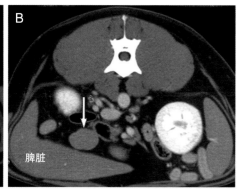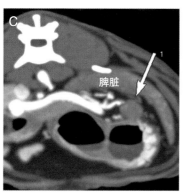

图 6.1 副脾

A. 犬腹部横断面图像，可见来自脾脏的细小血管供应副脾（箭头所示）。B. 另一只犬的横断面图像，可见一个较大的副脾（箭头所示）。C. 一只猫的副脾（箭头所示），由脾动静脉的分支供血和引流。

上很容易被发现。它引流脾脏、胰腺、食道、胃和网膜。因此，多种病理条件下都可能会出现脾淋巴结增大。

2. MDCT 成像策略

在平扫 CT 图像上，正常脾脏通常衰减均匀，CT 值为 50～60 HU，比肝脏低 5～10 HU（图 6.2）。当局部或系统性疾病累及脾脏时，脾脏可见衰减值的变化。

脾实质由红髓和白髓组成，在器官内形成复杂的网络结构。红髓由红细胞和血管结构组成，白髓由淋巴组织组成。快速注射造影剂后，脾脏呈不均匀增强，反映了红髓和白髓之间的不同血液分布（图 6.3）。在增强早期的序列中，这种正常的不均匀增强模式在犬猫之间以及同一物种的不同个体之间有很大差异。尤其是猫，与人的脾实质增强类似，猫的脾实质增强呈蛇形、线状、弓形分布。在延迟相，正常脾实质呈均匀增强。

脾脏多时相的 CT 图像通常在肝脏的多时相检查中获得。与肝脏不同，脾脏拥有独特的动脉血供，即来自腹腔动脉的一个分支——脾动脉。脾脏的血液出脾经脾静脉引流，脾静脉随后接收胃网膜静脉和胃左静脉的血流，最后汇入门静脉。因此，

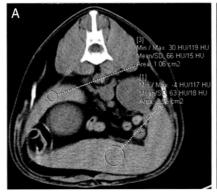
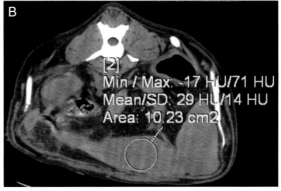

图 6.2　脾脏的衰减值

A. 一只犬的平扫横断面图像，显示了肝脏和脾脏衰减值的对比。该病例肝脏平均衰减值为 66 HU，脾脏平均衰减值为 63 HU。
B. 脾梗死患犬脾脏的衰减值，脾尾处 ROI（感兴趣区）的平均衰减值为 29 HU（高于液体衰减值）。

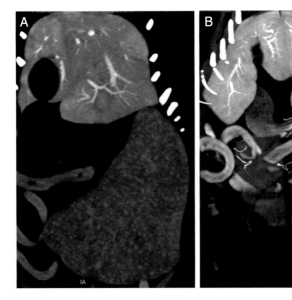
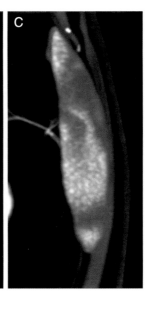

图 6.3　犬猫脾脏增强的正常征象

A. 一只犬的冠状面多平面重建图像。B. 一只猫的冠状面多平面重建图像。C. 另一只猫脾脏增强的正常征象。

脾脏的完整评估需要双时相检查（图 6.4）。动脉相提供了脾脏正常血管化的信息，有助于诊断脾扭转和脾梗死。它可以显示活动性出血（在钝性创伤及良、恶性团块的病例中），并可能有助于检测良、恶性血管性病变。

门静脉相时的充分造影增强对于评估脾静脉血栓和恶性血管侵袭是很有必要的（图 6.5）。在 LAP（晚期动脉相或门静脉相流入阶段）期间常出现脾静脉的不均匀增强，不应与真正的血栓混淆。在冠状面多平面重建图像上可能会出现假血栓的征象（图 6.6）。这是因为不含造影剂的血液黏滞度低、呈中央层流，其成像可能会被误认为血栓。脾静脉部分增强形成的假性充盈缺损具有时效性，在随后的血管造影时相便会消失。因此，为了避免误诊，检查者应检查 PVP 中脾静脉是否完全增强。

3. 增生性、反应性和炎性脾脏疾病

脾脏的高衰减、低衰减病变需要在临床背景下进行评估，因为不同疾病的 CT 影像学表现可能会有重叠。大多数情况下，细胞学检查可提供一个明确的诊断。

脾脏髓外造血（EMH）或髓外造血细胞生成在笔者的病例中很常见。这可能是偶然发现，可能与其他脾脏疾病相关，也可能是对骨髓衰竭的反应。据笔者经验，EMH 是犬脾脏最常见的良性病变。在多时相 CT 检查中，EMH 表现为大小均一或各异的多个血供丰富的结节（图 6.7 和图 6.8）。反应性脾脏疾病是指伴有淋巴组织增生和造血前

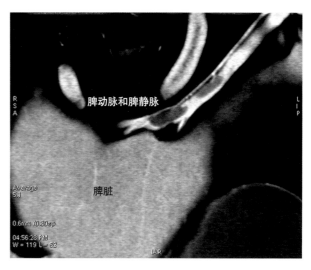

图 6.5　淋巴瘤患犬脾静脉血栓形成，注意脾静脉的充盈缺损

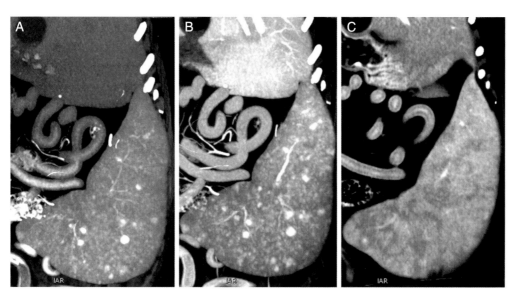

图 6.4　腹部的多时相检查

A. 肝动脉相（HAP），脾脏增大，可见一些血供丰富的实质性结节（髓外增生）。B. 门静脉相（PVP），脾实质增强最明显的时期。C. 肝脏间质期、平衡期，脾脏表现为均匀增强，未见造血性结节影像。

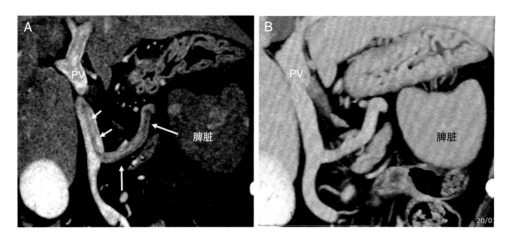

图 6.6　假性血栓

A. 晚期动脉相（LAP），脾静脉内未增强的血流（长箭头所指处）以中央层流的方式汇入门静脉（短箭头所指处）。B. 在门静脉相（PVP），随着所有血管的充分造影增强，假性血栓消失。PV，门静脉。

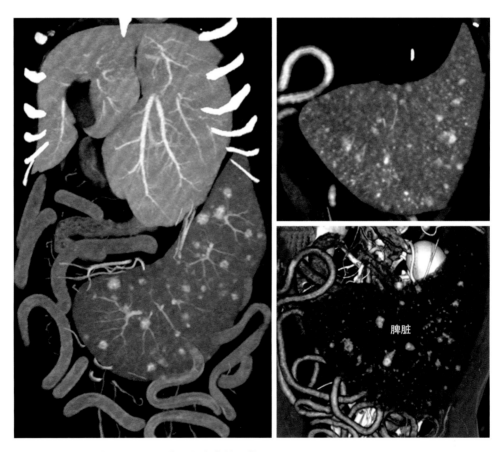

图 6.7　3 只不同犬的脾脏髓外造血，显示多个血供丰富的结节

体细胞增加的广泛性增生。在多时相 CT 检查中，脾脏增生可呈弥漫性变化（粟粒样或结节样），也可能表现为类似肿瘤的单个结节样（图 6.9）。

脾脏的低衰减病变见于败血性和非败血性炎症（图 6.10），这些病变可能与脾梗死相似，需要在临床背景下进行评估。

4. 脾梗死和脾静脉血栓

脾梗死是指脾动脉供血的急性阻塞，导致实

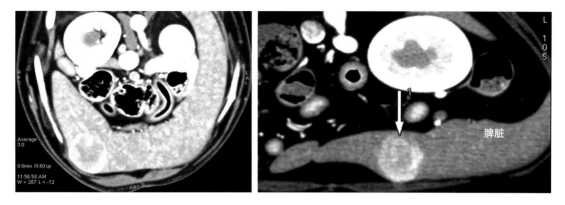

图 6.8　2 只犬的髓外造血 CT 图像，髓外造血表现为单个、圆形、血供丰富的结节

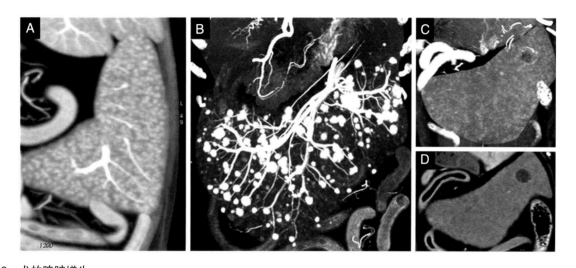

图 6.9　犬的脾脏增生

A、B. 弥散性血供丰富的粟粒样和结节样脾脏增生（PVP 和 HAP）。C、D. 一只犬脾脏的单个增生性结节（HAP 和 PVP）。

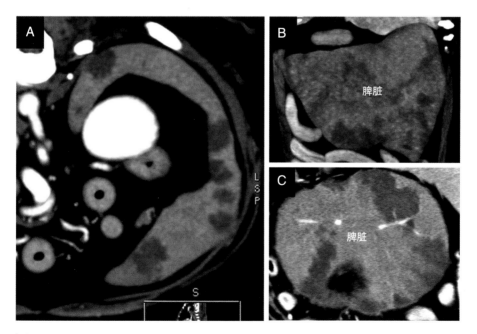

图 6.10　3 只系统性疾病患犬的脾炎征象

A. 细菌性脾炎和椎间盘炎（克雷伯菌）患犬脾脏多发性乏血供病变。B. 一只免疫介导性多发性关节炎患犬，其脾脏（化脓性脾炎）的低衰减、乏血供病变。C. 一只系统性感染（鸟分枝杆菌）患犬的脾炎。

质缺血和后续的组织坏死。血液通过大约 25 条动脉分支进入脾门。因此，小的局灶性脾梗死通常无症状，可能是 CT 检查中的偶然发现。在犬脾扭转时，无论是否伴有胃扭转，均可以看到涉及脾动脉血供的大面积脾梗死，导致暂时性或永久性脾动脉血栓。动脉阻塞引起的脾梗死可能还有其他严重病因，包括心脏病和浸润性血液肿瘤。脾梗死的影像学特征可能因梗死的病因和阶段而异。脾扭转时，整个脾脏呈低衰减、体积增大。非扭转性的急性脾梗死可表现为典型的边缘楔形低衰减区或多个不均匀斑片状增强灶区（图 6.11）。可见脾被膜呈比实质高衰减的"边缘征"。在慢性期，可能无法观察到梗死，也可能出现病灶处因纤维化收缩体积逐渐减小，伴有正常脾实质周围继发性肥厚。

脾静脉血栓也会导致静脉梗死。一些脾脏本身的因素可导致门静脉阻塞，如脾脏团块或肿瘤浸润。另外，系统性风险因素也会引发脾脏血栓，其中高凝状态是脾梗死的主要因素，它与多种非肿瘤性和肿瘤性疾病有关，包括骨髓增生性疾病及血栓前状态相关的疾病，如胰腺炎、免疫介导性溶血性贫血、弥散性血管内凝血，还包括由肾上腺皮质功能亢进或外源性类固醇药物使用引起

的皮质类固醇暴露，以及伴有蛋白尿的肾功能衰竭（图 6.5、图 6.12 和图 6.13）。

5. 脾扭转

脾扭转是一种相对少见的疾病，通常被认为继发于胃扩张 - 扭转。原发性或单发性脾扭转是一种罕见的脾脏疾病，通常发生于大型或巨型深胸犬，如大丹犬。其发病机制尚不清楚。

出现扭转的动物通常需要进行急诊处置，此时影像学检查发挥着至关重要的作用，常通过超声和 CT 检查进行评估。脾扭转的 MDCT 征象包括脾脏移位和脾肿大，造影前脾脏因梗死呈低衰减或不均匀衰减。扭曲的脾脏蒂部包含脾血管和周围的脂肪，形成"漩涡征"，提示脾扭转（图 6.14 和图 6.15）。造影后的图像可能会出现脾脏的血管血供中断。另如前文所述，在大面积脾梗死的病例中还可能会出现"边缘征"（脾脏被膜相对呈高衰减）。通常存在邻近组织的炎性变化和游离液体。

6. 脾肿瘤

不同病因的脾脏局灶性病变在 MDCT 检查中

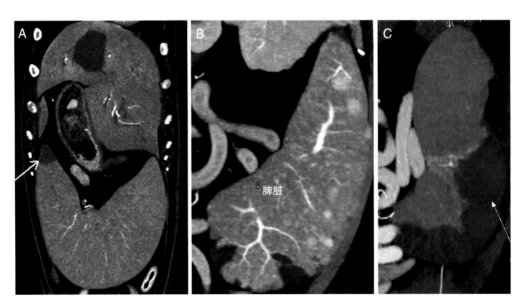

图 6.11　脾梗死

A. 在一只犬中偶然发现了脾边缘的一个小的梗死灶。B. 一只转移性肺肿瘤患犬，多处脾梗死灶。C. 一只犬的慢性大面积脾梗死。

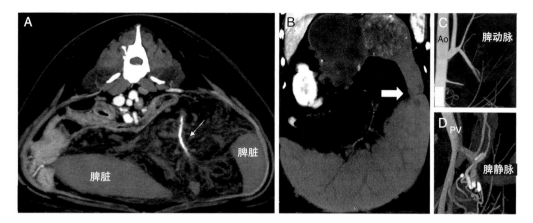

图 6.12　脾扭转性的脾梗死

A. 一只脾扭转患犬的横断面图像，脾动脉（造影剂）中断（箭头），脾脏缺乏血流灌注。B. 一只脾脏血管肉瘤患犬，其脾脏增大且灌注不足。该犬因怀疑存在脾扭转而转诊。CT 检查显示，该犬脾脏位置正常，脾体可见狭窄处（箭头），缺乏血供。C. 脾动脉中断。D. 脾静脉偏斜（同时伴有部分网膜扭转）。Ao，主动脉；PV，门静脉。

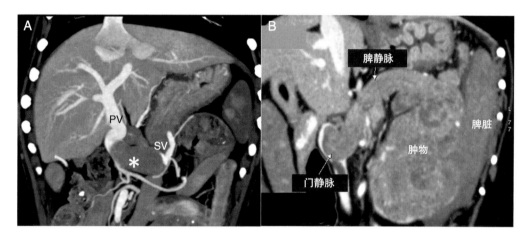

图 6.13　脾静脉血栓

A. 一只犬的冠状面多平面重建图像，该犬存在血液高凝状态，脾静脉内可见一大的良性血栓（＊）。PV，门静脉；SV，脾静脉。B. 一只脾脏肿物患犬（神经内分泌癌）的冠状面多平面重建图像，可见肿瘤侵袭脾静脉。

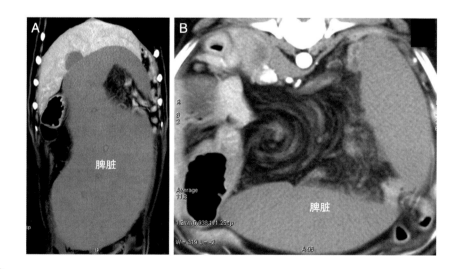

图 6.14　脾扭转

A. 一只大丹犬的 CT 冠状面多平面重建图像。脾肿大，未见血供。B. 同一只犬的横断面图像显示，脾脏血管蒂部扭转，包含缺乏血流灌注的脾脏血管（"漩涡征"）。

比较常见，应仔细评估。虽然据先前的报道，犬脾脏局灶性肿瘤大多为良性肿瘤，但近期的一项基于大量犬只的研究表明，脾脏局灶性肿瘤中恶性肿瘤（53%）和良性肿瘤（47%）的占比几乎相等。腹部多时相 MDCT 检查常见的良性病变包括结节增生、脾血肿、髓外造血、血管瘤和髓脂肪瘤（图 6.8 和图 6.16）。有些良性病变可能非常大，并且可能会与恶性脾脏肿瘤混淆。血管肉瘤是犬脾脏最常见的恶性肿瘤，其与脾脏血肿的影像几乎没有区别。此外，这种情况下肿瘤和血肿可能同时存在，细胞学检查不一定准确。脾脏还可能出现其他几种组织学肿瘤类型，如纤维肉瘤、平滑肌肉瘤、未分化肉瘤、骨肉瘤和组织细胞肉瘤（图 6.17 和图 6.18）。

由于脾脏良恶性病变的 CT 征象会有重叠之处，无法通过其对良恶性病变进行区分，因此为确保判读准确，脾脏病变应结合患病动物病史在临床背景下进行评估。良性病变可呈斑驳样或结节表现，也可表现为大肿物，其中一些可导致器官表面变形。因此，大小不是预测脾脏病灶是否为恶性病变的标准。一些研究探讨了犬各种脾脏肿物的 CT 征象。在一项单时相 CT 研究中，静脉注射 CM 之前和注射后大约 60 s 获得的图像显示，脾脏肿物的恶性程度（如存在血管肉瘤）与造影前图像呈低衰减以及造影后图像呈最低增强相关。作者在造影后图像中定义 55 HU 为阈值，以区分恶性（＜55 HU）和良性（＞55 HU）肿物。然而，最近一项多时相 MDCT 分析显示，在造影前序列中，

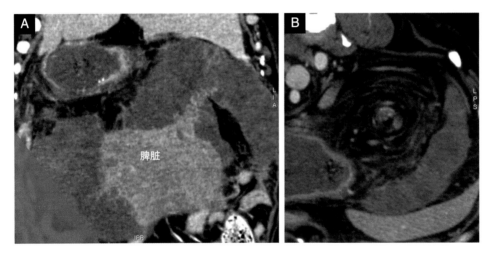

图 6.15　一只高加索犬的脾扭转及脾梗死的 CT 图像

A. 脾脏增大，部分脾实质梗死。B. 脾脏血管蒂部"漩涡征"。

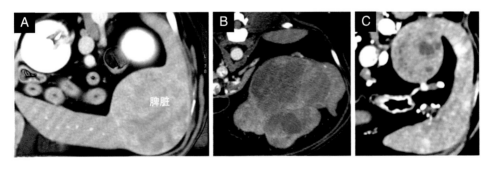

图 6.16　3 只不同患犬的脾脏良性团块

A. 矢状面最大密度投影图像，可见一大的脾脏团块（血肿）。B. 不均质大团块（血肿）。C. 一只脾髓脂肪瘤患犬脾脏的横断面图像。

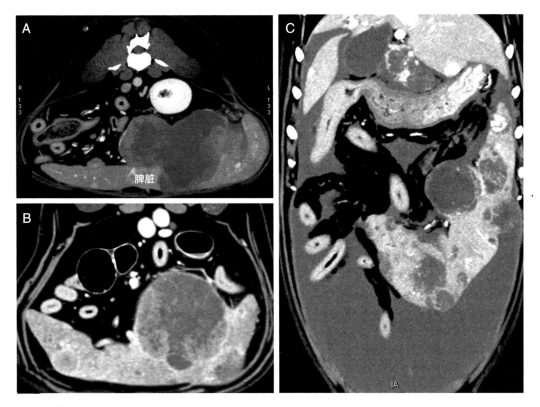

图 6.17　犬脾脏血管肉瘤

A、B. 两例原发性脾血管肉瘤的横断面 CT 图像。C. 一只犬的冠状面多平面重建图像，该犬因转移性血管肉瘤破裂导致血腹。

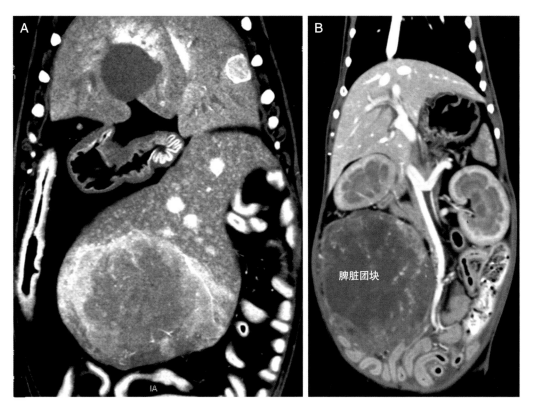

图 6.18　恶性脾脏肿瘤

A. 一只组织细胞肉瘤患犬的冠状面多平面重建图像。脾尾可见一血供丰富的团块，其余部分实质内散在小的血管丰富的结节。注意肝脏的左外叶中可见一高衰减的结节。B. 一只猫的脾脏团块（肉瘤）的冠状面多平面重建图像。

大多数脾脏肿物（良性和恶性）具有轻度异质性，中位衰减值与相邻实质相似。脾脏血管肉瘤和良性结节性增生病变最常在早期图像上表现为显著的广泛性增强，而在延迟相图像中，恶性和良性肿物的中位增强程度没有差异。脾脏肿物本身的造影后衰减值范围较宽，跨越 55 HU，这与肿物的性质无关。出现血腹与脾脏的良、恶性肿物破裂有关。然而，它更常见于血管肉瘤，因此是潜在恶性肿瘤的一个指征（图 6.17C）。淋巴增生性和骨髓增生性疾病可能为脾脏原发性病变或继发性病变累及脾脏（图 6.19 和图 6.20）。脾脏淋巴瘤可表现为无局灶性病变的广泛性脾肿大或多发性局灶性病变或单个孤立性病变。出现脾门淋巴结病常提示脾淋巴瘤（图 6.21）。

尽管根据脾脏肿物的特征很难确定其性质，但 MDCT 的优点是能够同时评估其他腹部实质脏器、肺和任何其他身体组织。原发性脾血管肉瘤或其他恶性肿瘤的转移病灶可通过全身 MDCT 轻松发现，有助于明确诊断。

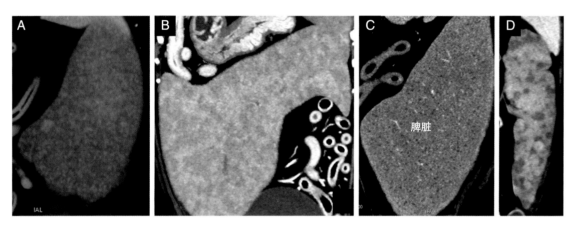

图 6.19　犬脾脏淋巴瘤的不同征象

A. 弥漫性粟粒样（与增生性的变化相似）。B. 弥漫性浸润性变化。C. 弥漫性"蜂窝样"（B 细胞淋巴瘤）。D. 多灶性淋巴瘤（B 细胞淋巴瘤）。

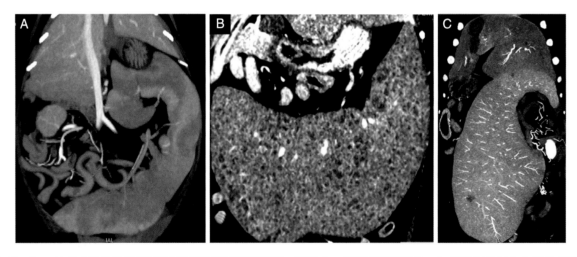

图 6.20　A. 一只多发性骨髓瘤患猫的冠状面多平面重建图像。脾肿大，广泛性衰减不均。B. 华氏巨球蛋白血症患犬的冠状面多平面重建图像。脾脏明显增大，呈"蜂窝样"。C. 一只骨髓性白血病患犬，广泛性脾肿大

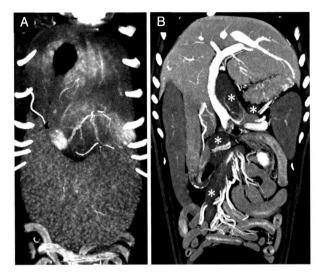

图 6.21 T 细胞淋巴瘤患犬的腹部多相检查

A. 早期动脉相。脾肿大，弥漫性粟粒样。注意肝脏灌注异常。
B. 门静脉相。腹腔内淋巴结增大（＊），注意这个时期的脾实质呈均匀增强。

参考文献

[1] Baldo CF, Garcia-Pereira FL, Nelson NC, Hauptman JG, Shih AC. Effects of anesthetic drugs on canine splenic volume determined via computed tomography. Am J Vet Res. 2012; 73 (11):1715-9. doi:10.2460/ajvr.73.11.1715.

[2] Fife WD, Samii VF, Drost WT, Mattoon JS, Hoshaw-Woodard S. Comparison between malignant and nonmalignant splenic masses in dogs using contrast-enhanced computed tomography. Vet Radiol Ultrasound. 2004; 45(4):289-97.

[3] Irausquin RA, Scavelli TD, Corti L, Stefanacci JD, DeMarco J, Flood S, Rohrbach BW. Comparative evaluation of the liver in dogs with a splenic mass by using ultrasonography and contrast-enhanced computed tomography. Can Vet J. 2008; 49(1):46-52.

[4] Jones ID, Lamb CR, Drees R, Priestnall SL, Mantis P. Associations between dual-phase computed tomography features and histopathologic diagnoses in 52 dogs with hepatic or splenic masses. Vet Radiol Ultrasound. 2016; 57(2):144-53. doi:10.1111/vru.12336. Epub 2016 Jan 13.

[5] Kim M, Choi S, Choi H, Lee Y, Lee K. Diagnosis of a large splenic tumor in a dog: computed tomography versus magnetic resonance imaging. J Vet Med Sci. 2016; 77(12):1685-7. doi:10. 1292/jvms.15-0262. Epub 2015 Jul 19.

[6] Laurenson MP, Hopper K, Herrera MA, Johnson EG. Concurrent diseases and conditions in dogs with splenic vein thrombosis. J Vet Intern Med. 2010; 24(6):1298-304. doi:10.1111/j.1939- 1676.2010.0593.x. Epub 2010 Sep 14.

[7] Moss AA, Korobkin M, Price D, Brito AC. Computed tomography of splenic subcapsular hematomas: an experimental study in dogs. Investig Radiol. 1979; 14(1):60-4.

[8] Ohta H, Takagi S, Murakami M, Sasaki N, Yoshikawa M, Nakamura K, Hwang SJ, Yamasaki M, Takiguchi M. Primary splenic torsion in a Boston terrier. J Vet Med Sci. 2009; 71(11):1533-5.

[9] Patsikas MN, Rallis T, Kladakis SE, Dessiris AK. Computed tomography diagnosis of isolated splenic torsion in a dog. Vet Radiol Ultrasound. 2001; 42(3):235-7.

[10] Prosser KJ, Webb JA, Hanselman BA. Ectopic spleen presenting with anemia and an abdominal mass in a dog. Can Vet J. 2013; 54(11):1071-4.

[11] Ramírez GA, Altimira J, García-González B, Vilafranca M. Intrapancreatic ectopic splenic tissue in dogs and cats. J Comp Pathol. 2013; 148(4):361-4. doi:10.1016/j.jcpa.2012.08.006. Epub 2012 Oct 11.

第7章 胃 肠 道

Giovanna Bertolini

1. 概述

随着时间分辨率和空间分辨率提高，新一代的 MDCT 扫描仪已有能力成为小动物胃肠道常规检查的一部分。虽然相关内容的兽医文献尚处于起步阶段，但最近的文献表明，对于出现急腹症的患犬（包括胃肠道梗阻和穿孔），在清醒或轻度镇静下进行 16-MDCT 造影增强扫描可以作为一种初步筛查的检查手段。对于患肿瘤性和非肿瘤性梗阻性疾病的动物，MDCT 可用于识别累及的肠段部位，且大多数情况下，还可识别梗阻的原因。MDCT 对于肿瘤性疾病的分期和辅助制订治疗计划至关重要。

2. MDCT 成像策略

目前还没有针对患病动物胃肠道 MDCT 的统一扫描方案。患病动物的扫描前准备和扫描协议应根据怀疑的疾病类型而因地制宜。在笔者的影像学诊断中心，胃肠道的 CT 检查通常是在麻醉状态下进行，并在同次麻醉下可进行内窥镜及活组织检查操作。一般来说，要评估胃肠道的壁厚和完整性需要胃肠道充分扩张，因为空虚的肠段会使肠壁假性增厚，同时空虚的胃壁皱襞可能会掩盖小的胃溃疡。在犬中，相比于单层 CT，饮水后螺旋 CT 能够更好地描述胃部肿瘤的特征。推荐的饮水量为30 mL/kg，在进行饮水后 CT 扫查后，应静脉注射造影剂（CM）进行血管造影扫查。空气或其他气体造影比水或其他中性液体更适合 MDCT 扫描，因为它可以在相同体积数据集内同时获取胃肠道腔内的图像。怀疑胃肠道出血（如呕血）的动物，不应口服造影剂。阳性造影剂可能掩盖出血，水或其他中性造影剂可能稀释向外渗出的静脉造影剂，从而干扰对出血部位的识别。此外，造影后的图像中，口服阳性造影剂会干扰黏膜增强模式的评估。

大多数先进的 MDCT 扫描仪都可以获得胃肠道的薄准直、近各向同性或真各向同性成像数据。多平面重建图和三维视图，包括虚拟内窥镜，可以提供各种病理状态下详细的影像学信息。对于疑似胃肠道出血的动物，建议进行造影前扫描。造影后序列应包括 LAP（晚期动脉相）和 PVP（门静脉相）。合适的造影剂注射时机可以显示小的病变和细微的黏膜增强。LAP（或门静脉流入相）中胃肠道黏膜增强最明显。良性或恶性胃肠道溃疡患病动物中，动脉相可能显示活动性出血（图7.1）。在患胃肠道肿瘤的动物中，两个血管相可以提供肿物的血管化程度，以及是否存在肝转移病灶（通常在 PVP 时相中检测到）的相关信息。

3. 胃肠道壁增厚

正常的胃壁厚度与胃膨胀程度相关，当胃扩张时，胃壁褶皱可能消失。炎症或肿瘤浸润都可能会引起胃壁的局灶性或弥漫性增厚，两种疾病的影像学特征存在明显重叠。犬的胃炎 CT 检查常见胃壁增厚和褶皱增厚。炎性息肉或褶皱的

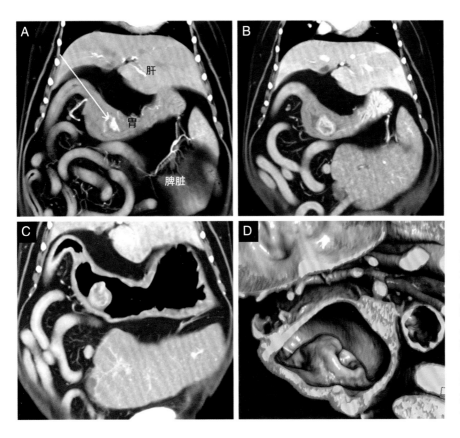

图 7.1 胃部肿物（平滑肌肉瘤）的多时相图像

A. 肝动脉相，腹部冠状面多平面重建图像。箭头所指处为活动性出血位点。B. 同一只犬的门静脉相图像，胃空虚未扩张。C. 胃充气扩张后的图像（平衡期）。可见肿物的大小和轮廓更明显的显现。D. 图 C 相同体积数据集的 3D 分割图像，显示肿物的特征，包括一个大且深的溃疡灶。

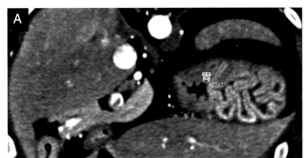

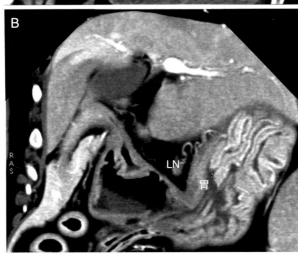

图 7.2 一只犬的胃皱襞增厚（慢性淋巴细胞 – 浆细胞性胃肠炎），因怀疑胃肿瘤而转诊至笔者的诊断中心。可以观察到明显的胃褶皱，且明显增强，尤其是胃底处。同时可以观察到胃淋巴结（LN）中度增大，正常通常看不到

团块样增厚很难与胃淋巴瘤或其他肿瘤区分（图 7.2 ~ 图 7.5）。

研究表明，犬的小肠壁厚度随体重而变化，且十二指肠壁比空肠壁厚。犬猫的结肠壁普遍比邻近的小肠薄，尤其是当结肠充盈或扩张时。超声检查和放射学诊断仍是目前评估小动物弥漫性胃肠疾病的一线成像方式，人们用单层 CT 评估犬非扩张状态的胃肠道直径（浆膜至黏膜）和壁厚（浆膜至黏膜），其结果（表 7.1）与放射学诊断和超声检查相似。局灶性或弥漫性胃肠道增厚在患病动物中常见，原因很多，并且很容易通过 MDCT 识别。如前所述，胃的许多良性和恶性疾病可导致胃肠道增厚，炎症和肿瘤性疾病的外观存在很大重叠（图 7.6 ~ 图 7.8）。动物的病史和临床症状在鉴别诊断中至关重要。影像引导下的抽吸、内窥镜或全层活检对于进一步诊断是十分必要的。

4. 胃十二指肠糜烂和溃疡

糜烂是指胃或十二指肠黏膜缺损，而胃十二

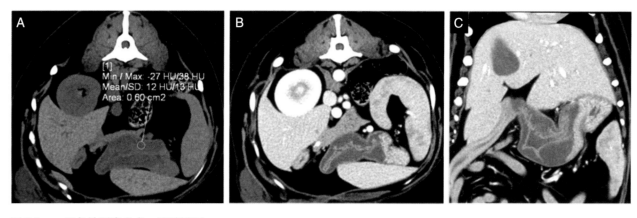

图 7.3 一只急性胃炎患犬，胃壁增厚

A. 造影前图像可见幽门窦和幽门管的黏膜下层低衰减，提示黏膜下层水肿（12 HU）。B、C. 同一只犬增强后的横断面和冠状面多平面重建图像。

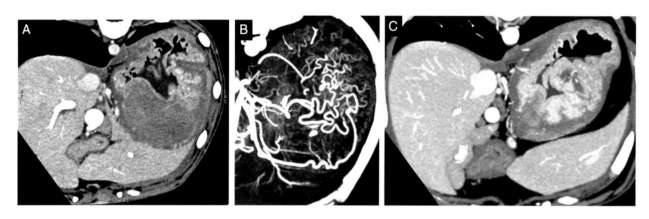

图 7.4 胃壁增厚

A. 横断面（门静脉相）。曲霉菌病患犬胃体大面积胃壁增厚。B. 肝动脉相的 MIP 图像，可见因炎症引发的胃动脉血管增多且呈弯曲状。C.8 个月后的 CT 复查图像。胃壁较之前显著变薄，可看到褶皱，在非扩张状态下的胃中类似团块样。

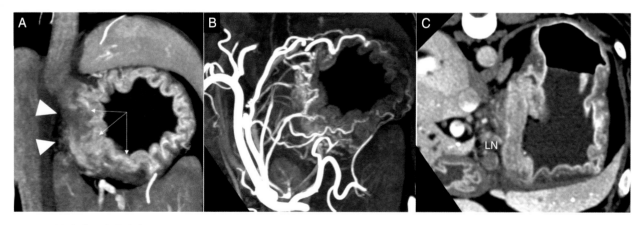

图 7.5 胃壁增厚（胃癌）

A. 胃的冠状面最大密度投影图像。注意胃小弯处不规则的胃壁增厚（有尾箭头），肿瘤的外边界不规则（无尾箭头）。B. 晚期动脉相的冠状面最大密度投影图像，显示肿瘤化壁层的血供。C. 注意病灶周围脂肪增厚和局部淋巴结肿大。LN，淋巴结。

表 7.1　不同胃肠道肠段的壁厚及肠直径（与体重对应），测量值来源于一组犬的单层螺旋 CT 测量数据

胃小肠部位	壁厚（mm）	肠直径（mm）
胃（胃底、胃体、幽门）	0.98 ~ 2.13（＜9 kg）； 2 ~ 3.55	
幽门窦	1.69 ~ 2.74（＜9 kg）； 2.95 ~ 4.40	9.69 ~ 12（＜9 kg）； 13.54 ~ 16.16
升十二指肠	2.59 ~ 3.30（＜9 kg）； 4.61 ~ 5.26	
降十二指肠		8.79 ~ 10.46（＜9 kg）； 11.60 ~ 16.63
空肠	2 ~ 2.93（＜9 kg）； 3.31 ~ 3.87	6.95 ~ 8.21（＜9 kg）； 9 ~ 12.53
升结肠	1.05 ~ 1.45（＜9 kg）； 1.78 ~ 2.35	
横结肠		9 ~ 11.93（＜9 kg）； 12.84 ~ 21.49

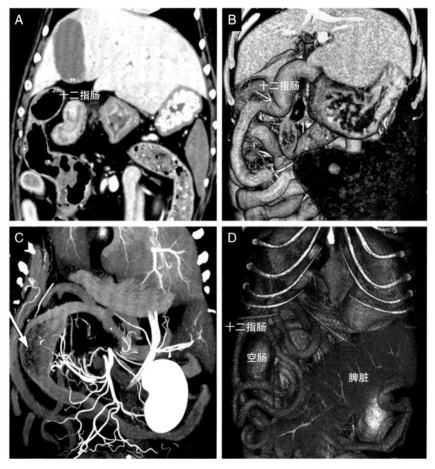

图 7.6　小肠肠壁增厚

A. 淋巴细胞－浆细胞性肠炎患犬腹部 MPR 冠状面图像。B. 同一只犬的腹部容积重建图像。注意肠袢的弥漫性增厚。还可见一个小的富血供性病灶（髓外造血）。C、D. 一只患犬的腹部 CT 冠状面最大密度投影图像和容积重建图像，可见因一塑料异物（橡胶奶嘴）不完全梗阻导致局部空肠节段性扩张、局部肠炎。

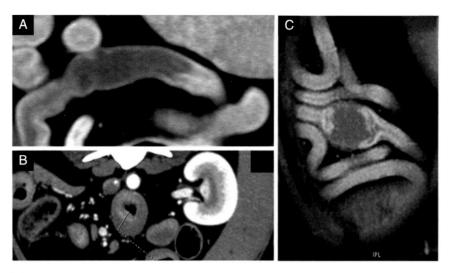

图 7.7　局部肠壁增厚

A. 淋巴细胞浆细胞性肠炎患犬节段性空肠增厚。B. 一只淋巴瘤患犬（20 kg）局部空肠壁离心性增厚（黏膜层至浆膜层厚度14 mm）。C. 肠道血管肉瘤患犬，空肠壁局灶性增厚。

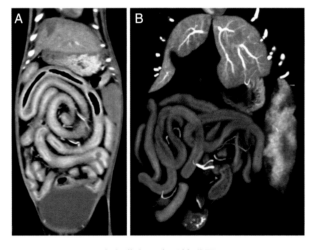

图 7.8　两只淋巴瘤患猫小肠广泛性增厚

指肠溃疡指的是穿透黏膜层肌层的缺损。胃酸、胃蛋白酶或其他有害物质过多均有可能导致胃十二指肠溃疡。它们可能单独发生，也可能是许多系统性疾病和药物治疗的并发症。炎性疾病（胃肠炎）和使用类固醇和非甾体抗炎药是动物胃肠道糜烂和溃疡的最常见原因。抗炎药减少局部前列腺素的生成，从而减少黏膜血流量，降低上皮保护自身免受胃酸伤害的能力。许多其他疾病（如肥大细胞瘤、胃泌素瘤）与组胺和胃泌素水平升高有关，这会增加胃酸生成，导致胃肠道糜烂和溃疡。

小动物胃十二指肠糜烂和溃疡的 MDCT 征象迄今尚未有描述。当使用适当的先进的 MDCT 技术，即可在犬猫中观察到许多所报道的患有相同疾病的人的胃十二指肠溃疡相关的 MDCT 征象。兽医病例中 MDCT 征象分为直接征象和间接征象。最常见的良、恶性疾病所导致溃疡的直接 CT 征象是增强的黏膜影像中断或缺损（在晚期动脉相）、局部腔外翻（形成溃疡坑）（图 7.9 ～ 图 7.12）。糜烂或胃溃疡的间接征象包括胃褶皱增厚、黏膜明显增强以及胃周、十二指肠周围炎症（如脂肪不透明度增加，伴模糊或呈毛玻璃样变化，并存在积液）。在复杂的病例中，可能会同时出现其他 CT 征象。胃十二指肠溃疡的并发症包括活动性出血和穿孔。

若定制方案不合适，可能会漏诊活动性出血。直接扫描可能不一定能显示出高衰减物质，尤其是在间歇出血的情况下。使用 CTA 检测活动性出血时，敏感性最高的方法是结合动脉相和 PVP 的图像。在动脉相可以观察到造影剂外渗，在 PVP 可见造影剂聚集（图 7.13）。对于有呕血或便血病史或有胃肠道出血的实验室征象的患病动物，应始终进行腹部 CT 平扫及双相造影 MDCT 检查。

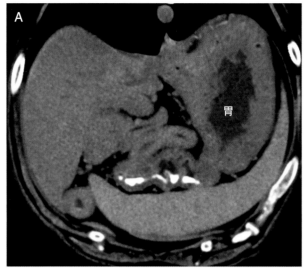

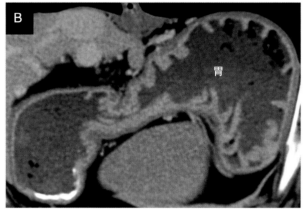

图 7.9　胃糜烂

A. 肠道肉瘤患犬（本图片中不可见）胃部平扫的横断面图像。注意胃黏膜表面的高衰减物质，内窥镜下该处存在溃疡出血。B. 因 FANS（非甾体抗炎药）治疗引起的犬出血性胃糜烂。

5. 胃肠道穿孔

患病动物胃肠道穿孔的原因多种多样。大多数穿孔属于急腹症，需要尽早诊断和及时手术治疗。胃肠道穿孔（GIP）最常见的原因有胃肠道溃疡、坏死性或溃疡性恶性肿瘤以及医源性和创伤性损伤。MDCT 对于检测 GIP 非常敏感，也可定位穿孔位置。人医中所报道的 CT 对于肠穿孔位置的预测准确性为 82% ~ 90%。GIP 的诊断是基于 MDCT 的直接征象和间接征象，直接征象包括肠壁不连续和存在管腔外气体，间接征象包括肠壁增厚、肠壁异常增强、脓肿以及在穿孔肠段附近出现炎性腹膜肿物（图 7.14 和图 7.15）。根据穿孔部位，在腹膜内或腹膜后间隙可见游离空气。胃和小肠穿孔可导致气腹，而大肠穿孔则会出现腹膜后间隙积气（图 7.14C）。在小肠穿孔，特别是当泄漏气体量小时，可在靠近肠壁的地方看到聚积的游离气泡。在这种情况下，应彻底检查 MDCT 图像，因为游离气泡往往停留在产生气体的肠壁附近，其位置可能有助于确定穿孔位置。

6. 胃肠道梗阻

胃流出道梗阻可能与先天性和获得性疾病有

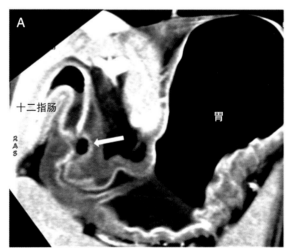

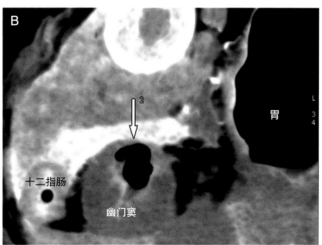

图 7.10　FANS（非甾体抗炎药）过量引起的犬胃溃疡

A. 冠状面多平面重建图像。胃内积气、积液扩张，幽门窦壁增厚，黏膜层中断，局灶性气体积聚（箭头）。B. 最小密度投影横断面，图像显示聚积的气体扩散至黏膜下层。内窥镜确认为胃溃疡。

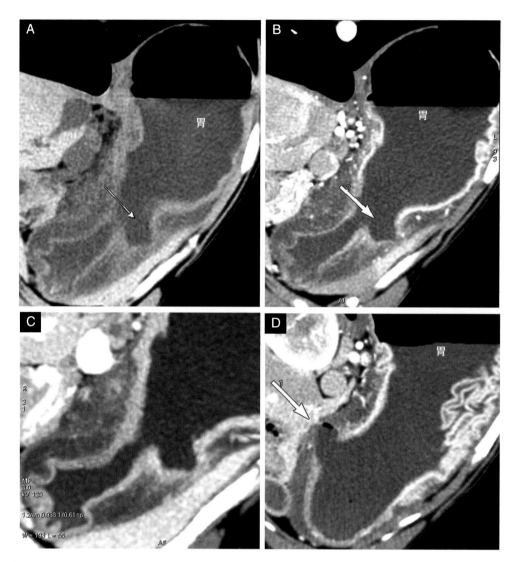

图 7.11 并发良性溃疡

A. 淋巴细胞－浆细胞性胃肠炎患犬胃的平扫图像。注意胃壁增厚。箭头表示胃体深部溃疡，边界明显，边缘规则。B. 同一水平切面的晚期动脉相图像，显示完整的、未受损伤的黏膜层。C. 门静脉相的最大密度投影，图像显示完整的、未受损伤的黏膜层。D. 同一只患犬，在胃小弯处发现另一处溃疡灶，可见黏膜层中断，内可见小气泡。这些征象与内窥镜检查确认为穿孔性溃疡一致。

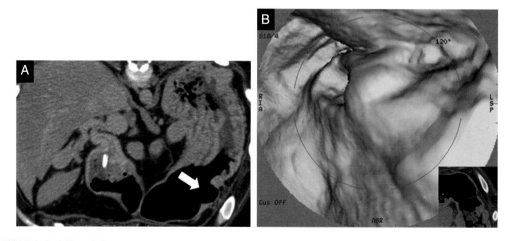

图 7.12 恶性胃溃疡（淋巴瘤）

A. 一只犬胃的横断面图像，胃体可见一局灶性的深部溃疡灶（箭头）。B. 胃的肠内成像（虚拟内窥镜）显示溃疡性病变，周围有明显的不规则边缘。

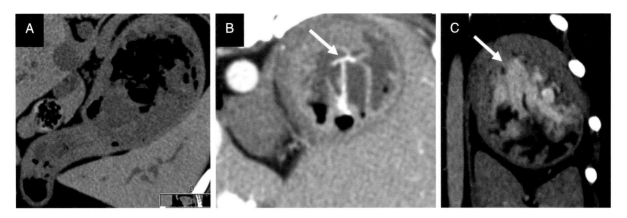

图 7.13　一只犬的活动性出血

A. 造影前图像显示无出血迹象。B. 晚期动脉相横断面图像，可见胃内有造影剂刚刚渗出（箭头）。C. 在后续的序列中造影剂逐渐聚积。

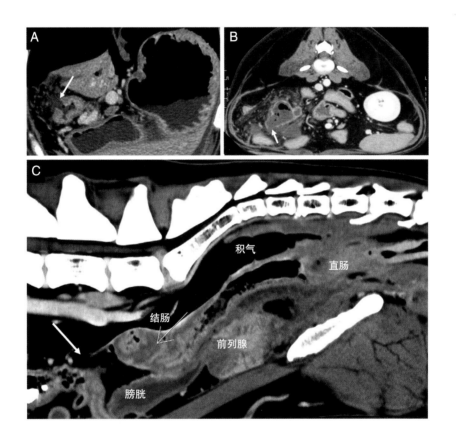

图 7.14　肠穿孔

A. 慢性淋巴细胞－浆细胞性肠炎患病动物的十二指肠穿孔。注意十二指肠壁不连续，并且肠内容物漏入腹腔（箭头）。B. 严重肠炎患犬的空肠穿孔。注意肠壁不连续（箭头）和周围腹膜增厚和条索征（局灶性腹膜炎）。C. 一只癌症患犬在活组织检查后降结肠穿孔（箭头），注意腹膜后间隙积气。

关。幽门狭窄是指先天性良性幽门肌层肥厚，见于年轻的短头犬和暹罗猫。获得性疾病（如异物、肿物或浸润性疾病）可导致胃窦黏膜肥厚或同时存在肌层和黏膜层肥厚（如慢性肥厚性幽门胃病）（图7.16 和图 7.17）。导致胃流出道梗阻的其他非肿瘤

性疾病还包括肠套叠和疝（疝在第 10 章中讨论）。很少报道累及胃的肠套叠犬猫病例。迄今为止，兽医文献中描述了几例胃幽门肠套叠病例。不累及幽门的胃－胃肠套叠也有可能出现（图7.18）。

许多肠道内和肠道外的疾病均有可能导致肠

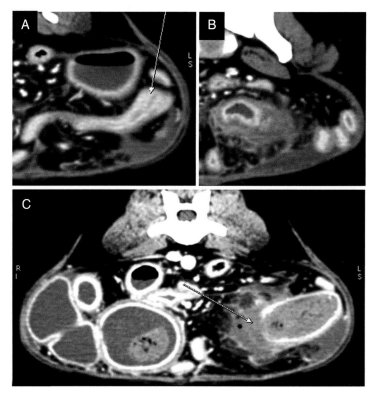

图 7.15　一只梗阻患犬的肠穿孔

A. 腹部横断面图像，可见空肠节段性变窄。B. 病灶段的横断面，可见小肠壁增厚，且穿孔部位附近的腹膜团块样变化（脓肿）。注意腹膜腔内有游离液体。C. 其他肠段扩张积液。注意肠壁破裂（箭头），病灶周围积液，以及腹膜增厚、条索征。手术证实肠管狭窄、狭窄前扩张和肠破裂。组织病理学证实为纤维性化脓性肠炎和感染性腹膜炎。

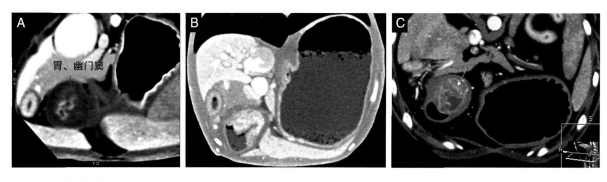

图 7.16　幽门流出道梗阻

A. 一只幼龄斗牛犬的良性幽门肌层肥厚（先天性幽门狭窄）。幽门壁的肌层环形增厚，黏膜形态正常。胃内中度扩张积气。B. 一只混种犬的良性幽门黏膜层肥厚（慢性幽门窦黏膜肥厚），造成流出道梗阻。注意胃扩张积液、积气。C. 一只胃肉瘤患犬的恶性幽门梗阻（箭头）。胃扩张积气。

道狭窄。犬猫小肠和大肠机械性梗阻的常见原因是异物、肠套叠、炎症、肿瘤、脓肿、肉芽肿和狭窄。怀疑恶性疾病造成胃肠道梗阻或有梗阻临床症状但一线常用成像技术无法确诊的病例，通常需要进行 MDCT 检查。在人中，CT 对机械性肠梗阻具有高度敏感性、特异性和准确性，识别梗阻部位和病因的敏感性高达 100%。在最近的一项研究中，CT 在确定 20 只犬梗阻部位和病因方面优于数字放射学，表现出更高的敏感性（95.8% vs. 79.2%）和特异性（80.6% vs. 69.4%）。

据大多数报道，人的梗阻 CT 征象在患病动物中也会出现。机械性肠梗阻或绞窄的直接 CT 征象包括肠管扩张积液，远端肠管正常或空虚；肠壁增厚（壁水肿或出血）；扭转的肠道呈"U"形或

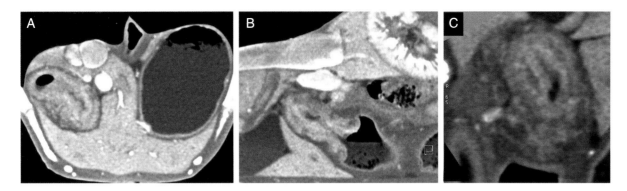

图 7.17　一只犬的恶性肥厚性幽门狭窄，继发于胃癌

A. 横断面显示胃的幽门窦区域胃壁呈环形平滑性增厚。胃扩张积液、积气。B. 斜正中矢状面显示幽门窦区域的狭窄。C. 幽门区域局部放大图，表现出和人相似的 CT 征象，宫颈征，其由于幽门凹陷入充满液体的幽门窦内。

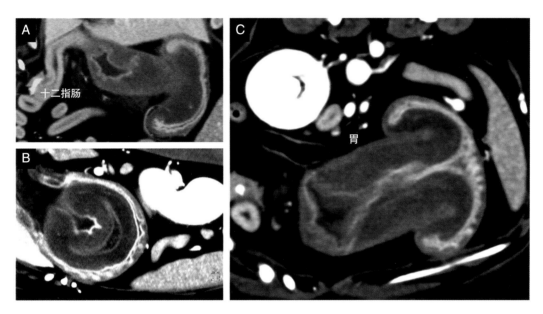

图 7.18　一只幼年拉布拉多寻回猎犬胃流出道梗阻，原因是胃窦内翻进入胃体（胃 – 胃肠套叠）

A. 幽门及十二指肠的形态正常，未被套叠区域累及。B、C. 套叠部位胃的横断面和矢状面。

"C"形；肠段在平扫图像呈高衰减，造影后图像上肠壁增强缺失、增强程度减弱或延迟增强（肠缺血或低灌注）（图 7.19 ~ 图 7.24）。间接征象包括肠系膜血管被拉伸或血管影像更明显，肠系膜血管扭曲形成的"漩涡征"（也见于其他腹部器官的扭转），肠系膜脂肪条索征（图 7.25）。脂肪条索征是犬机械性肠梗阻的一个特征，但它不是梗阻的特异性特征，也可见于其他腹部疾病。由于在梗阻肠段附近常出现脂肪条索征，所以当在疑似胃肠道梗阻的患病动物中发现该征象时，应仔细评估该区域的脏器和肠段。其他 CT 征象，如常见于肿瘤疾病中的肠系膜血栓和肠系膜网状结节样变化，也可与机械性肠梗阻同时出现。随着小肠梗阻的发展，可能会出现肠扩张和肠壁坏死或穿孔（图 7.15）。

假性肠梗阻是一种肠功能性疾病，患病动物可表现出类似于梗阻的临床症状和影像学征象，但未见任何机械性梗阻影像。仅使用一线成像模式或检查可能不易区分真性和假性肠梗阻。MDCT 有助于诊断假性梗阻，因为它可以完全排除机械性梗阻（图 7.26）。然而，全层小肠活检是唯一可以确诊的诊断方法。

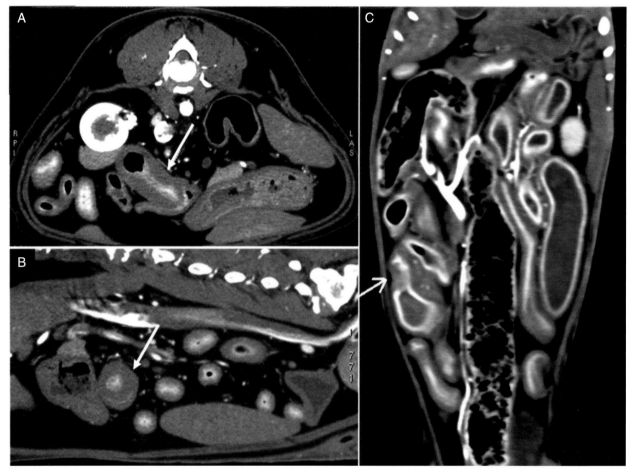

图 7.19　肠道狭窄

A. 慢性肠炎患犬腹部横断面，回肠狭窄。狭窄前肠管中度扩张积气。B. 腹部正中矢状面图像，图示狭窄累及肠段的横断面。C. 淋巴瘤患猫的空肠变窄（箭头）。注意其他肠段扩张积液、积气。

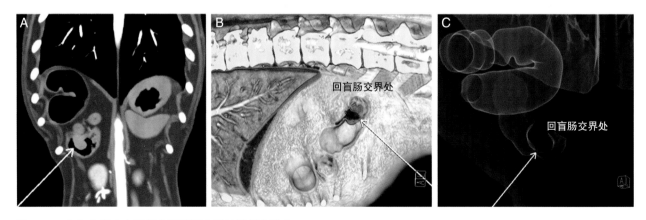

图 7.20　由息肉样病变引起犬回盲肠交界处的部分狭窄

A. 冠状面多平面重建图像显示一肿物样的病变，突出于回结肠交界处的肠腔内。B. 同一只犬的薄层容积重建图像。C. 胃体含气结构的容积重建，显示肿物的部位和狭窄前肠扩张。

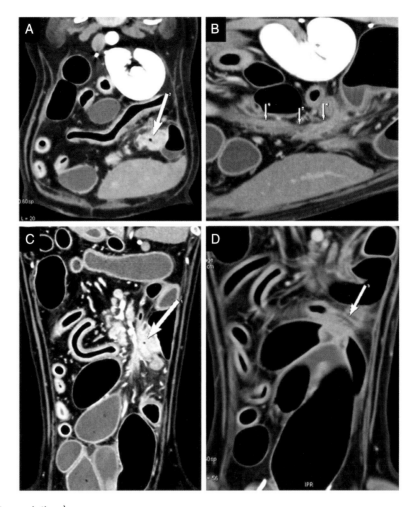

图 7.21　肠绞窄（strangulation）

A. 一只犬的腹部 CT 横断面的薄层最小密度投影，可见小肠狭窄（箭头）。注意周围网膜脂肪的衰减度及其他区域小肠因积气、积液而扩张。B. 同一只犬的旁矢状面图像显示狭窄的肠道，包括远端空肠和回肠。C. 冠状面多平面重建图像显示肠袢绞窄（箭头）。D. 薄层平均密度投影冠状面更好地显示出肠道绞窄，且肠腔内或腔外并没有肿物。基于这些 CT 征象，怀疑肠绞窄是内疝导致的。手术证实部分空肠和回肠嵌顿在大网膜的一处间隙中。肠道组织病理学显示为严重纤维化和轻度淋巴细胞 – 浆细胞性肠炎。

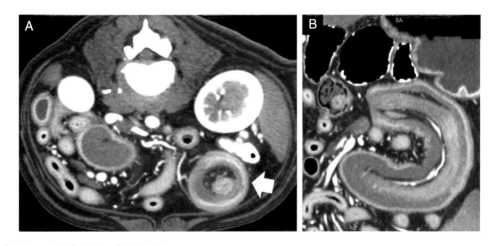

图 7.22　肝癌患犬 CT 评估分期，小肠套叠

A. 横断面显示因小肠套入邻近的肠段（回肠 – 空肠）而形成的典型的靶状征象。注意部分网膜也套叠入肠管，其他小肠段扩张积液或积气。B.MPR 冠状面可见多层肠壁，肠管呈 "C" 形或 "U" 形，肠壁增厚，由于肠壁缺血和水肿造成肠壁呈低衰减。注意肠系膜血管也嵌套入肠腔内。

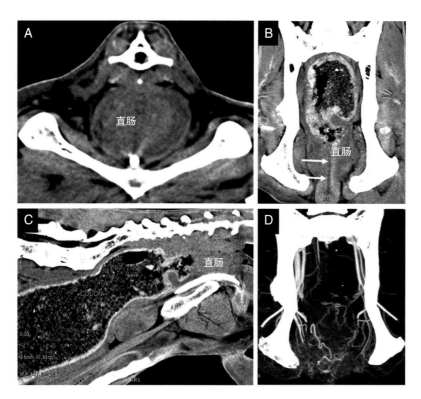

图 7.23 患有严重的直肠炎症导致良性直肠狭窄和直肠炎的德国牧羊犬

A. 骨盆平扫，横断面，显示直肠狭窄，团块样外观。B. 骨盆平扫，冠状面，显示一条细而直的低衰减线（箭头），为直肠腔。C. 骨盆平扫，矢状面，显示直肠狭窄，结肠扩张积便。D. 造影后冠状面最大密度投影图像，显示由炎症引起的直肠和肛门段的丰富血供。

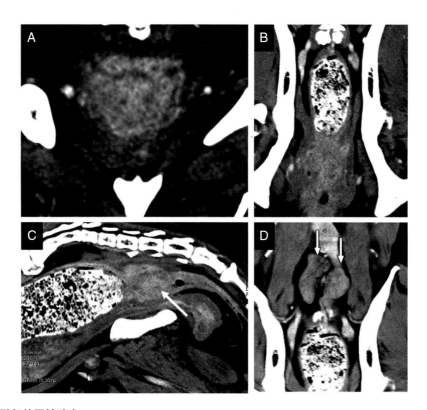

图 7.24 犬结肠癌引起的恶性狭窄

A. 骨盆段横断面，显示降结肠远端膨大和团块样外观。B.MPR 冠状面，显示结肠黏膜中度增强。C. 矢状面，显示肿物阻塞结肠（箭头）。直肠空虚，没有被累及。D.MPR 冠状面，显示淋巴结转移使中荐淋巴结肿大（箭头）。

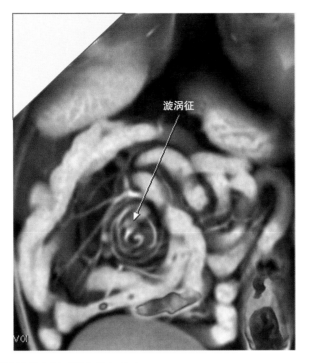

图 7.25　淋巴瘤患猫，可见"漩涡征"（肠系膜血管扭曲）

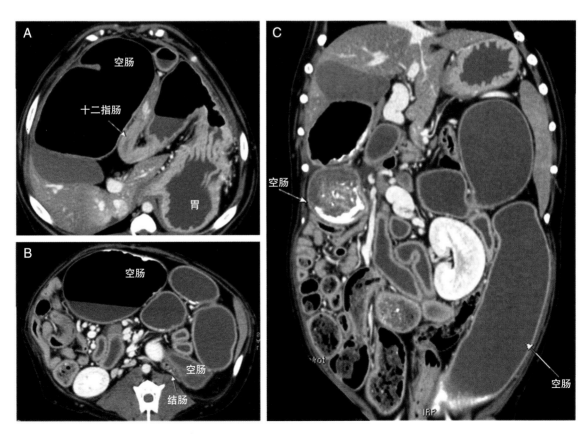

图 7.26　肠道平滑肌肌炎患犬的假性梗阻

A、B. 腹部横断面，显示多处肠管扩张积液。C. 冠状面可见肠管扩张，但无机械性梗阻因素（与功能性肠梗阻一致）。

7. 胃肠道肿物

原发性胃和小肠肿瘤在小动物中很少见。犬胃肿瘤病例罕见，据报道占犬肿瘤的 0.1% ~ 0.5%。兽医文献中尚无描述各种肿瘤类型的 MDCT 征象，胃肠道肿瘤的最终诊断是基于肿瘤细胞的细胞学或组织学表现。

与其他成像技术和内窥镜检查相比，MDCT 的主要优点是它能够在同次操作中进行肿瘤的探查和分期。高级 MDCT 设备可以采集具有近各向同性体素的数据集，提供可进行多平面重建和 3D 腔内成像所需的高分辨率图像数据。可通过冠状面、矢状面和多斜位视图来评估小肠肿瘤病例是否出现小肠梗阻、穿孔以及小肠恶性肿瘤的壁内及壁外累及范围。这些可视化图像有助于规划之后的诊断方法和定制手术切除计划。此外，全身 MDCT 可检测肿瘤局部累及范围、是否转移或腹膜定植。

良性胃肠道肿瘤（平滑肌瘤、腺瘤）在中年或老年动物中经常为偶然发现。良性胃肿瘤可位于黏膜下层、壁内或浆膜下，在 CT 上表现为结节性偏心性壁增厚，通常边界清晰，被完整黏膜覆盖，具有均匀外观，造影后均匀增强（图 7.27）。犬最常见的胃肿瘤是胃癌（腺癌和其他亚型），占胃肿瘤病例的 50% ~ 90%，其次是平滑肌肉瘤和淋巴瘤（图 7.1、图 7.5、图 7.12、图 7.16C、图 7.17 和图 7.28）。特弗伦犬、弗兰德牧羊犬、格罗尼达尔犬、柯利牧羊犬、标准贵宾犬和挪威黑猎鹿犬胃癌的患病风险相对较高。淋巴肉瘤（单独存在或作为

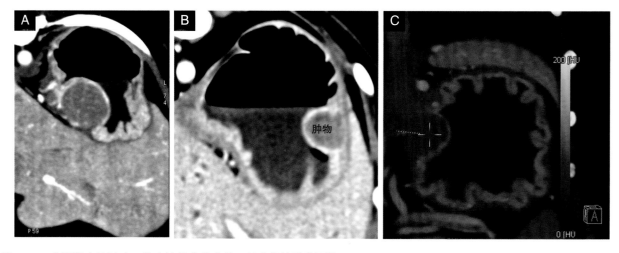

图 7.27　犬胃部良性肿瘤。偏心性结节状病灶，被完整的黏膜覆盖

A、B. 平滑肌瘤。C. 腺瘤（双能量序列碘剂彩色编码图）。

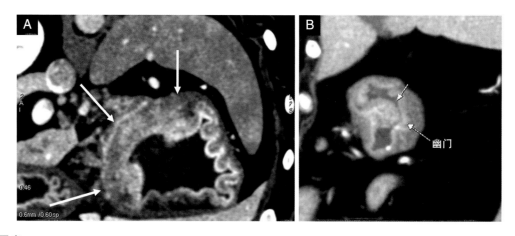

图 7.28　胃癌

A. 胃壁偏心性增厚，皱襞不可见，黏膜被破坏。B. 犬的幽门腺癌，息肉样外观，胃流出道不完全梗阻。

弥漫性胃肠道肿瘤的一部分）是猫最常见的原发性胃肿瘤，其表现多种多样，从浸润性病变到息肉样病变不等。猫罕见胃腺癌。犬猫的原发性胃肿瘤或肠道肿瘤还包括髓外浆细胞瘤。也报道过犬的胃原发性组织细胞肉瘤。

犬猫最常见的肠道肿瘤是腺癌和淋巴肉瘤，其他肠道肿瘤包括平滑肌瘤、平滑肌肉瘤、胃肠道间质瘤、浆细胞瘤、肥大细胞瘤、类癌（神经内分泌源性肿瘤）和骨外骨肉瘤（图 7.7B、C，图 7.8，图 7.19C，图 7.29 ~ 图 7.31）。胃肠道肿瘤可

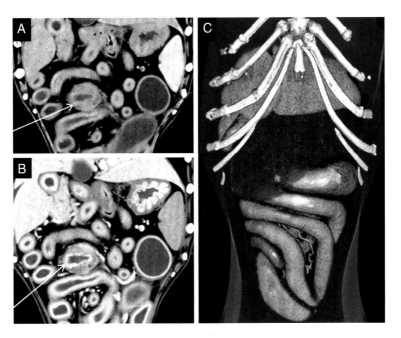

图 7.29　犬的肠癌

A、B.MPR 冠状面，部分回肠壁增厚（箭头）。C. 其他肠段扩张积液。

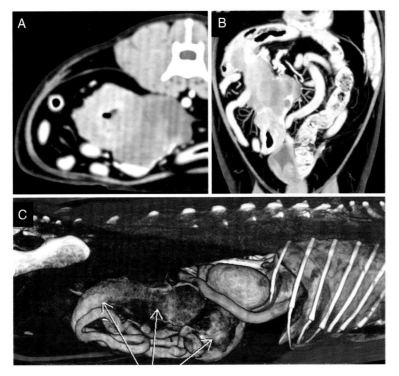

图 7.30　猫的肠道淋巴瘤

A. 横断面，肠壁明显增厚，周围大网膜浸润，局部淋巴结肿大。B、C.MPR 冠状面和右侧 VR 图像，显示肠道肿物的累及范围。

能伴有活动性出血、黏膜溃疡以及良性溃疡（图 7.1）。良性息肉和腺瘤在猫十二指肠和犬直肠中也有发现。无肠系膜病变和转移征象可排除大多数恶性肿瘤。直肠恶性肿瘤可能表现为局部浸润，仅根据 MDCT 图像很难确定肿瘤边界（图 7.13、图 7.24、图 7.32、图 7.33）。

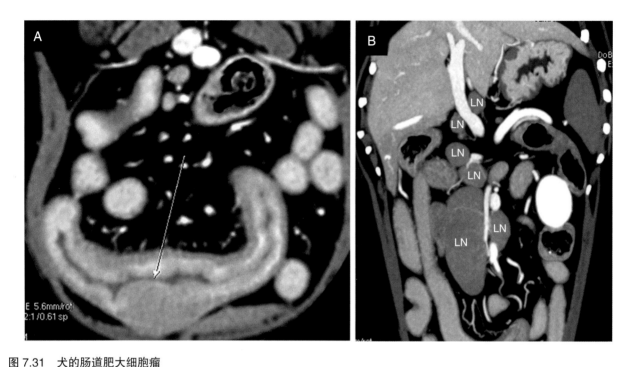

图 7.31　犬的肠道肥大细胞瘤

A. 横断面，节段性、偏心性肠壁增厚。B. 同一只犬的 MPR 冠状面图像，可见局部淋巴结明显增大（转移）。LN，淋巴结。

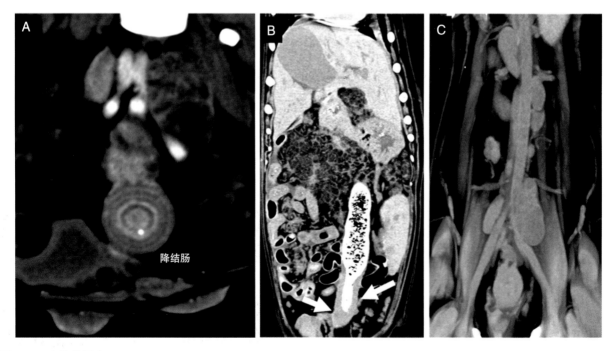

图 7.32　犬的结肠癌

A. 骨盆横断面，可见结肠梗阻，呈"靶征样"外观。B.MPR 冠状面，显示肠壁增厚（箭头）和肠腔狭窄。注意腹膜呈网状结节型病变（癌变）。C.MPR 冠状面，腹膜后区域显示淋巴结被累及增大（转移）。

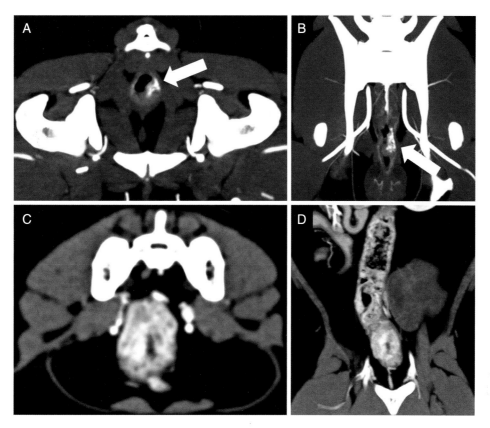

图 7.33 结肠和直肠癌

A、B. 小病灶性直肠癌患犬的骨盆横断面和 MPR 冠状面图像，注意偏心性、血供丰富的小病灶（箭头）。C、D. 猫的骨盆横断面及 MPR 冠状面图像，显示结肠远端壁环形增厚，造影后明显增强。

参考文献

[1] Applewhite A, Cornell K, Selcer B. Pylorogastric intussusception in the dog: a case report and literature review. J Am Anim Hosp Assoc. 2001; 37:238–43.

[2] Bertolini G, Prokop M. Multidetector-row computed tomography: technical basics and preliminary clinical applications in small animals. Vet J. 2011; 189(1):15–26. doi:10.1016/j.tvjl.2010. 06.004.

[3] Drost WT, Green EM, Zekas LJ, Aarnes TK, Su L, Habing GG. Comparison of computed tomography and abdominal radiography for detection of canine mechanical intestinal obstruction. Vet Radiol Ultrasound. 2016; 57(4):366–75. doi:10.1111/vru.12353.

[4] Fant P, Caldin M, Furlanello T, De Lorenzi D, Bertolini G, Bettini G, Morini M, Masserdotti C. Primary gastric histiocytic sarcoma in a dog – a case report. J Vet Med A Physiol Pathol Clin Med. 2004; 51:358–62.

[5] Fields EL, Robertson ID, Osborne JA, Brown JC Jr. Comparison of abdominal computed tomography and abdominal ultrasound in sedated dogs. Vet Radiol Ultrasound. 2012a; 53(5):513–7. doi:10.1111/j.1740-8261.2012.01949.x.

[6] Fields EL, Robertson ID, Brown JC Jr. Optimization of contrast-enhanced multidetector abdominal computed tomography in sedated canine patients. Vet Radiol Ultrasound. 2012b; 53 (5):507–12. doi:10.1111/j.1740–8261.2012.01950.x.

[7] Fitzgerald E, Lam R, Drees R. Improving conspicuity of the canine gastrointestinal wall using dual phase contrast-enhanced computed tomography: a retrospective cross-sectional study. Vet Radiol Ultrasound. 2017 Jan 5. doi:10.1111/vru.12467.

[8] Hoey S, Drees R, Hetzel S. Evaluation of the gastrointestinal tract in dogs using computed tomography. Vet Radiol Ultrasound. 2013; 54(1):25–30. doi:10.1111/j.1740–8261.2012. 01969.x.

[9] Rivero MA, Vázquez JM, Gil F, Ramírez JA, Vilar JM, De Miguel A, Arencibia A. CT-soft tissue window of the cranial abdomen in clinically normal dogs: an anatomical description using macroscopic cross-sections with vascular injection. Anat Histol Embryol. 2009; 38(1):18–22. doi:10.1111/j.1439–0264.2008.00886.x.

[10] Seim-Wikse T, Jörundsson E, Nødtvedt A, et al. Breed predisposition to canine gastric carcinoma – a study based on the Norwegian canine cancer register. Acta Vet Scand. 2013; 55(1):25. doi:10.1186/1751–0147–55–25.

[11] Shanaman MM, Hartman SK, O'Brien RT. Feasibility for using dual-phase contrast-enhanced multi-detector helical computed tomography to evaluate awake and sedated dogs with acute abdominal signs. Vet Radiol Ultrasound. 2012;

53(6):605–12. doi:10.1111/j.1740–8261.2012. 01973.x.

[12] Shanaman MM, Schwarz T, Gal A, O'Brien RT. Comparison between survey radiography, B–mode ultrasonography, contrast–enhanced ultrasonography and contrast–enhanced multidetector computed tomography findings in dogs with acute abdominal signs. Vet Radiol Ultrasound. 2013; 54(6):591–604. doi:10.1111/vru.12079.

[13] Teixeira M, Gil F, Vazquez JM, Cardoso L, Arencibia A, Ramirez–Zarzosa G, Agut A. Helical computed tomographic anatomy of the canine abdomen. Vet J. 2007; 174(1):133–8.

[14] Terragni R, Vignoli M, Rossi F, Laganga P, Leone VF, Graham JP, Russo M, Saunders JH. Stomach wall evaluation using helical hydro–computed tomography. Vet Radiol Ultrasound. 2012; 53(4):402–5. doi:10.1111/j.1740–8261.2012.01928.x.

[15] Yamada K, Morimoto M, Kishimoto M, Wisner ER. Virtual endoscopy of dogs using multidetector row CT. Vet Radiol Ultrasound. 2007; 48(4):318–22.

[16] Zacuto AC, Pesavento PA, Hill S, McAlister A, Rosenthal K, Cherbinsky O, Marks SL. Intestinal leiomyositis: a cause of chronic intestinal pseudo–obstruction in 6 dogs. J Vet Intern Med. 2016; 30(1):132–40. doi:10.1111/jvim.13652. Epub 2015 Nov 26.

第 8 章 胰腺外分泌

Giovanna Bertolini

1. 概述

胰腺是一个独特的腹部器官，因为它具有内分泌和外分泌功能。胰腺外分泌由腺泡细胞小叶组成，腺泡细胞产生消化酶和酶原。在这些小叶之间是神经内分泌细胞小岛（胰岛），这些细胞合成和分泌各种肽，如胰岛素和胰高血糖素（胰腺内分泌）。胰腺的两个组成部分都会受到各种病理过程的影响。胰腺炎和胰腺肿瘤是犬猫最重要的胰腺疾病。多排螺旋 CT（Multidetector-row computed tomography，MDCT）在评估胰腺和胰周结构方面有独特的作用，并在胰腺肿瘤或胰腺弥漫性疾病的诊断和分期中发挥主要作用，这在人放射学文献中也有记载。CT 检查被认为是评估小动物胰腺弥漫性和局灶性变化的一种非常敏感的手段，尽管关于这一主题的兽医研究仍处于起步阶段。

2. 解剖背景

小动物的胰腺是一个长而窄的"V"形器官，其尖端指向头侧和右腹部。尖端在又长又窄的左右胰腺叶之间形成一个夹角。右叶位于十二指肠肠系膜内，靠近十二指肠。左叶较宽，起自胰体，穿过腹中线，位于大网膜内。由于它的解剖特点，对整个胰腺进行检查时，需大范围扫描（前腹部和中腹部）。胰腺完全由动脉系统供应，由门静脉系统引流。胰腺的动脉血供应由胰十二指肠前动脉和后动脉提供，它们在胰腺内吻合。胰腺也接收来自脾动脉和肝动脉的胰腺分支的血流。此外，左叶接收胃十二指肠动脉分支和腹腔动脉分支的供应。

胰十二指肠静脉与动脉伴行，通过门静脉分支将血液从胰叶引流至肝脏。胰十二指肠后静脉是前肠系膜静脉的最尾侧分支，胰十二指肠前静脉通过胃十二指肠静脉引流至门静脉。脾静脉直接从胰腺左叶接收多个分支血流。胰腺的淋巴管流入十二指肠淋巴结、肝门淋巴结、脾淋巴结和空肠淋巴结。由于这些淋巴结是潜在的转移部位，因此在对胰腺肿瘤患者进行分期时，应完整评估这些淋巴结（图 8.1）。

3. MDCT 成像协议

在不同文章中，胰腺扫描的推荐体位有所不同。胰腺位于右前腹背侧，悬于十二指肠肠系膜内，游离性大。在一项对健康比格犬的研究中，仰卧位胰腺位移较小。根据笔者的个人经验，横结肠的扩张和充盈是对胰腺扫描"可看性"影响最大的因素。仰卧位时，胰腺在结肠和肝实质之间，可能会受到挤压，从而不容易发现小的实质性结节，如胰岛瘤。因此，笔者的医院首选俯卧位扫查胰腺，尤其是犬。正如 MDCT 血管造影章节所述，静脉注射造影剂（contrast medium，CM）后的组织增强由多种因素决定，包括组织的血供、开始注射 CM 的延迟、CM 的剂量和注射速率、注射持续时间，以及影响血管和实质增强的患病动物特征，如体重（见第 2 章）。

关于评估小动物胰腺的最佳时相的争论尚处于初始阶段。胰腺常规进行多相 CT 检查，包括肝动脉相和门静脉相。一些研究表明，动脉相是检测犬胰岛瘤的最佳血管相。然而，在双相 CT 动脉相，一些肿瘤是低血管化的，因此与周围胰腺实质相比，增强效果较差。因此，它们可能偶尔与周围的正常实质呈等衰减，从而导致漏诊。如前所述，与肝脏不同，胰腺由独特的动脉供血。肝

门静脉相是肝实质造影最强时期，而不是胰腺实质造影最强时期。在动态 CT 研究中，胰腺增强表现为三个阶段：①早期动脉相（early arterial phase，EAP）；②实质相或胰腺相；③门静脉相（portal venous phase，PVP）。第一时相和第三时相是在肝脏双相和三相 MDCT 检查中常规获得的时相。胰腺实质相是胰腺实质造影最强的时相，在动脉相和肝门静脉相之间（主动脉峰值强化后 5~10 s）（图 8.2 和图 8.3）。哪个 CT 时相最有用取决于诊断目标。肝动脉相漏诊的胰腺低血管性肿瘤（因

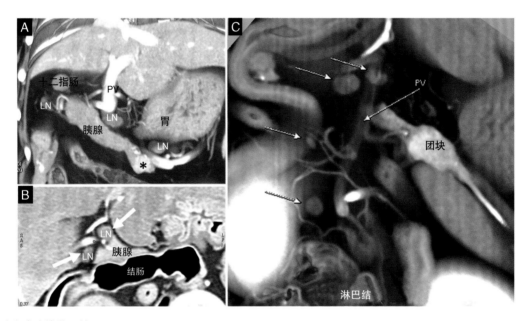

图 8.1　引流胰腺的淋巴结

A. MPR（PVP）冠状面显示犬胰腺左叶的胰岛瘤（＊）。图像显示周围淋巴结中度增大（反应性或转移性）。B. 横断面显示胰体处淋巴结（箭头）。C. 犬胰腺左叶胰岛瘤的腹部薄层容积重建图像。PV，门静脉；LN，淋巴结。

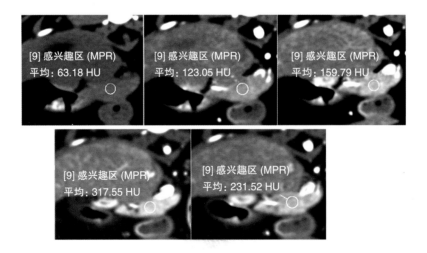

图 8.2　猫胰腺的动态灌注研究（128- 双源 CT）

胰体水平冠状面多平面重建图像：非增强、EAP、晚期动脉相（late arterial phase，LAP）、胰腺相和 PVP。

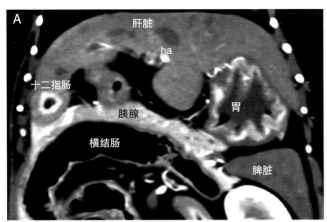
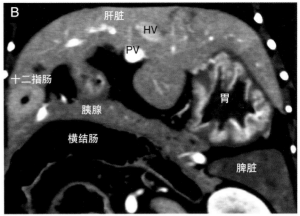

图 8.3　犬胰腺冠状面 MPR 图像

A. 胰腺相。B. PVP。注意两张图中胰腺实质增强的差异。ha，肝动脉；HV，肝静脉；PV，门静脉。

为它们与胰腺呈等衰减）可能在胰腺相发现，此时周围的软组织增强最明显。关于这一问题的兽医文献有限，迄今为止发表的结果不一致，可能是由于扫描协议和评估的肿瘤分期不同，以及各种研究中包括的患病动物数量较少。

关于扫描时间，使用较慢的 CT 扫描仪（单排到四排探测器）和应用较长的扫描时间（20～40 s），动脉相的开始与 CM 到达主动脉的时间一致。CM 到达动脉区域所需的时间因患病动物而异（根据心输出量），应使用团注试验或团注追踪技术进行个体化定制。使用固定延迟扫描时间是次优选择，可能会产生不一致的结果。团注试验技术需假定团注实验剂量和团注全剂量之间的几何关系，但情况并非总是如此。在小型患病动物中，使用与团注全剂量相同的流速注射少量 CM 可能会有问题。同样，由于胰腺实质的高度血管化分布，预增强可能会使肿瘤显影性降低，从而影响最佳成像，导致漏诊。在使用更快的 MDCT 扫描仪（64–320 排 MDCT 和不同代的 DSCT）时，想要获得理想的胰腺各个造影增强相的图像，扫查时间点的选择更加困难和严格。使用先进、更快的 MDCT 扫描仪，可以更好地利用团注峰值，但必须延长延时扫描时间，以避免在 CM 到达之前扫描（扫描在 CM 之前到达身体区域）。延时扫描时间设定至关重要，且因扫描仪和扫描协议而异（尤其是扫描速度和注射持续时间）。目前，扫查时应使用团

注追踪技术以根据个体心脏循环时间的不同进行调整（有关更多解释，请参阅第 2 章）。当在快速 MDCT 扫描仪上设定适当的延时扫描时间，通过团注追踪可得到以胰腺实质增强为主的图像，并使肿瘤相对于胰腺实质更明显。随着双源 CT 技术的发展，可以对两种不同能量级别的组织进行 2 次 CT 采集。在兽医临床中引入这种扫描仪技术，可以进一步提高犬猫胰腺疾病的评估水平（图 8.4 和图 8.5）。

后处理技术，如多平面重建、最大密度投影（Maximum Intensity Projection，MIP）、MinIP 和容积重建（Volume Rendering，VR），可以提供病理过程中血管和导管受累的详细信息，应作为评估多相 MDCT 检查数据的常规技术。MPR 对于准确评估胰腺、十二指肠和胆总管之间的关系至关重要。MinIP 有助于识别胆管和胰腺囊性病变（图 8.6 和图 8.7）。

4. 胰腺疾病 MDCT

犬猫可能会受到几种胰腺外分泌疾病的影响，包括胰腺外分泌功能不全、胰腺癌和胰腺炎。

4.1 胰腺萎缩

胰腺腺泡萎缩是犬胰腺外分泌功能不全的最主要原因。胰腺腺泡萎缩被认为是犬的一种免疫

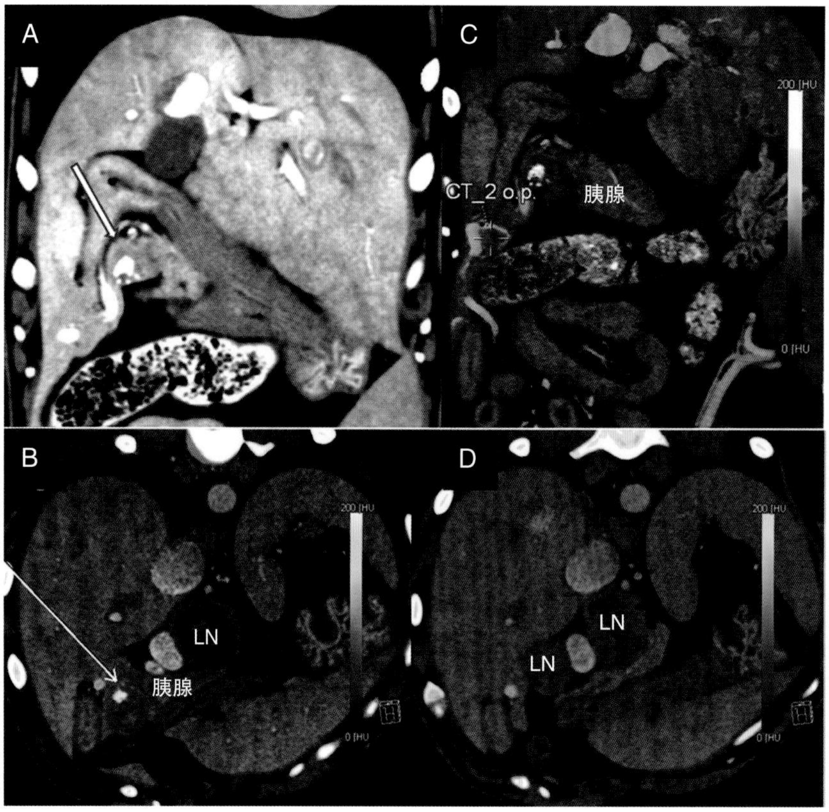

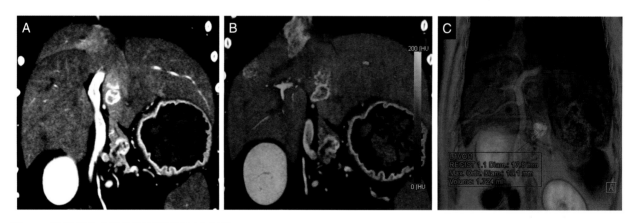

图 8.4 犬胰腺癌，伴肝淋巴结转移（LN）

A. 冠状面 MPR 图像显示胰腺团块，与周围实质呈等衰减至低衰减。B. 碘剂彩色编码图像。箭头指示卵圆形团块边界。注意淋巴结增大且衰减不均匀。C. 胰腺左叶血管的偏移有助于识别另一个小结节。D. 肝门淋巴结转移。LN，淋巴结。

图 8.5 胰腺癌患犬肝转移冠状面 MPR 图像

A. PVP。B. 碘剂彩色编码图像。胰腺和肝脏病变更明显、更清晰，能够进行更精确的测量。C. 自动识别和测量胰腺结节。

介导性疾病，源于淋巴细胞性胰腺炎（图 8.8A、B）。在这种情况下，胰腺腺泡萎缩也可能是犬慢性胰腺炎的后遗症。终末期慢性胰腺炎被认为是猫胰腺功能障碍的最常见原因。同样，在胰腺外分泌肿瘤中可能观察到胰腺萎缩（图 8.8C）。

4.2 胰腺炎

与超声相比，MDCT 能够评估整个胰腺，发现更多的胰腺和胰腺外周异常。对因各种原因接受尸检的犬猫的研究表明，胰腺病变，尤其是符合慢性胰腺炎的病变，比过去认知得更为常见。尸

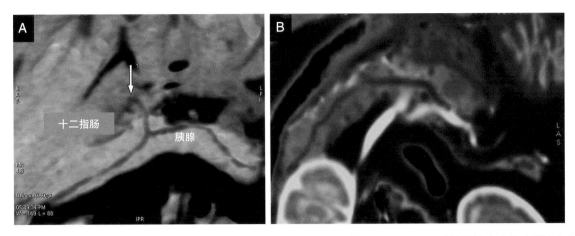

图 8.6　A. 猫冠状面 MinIP（0.6/0.4 mm）图像显示胰管流入十二指肠（箭头）。B. 另一只猫的慢性胰腺炎致囊性病变的冠状面 MinIP 图像

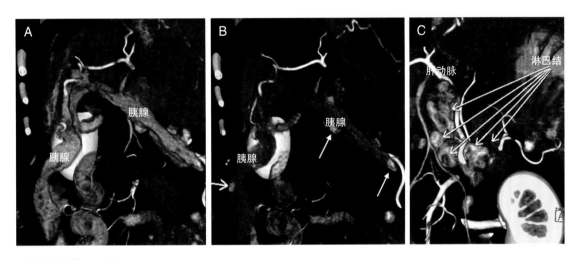

图 8.7　犬胰腺癌的 3D–VR

A. 整个胰腺清晰可见。B. 注意胰腺中的小结节性病灶（癌）（箭头）。C. 增大的转移性淋巴结（肝门淋巴结和脾淋巴结）。

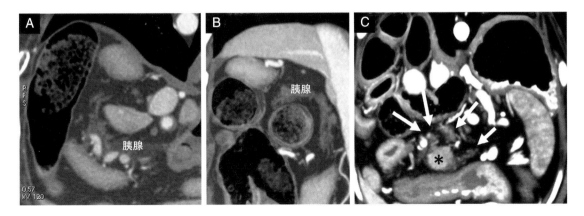

图 8.8　胰腺萎缩

A、B. 患胰腺外分泌功能不全德国牧羊犬的腹部横断面和冠状面 MRP 图像。C. 另一只患胰腺癌（＊）德国牧羊犬的腹部横断面，外周胰腺实质萎缩（箭头）。

检中常见的病变有胰腺增生结节、淋巴细胞或中性粒细胞炎症、纤维化、萎缩、胰腺脂肪坏死、胰腺坏死和水肿。所有这些变化都可能通过薄层、多相 MDCT 在生前检查中发现。在人中，静脉注射 CM 的 CT 经常用于胰腺炎的诊断和分期，并被认为是评估急性和慢性胰腺炎高敏感性和高特异性的方法。建议胰腺成像应始终使用最高剂量造影剂，在最快注射流速下进行，因为胰腺坏死可能难以检测。使用 CT 检查犬猫胰腺炎的早期研究结果不尽如人意，且在最初的报道中，CT 在评估胰腺炎性病变方面的实用性有限。胰腺病变甚至胰腺本身显影程度不佳与当时的 CT 技术老旧、扫描协议不当（如层厚方面）和 CM 注射不当相关。一些怀疑胰腺炎的小动物病例，因无法满足麻醉要求而不能进行 CT 扫查。然而，先进的 MDCT 扫描仪已经允许对清醒和镇静的患病动物进行更快速地检查。最近一项对疑似胰腺炎的犬进行镇静下多相 16-MDCT 检查的研究结果佐证了这一观点。这项试点研究表明，在注射 CM 后 2 ~ 3 min 的延迟相中，检测到大多数胰腺和胰周组织的变化。动脉相和静脉相没有发现更多信息。CM 注射时间对优化胰腺成像至关重要，但还没有相关的研究报道。

胰腺中度肿大、边界钝圆、呈假结节状、胰腺实质不增强和没有胰腺周围腹膜改变可能提示慢性胰腺炎。急性胰腺炎在犬和猫上的表现相似，其特征是胰腺肿大、边缘不规则、胰腺实质明显增强、胰腺周围腹膜条索征和不透明度增加，这些都是炎症的早期征象（图 8.9 ~ 图 8.12）。除了胰腺的改变外，MDCT 还用于评估胰腺以外结构，如胆结石、胆管扩张、静脉血栓、动脉瘤和邻近胃肠道的炎症（图 8.13 和图 8.14）。结合临床指标和 MDCT 提示的形态学变化可确定患病动物所需要的治疗方式。

4.3 胰腺囊肿、假囊肿和脓肿

MDCT 可以很容易地检测急性胰腺炎的并发症，如假囊肿、脓肿（显示边缘增强）和实质坏死（低衰减不增强区域）。脓肿很少见，在药物治疗无效的慢性胰腺炎患病动物中可能发生脓肿（图 8.14 和图 8.15）。猫胰腺的复发性囊性病变与慢性、活动性胰腺炎有关（图 8.6B 和图 8.16A、B）。真性胰腺囊肿（与胰管不连通）通常在患多囊肾的猫中出现（图 8.16C）。

4.4 胰腺外分泌肿瘤

临床上胰腺肿瘤与胰腺炎的鉴别十分困难，有时甚至无法区分。胰腺的影像学检查可能有助于诊断，但这两种疾病可以同时存在，而最终确诊需要细胞学或组织学检查。犬胰腺外分泌小腺

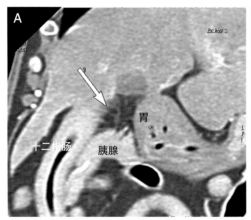
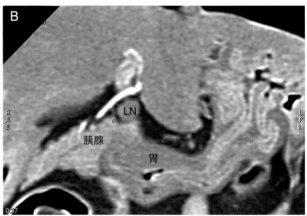

图 8.9 急性胰腺炎
对一只临床疑似胰腺炎且超声结果不确定的犬进行 MDCT 检查。A. 冠状面 MPR 图像显示胰腺周围腹膜条索征（箭头）。B. 主观评估胰体周围淋巴结中度增大。LN，淋巴结。

癌通常表现为孤立团块，与胰腺正常实质相比呈等 – 低衰减，很难与周围的正常实质区分。间接征象，如胰腺实质上的团块效应、胰腺血管偏移、胰管扩张和肿瘤远端实质萎缩，可能有助于诊断显影不佳的肿瘤。肿瘤增大使胰腺轮廓变形，并

可能包裹或侵袭邻近血管结构（如胰腺动脉和静脉、门静脉或脾静脉）（图 8.3、图 8.7、图 8.17 ~ 图 8.20）。已报道过犬的胰腺内异位脾。胰腺实质内的异位脾组织影像与高血管性胰腺肿瘤相似，需列入犬非分泌性胰腺肿物的鉴别诊断中。对于恶性脾脏团块（如血管肉瘤），应评估胰腺的潜在转移。

胰腺恶性肿瘤，包括原发性和转移性肿瘤，在猫中很罕见。胰腺外分泌腺癌是猫最常见的恶性肿瘤，起源于腺泡细胞或导管上皮，可呈结节状或弥漫性变化（图 8.21）。该肿瘤具有侵袭性，转移率高（主要转移到肝、肺和小肠），预后不良。最近的一项研究表明，15% 胰腺癌患猫有糖尿病，这表明这两种疾病之间存在联系，就像人一样。

良性肿瘤（如腺瘤）在大多数情况下是亚临床的。许多是因其他目的进行 CT 检查时意外发现。腺瘤通常表现为有包膜的孤立性团块，生长缓慢。检查者必须记住，在老年犬和猫中，胰腺结节性增生比肿瘤更常见，并且在 CT 中可能偶然发现。增生性改变通常表现为多个无包膜的低血管化结节。

内分泌胰腺肿瘤在第 9 章中阐述。

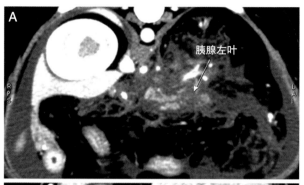
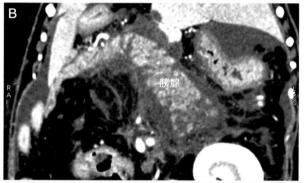

图 8.10　一只混种犬的急性胰腺炎，左叶病变尤其明显，左叶肿大，边界不清、不规则。注意腹腔液和胰腺周围脂肪条索征

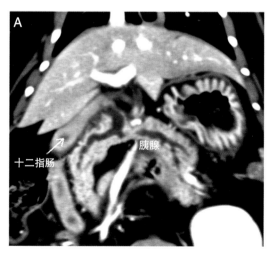
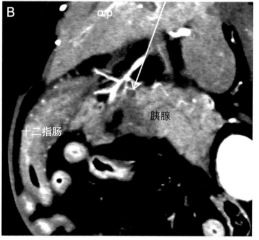

图 8.11　急性胰腺炎

A. 急性胰腺炎患猫的胰腺冠状面 MPR 图像。胰腺肿大，实质明显增强，注意胰管扩张。B. 另一只活动性胰腺炎患猫的冠状面 MPR 图像。胰腺肿大，实质不均匀。箭头处提示胰体有一个小的囊性病变。注意十二指肠壁增厚，边界不清。

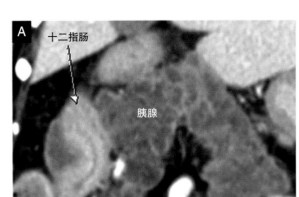
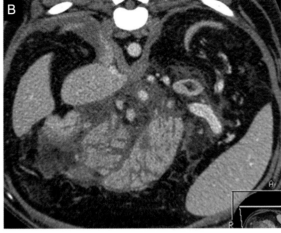

图 8.12　A. 肉芽肿性胰腺炎患犬的冠状面 MPR 图像。注意累及十二指肠。B. 坏疽性胰腺炎患犬的横断面。胰腺肿大、水肿，并在腹中心处受到挤压。注意腹膜增厚、腹膜条索征和胰腺周围积液

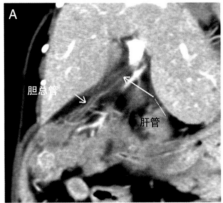
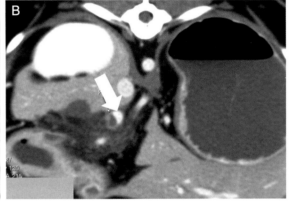

图 8.13　胰腺炎并发症

A. 活动性胰腺炎患犬的冠状面 MPR 图像。注意继发的胆总管和肝管病变。B. 活动性胰腺炎患犬的门静脉血栓（箭头）。

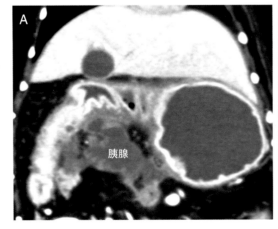
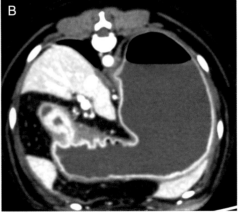

图 8.14　犬胃流出道梗阻

A. 冠状面 MPR 图像显示胰腺脓肿和腹膜炎。B. 同一只犬的横断面显示幽门狭窄和胃扩张（胃因液体和气体膨胀）。

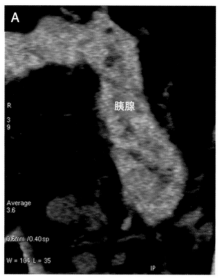
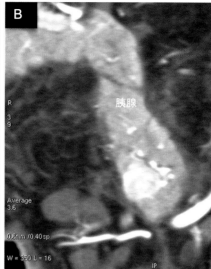

图 8.15　活动性、慢性胰腺炎患犬的胰腺脓肿

A、B. 胰腺左叶的造影前后 CT 图像，胰腺左叶肿大且边界不清。在造影前图像上，与周围胰腺实质相比，病变的胰腺实质呈等－低衰减，注射 CM 后明显增强（脓肿）。在图 B 中，注意胰腺周围腹腔液。

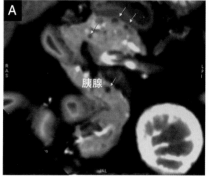
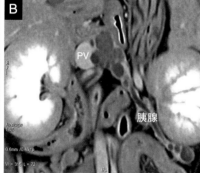
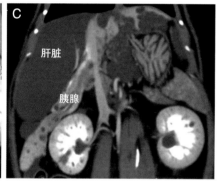

图 8.16　胰腺囊肿

A. 慢性胰腺炎患猫的胰腺囊肿。B. 慢性胰腺炎患猫的囊性病变和胰管扩张。C. 患多囊肾的波斯猫的多发性胰腺囊肿。注意大的肝囊肿和多个小的肾囊肿。

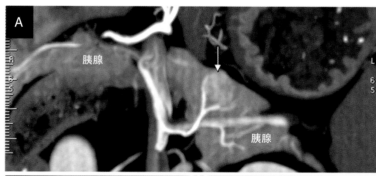
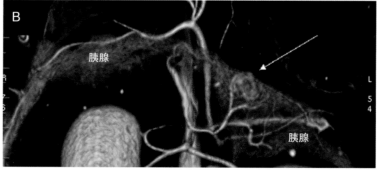

图 8.17　犬胰腺癌

A、B. 患胰腺左叶胰腺癌的混种犬（晚期动脉相）的薄层 MIP 和薄层容积重建图像，在因其他原因进行 MDCT 检查中意外发现。

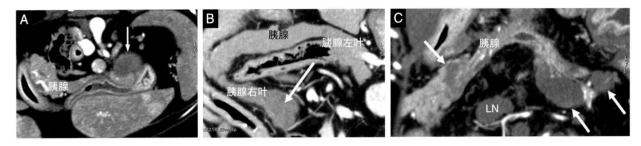

图 8.18　犬胰腺癌

A. PVP 横断面显示胰腺左叶圆形、低血管化团块（箭头）。B. 犬胰腺左叶团块（箭头）的 PVP 斜冠状面 MPR 图像，与周围胰腺实质相比，该团块呈等 - 低衰减。C. 胰腺癌肝转移患犬的冠状面 MPR 图像。箭头处为多发性低衰减低血管性病变。转移性肠系膜淋巴结增大。LN，淋巴结。

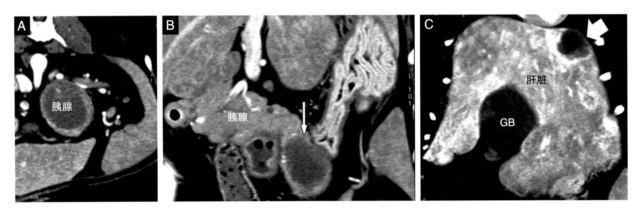

图 8.19　犬胰腺癌

A. 横断面显示胰腺左叶有一个大的低衰减、低血管性团块。B. 胰体和胰腺左叶冠状面 MPR 图像，胰腺左叶有一团块。C. 肝脏冠状面 MPR 图像（PVP）显示转移性团块（箭头）和肝实质弥漫性、不均匀增强。GB，胆囊。

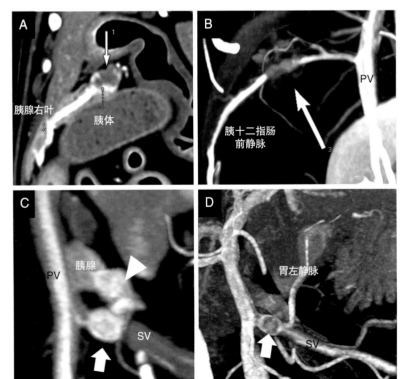

图 8.20　累及血管

A. 犬胰体处胰腺癌（箭头），侵袭胰十二指肠前静脉。B. 薄层 MIP 图像显示肿物包裹和侵袭血管。C. 另一只犬的胰腺左叶胰腺癌（无尾箭头），侵袭脾静脉（箭头）。D. 与图 C 为同一只犬门脉系统 MIP 图像，显示血管内团块（箭头）。PV，门静脉；SV，脾静脉。

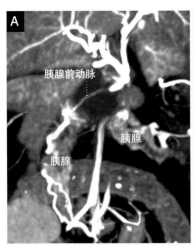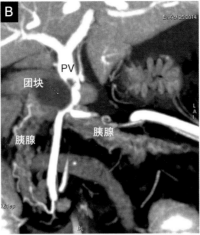

图 8.21　猫胰腺癌

A. 腹部 HAP 冠状面 MPR 图像，显示低衰减、低血管化团块包裹胰腺前动脉。B. 相同图像的 PVP 显示门静脉起始处的肿瘤浸润。PV，门静脉。

参考文献

[1] Adrian AM, Twedt DC, Kraft SL, Marolf AJ. Computed tomographic angiography under sedation in the diagnosis of suspected canine pancreatitis: a pilot study. J Vet Intern Med. 2015; 29 (1):97–103. doi:10.1111/jvim.12467.

[2] Branter EM, Viviano KR. Multiple recurrent pancreatic cysts with associated pancreatic inflammation and atrophy in a cat. J Feline Med Surg. 2010; 12(10):822–7. doi:10.1016/j.jfms.2010. 06.005.

[3] Cáceres AV, Zwingenberger AL, Hardam E, Lucena JM, Schwarz T. Helical computed tomographic angiography of the normal canine pancreas. Vet Radiol Ultrasound. 2006; 47(3):270–8.

[4] Choi SY, Choi HJ, Lee KJ, Lee YW. Establishment of optimal scan delay for multi-phase computed tomography using bolus-tracking technique in canine pancreas. J Vet Med Sci. 2015; 77(9):1049–54. doi:10.1292/jvms.14–0693.

[5] Choi SY, Lee I, Seo JW, Park HY, Choi HJ, Lee YW. Optimal scan delay depending on contrast material injection duration in abdominal multi-phase computed tomography of pancreas and liver in normal Beagle dogs. J Vet Sci. 2016; 17(4):555–61.

[6] Chu AJ, Lee JM, Lee YJ, Moon SK, Han JK, Choi BI. Dual-source, dual-energy multidetector CT for the evaluation of pancreatic tumours. Br J Radiol. 2012; 85(1018):e891–8. doi:10.1259/bjr/26129418.

[7] Fletcher JG, Wiersema MJ, Farrell MA, Fidler JL, Burgart LJ, Koyama T, Johnson CD, Stephens DH, Ward EM, Harmsen WS. Pancreatic malignancy: value of arterial, pancreatic, and hepatic phase imaging with multi-detector row CT. Radiology. 2003; 229(1):81–90.

[8] Forman MA, Marks SL, De Cock HE, Hergesell EJ, Wisner ER, Baker TW, Kass PH, Steiner JM, Williams DA. Evaluation of serum feline pancreatic lipase immunoreactivity and helical computed tomography versus conventional testing for the diagnosis of feline pancreatitis. J Vet Intern Med. 2004; 18(6):807–15.

[9] Head LL, Daniel GB, Tobias K, Morandi F, DeNovo RC, Donnell R. Evaluation of the feline pancreas using computed tomography and radiolabeled leukocytes. Vet Radiol Ultrasound. 2003; 44(4):420–8.

[10] Iseri T, Yamada K, Chijiwa K, Nishimura R, Matsunaga S, Fujiwara R, Sasaki N. Dynamic computed tomography of the pancreas in normal dogs and in a dog with pancreatic insulinoma. Vet Radiol Ultrasound. 2007; 48(4):328–31.

[11] Jaeger JQ, Mattoon JS, Bateman SW, Morandi F. Combined use of ultrasonography and contrast enhanced computed tomography to evaluate acute necrotizing pancreatitis in two dogs. Vet Radiol Ultrasound. 2003; 44(1):72–9.

[12] Kishimoto M, Tsuji Y, Katabami N, Shimizu J, Lee KJ, Iwasaki T, Miyake Y, Yazumi S, Chiba T, Yamada K. Measurement of canine pancreatic perfusion using dynamic computed tomography: influence of input–output vessels on deconvolution and maximum slope methods. Eur J Radiol. 2011; 77(1):175–81. doi:10.1016/j.ejrad.2009.06.016.

[13] Lidbury JA, Suchodolski JS. New advances in the diagnosis of canine and feline liver and pancreatic disease. Vet J. 2016; 215:87–95. doi:10.1016/j.tvjl.2016.02.010.

[14] Linderman MJ, Brodsky EM, de Lorimier LP, Clifford CA, Post GS. Feline exocrine pancreatic carcinoma: a retrospective study of 34 cases. Vet Comp Oncol. 2013; 11(3):208–18. doi:10. 1111/j.1476–5829.2012.00320.x.

[15] Mai W, Cáceres AV. Dual-phase computed tomographic angiography in three dogs with pancreatic insulinoma. Vet Radiol Ultrasound. 2008; 49(2):141–8.

[16] Marolf AJ. Computed tomography and MRI of the hepatobiliary system and pancreas. Vet Clin North Am Small Anim Pract. 2016; 46(3):481–97, vi. doi:10.1016/j.cvsm.2015.12.006.

[17] Ramírez GA, Altimira J, García-González B, Vilafranca M. Intrapancreatic ectopic splenic tissue in dogs and cats. J Comp Pathol. 2013; 148(4):361–4. doi:10.1016/j.jcpa.2012.08.006. Epub 2012 Oct 11.

[18] Seaman RL. Exocrine pancreatic neoplasia in the cat: a case series. J Am Anim Hosp Assoc. 2004; 40(3):238–45.

第9章 泌尿系统

Giovanna Bertolini

1. 概述

MDCT 在兽医临床的广泛应用已经改变了许多尿道疾病的诊断方法，如尿石症、肾脏肿物、肾脏集合系统、输尿管和膀胱的黏膜异常。MDCT 的应用越来越广泛，CT 尿路造影已逐渐取代其他成像技术，如 X 线平片和排泄性尿路造影，因为它能够通过更薄层的成像、更快的扫描速度、更好的纵向空间分辨率以及高质量的多平面重建图像和 3D 图像来准确地描绘肾脏集合系统。此外，动态 CT 和更高阶的灌注成像技术可以进行肾脏及其排泄功能的定量和定性评估。双能量（DE）CT 的临床应用之一是尿路结石光谱分析（见本章后文）。

2. MDCT 成像策略

泌尿系统的 MDCT 成像涵盖不同的扫描协议，取决于临床怀疑的方向和需要评估的结构及其功能。小动物泌尿系统 MDCT 检查最常见的适应证是先天性输尿管畸形、尿石症、创伤动物中怀疑尿道破裂以及肾脏和膀胱的恶性肿瘤。由于动物的品种和体型差异较大，泌尿系统 MDCT 检查需要个性化。

动物体位对于尿液集合系统（输尿管和膀胱）检查尤为重要，应采取俯卧位，将骨盆放于楔形槽中上抬 5°~ 10°（图 9.1）。

MDCT 检查中均应先进行低电压平扫，以检查肾脏和集合系统的矿化、结石或出血。整个扫

图 9.1　泌尿系统检查时动物的体位

描序列应包括骨盆和会阴部，以完整检查尿道。近期有报道提出了一种健康动物远端集合系统的 MDCT 尿路造影成像技术。团注追踪技术将感兴趣区放置于输尿管远端以追踪该水平输尿管的最大衰减度，这项技术已被应用于正常犬输尿管膀胱交界处的 CT 显影。团注追踪技术不适用于全面的肾脏或腹部检查，且该技术在尿路疾病患病动物中的可用性仍需研究。

为了在同次检查中对肾脏和集合系统进行全面评估，应进行多时相扫描以获得不同血管时相和高质量的尿路造影图像序列。CT 造影剂（CM）可持续通过泌尿系统排泄，常用于尿路造影。单次造影剂注射（可随即注射等量生理盐水）可获得 3 ~ 4 个时相，即皮质髓质相（血管造影）、肾实质相（实质）和排泄相（早期和晚期）图像序列（图9.2）。

此外，在恶性肿瘤的病例中，多时相扫描可以同时评估其他脏器以进行分期。在检查前和检查期间增加生理盐水的补充量，有助于膀胱迅速充盈。皮质髓质相（或血管造影）增强用于评估肾脏血管。术前了解肾脏血管解剖对于选择合适的猫肾脏供体以及肾脏部分切除术十分重要。这一时相并不是评估小的实质病灶的最理想时期，如仅需评估集合系统的话也不是必需的。肾实质相（静脉相或实质相）中，肾脏皮质和髓质均匀增强，造影剂尚未进入肾脏集合系统。在球管过热造成扫描限制的情况下，该序列可以仅局限于肾区扫查。肾实质相成像是检查肾脏肿物最敏感的时相。排泄相（肾盂造影相或尿路造影相）通常出现于造影剂注射后 5 ~ 20 min。这一时相肾脏的衰减值减少，随着造影剂排泄引起肾盂、输尿管及膀胱衰减值增加。动物置于 CT 扫描床上时，

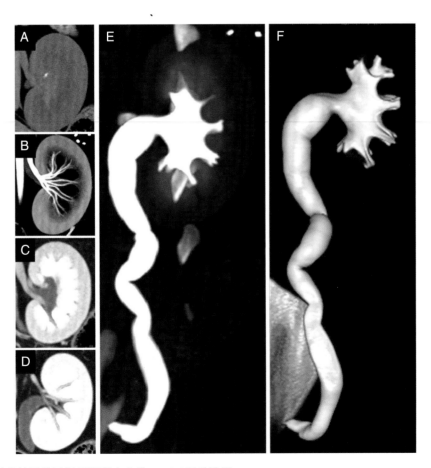

图 9.2　尿路结石继发输尿管及肾盂扩张患犬的 MDCT 尿路造影

A ~ D. 左肾造影前、皮质髓质相或动脉相（薄层 MIP）、肾实质相和排泄相的冠状面图像。E. 排泄相 10 mm 层厚冠状面 MIP 图像。F. 容积重建图像。

部分膀胱排泄（轻柔加压或给予呋塞米）也可以使尿道完全显影。或者也可以进行 CT 逆行性尿道造影，使用碘造影剂扩张尿道腔。

3. 正常变异和先天异常

先天性肾脏异常和肾血管变异在 MDCT 检查中十分常见，通常为偶然发现。但某些类型的异常和变异可以引起临床症状，MDCT 在明确诊断中起到了关键作用。

已报道了犬猫单侧或双侧肾不发育，并且其与发育过程密切相关，常伴有其他尿路和生殖道异常。因此在这些动物中，必须全面评估泌尿系统及生殖系统。在单侧肾不发育的病例中，常见对侧肾脏代偿性增大（看起来比正常更大），MDCT 图像显示肾脏、肾血管以及同侧集合系统影像缺失（图 9.3 和图 9.4）。肾发育不全由发育障碍引发，应与获得性肾萎缩相鉴别，肾萎缩通常肾脏轮廓不规则、变小（图 9.5）。

肾血管变异在哺乳动物中十分常见，已报道过犬猫的肾血管变异。在大多数病例中，这些变异没有临床意义，但了解它们的存在与制订肾区手术计划相关。肾动脉通常分为背侧和腹侧分支（数量可变），分别供给肾脏的头极和尾极部分。在 MDCT 图像中，一个或两个位点出现双肾动脉是一种常见表现。肾静脉的数量也可能不同。活体动物的 CT 研究显示，这种肾动静脉数量的变异更常见于右肾（图 9.6）。肾前段和肾段后腔静脉先天性血管异常可能导致单侧或双侧输尿管嵌顿，这种异常被称为"腔静脉后输尿管"（或者更确切地称为输尿管前的腔静脉），可见于正常的右侧后腔静脉，或与左侧后腔静脉或双侧后腔静脉相关（图 9.7 和图 9.8）。

排泄系统异常可能累及自肾盂至膀胱和尿道的一个或多个节段。正常输尿管在静脉注射造影剂后迅速增强（1~2 min），呈多节段增强，这反映了正常的输尿管蠕动性。异位输尿管（EU）是母犬尿失禁最常见的病因，也是 MDCT 上最常见的先天性疾病。之前认为 EU 罕见于公犬，但近期的报告显示该病在公犬中发病率较先前认为的更

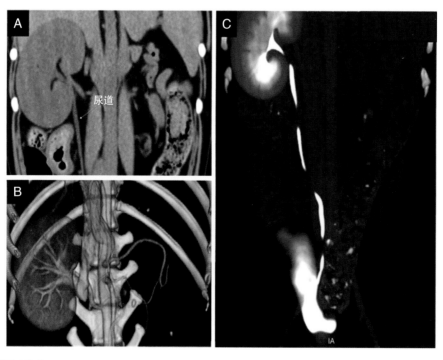

图 9.3 犬的单侧肾不发育

A. 造影前显示右肾和同侧输尿管影像正常。B. 容积重建图像显示继发于左肾缺失的右肾中度代偿性增大（主观增大）。C. 排泄相图像显示左肾和同侧输尿管影像缺失。

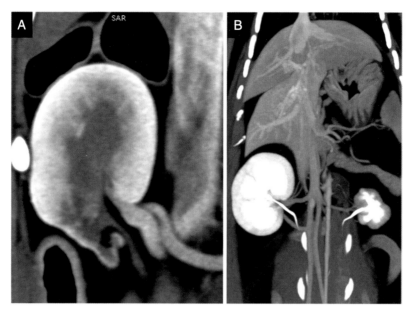

图 9.4　A. 一只幼犬的先天性部分肾发育不全。B. 一只幼龄布偶猫的单侧肾发育不全

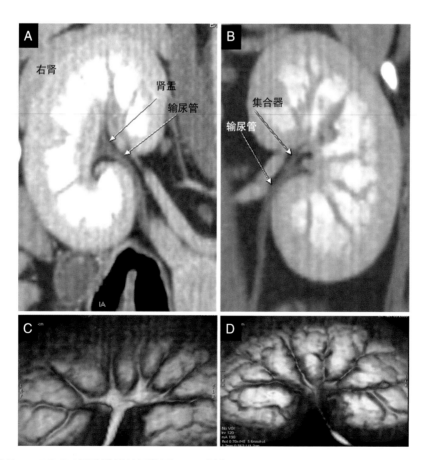

图 9.5　尿血患犬的 16–MDCT 尿路造影的冠状面 MPR 图像

A. 右肾实质相图像，可见正常的肾盂和输尿管。B. 同一只犬的左肾图像，可见肾盂缺失。肾脏集合器直接进入输尿管。C、D. 分别与图 A、图 B 肾脏对应的容积重建图像。

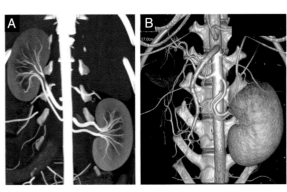
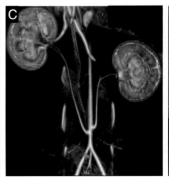
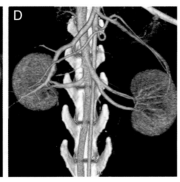

图 9.6　犬猫各种肾脏变异

A. 犬的双侧双肾动脉。B. 犬的左肾双肾动脉、右肾单肾动脉。C. 猫的尾侧异位肾动脉。D. 猫的左肾双肾动脉。

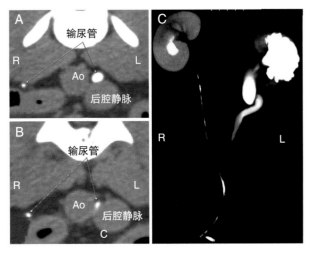

图 9.7　一只犬的左肾前段后腔静脉的腔静脉后输尿管（输尿管前的腔静脉）

B. 横断面图像显示主动脉及左侧后腔静脉间输尿管狭窄处（A）、狭窄点头侧可见扩张的左侧输尿管。C. 排泄相 MIP 图像显示了正常的右侧输尿管以及扩张的左侧肾盂和输尿管。Ao，主动脉。

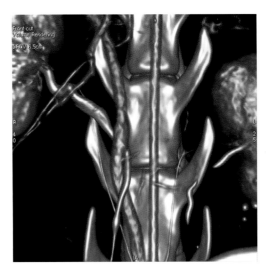

图 9.8　一只猫的腔静脉后输尿管（输尿管前的腔静脉），腔静脉位于右侧。注意右侧输尿管与对侧相比呈中度扩张

高。猫 EU 的报道很罕见。异位输尿管是指输尿管芽向尾侧异常移位，导致输尿管末端开口于膀胱三角区以外的位置。壁外异位输尿管绕过膀胱，直接开口于泌尿道，即开口于膀胱颈三角区远端或尿道，或者直接进入阴道或阴道前庭。EU 最常见的形式为异位的输尿管于膀胱三角区水平进入膀胱壁，经壁内向远端移行至尿道（壁内 EU），开口于尿道括约肌远端的尿道水平（图 9.9）。其他情况下，EU 终止于阴道、子宫颈或子宫。伴有同侧肾盂积水及输尿管积水。输尿管外观呈屈曲样，造影剂注射后 5 ~ 30 min 增强。据报道，双侧异位输尿管比单侧更常发，可能同时伴有其他泌尿生殖系统异常，如尿道短、膀胱尿道交界处模糊导致尿道闭合压降低，以及阴道或前庭异常。一些 EU 患犬并发肾脏发育异常（单侧肾不发育、肾发育不全、肾发育不良）（图 9.10）。输尿管囊肿是指输尿管远端黏膜下部分囊性扩张，可能发生于 EU 患犬，也可能单独存在（图 9.11）。依据输尿管囊肿的位置和输尿管开口的位置分为两种类型：原位或膀胱内输尿管囊肿和异位输尿管囊肿。原位输尿管囊肿存在一开口与膀胱相通。异位输尿管囊肿与异位输尿管相关，因此会位于膀胱颈或尿道内。输尿管囊肿可能是无症状的，但当其增大时可能引起其他并发症，如肾积水、感染、结石和尿失禁。

已报道犬的双膀胱或双尿道。第二条尿道可能起源于膀胱、膀胱颈或前列腺段尿道。

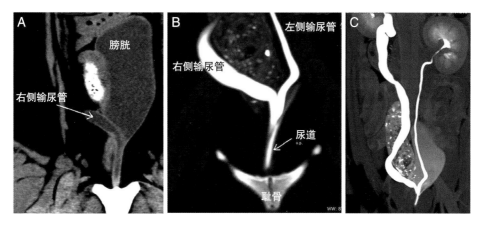

图 9.9　一只犬双侧异位输尿管。双侧输尿管均直接开口于尿道

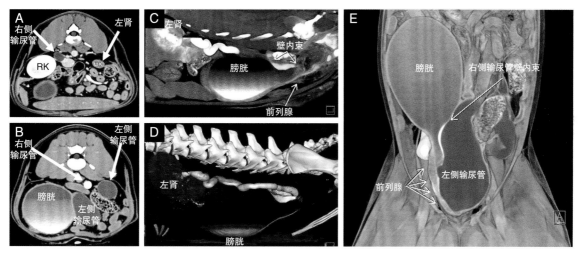

图 9.10　犬双侧异位输尿管

A. 腹部横断面图像，左肾较小，灌注不良（肾发育不全）。RK，右肾。B. 较尾侧区域的横断面图像，双侧输尿管扩张。C.MPR 旁矢状面图像显示输尿管于膀胱颈壁内移行，开口于前列腺段尿道。D. 容积重建图像显示右侧输尿管屈曲。E. 腹部冠状面薄层容积重建图像。左侧输尿管显著扩张，开口于前列腺段尿道。

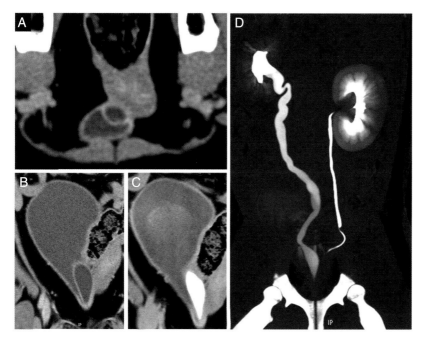

图 9.11　尿失禁患犬的输尿管囊肿

A. 横断面显示右侧输尿管远端黏膜下部分囊性扩张。B、C. 造影前和排泄相冠状面图像显示输尿管囊肿终止于膀胱颈（异位）。D. 排泄相 MIP 图像显示右侧肾盂积水及输尿管积水，左肾及集合系统正常。

4. 尿石症

尿石症是犬猫下泌尿道疾病的常见病因。一些尿路结石可能无症状，在 MDCT 检查中偶然发现。尿路结石可以定义为结晶和基质物质在尿路的一个或多个位置聚集。结石最常见于膀胱（膀胱结石），也可见于尿道（尿道结石）、输尿管（输尿管结石）和肾脏（肾结石）（图 9.12）。尿路结石大小不等，小至泥沙样，大至单个石头样，且随着结石的不断形成可能填满整个腔隙。犬猫和人的尿路结石可以分为四种主要的矿物质类型：尿酸盐（尿酸铵、尿酸钠、尿酸）、胱氨酸、磷酸铵镁（鸟粪石）和钙质（草酸钙、磷酸钙）。

在多数病例中，尿路结石的确诊需要进行全段尿路的 MDCT 检查，以识别尿结石，确定是否多个位置存在尿结石，并检查是否有易于诱发尿结石的因素，如感染或肿瘤。对于介入治疗和手术治疗计划的制订，以及一些复杂病例，如输尿

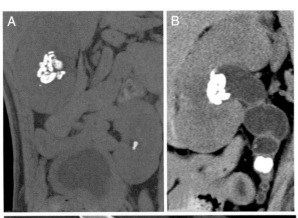
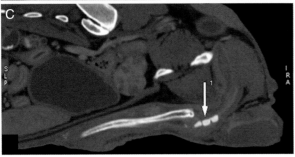

图 9.12　尿路结石

A. 造影前图像显示一只犬的双侧肾结石。B. 造影前图像可见多颗肾结石及一颗大的输尿管结石造成输尿管梗阻。C. 矢状面可见一只公犬的阴茎段尿道结石。

管破裂，MDCT 检查十分必要，且 MDCT 在输尿管结石的检查方面尤其有用。了解结石的位置以及输尿管嵌顿的位点对于治疗管理非常重要。输尿管结石常见的 CT 征象为输尿管腔内直接可见结石影像，伴有前段输尿管扩张、后段输尿管腔径正常。其他继发征象可以辅助诊断输尿管结石，如肾周脂肪条索征、输尿管周围水肿、肾盂积水和输尿管积水。

5. 尿路结石的 DECT 分析

MDCT 可以提供精确至亚毫米级的结石位置和大小信息，但不能明确尿路结石的组分。多项人医研究显示，CT 不能据放射密度和外观的差异来预测尿路结石的成分。

现在，使用 DECT 技术能够可靠且准确地表征尿路结石的成分。这种技术利用两种不同 X 线能量谱产生的衰减差异来测定尿路结石的成分，同时仍能提供传统 CT 所获得的信息。基础原理是两种在 CT 上衰减值相近但化学组分不同的物质可以通过分析其能量依赖性衰减变化将两者进行区分。物质的分离程度（以及相应的在 DECT 上的表现）有赖于高能量及低能量 X 线间的光谱分离以及精确的时间配准和空间相关性。不同 CT 供应商开发了多种技术方案。多数高级的单源 MDCT 扫描仪（X 线管，如 Discovery CT 750 HD、GE Healthcare，密尔沃基，WI，USA）能够在相同的旋转时间内迅速从 80 kVp 转换为 140 kVp。DSCT 扫描仪（如 SOMATOM Definition Flash and Force，西门子医疗，福希海姆，德国）有 2 个 X 线管和 2 个探测器系统，以约 90° 的角度排列。DE-DSCT 能够以高时间分辨率在不同能级下（100～140 kV 和 150 kV）同时采集相同的体积（详解另见第一部分）。它还能够使用不同的管电流设置，这对于最大限度地减少辐射暴露很重要，同时能够保持最佳的光谱分离（对于确定结石成分至关重要）和图像质量（降噪）。在人的放射学文献中，DE-DSCT 在鉴别 ≥ 3 mm 的结石组分的准确性接近 100%。目前尚没有犬猫尿路

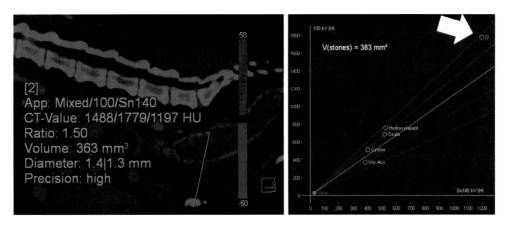

图 9.13 犬尿路结石的 DECT 特征

结石的 DECT 研究。在笔者医院使用第二代 DSCT 扫描仪（SOMATOM Definition Flash）在犬猫上进行的初步研究显示了与人医研究中类似的结果（图 9.13）。根据不同能级的衰减变化生成图像需要使用专门的后处理软件技术和工作站进行分析。DE-MDCT 和 DE-DSCT 的后处理技术不同。除了解剖和形态学特征（基于衰减值、均质性、体积）外，该软件应用两种能量信息创建彩色编码图像（如表现类似钙质的物质显示为蓝色，而表现类似尿酸盐的物质显示为红色）。

6. 肾梗死

犬猫中肾梗死可能发生于各种临床疾病过程。在 MDCT 上肾梗死表现为单灶性或多灶性、累及肾皮质和髓质的楔形实质缺损，通常呈典型的三角形外观（图 9.14）。皮质髓质相（或动脉血管造影相）是检查肾梗死的最佳时相。急性肾梗死中，该时相可能可以看到闭塞的肾动脉分支（图 9.15 和图 9.16）。但是，在大多数病例中仅小的实质动

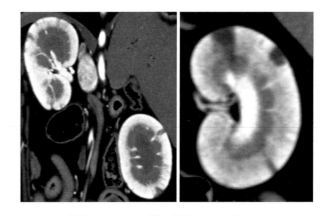

图 9.14 肾梗死。一只犬的双肾楔形梗死灶

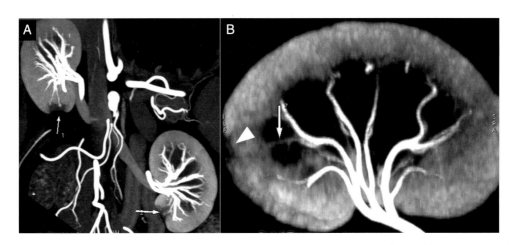

图 9.15 A. 高凝状态患犬的急性双肾梗死（箭头）的血管造影相（皮质髓质相）图像。B. 箭头处为一支血栓栓塞的亚段肾动脉。无尾箭头处为与之相关的梗死灶区

脉受累，因此血管阻塞可能很难检测到。急性肾梗死和急性肾盂肾炎可能具有相似的 CT 征象，很难将两者进行区分。然而，大多数急性肾梗死不会出现肾周软组织变化（如脂肪条索征）或腹膜后腔积液，这些征象常可见于急性肾盂肾炎的病例中。在人中，梗死灶周围皮质组织的薄层边缘增强代表了侧支血管灌注，无灌注灶区（"皮质边缘征"）是区分肾梗死与炎性疾病的重要征象。这种征象有时也可见于犬（图 9.17）。

慢性肾梗死在兽医病例中更为常见，能够导致肾实质的节段性萎缩，以及肾脏形状和轮廓改变（图 9.18）。

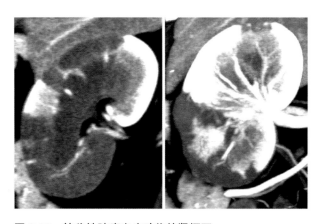

图 9.16　转移性肺癌患病动物的肾梗死

7. 肾囊肿

肾囊肿常见于 MDCT 检查中。肾囊肿在平扫图像中即可发现，但最佳显影时相为造影后肾实质相（图 9.19）。肾囊肿可以是先天性或获得性、单灶性或多灶性，以及单侧或双侧的。肾囊肿可能很小，位于肾实质内，不引起肾脏大小或形状的变化。位于肾皮质较外侧的较大肾囊肿可能突出肾脏表面，导致肾脏整体形状变形（图 9.20）。

在犬中，良性肾囊肿通常很小，且孤立，常为影像学检查中的偶然发现。真性囊肿有上皮细胞膜将其与周围组织隔开。在 MDCT 图像中，囊肿内部由低衰减（0~20 HU）的液体组成，周围环绕一层薄且光滑的外壁，注射造影剂后不会增强（图 9.21）。由炎症引发的肾脏假性囊肿外壁由肉芽组织和（或）纤维组织组成，造影后可见外周增强，伴内容物衰减不均匀，可能与出血或细胞碎片相关。

先天性多囊肾是一种猫的最常见的遗传性肾病。在波斯猫和与波斯猫杂交的品种猫中已有报道。在受累及的猫中，双侧肾脏存在多个囊肿，囊肿有时也可见于肝脏。肾囊肿起源于肾小管，出现在皮质和髓质中。它们可以在任何年龄的猫中偶然发现，并且数量、大小和分布各不相同。

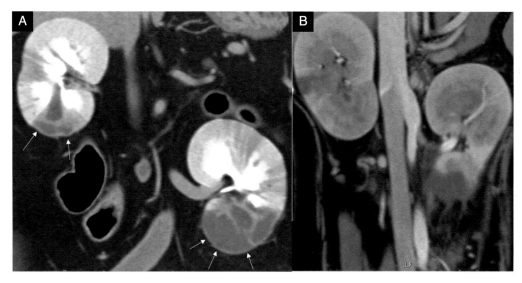

图 9.17　A. 转移性前列腺癌患犬的双侧肾梗死。注意"皮质边缘征"（箭头）代表了侧支血管灌注。B. 系统性分枝杆菌病患犬的急性肾盂肾炎，注意肾周腹膜后腔积液（位于左肾尾极区域）

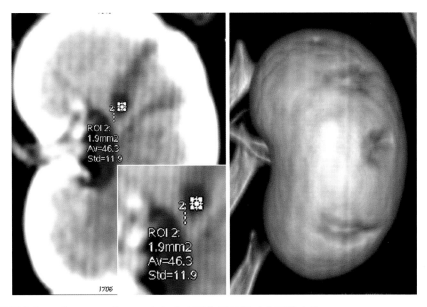

图 9.18 一只犬的慢性肾梗死（46.3 HU）。3D 容积重建图像显示肾脏表面的变化

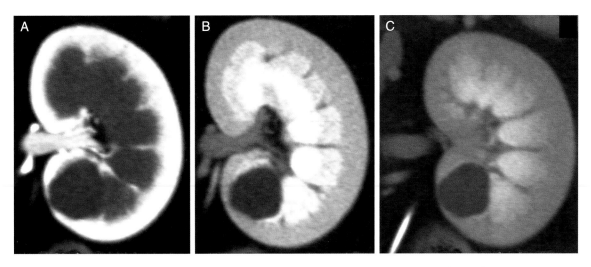

图 9.19 单个肾囊肿患犬的肾脏多时相图像：A. 皮质髓质相。B. 肾实质相。C. 排泄相。囊肿在肾实质相更明显

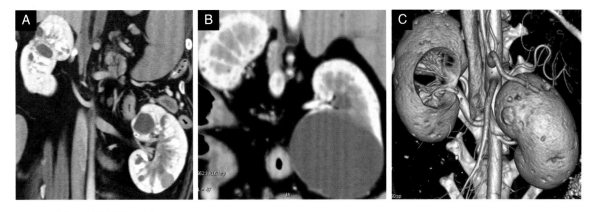

图 9.20 三例犬双侧肾囊肿病例

A. 犬的双侧多灶性肾囊肿的冠状面 MPR 图像。B. 犬 MPR 冠状面图像显示左肾尾极大囊肿突出肾脏表面。注意双肾还可见多个小囊肿。C. 多灶性肾囊肿患犬的容积重建图像，显示肾脏整个轮廓变形。

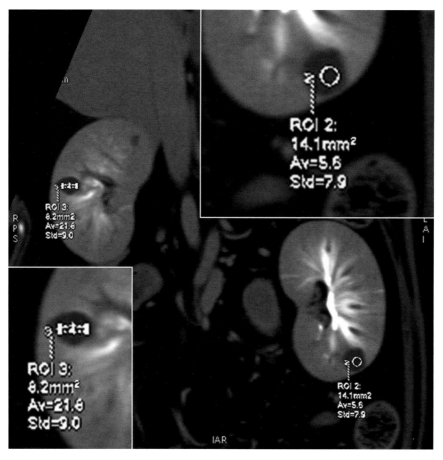

图 9.21　犬的双侧肾囊肿造影后图像（排泄相），该病灶呈低衰减且未见增强。囊肿衰减值为 5.6 HU（左侧）、21.8 HU（右侧）

囊肿在生命早期形成，并逐渐变得更多、更大。也报道过斗牛犬、凯恩㹴和西高地白㹴的常染色体多囊肾病（图 9.22）。有研究报道了一例患有遗传性多灶性肾囊腺癌的德国牧羊犬经 CT 检测到恶性肾囊肿的病例。

8. 肾肿物

原发性肾肿瘤在犬猫中十分罕见且通常为恶性肿瘤。肾脏转移性肿瘤也很罕见。大多数肾肿物可以通过超声评估，但 CT 是评估复杂病变关系的更优方法，且对于肿瘤动物的分期十分必要。所有原发性肾脏恶性肿瘤均存在向机体其他区域转移的高风险。全身 MDCT 可用于检测局灶性或远端转移。

犬最常见的肾肿瘤是癌［包括肾细胞癌、移行细胞癌（TCC）、未分化癌］。猫最常见的肾脏恶性肿瘤是淋巴瘤（图 9.23～图 9.26）。肾脏淋巴瘤在犬中也有发生，但这些病例是原发性还是多中心型淋巴瘤很难确定。肾细胞癌和其他癌对周围组织具有高度侵袭性，包括其他脏器和血管（图 9.27）。其他原发性肾肿瘤包括血管肉瘤、未分化肉瘤和肾母细胞瘤。其他位置的转移性肾癌比原发性肿瘤更常见（图 9.28 和图 9.29）。

肾脏肿瘤通常见于成年动物，但肾母细胞瘤最常发生于幼犬中。该肿瘤起源于未成熟肾脏的胚胎残留物。据报道累及肾脏和（或）脊髓。在德国牧羊犬、金毛寻回猎犬、拳师犬和混种犬中，已发现一种与肾囊腺癌相关的遗传性结节性皮肤纤维变性综合征，雌性动物常伴发子宫肿瘤。犬囊腺癌的 CT 表现和大体病理学表现具有强相关性，CT 能够很容易地识别肾脏中的实质性和囊性病灶，良性肾肿瘤，如腺瘤和血管瘤，报道比恶性肿瘤少（图 9.30 和图 9.31）。

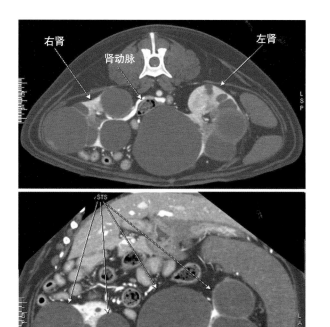

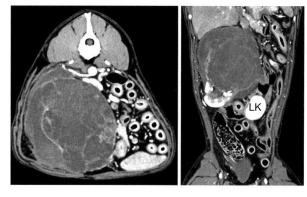

图 9.22　患有多囊肾病的英国斗牛犬的腹部 MPR 横断面和冠状面图像

图 9.23　10 岁混种犬的右肾肾腺癌（HAP 时相 MPR 横断面和冠状面图像）

LK，左肾。

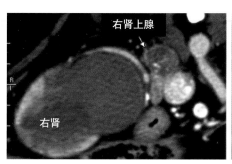

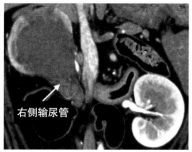

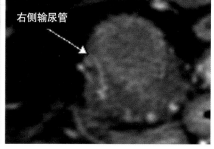

图 9.24　英国斗牛犬的右肾和输尿管 TCC

A. 横断面。B. 冠状面 MPR。C. 右侧输尿管水平横断面。

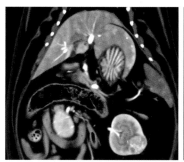

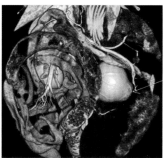

图 9.25　家养短毛猫的肾小管癌，为了进行部分肾切除术而进行 CT 扫描

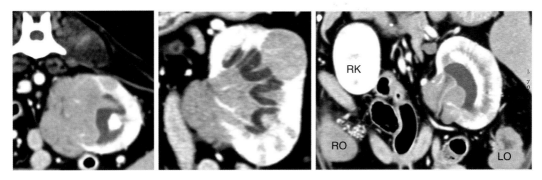

图 9.26　雌性混种犬左肾的 T 细胞淋巴瘤，累及卵巢

RK，右肾；RO，右侧卵巢；LO，左侧卵巢。

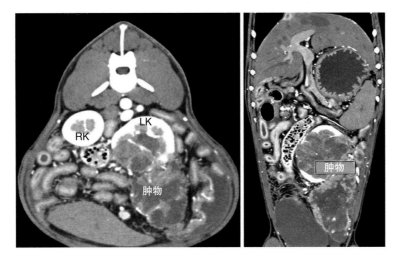

图 9.27　犬的左肾肾癌，累及腹膜

RK，右肾；LK，左肾。

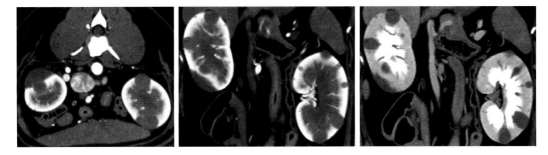

图 9.28　黑色素瘤肾转移，血管造影相横断面图像。冠状面 MPR 图像分别在血管造影相和肾实质相获得

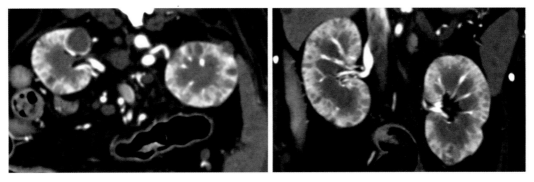

图 9.29　脾脏血管肉瘤患犬的肾转移

9. 下泌尿道肿物

输尿管、膀胱和尿道肿瘤在犬中不常见，且罕见于猫。在犬猫中，TCC 是最常见的下泌尿道恶性肿瘤。TCC 是一种累及膀胱的具有侵袭性的单发性或多发性肿瘤。在 CT 中，它可能表现为膀胱壁局灶性增厚或突入膀胱腔内的肿物（图 9.32~图 9.36），常侵袭尿道或输尿管，罕见累及膀胱浆膜层并浸润周围组织。TCC 可以引发慢性尿路梗阻，并继发肾盂积水。它具有高度侵袭性且常见转移，最常见转移至局部淋巴结和肺脏，报道的其他转移部位包括骨骼、肝脏、骨骼肌和脊髓。

报道的其他膀胱恶性肿瘤类型有鳞状细胞癌、腺癌、纤维肉瘤、平滑肌肉瘤、血管肉瘤和横纹

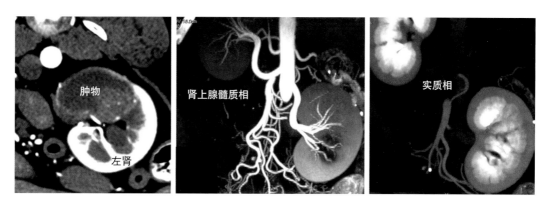

图 9.30　犬的左肾肾腺瘤，肿物边界清晰，未影响肾脏血管结构

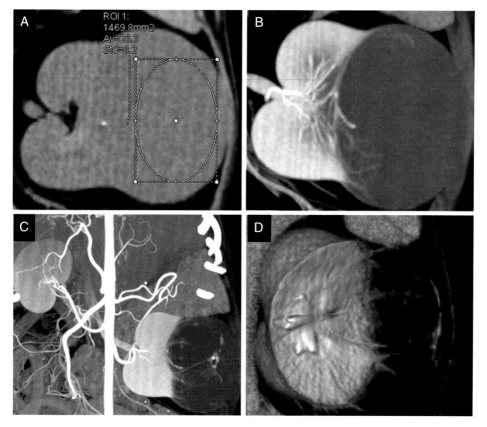

图 9.31　比格犬的肾小管腺瘤

A. 平扫图像（26.3 HU）。B. 皮质髓质相、血管造影相图像显示肿物未增强。C. 同一时相的薄层 MIP 图像。注意被拉伸的被膜血管。D. 容积重建图像显示肾实质受肿物压迫（该水平不可见）。

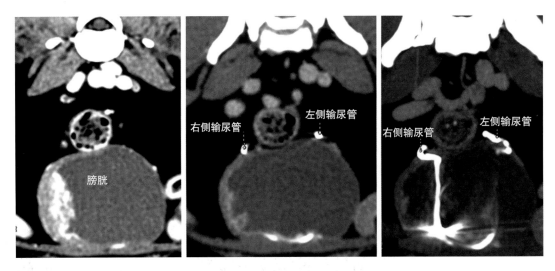

图 9.32　犬的膀胱 TCC（非梗阻性）

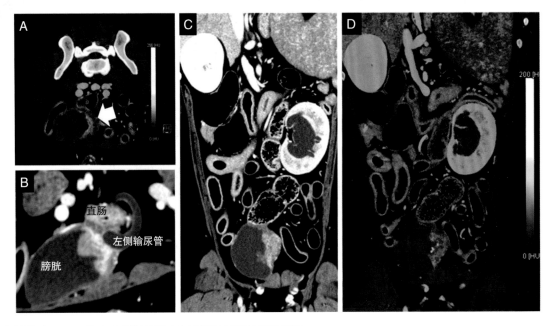

图 9.33　犬的膀胱 TCC，伴有左侧肾盂积水和同侧输尿管的部分梗阻

A. DE-DSCT 横断面图像，注意膀胱内的恶性肿瘤（箭头）。B. 斜横断面显示左侧输尿管扩张。C、D. 腹部常规 MPR 和 DE MPR 图像。注意肾盂积水（左肾）。

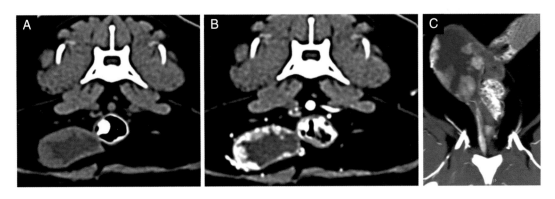

图 9.34　猫的膀胱 TCC

A. 平扫横断面图像。B. 同一切面的血管造影相序列。C. 薄层冠状面 MIP 图像可见多处息肉样病变突入膀胱腔内。

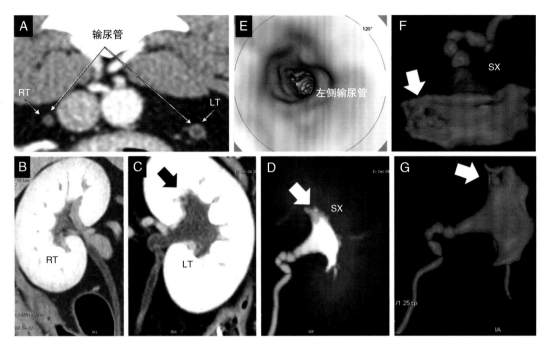

图 9.35　出现慢性血尿的 TCC 患犬

A. 横断面图像。注意左侧输尿管壁增厚。B. 冠状面 MPR 图像可见正常的右肾和输尿管。C. 受影响的肾盂及输尿管的冠状面 MPR 图像。D. 冠状面 MIP 图像突出了肾盂缺损。E. 左侧输尿管腔内图像，显示了其壁层不规则。F、G. 肾盂和输尿管容积重建图像。

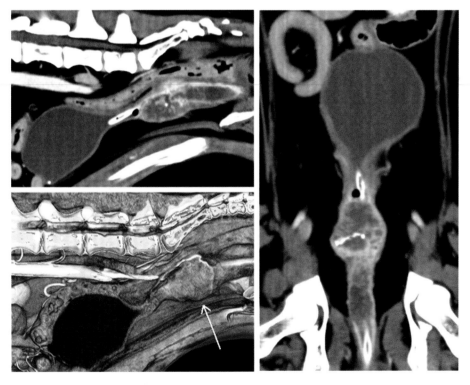

图 9.36　去势公犬的尿道 TCC

肌肉瘤。报道的良性肿瘤包括纤维瘤、平滑肌瘤和乳头状瘤。此外，膀胱内也可见非癌性肿物，包括化脓性肉芽肿性膀胱炎或息肉性膀胱炎。

参考文献

[1] Agut A, Fernandez del Palacio MJ, Laredo FG, Murciano J, Bayon A, Soler M. Unilateral renal agenesis associated with additional congenital abnormalities of the urinary tract in a Pekingese bitch. J Small Anim Pract. 2002; 43(1):32–5.

[2] Alexander K, Ybarra N, del Castillo JR, Morin V, Gauvin D, Bichot S, Beauchamp G, Troncy E. Determination of glomerular filtration rate in anesthetized pigs by use of three-phase wholekidney computed tomography and Patlak plot analysis. Am J Vet Res. 2008; 69(11):1455–62. doi:10.2460/ajvr.69.11.1455.

[3] Alexander K, Dunn M, Carmel EN, Lavoie JP, Del Castillo JR. Clinical application of Patlak plot CT-GFR in animals with upper urinary tract disease. Vet Radiol Ultrasound. 2010; 51 (4):421–7.

[4] Anders KJ, McLoughlin MA, Samii VF, Chew DJ, Cannizzo KL, Wood IC, Weisman DL. Ectopic ureters in male dogs: review of 16 clinical cases (1999–2007). J Am Anim Hosp Assoc. 2012; 48(6):390–8. doi:10.5326/JAAHA-MS-5302. Epub 2012 Oct 1.

[5] Bouma JL, Aronson LR, Keith DG, Saunders HM. Use of computed tomography renal angiography for screening feline renal transplant donors. Vet Radiol Ultrasound. 2003; 44(6):636–41.

[6] Brown PJ, Evans HK, Deen S, Whitbread TJ. Fibroepithelial polyps of the vagina in bitches: a histological and immunohistochemical study. J Comp Pathol. 2012; 147(2–3):181–5. doi:10. 1016/j.jcpa.2012.01.012. Epub 2012 Apr 18.

[7] Bryan JN, Henry CJ, Turnquist SE, Tyler JW, Liptak JM, Rizzo SA, Sfiligoi G, Steinberg SJ, Smith AN, Jackson T. Primary renal neoplasia of dogs. J Vet Intern Med. 2006; 20(5):1155–60.

[8] Cáceres AV, Zwingenberger AL, Aronson LR, Mai W. Characterization of normal feline renal vascular anatomy with dual-phase CT angiography. Vet Radiol Ultrasound. 2008; 49(4):350–6.

[9] Carvallo FR, Wartluft AN, Melivilu RM. Unilateral uterine segmentary aplasia, papillary endometrial hyperplasia and ipsilateral renal agenesis in a cat. J Feline Med Surg. 2013; 15 (4):349–52. doi:10.1177/1098612X12467786.

[10] Chang J, Jung JH, Yoon J, Choi MC, Park JH, Seo KM, Jeong SM. Segmental aplasia of the uterine horn with ipsilateral renal agenesis in a cat. J Vet Med Sci. 2008; 70(6):641–3.

[11] Davidson AP, Westropp JL. Diagnosis and management of urinary ectopia. Vet Clin North Am Small Anim Pract. 2014; 44(2):343–53. doi:10.1016/j.cvsm.2013.11.007.

[12] Esterline ML, Biller DS, Sicard GK. Ureteral duplication in a dog. Vet Radiol Ultrasound. 2005; 46 (6):485–9.

[13] Fujita A, Tsuboi M, Uchida K, Nishimura R. Complex malformations of the urogenital tract in a female dog: Gartner duct cyst, ipsilateral renal agenesis, and ipsilateral hydrometra. Jpn J Vet Res. 2016; 64(2):147–52.

[14] Granger LA, Armbrust LJ, Rankin DC, Ghering R, Bello NM, Alexander K. Estimation of glomerular filtration rate in healthy cats using single-slice dynamic CT and Patlak plot analysis. Vet Radiol Ultrasound. 2012; 53(2):181–8. doi:10.1111/j.1740–8261.2011.01899.x.

[15] Heng HG, Lowry JE, Boston S, Gabel C, Ehrhart N, Gulden SM. Smooth muscle neoplasia of the urinary bladder wall in three dogs. Vet Radiol Ultrasound. 2006; 47(1):83–6.

[16] Hoskins JD, Abdelbaki YZ, Root CR. Urinary bladder duplication in a dog. J Am Vet Med Assoc. 1982; 181(6): 603–4.

[17] Mai W, Suran JN, Cáceres AV, Reetz JA. Comparison between bolus tracking and timing-bolus techniques for renal computed tomographic angiography in normal cats. Vet Radiol Ultrasound. 2013; 54(4):343–50. doi:10.1111/vru.12029. Epub 2013 Mar 15.

[18] Mansouri M, Aran S, Singh A, Kambadakone AR, Sahani DV, Lev MH, Abujudeh HH. Dualenergy computed tomography characterization of urinary calculi: basic principles, applications and concerns. Curr Probl Diagn Radiol. 2015; 44(6):496–500. doi:10.1067/j.cpradiol.2015.04. 003. Epub 2015 Apr 15.

[19] Marques-Sampaio BP, Pereira-Sampaio MA, Henry RW, Favorito LA, Sampaio FJ. Dog kidney: anatomical relationships between intrarenal arteries and kidney collecting system. Anat Rec (Hoboken). 2007; 290(8):1017–22.

[20] Moe L, Lium B. Computed tomography of hereditary multifocal renal cystadenocarcinomas in German shepherd dogs. Vet Radiol Ultrasound. 1997; 38(5):335–43.

[21] Newman M, Landon B. Surgical treatment of a duplicated and ectopic ureter in a dog. J Small Anim Pract. 2014; 55(9):475–8. doi:10.1111/jsap.12227.

[22] O'Dell-Anderson KJ, Twardock R, Grimm JB, Grimm KA, Constable PD. Determination of glomerular filtration rate in dogs using contrast-enhanced computed tomography. Vet Radiol Ultrasound. 2006; 47(2):127–35.

[23] O'Handley P, Carrig CB, Walshaw R. Renal and ureteral duplication in a dog. J Am Vet Med Assoc. 1979; 174(5):484–7.

[24] Reichle JK, Peterson RA 2nd, Mahaffey MB, Schelling CG, Barthez PY. Ureteral fibroepithelial polyps in four dogs. Vet Radiol Ultrasound. 2003; 44(4):433–7.

[25] Reis RH, Tepe P. Variation in the pattern of renal vessels and their relation to the type of posterior vena cava in the dog (Canis familiaris). Am J Anat. 1956; 99:1–15.

[26] Rieck AF, Reis RH. Variations in the pattern of renal vessels and their relation to the type of posterior vena cava in the cat (Felis domestica). Am J Anat. 1953; 93:457–74.

[27] Rozear L, Tidwell AS. Evaluation of the ureter and ureterovesi-

cular junction using helical computed tomographic excretory urography in healthy dogs. Vet Radiol Ultrasound. 2003; 44 (2):155–64.

[28] Samii VF. Inverted contrast medium–urine layering in the canine urinary bladder on computed tomography. Vet Radiol Ultrasound. 2005; 46(6):502–5.

[29] Samii VF, McLoughlin MA, Mattoon JS, Drost WT, Chew DJ, DiBartola SP, Hoshaw–Woodard S. Digital fluoroscopic excretory urography, digital fluoroscopic urethrography, helical computed tomography, and cystoscopy in 24 dogs with suspected ureteral ectopia. J Vet Intern Med. 2004; 18(3):271–81.

[30] Secrest S, Britt L, Cook C. Imaging diagnosis–bilateral orthotopic ureteroceles in a dog. Vet Radiol Ultrasound. 2011; 52(4):448–50. doi:10.1111/j.1740–8261.2011.01807.x. Epub 2011 Mar 29.

[31] Secrest S, Essman S, Nagy J, Schultz L. Effects of furosemide on ureteral diameter and attenuation using computed tomographic excretory urography in normal dogs. Vet Radiol Ultrasound. 2013; 54(1):17–24. doi:10.1111/j.1740–8261.2012.01985.x. Epub 2012 Sep 11.

[32] Smith JS, Jerram RM, Walker AM, Warman CGA. Ectopic ureter and ureteroceles in dogs: Presentation, cause and diagnosis. Vet Radiol Ultrasound. 2004; 4:303–9.

[33] Stiffler KS, Stevenson MA, Mahaffey MB, Howerth EW, Barsanti JA. Intravesical ureterocele with concurrent renal dysfunction in a dog: a case report and proposed classification system. J Am Anim Hosp Assoc. 2002; 38(1):33–9.

[34] Taney KG, Moore KW, Carro T, Spencer C. Bilateral ectopic ureters in a male dog with unilateral renal agenesis. J Am Vet Med Assoc. 2003; 223(6):817–20. 810

[35] Tion MT, Dvorska J, Saganuwan SA. A review on urolithiasis in dogs and cats. Bulg J Vet Med. 2015; 18(1):1–18. ISSN 1311–1477. doi:10.15547/bjvm.806.

[36] Tyson R, Logsdon SA, Werre SR, Daniel GB. Estimation of feline renal volume using computed tomography and ultrasound. Vet Radiol Ultrasound. 2013; 54(2):127–32. doi:10.1111/vru. 12007. Epub 2012 Dec 20.

[37] Wisenbaugh ES, Paden RG, Silva AC, Humphreys MR. Dual–energy vs conventional computed tomography in determining stone composition. Urology. 201483(6):1243–7. doi:10.1016/j. urology.2013.12.023. Epub 2014 Feb 16.

[38] Yamazoe K, Ohashi F, Kadosawa T, Nishimura R, Sasaki N, Takeuchi A. Computed tomography on renal masses in dogs and cats. J Vet Med Sci. 1994; 56(4):813–6.

[39] Yates GH, Sanchez–Vazquez MJ, Dunlop MM. Bilateral renal agenesis in two cavalier King Charles spaniels. Vet Rec. 2007; 160(19):672.

第 10 章　腹腔、腹膜后腔和腹壁

Giovanna Bertolini

1. 概述

腹部是躯干的主要组成部分，从横膈延伸到骨盆。包括腹腔和盆腔，由骨骼和肌肉包围。腹膜是躯体内最大、排列最复杂的浆膜。腹膜包围形成腹腔，腹腔在腹内延伸，并包含胃肠道、大部分腹部器官，如肝、脾、胰腺、膀胱、卵巢和子宫，同时还包括许多神经、血管和淋巴结。腹膜在雄性和雌性动物中均向尾侧延伸进入盆腔（分别形成鞘膜和鞘突）。它是一种浆膜，分为覆盖腹壁（腹部筋膜）、盆腔和阴囊腔内表面的壁腹膜，以及覆盖腹部、盆腔和阴囊内器官的脏腹膜，还有在器官之间，或器官与壁腹膜之间延伸的连接腹膜，这些腹膜形成腹膜褶皱，被分成肠系膜、网膜和韧带。腹膜为脏器提供了光滑的表面，使内脏可以在其表面移动。它也是液体运输的场所。浆膜液组成的毛细血管膜将腹膜的壁层和脏层分开，并润滑腹膜表面。腹膜后腔位于腹腔和盆腔背侧，范围从横膈至骨盆入口。腹膜后腔区域的背侧缘为椎骨和脊椎旁肌肉，外侧缘为腹壁和盆腔壁。肾脏、输尿管和肾上腺均为腹膜后腔器官。降主动脉、后腔静脉、腰下淋巴结、乳糜池、淋巴管、脂肪和大部分腹壁肌肉组织也位于腹膜后腔。腹膜后腔头侧与后纵隔相通，尾侧与盆腔相连。熟悉这些联通很重要，因为疾病可以轻易在躯体的不同区域间发展。MDCT 呈现的各向同性成像，使用冠状面、矢状面重建可以完整显示腹膜腔、腹膜后腔及疾病所影响的范围。

2. MDCT 扫描协议

腹部 MDCT 检查通常包括腹腔和腹膜后腔。扫描范围一般头侧至膈脚，尾侧至骨盆入口处，不包含会阴部和阴囊区域。但在有特定临床指征（如盆腔肿物）的病例中，或需要综合评估腹膜后腔时，检查范围应包含会阴部和阴囊区域。

在 MDCT 中，正常腹膜表现为细而薄的结构，几乎无法看到。在人医中，增强 MDCT 是评估腹膜疾病的主要成像方式。在兽医病例中，早期发现腹膜变化对治疗多种肿瘤和非肿瘤性疾病均具有重大意义。犬猫腹腔精细评估需要获取近各向同性或各向同性分辨率的 MDCT 造影图像。大多数腹腔和腹膜后腔的疾病起源于腹腔和腹膜后腔器官。因此，大多数病例需要进行多相扫查（包括动脉相和门静脉相），以获得良好的图像进行诊断。进行延迟相扫查有助于评估盆腔疾病（如前列腺、直肠和阴道疾病）。

3. 腹膜和腹膜后腔疾病

3.1 炎性腹膜疾病

腹膜炎即为腹腔的炎症。可以是原发性或继发性、广泛性（即弥漫性）或局灶性（即累及一小部分腹膜）。原发性败血性腹膜炎可能由微生物血源性传播引起，最常见由冠状病毒感染导致的猫传染性腹膜炎（图 10.1）。继发性犬猫败血性腹膜炎病因包括胃肠道破裂（穿孔、术部开裂）、腹内（肝脏、胰腺、脾脏和前列腺）脓肿、子宫蓄脓破裂以及贯穿伤。非感染性继发性化学性腹膜炎可由腹膜接触刺激性物质引起，如尿路损伤（无菌尿腹）、胆囊破裂、肝扭转或肝胆手术并发症引起的胆汁泄漏（胆汁性腹膜炎），胰腺破裂导致胰外分泌物质泄漏（无菌胆汁性腹膜炎）（图 10.2 ~ 图 10.4）。

病理过程会引起腹膜增厚，在 CT 图像上很容易观察到。然而，一些急慢性疾病的临床及影像特征是有重叠的。在人医中，腹膜增厚分为三种类型：平滑规则型（厚度均匀，网膜脂肪表面平滑）、不规则型（局灶节段性不均匀增厚，网膜脂肪表面不规则）和结节型（具有软组织衰减、边界清楚、不同直径的结节）。尽管炎症和肿瘤性疾病可能具有相似的 CT 表现，但可结合患者的临床病史、CT 腹膜分型分析及其他相关辅助信息，可

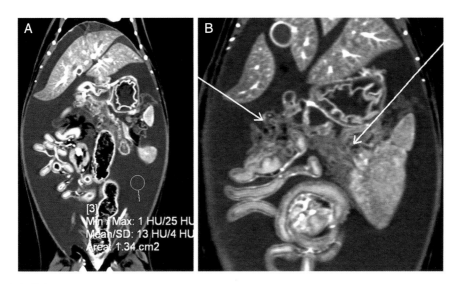

图 10.1 猫传染性腹膜炎

A. 猫腹部冠状面，可见大量游离性腹腔液（13 HU）。B. 箭头指示大网膜增厚、缩窄。注意胃肠道壁水肿。

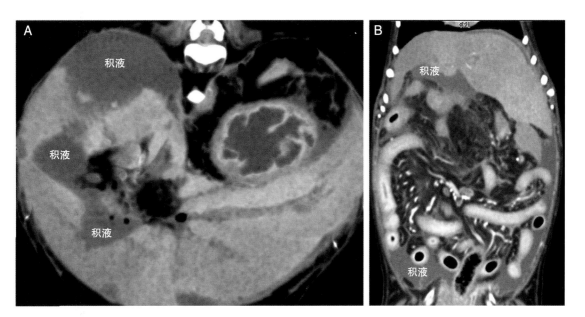

图 10.2 犬的术后胆汁性腹膜炎

A. 肝脏横断面 MinIP 图像显示胆汁聚集（胆汁瘤），这是近期胆管手术的并发症。B. 同一只犬的腹部冠状面，显示前中腹网膜增厚和弥漫性腹腔积液。

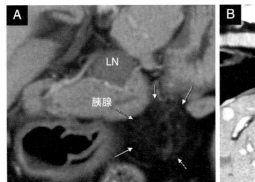
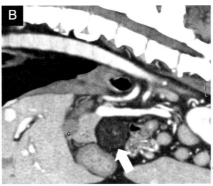

图 10.3 有胰腺炎复发病史犬的局灶性腹膜炎

A. 横断面显示胰腺周围局灶性腹膜增厚（箭头）。可见增大的胰腺淋巴结。B. 同一只犬的矢状面，显示腹膜局灶性衰减值升高和增厚（箭头）。LN，淋巴结。

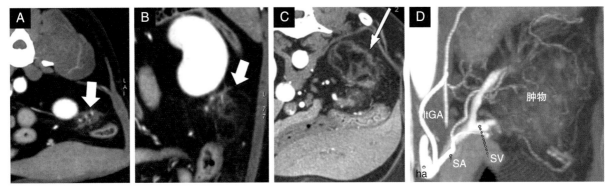

图 10.4 术后腹膜炎

A、B. 母犬进行卵巢切除术后 3 周的横断面。箭头指示左侧卵巢区域局灶性腹膜增厚（局灶性腹膜炎）。C、D. 因脾脏扭转而进行脾脏切除术犬的横断面和冠状面 MIP 图像。注意手术部位大网膜增厚和梗死。ha，肝动脉；SA，脾动脉；SV，脾静脉；ltGA，胃左动脉。

对疾病进行进一步解释并列出相应的鉴别诊断。腹膜平滑均匀增厚多见于急性腹膜炎。肉芽肿性腹膜炎常出现广泛性结节性变化，从而可能与恶性肿瘤相混淆（图 10.5）。腹膜、网膜坏死和皂化均可能形成具有肿物样外观的病灶，也可能与恶性肿瘤混淆（图 10.6 和图 10.7）。这些在人医中描述的 MDCT 征象，在犬猫临床中也经常发现，并在最近的兽医研究中被描述。

硬化性包膜性腹膜炎是一种病因不明的疾病，在犬猫中罕见。它会引起肠梗阻。与人医中描述的一样，患病的犬猫腹部器官被一层厚厚的纤维胶原膜包裹。同时可能伴发胃肠道梗阻、扭转、固定，以及腹膜或腹壁矿化（图 10.8）。

3.2 肿瘤性腹膜疾病

间皮瘤起源于覆盖浆膜腔（胸膜、心包、腹膜和鞘膜）的细胞。它们在动物中不常见，只占所有犬类肿瘤的 0.2%。间皮瘤通常是恶性的，可累及一个或所有腔。

腹膜间皮瘤在 MDCT 上表现为弥漫性结节样的不规则腹膜增厚，或网膜内软组织团块样病变（大网膜肿物），造影后可见增强（图 10.9）。MDCT 有助于发现、描述、分期腹膜结节和肿物，或指导活检。大多数病例会出现腹腔积液。腹水的液量各异，从大量弥漫性腹水，到局灶性少量积液。胸膜间皮瘤可能伴发胸腔积液，也可能没有。间皮瘤可延伸到小肠的脏腹膜表面，包裹小肠。因

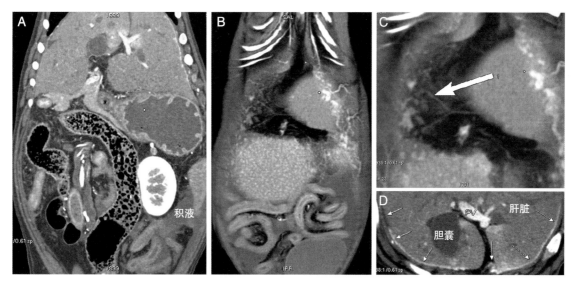

图 10.5　一只年轻伯恩山犬的肉芽肿性腹膜炎

A. 冠状面显示弥漫性腹膜、网膜衰减值升高。B. 腹部的冠状面薄层平均密度投影图像中可见腹膜结节，与肿瘤征象相似。C. 放大视图，显示腹膜结节样病变（箭头）。D. 同一只犬的横断面，显示壁腹膜增厚和增强。PV，门静脉。

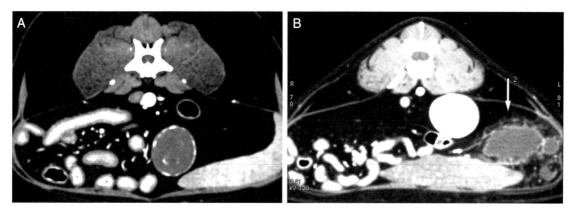

**图 10.6　** A. 腹膜脂肪坏死。犬腹部横断面显示一个边界清晰、卵圆形、具有矿化边界、内部无明显增强的团块。B. 一只猫的横断面，显示左中腹内一低衰减团块，伴边缘明显增强（箭头）。同一区域可见其他更小的病变（网膜脂肪炎）

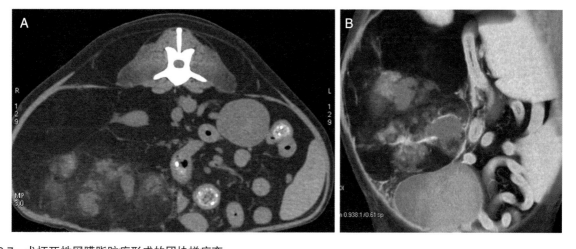

图 10.7　犬坏死性网膜脂肪瘤形成的团块样病变

A. 横断面视图。B. 冠状面显示网膜团块压迫周围腹腔内器官。

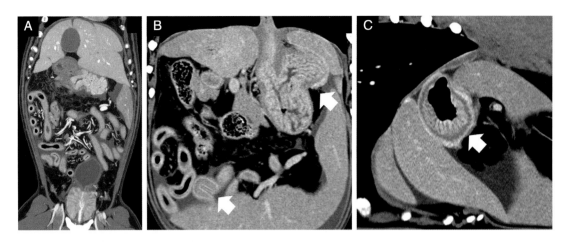

图 10.8　拉布拉多寻回猎犬的硬化性腹膜炎
A. 冠状面显示弥漫性腹膜、网膜增厚。B. 同一只犬的冠状面。注意胃肠道扭曲和嵌顿征象（箭头）。C. 旁矢状面显示一层厚纤维胶原膜包裹胃（箭头）。

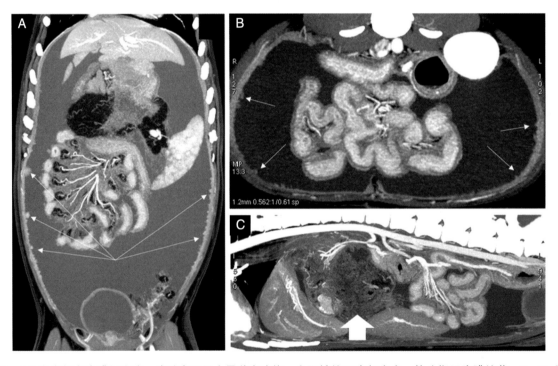

图 10.9　A.9 岁拳师犬腹膜间皮瘤。腹腔内可见大量游离液体。小肠皱缩于腹部中央。箭头指示腹膜结节。B、C. 另一只犬的横断面和矢状面薄层 MIP 图像，可见游离的腹腔积液、腹膜增厚和小肠皱缩。在图 C 中可见弥漫性网膜衰减度升高和增厚（箭头）

此，小肠被挤压至腹中部。

当影像上腹膜表现为多灶性结节和网膜团块时，无法鉴别是恶性腹膜间皮瘤或癌转移扩散（图 10.10 和图 10.11）。癌扩散最常见的 MDCT 表现为腹水、腹膜结节及增厚、网膜结节及肿物。癌扩散是指转移性腹膜疾病，特别是来源于胃肠道和胰腺的癌症引起的转移性腹膜疾病。肿瘤细胞腹腔内转移有几种机制：腹腔种植、直接侵袭、血源性转移和淋巴转移。腹腔血管肉瘤破裂可引起广泛性腹腔渗血伴随局部肿瘤种植（图 10.12）。

3.3 腹膜后疾病

MDCT 是评估腹膜后腔的极佳工具。MDCT 的适应证包括腹膜后腔中的积液和肿物。腹膜后腔

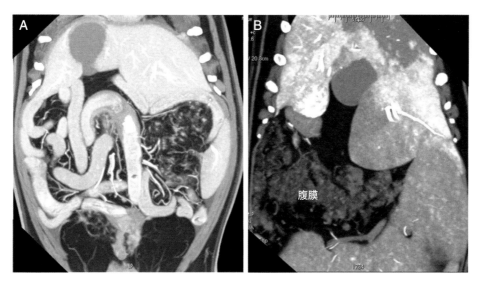

图 10.10　图示两只不同犬的癌扩散征象

A. 冠状面可见肠癌患犬的网膜弥漫性增厚，呈网织结节状。B. 一些腹膜区域可见腹膜增厚伴结节或小结节性病变。注意伴随弥漫性 HPD（肝脏灌注不良）。

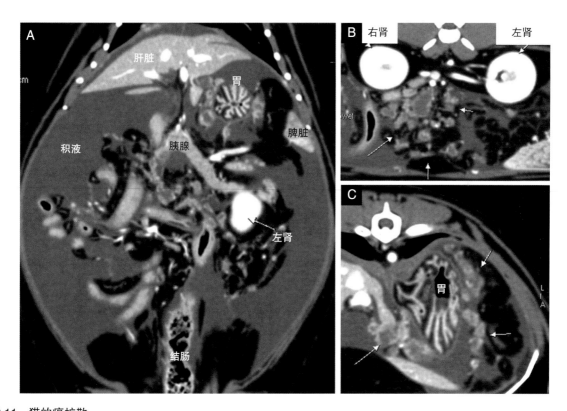

图 10.11　猫的癌扩散

A. 因肠癌进行肠切除术猫的冠状面，可见大量游离腹腔积液。网膜呈结节样增厚，在图 B 和图 C（箭头）中更明显。

积液可见于多种良性和恶性疾病。在兽医病例中，最常见的腹膜后腔疾病是由贯穿伤引起的轴下肌出血、输尿管破裂（可见第 21 章），或异物移行导致的脓肿或蜂窝织炎（图 10.13 和图 10.14）。

腹膜后腔肿瘤分为原发性肿瘤或继发性肿瘤。原发性腹膜后腔肿物起源于腹膜后腔组织，但非主要腹膜后腔器官。包括腹膜后腔的正常组织（脂肪、肌肉、血管和神经组织），胚胎时期残留组织或异位组织，一个或多个胚胎层组织［外胚层、中胚层和（或）内胚层］，或全能性初级胚胎细胞。在兽医病例中，腹膜后腔血管肉瘤可能是最常见的原发性腹膜后腔恶性肿瘤，通常会导致腹膜后腔出血（图 10.15A）。犬原发性腹膜后腔肿瘤还包括肾上腺外副神经节瘤（主动脉体肿瘤）、骨外间充质软骨肉瘤、骨肉瘤和畸胎瘤（图 10.15B、C 和图 10.16）。

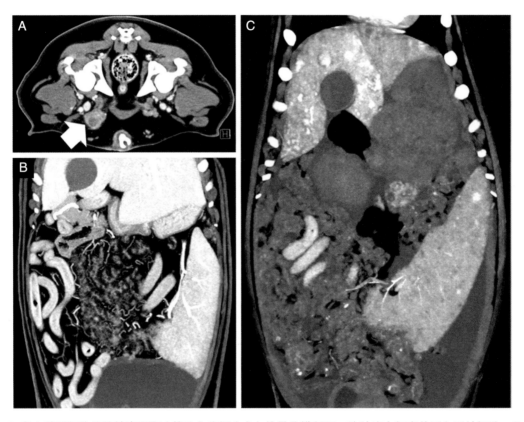

图 10.12　A. 睾丸精原细胞瘤伴精索浸润（箭头）病例（犬）的骨盆横断面，该肿瘤在扫查前不久已被切除。B. 同一只犬的冠状面，显示肿瘤腹膜种植。C. 另一只脾脏血管肉瘤破裂和腹膜肿瘤种植犬的冠状面

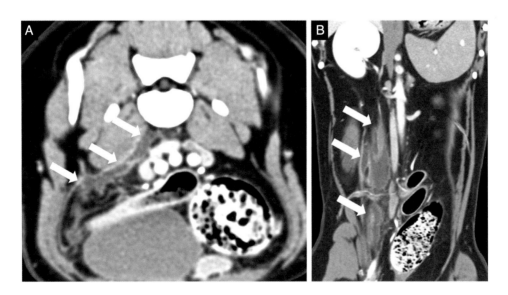

图 10.13　腹膜后腔蜂窝织炎

A、B. 患犬的横断面和冠状面，因异物（此处不可见）移行导致单侧腹膜后腔积液。

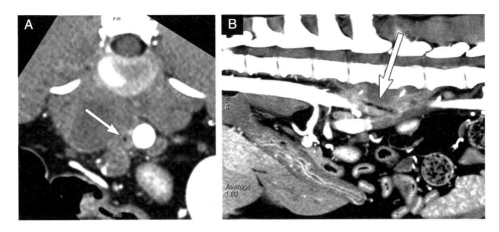

图 10.14　腹膜后腔轴下肌内脓肿

A. 横断面显示肌肉增厚和衰减偏低。注意小的含气病灶（箭头），在旁矢状面上（B）更清晰，符合非阳性（植物性）异物征象。

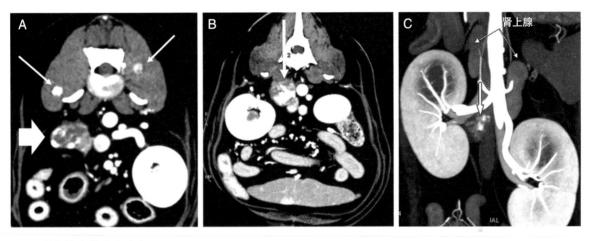

图 10.15　原发性腹膜后腔肿瘤

A. 患有腹膜后腔血管肉瘤（大箭头）和肌肉转移（箭头）犬的横断面。B、C. 另一只患有腹膜后腔腹主动脉副神经节瘤犬的横断面和冠状面（箭头）。

继发性腹膜后腔肿瘤包括来源于腹膜后腔器官的肿瘤（原发性和转移性肾上腺肿瘤、肾脏肿瘤和集合系统肿瘤）、腹膜后腔淋巴结转移（如睾丸或肛囊腺癌的腰淋巴结转移）和浸润性肿瘤（如淋巴瘤）（图 10.17 ~ 图 10.19）。

腹膜后腔出血常发生在恶性肿瘤（如肾上腺肿瘤、肉瘤）破裂（图 10.20）。

3.4 大腹部肿物

兽医文献中没有关于大腹部肿物的研究，也没有对这类肿物的 MDCT 图像的解析。然而，腹部大肿物通常需要 MDCT 评估并需要建立完善的准则以确定切除方案。腹部大肿物可能累及腹壁和腹腔或腹膜后腔。

在头侧缘，腹壁由骨软骨结构组成，包括胸骨、肋骨和肋软骨。肌肉和筋膜层构成腹壁的腹侧和外侧。它们具有支撑和保护腹膜内结构的功能，并延伸至腹膜后间隙。腹壁的肿物可能仅限于皮下，也可能累及一个或多个深部组织。

非肿瘤性和肿瘤性疾病都可能累及腹壁，无论哪种情况都需要使用 MDCT 评估。非肿瘤性腹壁病变包括脓肿、蜂窝织炎和腹壁疝（见本章下文）。肿瘤性病变包括各种良性（如脂肪瘤）和恶性（如肉瘤）病变。

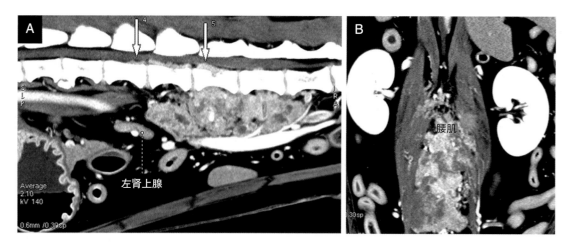

图 10.16　原发性腹膜后腔肿瘤（神经内分泌肿瘤）

A. 患有腰椎疼痛和后肢轻瘫犬的矢状面（薄层平均密度投影）图像。可见腹膜后腔内大且复杂、血管丰富的肿物和扩张的椎窦（箭头）。B. 同一只犬的冠状面，显示肿物的范围及与轴下肌的关系。

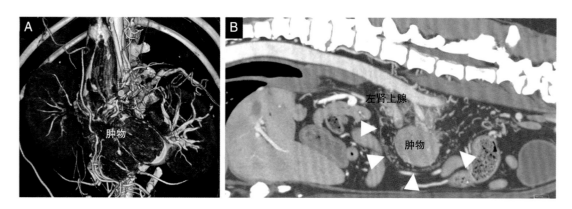

图 10.17　继发的腹膜后腔肿瘤

A. 犬腹膜后腔的容积重建图像，显示一个巨大的左肾上腺肿物侵袭后腔静脉和肾静脉。B. 同一只犬的矢状面，显示腹膜后腔的肾上腺肿瘤被多个血管侧支包裹。注意腹膜后腔和腹腔的边界（箭头）。

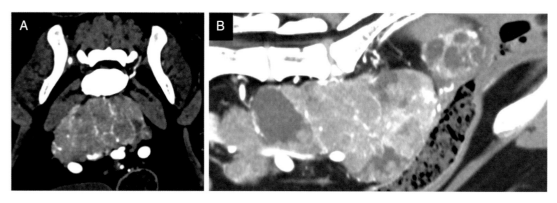

图 10.18　继发的腹膜后腔肿瘤。肛囊癌患犬的淋巴结转移（骶正中和髂淋巴组）

A. 横断面。B. 矢状面。

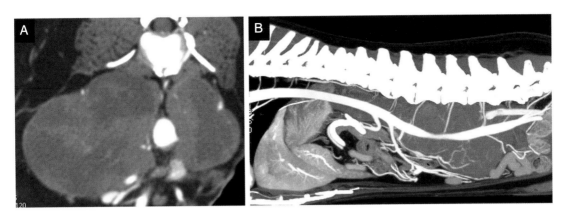

图 10.19　继发的腹膜后腔肿瘤。犬精原细胞瘤的腰淋巴结转移

A. 横断面。B. 薄层 MIP 矢状面。注意向腹侧移位的主动脉和延长的腰动脉。

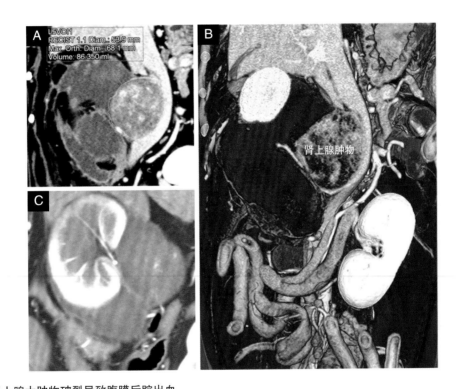

图 10.20　犬肾上腺大肿物破裂导致腹膜后腔出血

A. 平扫图像显示右肾上腺大肿物，压迫使后腔静脉偏离（未侵袭）。注意肿物周围的腹膜后腔积液。B. 血肿包绕肾血管。C. 容积重建图像显示右肾上腺肿物和巨大的腹膜后腔血肿。

MDCT 可以对皮肤和皮下肿瘤病变进行评估和分期，并为较大的浅表肿物做术前评估。包括肿物的边界、血管化程度、所累及的深部组织等。对于体积较大的脂肪瘤和肉瘤病例，常使用 MDCT 进行评估。已经累及骨软骨结构或腹壁深部组织的大肿物病例，需要 MDCT 综合评估以确定其性质，然后选择治疗方法（图 10.21 和图 10.22A）。

对于腹腔肿物来说，腹腔和腹膜后腔大脂肪瘤具有特殊的 CT 征象（CT 值阴性），因此诊断十分简单（图 10.22B、C）。当肿物完全在器官内部或与器官明显连接时，很容易判断出肿物的起源器官（图 10.23）。但是当肿物过大时，可能会占据大部分腹腔空间，并与多个器官相连。使用 MDCT（如果有的话）对需要切除的肿物进行起源评估，确认除了该器官，肿瘤是否侵袭或浸润邻近器官或组织；是否出现包裹或侵袭血管，并辨别

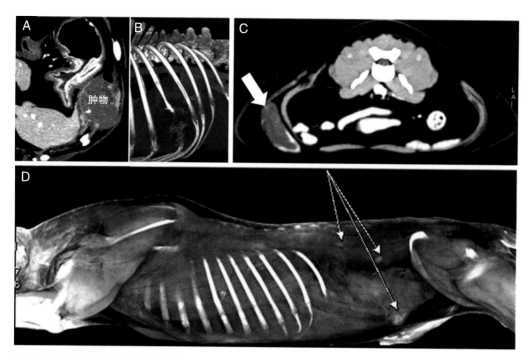

图 10.21　A、B. 犬腹壁肉瘤（肿物）的横断面和 3D 重建图像，累及第九肋骨（肋软骨交界处）。C. 猫腹壁肿物的横断面（肥大细胞瘤，箭头）。D. 犬脾脏血管肉瘤（此处不可见）腹壁转移（箭头）的容积重建图像

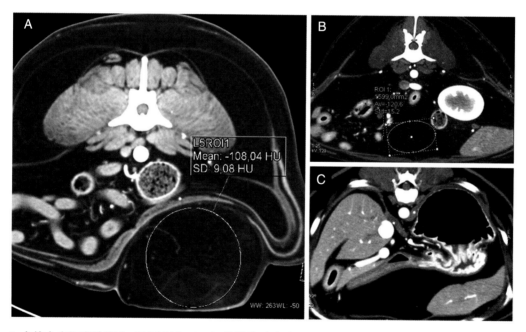

图 10.22　A. 犬的大皮下脂肪瘤（–108 HU）。B、C. 腹膜脂肪瘤病患犬的腹部造影前后横断面图像（–120.6 HU），腹膜脂肪造成腹部器官移位

出具体受累血管；是否出现局部或远端转移（图 10.24）。此外，它还能显示出可能会影响手术进程的重要解剖移位。

　　MDCT 评估的第一步是确定肿物位于腹腔还是腹膜后腔。可通过正常解剖结构移位进行判断。

腹膜后腔器官（如肾和输尿管）向背侧或外侧移位，则提示疾病来源于腹腔。相反，腹膜后腔器官向腹侧移位、大血管（主动脉、后腔静脉）或其分支向腹侧移位或被包裹，则强烈提示肿瘤起源于腹膜后腔（图 10.25 和图 10.26）。人医中所描

述的大腹部肿物的 CT 征象同样也适用于兽医病例评估。"鸟喙"征，肿物导致其相邻器官的边缘形成鸟喙状，提示肿物来自哪个器官；"幻影"征，当小器官生成巨大肿物而导致器官本身消失；嵌入

征，器官凹陷区域嵌入了肿瘤；明显的供血动脉征，指高度血管化病变在 CT 上可见显著动脉供应（图10.27～图 10.29）。

3.5 腹疝

腹疝是指腹内内容物通过横膈或腹壁的缺损突出。小动物腹疝的类型包括膈疝（食道裂孔疝、胸腹疝和腹膜心包疝）、脐疝和腹股沟疝。腹内疝的报告很少，其发生的概率可能被低估。而会阴疝则常在使用 MDCT 评估骨盆创伤或骨盆肿物时被偶然发现。

膈疝包括食道裂孔疝、胸腹疝和腹膜心包疝。食道裂孔疝是一种先天性疾病，腹腔器官通过食道裂孔疝入胸腔（见"纵隔与颈部"一章）。胸腹疝是指腹部脏器通过缺损的背外侧横膈疝入胸腔。获得性胸腹疝常继发于犬猫钝性创伤。这种类型的疝很少为先天性发育异常，因为先天性缺损的

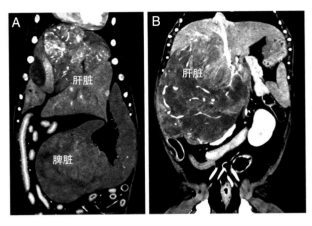

图 10.23 腹部大肿物（腹腔）
A. 脾脏和肝脏大肿物（血管肉瘤）。在这个病例中，肿物完全在起源器官内部，可明确诊断。B. 大的肝脏肉瘤。肿物不完全在肝脏内，但与肝脏明显相连。

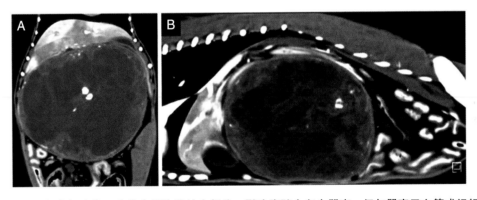

图 10.24 杜宾犬的巨大腹部肿物。肿物占据腹腔的大部分，影响腹腔内多个器官，但与器官无血管或组织联系。手术切除肿物，病理结果显示为慢性包膜性肉芽肿性腹膜炎
A. 冠状面。B. 矢状面。

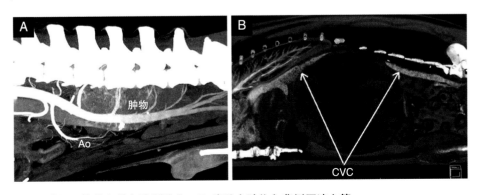

图 10.25 A. 腹膜后腔肿物可能使血管向腹侧移位。B. 腹腔大肿物向背侧压迫血管
Ao，主动脉；CVC，后腔静脉。

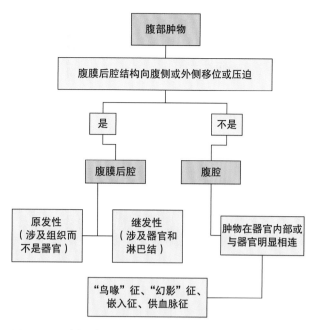

图 10.26 腹部肿块鉴别流程图（详见正文）

动物在出生后不久就会死亡。

腹膜心包疝是犬猫中最常见的先天性心包异常。腹膜心包疝多因横膈发育不当所致（生命早期创伤所致的情况较为罕见），患病动物心包和腹腔之间的通路永存，使腹腔内容物可以进入心包腔，而胸腔无病变（图 10.30）。最常见的疝内容物为肝脏和胆囊，其次是小肠、脾脏和胃。腹膜心包疝可以通过初级影像学检查进行诊断。然而MDCT 可评估这些患病动物是否存在并发的胸腹部先天性缺陷和胚胎变异，其结果有可能会改变治疗方案和预后。

腹壁疝包括脐疝和腹股沟疝。脐疝可能是犬中最常见的疝类型。幼犬在临床上即可诊断，而在 MDCT 扫查中通常为偶然发现。腹股沟疝又

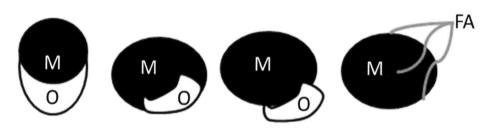

图 10.27 CT 征象提示腹部肿物的可能来源。从左至右："鸟喙"征、"幻影"征、嵌入征、供血动脉征
M，肿物；O，器官；FA，供血动脉。

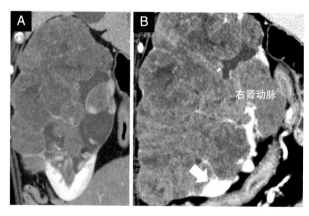

图 10.28 A. 犬大肾脏肿物。注意肾组织的鸟喙状边缘，这意味着肿物来源于该器官。B. 另一只犬的大腹部肿物。箭头指示部分正常肾组织嵌入肿瘤组织。肿物（肾癌）也包绕并侵袭右肾动脉

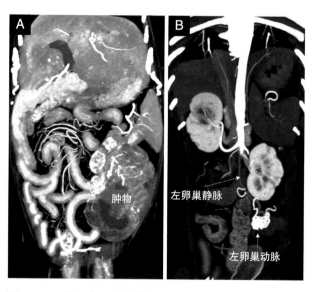

图 10.29 供血动脉（卵巢癌）

A. 雌性混种犬的左侧腹腔内大肿物。B. 肿物由左卵巢动脉供血（在动脉相中，左卵巢静脉未增强，补充说明见正文）。

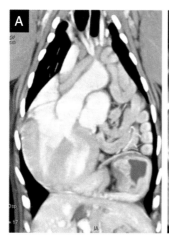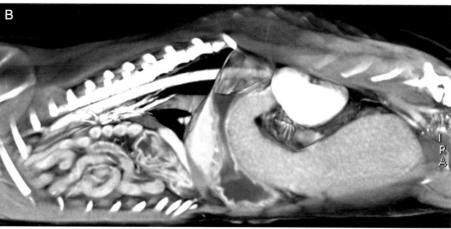

图 10.30　幼龄犬的腹膜心包疝，并发复杂的心脏异常（此处未显示）
A、B.冠状面和矢状面显示胃和小肠疝入心包腔内。

分为腹股沟直疝和腹股沟斜疝。当腹内组织通过薄弱或损伤的腹壁肌肉疝出，被壁腹膜包裹形成疝囊时，就会发生腹股沟直疝。这种疝在骨盆创伤病例和非创伤犬的 MDCT 检查中均常见（图 10.31）。腹股沟斜疝一般是先天性的，是指组织通过鞘膜中的腹股沟深环疝入腹股沟管。腹股沟疝最常疝入的器官是大网膜、小肠、膀胱和子宫（图 10.32）。它们可能在相对狭窄的腹股沟管内嵌顿或绞窄。

腹内疝是指脏器通过腹膜或肠系膜疝出，但仍在腹腔内。在人医中，MDCT 被认为是诊断这些疝的影像技术金标准。最常见的表现是小肠通过正常或异常的孔洞，如肠系膜或脏腹膜的孔或缺损，发生急性肠梗阻。腹内疝因亚型不同会出现不同的 MDCT 征象。这些疝导致胃和（或）肠袢位置异常，显示梗阻或绞窄的征象。想要获取高质量的 MDCT 图像，需采用多相扫描以对肠系膜血管进行评估，肠系膜血管可能会出现充血、扭转和牵拉（图 10.33）。全面评估以排除炎症和胃肠道肿瘤性疾病。薄层 MIP 和容积重建有助于图像的准确解读，特别是评估肠系膜血管的走向和通畅性。

会阴疝与其他疝的不同之处在于，移位的器官通常不在腹膜囊内。会阴疝是由会阴筋膜和肌肉的衰老或薄弱，导致腹部或盆腔器官脱垂形成的。这种类型的疝常见于成年公犬。会阴疝可能是 MDCT 中的偶然发现，或者是复杂的创伤性或肿瘤性盆腔疾病的必然结果。会阴疝疝入内容物通常为腹部和盆腔内容物，如扩张的直肠、前列腺、膀胱、脂肪、大网膜和（或）小肠（图 10.34）。

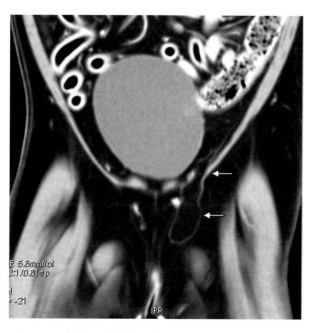

图 10.31　年轻母犬的腹股沟直疝。箭头指示含有网膜脂肪的小囊腔

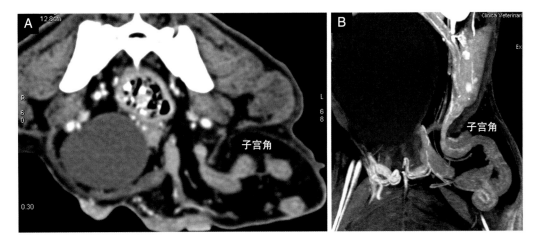

图 10.32　母犬的腹股沟斜疝，其患有会阴部平滑肌瘤（此处未见）

A、B. 横断面和冠状面显示腹股沟疝内容物为子宫角（子宫腺肌瘤病）。

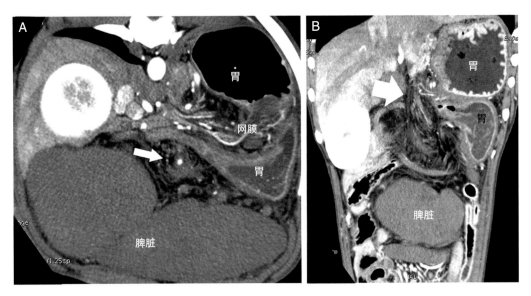

图 10.33　胃扩张复发犬的腹内疝

A. 横断面显示胃部分扩张并有气 – 液界面。脾脏低灌注且肿大。注意中腹部的"旋涡"征（箭头），与网膜扭转征象相符。B. 同一只犬的腹部冠状面薄层图像，显示穿过网膜孔的疝（箭头）。手术结果证实了 CT 诊断。

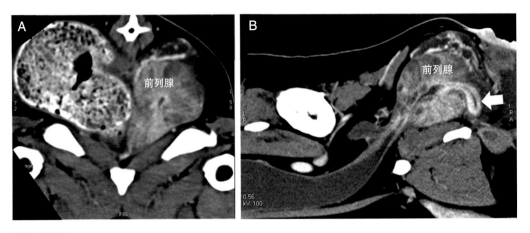

图 10.34　犬的会阴疝

A. 骨盆横断面显示前列腺和积便直肠的移位。B. 同一患犬的矢状面，显示前列腺和后段尿道的移位（箭头）。

参考文献

[1] Barfield DM, Tivers MS, Holahan M, Welch K, House A, Adamantos SE. Retrospective evaluation of recurrent secondary septic peritonitis in dogs (2000–2011): 41 cases. J Vet Emerg Crit Care (San Antonio). 2016; 26(2):281–7. doi:10.1111/vec.12413.

[2] Berezin A, Seltzer SE. Differential diagnosis of huge abdominal masses visualized on CT scans. Comput Radiol. 1984; 8(2):95–9.

[3] Culp WT, Holt DE. Septic peritonitis. Compend Contin Educ Vet. 2010; 32(10):E1–14. quiz E15 Culp WT, Zeldis TE, Reese MS, Drobatz KJ. Primary bacterial peritonitis in dogs and cats: 24 cases (1990–2006). J Am Vet Med Assoc. 2009; 234(7):906–13. doi:10.2460/javma.234.7. 906.

[4] DeGroot W, Giuffrida MA, Rubin J, Runge JJ, Zide A, Mayhew PD, Culp WT, Mankin KT, Amsellem PM, Petrukovich B, Ringwood PB, Case JB, Singh A. Primary splenic torsion in dogs: 102 cases (1992–2014). J Am Vet Med Assoc. 2016; 248(6):661–8. doi:10.2460/javma. 248.6.661.

[5] Drost WT, Green EM, Zekas LJ, Aarnes TK, Su L. Having GG2. Comparison of computed tomography and abdominal radiography for detection of canine mechanical intestinal obstruction. Vet Radiol Ultrasound. 2016; 57(4):366–75. doi:10.1111/vru.12353.

[6] Filippone A, Cianci R, Pizzi AD, et al. CT findings in acute peritonitis: a pattern–based approach. Diagn Interv Radiol. 2015; 21(6):435–40. doi:10.5152/dir.2015.15066.

[7] Ilha MR, Styer EL. Extra–adrenal retroperitoneal paraganglioma in a dog. J Vet Diagn Invest. 2013; 25(6):803–6. doi:10.1177/1040638713506579.

[8] Liptak JM, Dernell WS, Ehrhart EJ, Rizzo SA, Rooney MB, Withrow SJ. Retroperitoneal sarcomas in dogs: 14 cases (1992–2002). J Am Vet Med Assoc. 2004; 224(9):1471–7.

[9] Llabrés–Díaz F. The retroperitoneum. Chapter 5. In: O'Brien R, Barr FJ, editors. BSAVA manual of canine and feline abdominal imaging. Gloucester: BSAVA Publications; 2009. p. 40–8.

[10] Mayhew PD, Brockman DJ. Body cavity lipomas in six dogs. J Small Anim Pract. 2002; 43(4):177–81.

[11] Munday JS, Prahl A. Retroperitoneal extraskeletal mesench–ymal chondrosarcoma in a dog. J Vet Diagn Invest. 2002; 14(6): 498–500.

[12] Nagashima Y, Hoshi K, Tanaka R, Shibazaki A, Fujiwara K, Konno K, Machida N, Yamane Y. Ovarian and retroperitoneal teratomas in a dog. J Vet Med Sci. 2000; 62(7):793–5.

[13] Ragetly GR, Bennett RA, Ragetly CA. Septic peritonitis: etiology, pathophysiology, and diagnosis. Compend Contin Educ Vet. 2011; 33(10):E1–6. quiz E7.

[14] Santamarina G, Espino L, Vila M, Lopez M, Alema~n N, Suarez ML. Aortic thromboembolism and retroperitoneal hemorrhage associated with a pheochromocytoma in a dog. J Vet Intern Med. 2003; 17(6):917–22.

[15] Teixeira M, Gil F, Vazquez JM, Cardoso L, Arencibia A, Ramirez–Zarzosa G, Agut A. Helical computed tomographic anatomy of the canine abdomen. Vet J. 2007; 174(1):133–8.

[16] Waters DJ, Roy RG, Stone EA. A retrospective study of inguinal hernia in 35 dogs. Vet Surg. 1993; 22(1):44–9.

第4部分 胸 部

第 11 章 胸部血管系统

Giovanna Bertolini

1. 概述

胸部血管包括体循环血管及肺循环血管。体循环血管（胸主动脉的分支）对除肺脏以外的胸部结构以及支撑肺叶的结构进行供血。体静脉［前腔静脉（CrVC）和奇静脉］引流体动脉系统的血液。在肺循环中,动脉携去氧血从右心室进入肺脏,而静脉携含氧血回到左心房。MDCT 技术为在活体上研究胸部的肺循环和体循环的血管解剖提供了前所未有的可能。CT 广泛适用于多种先天性疾病和获得性疾病,包括先天性血管畸形、异常连接、血栓及血管阻塞。CT 也可用于评估胸部肿物切除的可能性。

2. 胸部体循环

胸主动脉（胸段降主动脉）分为壁层支和脏层支,为颈部、胸壁、胸椎和胸内器官供血。胸部壁层支分为背侧肋间动脉,背侧肋腹动脉,和第一、第二腰动脉。脏层支包括支气管动脉,及从支气管食道动脉（主动脉分支）发出的胸内动脉,支气管食道动脉为食道供血,其数量和起点存在解剖变异。支气管食道动脉的食道支,沿食道分布分为升支和降支（分别为向头侧及尾侧延伸）。食道周围的动脉彼此融合,升支食道动脉与甲状腺后动脉食道支融合,降支则与左胃动脉食道支融合（图 11.1）。了解这些连接有助于理解胸部增强 MDCT 检查中一些亚生理和病理性变化。

支气管及肺循环的毛细血管也存在融合。大多数支气管及食道动脉伴有相应的静脉,这些静脉将血液引流进奇静脉,而后汇入前腔静脉,最后进入右心房。前腔静脉由左右两支头臂静脉在胸腔入口处汇合而成。这些静脉在形成前腔静脉前,通过颈静脉接收来自头部的静脉血。

2.1 供应肺脏的体循环

肺脏是机体血供最丰富的器官之一。其丰富的血供来源于 2 个不同系统的血管供应,分别为肺动脉及支气管动脉。肺动脉携带压力较低的去氧血,其供应肺脏 99% 的血液,并参与肺泡毛细血管膜上的气体交换（详见第 12 章）。支气管食道动脉的支气管分支为肺脏支撑结构提供营养,包括肺动脉本身。这些动脉携带含氧血进入肺脏,其压力是肺动脉的 6 倍,但通常不参与气体交换。支气管动脉分支中血液主要供应肺外和肺内气道（气管和支气管）、支气管血管束、神经、支撑结构、局部淋巴结和脏胸膜。肺动脉和支气管动脉在毛细血管层面拥有丰富及复杂的吻合支。

3. MDCT 成像策略

为了完整评估胸部血管,CT 扫描范围应从颈部（甲状腺区域）到前腹部。肝脏和腹部的血管成像有助于评估支气管动脉过度生长和静脉异常（如后腔静脉阻塞）的病例。以笔者经验来看,非增强的平扫对于大多数血管疾病没有评估意义。

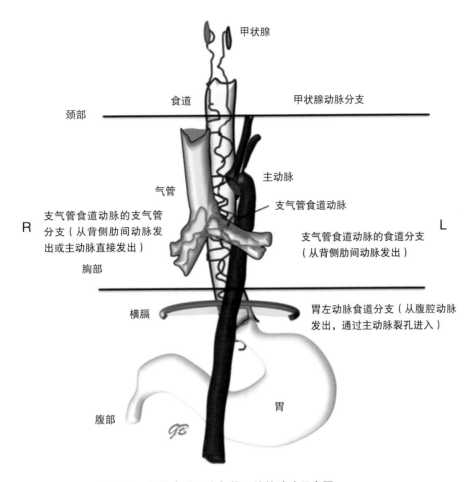

图 11.1　供应食道和支气管系统的动脉示意图

但是，平扫有助于评估肺脏或纵隔病变，因此在相关病例中应进行平扫。造影协议取决于临床计划及扫描设备的性能。胸部血管 MDCTA 原则也同样适用于腹部。血管造影的目的是将造影剂运送至目标区域的同时，实现或尽可能获得各向同性的容量数据。患病动物自身条件（体重和心输出量）、注射协议，以及扫描设备等因素均会影响增强程度。理想的胸部 MDCTA 血管增强需要使用高流速压力注射系统快速注射造影剂（流速取决于动物体型）。外周静脉注射后的造影早期，造影剂在心脏、体循环动静脉及肺循环动静脉分布不均。对于胸部 MDCTA，造影剂注射起始时间点与扫描起始时间点有一段延迟，应使用团注试验或团注追踪技术制订针对患病动物个体的扫描时间点。ROI（感兴趣区）可以放在不同的血管上，如主动脉或主肺动脉。使用经验定时扫描或使用标准扫描时间可能会在不同患病动物中出现不一致的成像结果。原则上，使用更高剂量的造影剂及更长

的注射时间，或使用双相注射（高起始速度和低延续速度）有利于较慢的 MDCT 设备（＜64 排，需要 20～50 s 的时间以获得覆盖理想扫描范围的各向同性分辨率）获得更完美的动脉平台期。对于更快的 MDCT（64 排），应使用低容量高碘含量注射率原则进行造影（即高注射速率或高碘浓度）。

在需完整评估胸主动脉的病例中，如怀疑血管环异常，需要高容积分辨率（各向同性或近各向同性）的图像，清晰地勾画出纵隔内血管及非血管结构的轮廓，以及抵消一部分脉搏搏动的伪影。脉搏伪影会影响对主动脉弓发育异常诊断的准确性，尤其是小型动物。对于速度较慢的设备（2 排、4 排、8 排和 16 排）来说，螺旋扫描数据的半扫描插值重建（50% 重叠）算法基本可以分辨运动伪影和疾病。而对于更先进的扫描设备（＞40 排的 MDCT 或 DSCT），胸主动脉扫描均应配合心电（ECG）门控进行扫查。最近有多篇兽医文献是关于在 40～64 排或更高排先进 CT 设备

上，应用心电门控 MDCT 评估犬猫心内和心外血管异常。笔者所在医院使用的设备是第二代 128-DSCT，所有怀疑或已知动脉弓异常或其他心血管异常的病例，均使用 ECG 门控或亚秒级 flash spiral 模式进行 CT 扫描，可以得到就像心血管和呼吸运动被冻结了一般的图像。以笔者的经验，团注试验或团注追踪技术无法使胸部大静脉增强程度保持一致性。同样，进行胸部肿物的分期及定性时，可能既需要使用胸 - 腹部全身扫查，又同时需要评估胸部血管，这时可使用特殊的高速率造影剂注射方法（造影剂注射后，使用等量盐水冲洗）进行双相扫描。第一遍可以包括颈部、胸部和前腹部。第二遍应包括整个腹部。如扫描技术允许，可进行第三遍包含胸腹部的扫描。这种协议可以在同一次检查中获得良好的胸部图像以及两相的肝脏图像，且只需注射一次造影剂。

4. 胸内体循环动脉异常

4.1 支气管食道动脉肥大和非支气管动脉扩张

在犬中，支气管食道动脉通常起源于近主动脉端的右侧第五肋间动脉。但与人和其他哺乳动物一样，起源位置存在个体差异。可能的异位起源点包括下主动脉弓、远端胸段降主动脉、锁骨下动脉、头臂干、胸廓内动脉及冠状动脉。支气管动脉在影响气道和肺实质的疾病中扮演着重要的角色。气道和其他非气道侧支血管（如肋间动脉、胸廓内动脉和膈下动脉）受慢性肺部缺血和肺血流量减少的影响，会出现肥大或扩张，以维持患病肺叶的血流供应，同时通过体 - 肺循环动脉吻合，建立跨越肺动脉梗阻处的血供，参与气体交换。支气管分支无论起源在哪，都会穿过纵隔到达肺门，之后继续跟随支气管主支向其次级分支延伸。与之相反，非支气管分支体循环动脉不能通过肺门进入肺实质，且不平行于支气管生长。在薄层 MDCT 扫描中，它们会在胸膜增厚及胸膜外脂肪内出现屈曲的动脉增强显影。当图像上出现扩张的支气管动脉及非支气管动脉时，影像医生应考虑是否存在影响肺循环的梗阻性问题，需排查相关疾病，如慢性感染性和（或）炎性进程、慢性血栓和胸部先天性心血管异常。人的正常支气管动脉是由主动脉直接发出的，在其起始处直径＜1.5 mm，进入支气管肺段时，直径仅有 0.5 mm。CT 上＞2 mm 的支气管动脉很可能是异常的，可能会造成咳血。MDCT 技术可以用于评估犬的先天性和获得性支气管食道动脉肥大（bronchoesophageal artery hypertrophy，BEAH）。先天性血管异常征象包括异常起源的右支气管食道动脉（从头臂干发出），纵隔背侧出现致密的血管网，以及从这个血管网中生出大血管（5～7.2 mm），形成几个环，而后通过一个小孔清晰地进入近端的左侧或右侧肺动脉（图 11.2 和图 11.3）。先天性异常是胚胎时期肺 - 体循环血管连接永存造成的，与 PDA 假说相类似。犬的获得性 BEAH CT 征象与人医中所描述的支气管动脉肥大类似。支气管动脉分支十分明显，在支气管分叉处，它们会继续沿着支气管分布，形态呈屈曲样，最终与肺亚段动脉吻合（图 11.4 和图 11.5）。这些增粗的支气管动脉突入支气管腔，这也与人医的报道相类似。但尚未有犬发生自发性损伤或咳血的报道。犬与人的不同在于，犬正常支气管动脉也供应食道血管，这有助于防止这些血管扩张破裂。巨大的犬食道静脉丛可以帮助动脉系统减压，从而防止血管损伤和出血。获得性 BEAH 在具有各向同性的肺部 MDCTA 图像及高质量的胸部造影增强 MDCT 检查中常见。就笔者的个人经验以及文献的描述来看，增粗的支气管动脉通常是肺栓塞的后遗症（如心丝虫或血管圆线虫）。

4.2 主动脉弓及其分支异常

在成年哺乳动物中，主动脉弓位于左侧，并依次发出头臂干和左锁骨下动脉。头臂干再依次发出左侧和右侧颈总动脉以及右锁骨下动脉。单根的双颈动脉主干是不常见的解剖变异，是指头臂干直接发出一个单根的动脉干后，再分出两个

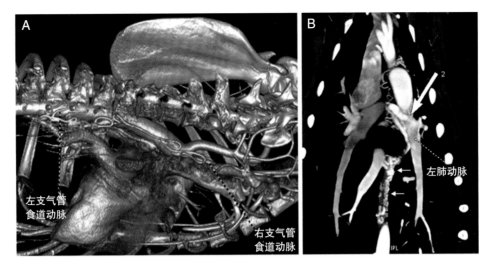

图 11.2　BEAH 伴支气管 – 肺动脉瘘（先天性）

A. 起源于主动脉（通过肋间动脉）的左支气管食道动脉（ltBEA）和起源于头臂干的右支气管食道动脉（rtBEA）。B. 同一只犬的冠状面多平面重建图像。箭头表示支气管左肺动脉（ltPA）瘘。食道血管明显弯曲（短箭头）。

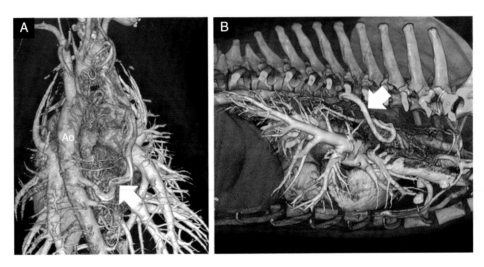

图 11.3　BEAH 伴体 – 肺循环瘘（图中未显示）

A. 冠状面显示一个较大的支气管食道动脉，直接起源于主动脉（Ao）。注意纵隔有多根细小弯曲的食道血管。B. 同一只犬的容积重建图像，再次显示支气管食道动脉的走向。

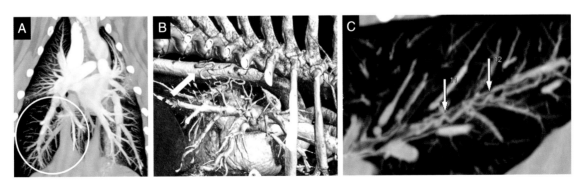

图 11.4　获得性支气管动脉肥大（心丝虫病史）

A. 冠状面薄层最大密度投影图像。右后叶的肺血管较前叶增强减少，且出现血管旁路。B. 箭头表示中度支气管动脉扩张。C. 同一只犬右后叶的薄层最大密度投影图像。箭头处为沿支气管分布的明显支气管动脉分支。

颈动脉。胚胎弓的任一节段出现退化或永存异常，从而发展出不同类型的主动脉弓发育异常，即血管环异常。血管环异常可能不会引起症状，也可

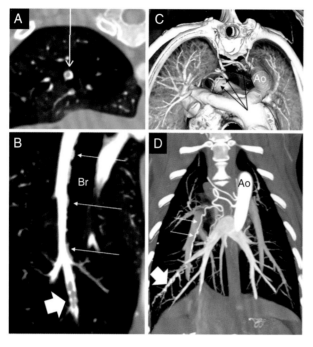

图 11.5　肺栓塞患犬的支气管动脉肥大（获得性）

A. 横断面显示肺血管充盈缺损。B. 冠状面多平面重建图像显示血管充盈缺损（箭头）。细箭头表示支气管动脉突入支气管管腔内（Br）。C. 第四、第五根肋骨水平横断面容积重建图像。Ao，主动脉。箭头表示从主动脉发出的支气管食道动脉。D. 冠状面薄层最大密度投影图像显示支气管食道动脉支气管分支沿支气管分布（箭头），与肺亚段血管吻合（大箭头）。

能导致气道或食道的压迫和狭窄。虽然相对罕见，但随着 MDCT 在兽医临床中的广泛使用，这种异常逐渐被人们了解。主动脉缩窄是指主动脉腔内出现狭窄，常发于左锁骨下动脉起始点至动脉导管连接点之间的主动脉节段中。已报道了几例犬和一例猫的病例，而这些病例和其他先天性畸形疾病一样，会伴发多种畸形发育，如持久性右主动脉弓（persistent right aortic arch，PRAA）。犬的主动脉发育不全，是指那些主动脉中断的病例，常伴发主动脉缩窄和其他先天性缺陷，如 PDA。已报道过犬猫的双主动脉弓。该病是指双侧第四主动脉弓永存，形成血管环，环绕并压迫气管和食道。PRAA 的病因为右背侧主动脉永存，而左背侧主动脉弓异常退化。犬中最常见的血管环异常为 PRAA 及左侧动脉韧带，它们与腹侧的心基部构成一个环状结构。PRAA 常伴发异常发育的左锁骨下动脉（33% 的 PRAA 患犬会同时出现），在一些病例中，异常发育的左锁骨下动脉从食道背侧发出，压迫食道（图 11.6 和图 11.7）。PDA 和持久性左前腔静脉也常与血管环异常同时发生。曾有报道，一只患有 PRAA 犬的左锁骨下动脉从 PDA 中异位发出。异位发育的右锁骨下动脉可以从正常的左侧主动脉弓、左锁骨下动脉远端，或从双

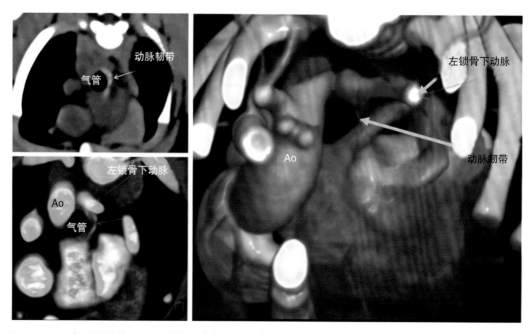

图 11.6　PRAA，一只餐后反流幼犬的左锁骨下动脉和左侧动脉韧带。Ao，主动脉

锁骨下动脉干发出。动脉越过纵隔中轴，到达食道右背侧，压迫食道（图 11.8）。这些异常可能是偶然发现的，但是在犬中也可能会引起餐后反流并继发吸入性肺炎。

5.胸内静脉系统异常

颈静脉引流头部和颈部血流，从背侧进入头臂干。据报道，猫的颈静脉异常包括单侧或双侧颈静脉缺失、发育不全。已报道犬的先天性动脉瘤（图 11.9）。这些变异或畸形虽然不会引起临床症状（除了巨大动脉瘤可能会破裂），但是会影响外科或介入通路，或者这些异常只是一些复杂的

先天性血管发育异常的一部分。在哺乳动物的胚胎时期，静脉通过成对的前、后主静脉回到原始心脏。左右两侧的总主静脉流入横向的静脉窦，而后静脉窦发育为右心房。大部分左侧系统萎缩，只剩下左侧主静脉，形成冠状窦。左头侧主静脉萎缩不完全可导致持久性左前腔静脉（图 11.10 和图 11.11）。现有报道中，犬猫持久性左前腔静脉分为两种类型。完全型：左头侧主静脉未完全萎缩，并与冠状窦保持连接（像胚胎时期一样）。不完全型：远端左侧静脉退化，而近端永存，并接收半奇静脉的血液。持久性左前腔静脉往往是 CT 扫查中的偶然发现，但也有报道称其可能导致食道狭窄，并继发巨食道。另外，患有持久性左前腔静脉的

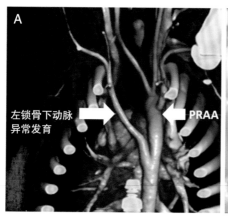
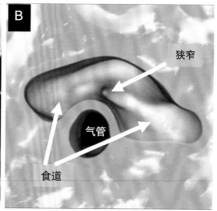

图 11.7　PRAA 伴左锁骨下动脉异常发育（位于食道背侧）
A.冠状面容积重建图像。B. 3D 虚拟内窥镜显示食道扩张和狭窄部位。

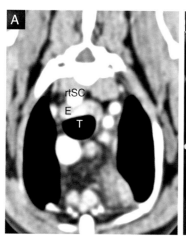
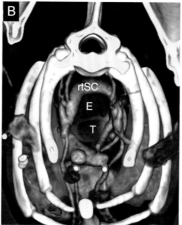
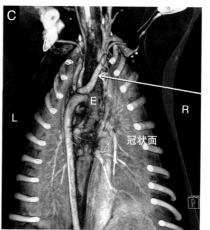

图 11.8　犬右锁骨下动脉异常发育，继发吸入性肺炎
A. 胸腔入口处横断面。T，气管；E，食道；rtSC，右锁骨下动脉。B. 横断面 3D 容积重建图像。C.冠状面 3D 容积重建图像。箭头表示异常发育的右锁骨下动脉。

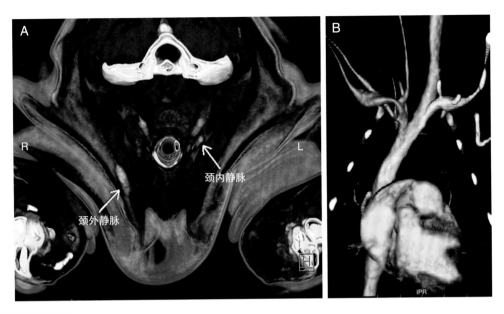

图 11.9　颈静脉发育异常

A. 犬颈部横断面，显示右侧颈内静脉和左侧颈外静脉缺失或发育不全。B. 另一只左侧颈内静脉和右侧颈外静脉缺失患犬的 3D 容积重建图像。

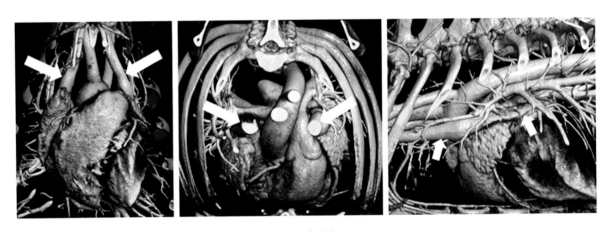

图 11.10　英国斗牛犬持久性左前腔静脉（完全型，参照内文内容）

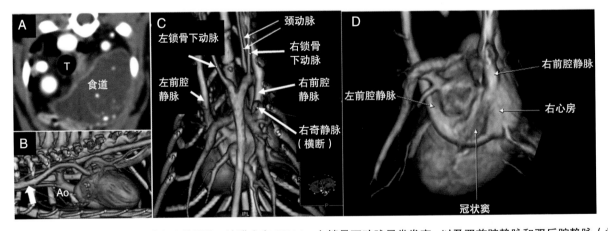

图 11.11　猫的 16 排螺旋 CT 胸部血管影像，该猫患有 PRAA、左锁骨下动脉异常发育，以及双前腔静脉和双后腔静脉（此处不可见）

A. 横断面显示巨食道。T，气管。B. 胸腔容积重建图像，左侧观。箭头表示左前腔静脉；Ao，主动脉。C. 冠状面 3D 容积重建图像。D. 手动裁剪前一视角图像。肋骨、主动脉和大部分肺血管都被移除。显示未萎缩的左头侧主静脉与冠状窦相连。

个体可能伴发其他严重的心血管缺陷，因此应一起评估。

奇静脉系统（右奇静脉和半奇静脉）是前、后腔静脉之间一个重要的媒介，其通过椎间静脉系统引流尾侧血流，最后汇入前腔静脉（图11.12）。奇静脉属于体循环的一部分，可能与先天性或获得性 PSS 相关。门 - 奇静脉短路的病例，右奇静脉通常是扩张且屈曲的。另一种先天性血管畸形疾病，后腔静脉离断伴奇静脉延续，也可见显著扩张的右奇静脉。这些先天性或获得性疾病详见第 3 章。中度扩张的奇静脉可能与很多病理状态相关，如前腔静脉梗阻或阻力增大，后腔静脉慢性梗阻伴侧支形成、心包疾病，脊椎或食道静脉丛充血。在 MDCT 中，经头静脉高速注射造影剂时，常短暂出现轻度的右奇静脉扩张和同侧内椎窦显影，这可能是前腔静脉短暂性压力上升造成的。

食道（黏膜下层）静脉和食道旁静脉丛沿食道分布并引流食道血液。头侧部分食道、食道旁静脉丛主要通过气管食道静脉和甲状腺静脉直接进入前腔静脉。中段食道的静脉大部分引流进入奇静脉和半奇静脉，而后进入前腔静脉。而后段胸腔食道和腹部食道的静脉引流进入奇静脉，伴行于左胃动脉食道支，通过脾静脉到达门脉循环或直接进入门静脉（门静脉系统的分支）。后者可能会因为

出现门静脉高压（Portal hypertension，PH）而变为离肝血流。在病情严重的病例中，胸部 MDCT 会显示这些血管扩张，称为食道和食道旁静脉曲张。食道静脉曲张发生于黏膜下层，而食道旁静脉曲张则在造影增强后，显示为纵隔内大的血管巢。根据潜在病因，食道静脉曲张分类为"上坡型"和"下坡型"。上坡型食道静脉曲张常与 PH 相关，最终引流进入前腔静脉；下坡型食道静脉曲张是由前腔静脉梗阻或阻力增加造成（图 11.13）。当梗阻和阻力接近奇静脉时，血液可通过纵隔内的侧支回到心脏，下坡型食道静脉曲张仅发生于头侧部分食道。而当梗阻出现在奇静脉下游，或包括奇静脉时，血液会通过半奇静脉、食道静脉和门静脉回流，可能伴发沿整条食道的静脉曲张。这些类型的食道静脉曲张在小动物的 MDCTA 中均有出现并进行了分类。上坡型食道静脉曲张可能单独出现，也可能与门脉高压导致的大的腹部获得性门体分流（acquired portosystemic shunts，APSS）相关。下坡型食道静脉曲张在 BEAH、慢性前腔静脉压迫和肿瘤浸润的病例中被报道过。

6. 获得性胸内体循环血管异常

获得性疾病可以原发性或继发性累及胸内血管。心外动脉系统的获得性疾病，如主动脉夹层

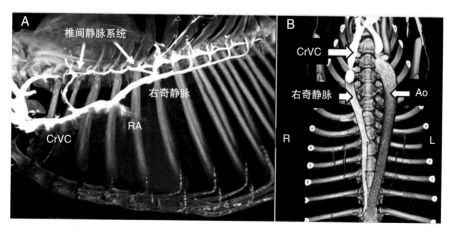

图 11.12　前腔静脉、奇静脉和椎间静脉系统之间的关系

A. 增强后的最大密度投影图像。B. 纵隔的冠状面 3D 容积重建（腹侧观）图像。心脏、肺和肺血管已被移除。RA，右心房；CrVC，前腔静脉；Ao，主动脉。

和动脉瘤，在家养动物中十分罕见。主动脉夹层曾在一只患有严重系统性高血压的猫中报道，使用心电门控 64 排 MDCTA 诊断。创伤可能会影响胸内血管系统（见第 21 章）。前腔静脉、颈静脉或其他胸内静脉的梗阻可能由肿瘤侵袭血管壁形成血管内肿瘤性血栓引起，或因肿瘤的直接压迫导致前腔静脉变细。如果梗阻是慢性的，通常会出现一些静脉旁路，使血流可以返回右心房（图 11.14 和图 11.15）。这些旁路的形态各异，主要取决于梗阻位置。无论是什么原因引起的前腔静脉梗阻，都会导致回流至前腔静脉的压力升高，旁路血管内的血流可能增加或出现反向。主要的旁路是椎 - 奇 - 半奇静脉通路和乳腺内、外通路。CT 诊断基于 2 个重要征象，分别为梗阻远端

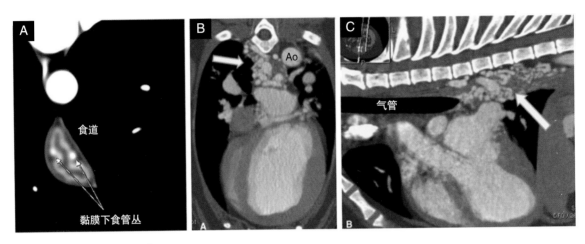

图 11.13　食道和食道旁静脉曲张
A. 门静脉高压患犬的胸段食道横断面。B、C. 先天性支气管 - 肺动脉瘘（BEAH）和食道旁静脉曲张（箭头）患犬的横断面和矢状面图像。Ao，主动脉。

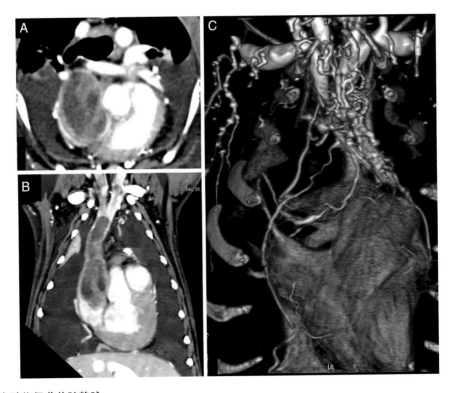

图 11.14　右心房肿物侵袭前腔静脉
A. 横断面。B. 冠状面多平面重建图像。注意双侧大量胸腔积液。C. 容积重建图像显示大量侧支血管，呈"串珠样"，绕过阻塞的腔静脉。

中央静脉结构影像缺失或衰减值下降，以及周围旁路血管的衰减值明显升高。尽管有这些旁路血管，但当前腔静脉存在持续性梗阻时，随着上游静脉压的升高依然会发展为前腔静脉综合征。全身 MDCT 扫描可显示前腔静脉梗阻或阻力升高的原因，旁路血管，以及一系列可能出现的并发症。根据血栓的解剖位置，CrVC 内血栓可以导致淋巴液从胸导管至静脉系统外流增加。虽然胸导管解剖类型多样，但是导管总会在颈静脉角进入体循环。如果在这个位置出现血栓，则可能会引起犬猫乳糜胸（图 11.16）。

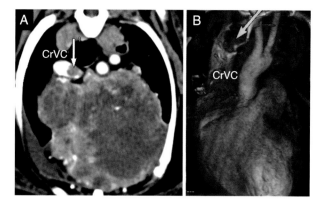

图 11.15　A. 纵隔肿物（胸腺癌）侵袭 CrVC（箭头）。B. 容积重建图像显示被侵袭的前腔静脉和侧支起始点（细箭头）

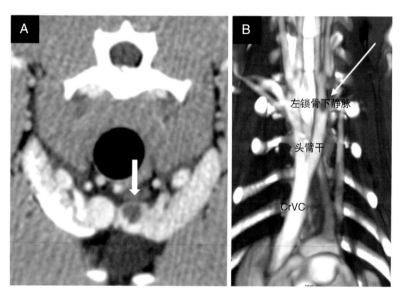

图 11.16　颈静脉角栓塞伴乳糜胸

A. 犬的横断面。B. 猫的冠状面最大密度投影图像。箭头指向血栓处。CrVC，前腔静脉。

参考文献

[1] Bertolini G. Acquired portal collateral circulation in the dog and cat. Vet Radiol Ultrasound. 2010; 5:25–33.

[2] Bertolini G, Zotti A. Imaging diagnosis: absence of the left external and both internal jugular veins in a cat. Vet Radiol Ultrasound. 2006; 47:468–9.

[3] Bertolini G, De Lorenzi D, Ledda G, Caldin M. Esophageal varices due to a probable arteriovenous communication in a dog. J Vet Intern Med. 2007; 21:1392–5.

[4] Bezuidenhout AJ. Unusual anomalies of the arteries at the base of the heart in a dog. J S Afr Vet Assoc. 1992; 63:32–5.

[5] Bottorff B, Sisson DD. Hypoplastic aberrant left subclavian artery in a dog with a persistent right aortic arch. J Vet Cardiol. 2012; 14(2):381–5. doi:10.1016/j.jvc.2012.01.013.

[6] Buchanan JW. Persistent left cranial vena cava in dogs: angiocar-diography, significance, and co-existing anomalies. J Am Vet Radiol Soc. 1963; 4:1–8.

[7] Du Plessis CJ, Keller N, Joubert KE. Symmetrical double aortic arch in a beagle puppy. J Small Anim Pract. 2006; 47:31–4. doi:10.1111/j.1748–5827.2006.00009.x.

[8] Heaney AM, Bulmer BJ. Cor triatriatum sinister and persistent left cranial vena cava in a kitten. J Vet Intern Med. 2004; 18(6):895–8.

[9] Henjes CR, Nolte I, Wefstaedt P. Multidetector-row computed tomography of thoracic aortic anomalies in dogs and cats: patent ductus arteriosus and vascular rings. BMC Vet Res. 2011; 7:57.

[10] Joly H, D'Anjou M-A, Huneault L. Imaging diagnosis – CT angiography of a rare vascular ring anomaly in a dog. Vet

Radiol Ultrasound. 2007; 49:42–6.

[11] Larcher T, Abadie J, Roux FA, Deschamps JY, Wyers M. Persistent left cranial vena cava causing oesophageal obstruction and consequent megaoesophagus in a dog. J Comp Pathol. 2006; 135 (2–3):150–2. Epub 2006 Sep 6.

[12] Lawler LP, Corl FM, Fishman EK. Multi–detector row and volume–rendered CT of the normal and accessory flow pathways of the thoracic systemic and pulmonary veins. Radiographics 22 Spec No:S45–S60. 2002.

[13] Leach SB, Fine DM, Schutrumpf RJ 3rd, Britt LG, Durham HE, Christiansen K. Coil embolization of an aorticopulmonary fistula in a dog. J Vet Cardiol. 2010; 12:211–6.

[14] Ledda G, Caldin M, Mezzalira G, Bertolini G. Multidetector–row computed tomography patterns of bronchoesphageal artery hypertrophy and systemic–to–pulmonary fistula in dogs. Vet Radiol Ultrasound. 2015; 56(4):347–58. doi:10.1111/vru. 12247. Epub 2015 Mar 9.

[15] LeRoux A, Granger LA, Reynolds C, Gaschen L. Computed tomography features of bronchial and non–bronchial collateral arterial circulation development in a dog diagnosed with multiple chronic pulmonary thrombi. J Vet Cardiol. 2013; 15:283–7.

[16] Liu SK, Yarns DA, Carmichael JA, Tashjian RJ. Pulmonary collateral circulation in canine dirofilariasis. Am J Vet Res. 1969; 30:1723–35.

[17] Malik R, Bellenger CR, Hunt GB, Church DB, Allan GS. Aberrant bronchoesphageal artery mimicking patent ductus arteriosus in a dog. J Am Anim Hosp Assoc. 1994; 30:162–4.

[18] Markovic LE, Kellihan HB, Roldán–Alzate A, Drees R, Bjorling DE, Francois CJ. Advanced multimodality imaging of an anomalous vessel between the ascending aorta and main pulmonary artery in a dog. J Vet Cardiol. 2014; 16:59–65.

[19] Miller R, Wilson C, Wray J, Jakovljevic S, Tappin S. Adult–onset regurgitation in a dog with an aberrant right subclavian artery: a CT angiographic study. Vet Rec Case Rep. 2015; 3:e000138. doi:10.1136/vetreccr–2014–000138.

[20] Pownder S, Scrivani PV. Non–selective computed tomography angiography of a vascular ring anomaly in a dog. J Vet Cardiol. 2008; 10:125–8. doi:10.1016/j.jvc.2008.09.003.

[21] Robinson NA, Armíen AG. Tubular hypoplasia of the aorta and right atrioventricular valve dysplasia in a Bulldog. J Vet Diagn Invest. 2010; 22(4):667–70.

[22] Routh CE, Hagen RU, Else RW, Strachan FA, Yool DA. Imaging diagnosis—congenital venous aneurysm of the left external jugular vein. Vet Radiol Ultrasound. 2009; 50(5):506–8.

[23] Salmeri KR, Bellah JR, Ackerman N, Homer B. Unilateral congenital aneurysm of the jugular, linguofacial, and maxillary veins in a dog. J Am Vet Med Assoc. 1991; 198(4):651–4.

[24] Scollan K, D S. Multi–detector computed tomography of an aortic dissection in a cat. J Vet Cardiol. 2014; 16(1):67–72. doi:10.1016/j.jvc.2013.11.002.

[25] Singh A, Brisson BA. Chylothorax associated with thrombosis of the cranial vena cava. Can Vet J. 2010; 51(8):847–52.

[26] Specchi S, Olive J, Auriemma E, Blond L. Anatomic variations of feline internal and external jugular veins. Vet Radiol Ultrasound. 2012; 53(4):367–70. doi:10.1111/j.1740–8261.2012. 01936.x.

[27] Vianna ML, Krahwinkel DJ. Double aortic arch in a dog. J Am Vet Med Assoc. 2004; 225:1222–4. doi:10.2460/javma. 2004.225.1222.

[28] Walker CM, Rosado–de–Christenson ML, Martínez–Jiménez S, Kunin JR, Wible BC. Bronchial arteries: anatomy, function, hypertrophy, and anomalies. Radiographics. 2015; 35(1):32–49. doi:10.1148/rg.351140089.

[29] White RN, Burton CA, Hale JS. Vascular ring anomaly with coarctation of the aorta in a cat. J Small Anim Pract. 2003; 44(7):330–4.

[30] Yamane T, Awazu T, Fujii Y, et al. Aberrant branch of the bronchoesophageal artery resembling patent ductus arteriosus in a dog. J Vet Med Sci. 2001; 63:819–22.

[31] Yoon H–Y, Jeong S. Surgical correction of an aberrant right subclavian artery in a dog. Can Vet J. 2011; 52(10):1115–8.

第12章 肺 血 管

Randi Drees

1. 概述

使用 CT 进行肺血管造影（PA）的目的是定时采集造影剂位于肺血管中的图像，使肺血管解剖更加明显。CTPA 适用于评估血管内异常，如肺栓塞。扫描协议旨在提供高分辨率的胸部影像，以显示肺血管解剖，同时评估肺实质的变化，辅助诊断是否存在肺栓塞。

2. MDCT 成像策略

需在镇静或全身麻醉的状态下进行 CT 扫描，以保证获取图像时动物处于安全的姿势，并且注射造影剂时不会移动。使用全身麻醉还是镇静取决于动物的体况，与镇静相比，全身麻醉可以更好地控制呼吸。控制呼吸的方式分为人工控制和机械控制。控制呼吸是 CTPA 的基本操作，可以避免呼吸伪影，而呼吸伪影会使图像质量下降。

新一代 CT 设备可能会配备呼吸门控功能，但扫描呼吸急促的病例仍具有挑战性。理想状态下，麻醉或镇静后立即进行 CT 扫描，可以减轻肺不张程度，肺不张会影响局部肺血管的评估。如无其他操作，患病动物应在扫描前和扫描过程中始终保持俯卧位。

优先使用扇形束 CT 设备进行 CTPA 扫描。锥形束 CT 的采集时间通常无法采集到无运动的图像，也不能精准地在造影剂团注到达和持续在肺血管内的时间点进行扫描，给图像判读带来了挑战。

理想状态下，扫描范围应包含肺部的头侧和尾侧。显示视野（DFOV）应该包含肺部。增加 DFOV 会减少 x-y 平面的分辨率，可能会导致较小的病灶漏诊。通常，管电压设置为 100 ~ 120 kVp，管电流设置为 200 mA。螺旋扫描模式被用于所有的 CTPA 检查中。根据造影剂团注液量和注射参数，调整球管旋转时间、准直和螺距，以获得理想的覆盖区域。使用尽量短的球管旋转时间（≤1 s）。探测器螺距值设置为 ≤ 1.4 较为理想。对于单排 CT（SDCT）来说，＜10 kg 的患病动物，层厚为 2 ~ 3 mm；＞10 kg 的患病动物，层厚为 3 ~ 5 mm。对于多排 CT 设备（MDCT）来说，在＜10 kg 的患病动物中，准直和重建厚度应为 0.625 ~ 1.25 mm，而大于 10 kg 的患病动物则为 1.25 ~ 3 mm。大部分 CTPA 使用中频滤波函数即可达到诊断标准。高频滤波函数可用于评估肺实质。

理想状态下，造影剂（CM）通过前腔静脉进入心脏，一般是使用隐静脉的导管注射造影剂，除非已有颈静脉的导管。没有必要使用专用于右心室的导管。CTPA 检查需注射碘造影剂，离子型或非离子型的产品均可。CM 剂量和用量取决于检查时间，即需要肺血管增强的持续时间，尤其是动脉。扫描持续时间取决于设备性能和动物体型，同一病例中，单排 CT 较高端的 MDCT 或双源 MDCT 需要更长的时间完成扫描。标准的造影剂剂量为 600 ~ 800 mgI/kg（通常 2 mL/kg）是很好的基础值，尽管有报道称 400 mgI/kg 也是足够的。小动物的团注总量非常低，少量增加团注量并延长注射时间可以得到更好的血管造影图像。使用盐水冲洗可以帮助后段造影剂进入中心血流，同时冲刷管路中的造影剂，避免条纹伪影。所有 CTPA 检查均需使用高压注射泵，可以使团注造影剂快速且按时到达血管。通常注射压力需低于 300 PSI。扫描的起始时间为造影剂到达肺血管的时间。造影剂到达的时间与注射速度和造影剂剂量相关，也和动物的心率和血压等因素相关。虽然注射后延迟 4~6 s 扫描通常可以获得合格的图像，但仍需使用团注试验和团注追踪技术来制订患病动物个性化的 CTPA 扫描。有报道称，造影剂到达主肺动脉需 4~6 s，到达右肺动脉需 5 s。

使用中频滤波函数重建，软组织窗进行图像评估，即窗宽（~400 HU）和窗位（~40 HU）。对于病例的基本评估主要依靠扫描所获的横断面影像，而使用标准的多平面重建（MPR）或曲面重建，可以帮助勾画出特殊的结构。最小密度投影（MinIP）可以评估与肺栓塞相关的肺脏变化。特殊的血管追踪软件在人医中已有应用，但在兽医病例中尚未开展。

3. 正常 CT 解剖

3.1 肺动脉

主肺动脉（MPA）起始自右心室流出道（RVOT），在近肺动脉瓣处有一个小的球样扩张（图 12.1）。

瓣膜在 RVOT 中可能成像为薄的充盈缺损，尤其是当使用心电门控处于舒张期时。在心脏超声中，主肺动脉与主动脉的直径比（MPA ∶ Ao）上限为 0.98，但在 CTPA 上不能直接使用该数值。CTPA 中，吸气相 MPA ∶ Ao 值高于呼气相。而该值在吸气相的 CTPA 中大于心脏超声中的值，平均比率为 1.108，标准差为 0.125（图 12.2）。

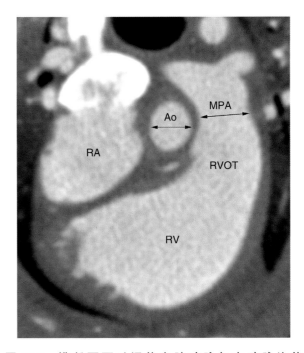

图 12.2　横断面可以评估主肺动脉与主动脉比值（MPA ∶ Ao），但该值与心脏超声不能完全对应

MPA，主肺动脉；RVOT，右心室流出道；RV，右心室；RA，右心房；Ao，主动脉。

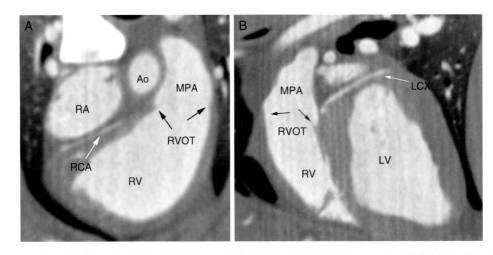

图 12.1　横断面（A）及斜矢状面（B）中主肺动脉（MPA）起始自右心室流出道（RVOT）。肺动脉瓣显影为 MPA 根部小膨胀区腹侧的一个小的充盈缺损（黑箭头）

RV，右心室；RA，右心房；Ao，主动脉；RCA，右冠状动脉；LCX，左旋冠状动脉；LV，左心室。

主肺动脉分支为左肺动脉和右肺动脉（LPA和 RPA）。LPA 向尾侧呈直线延伸，而 RPA 则绕过心基部、气管腹侧，并在穿过气管和右主支气管时形成局部压痕（图 12.3）。肺叶动脉沿着肺泡树，在支气管外侧或背侧向下级分支延伸（图 12.4）。在 CTPA 中可以看到次级肺叶分支数量与重建层厚有显著的关系，层厚在 0.625 mm 时可以得到最佳的次级分支影像。

3.2 肺静脉

肺静脉沿着支气管分支的内侧或腹侧延伸，与肺动脉相比，数量的个体差异较大。右前叶静脉和右中叶静脉，右后叶静脉和副叶静脉分别汇成主干，回流至左心房的右侧。左侧肺叶静脉通常单独回流至左心房的背侧（图 12.5）。

4. 肺血管疾病

4.1 肺动脉狭窄

肺动脉狭窄（PS）常见于 RVOT 水平或主肺动脉近端，是最常见的先天性心脏病之一，分为瓣膜型、瓣膜下型、瓣膜上型。瓣膜型是最常见的。狭窄处下游血流会形成湍流，形成 CT 可见的肺动脉狭窄后显著扩张（图 12.6）。通常可以识别出狭窄区域，但瓣膜水平的狭窄难以精准评估。评估这些疾病时，应该注意冠状动脉的位置，因为在球囊扩张术前需确定是否存在冠状动脉发育异常。外周肺动脉也可能出现狭窄。

4.2 肺栓塞

血栓阻塞肺动脉或其分支被称为肺动脉栓塞（PTE），发病率和死亡率很高。血液处于高凝状态的患病动物更易形成血栓，常见于免疫介导性贫血、肿瘤、系统性感染或炎症状态的病例，还有创伤或手术后的病例。

在 CTPA 检查中，PTE 可能显示为肺动脉完全阻塞，腔内中央或外周的充盈缺损（图 12.7）。另外，

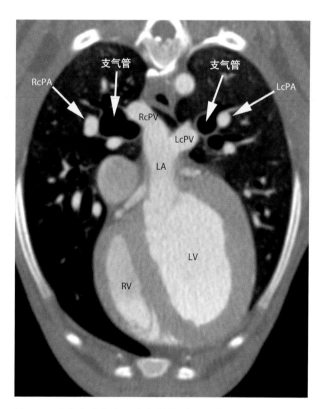

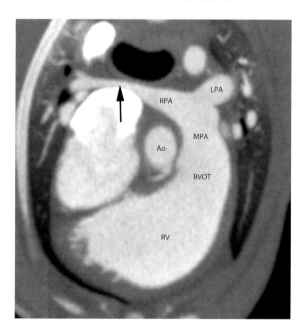

图 12.3　主肺动脉（MPA）分支为左肺动脉和右肺动脉（LPA、RPA）。右肺动脉穿过气管腹侧及右主支气管时出现正常的轻度狭窄（黑箭头）

RVOT，右心室流出道；RV，右心室；Ao，主动脉。

图 12.4　肺动脉分布于支气管的外侧和背侧，肺静脉在支气管内侧

RcPA，右后叶肺动脉；LcPA，左后叶肺动脉；RcPV，右后叶肺静脉；LcPV，左后叶肺静脉；LA，左心房；LV，左心室；RV，右心室。

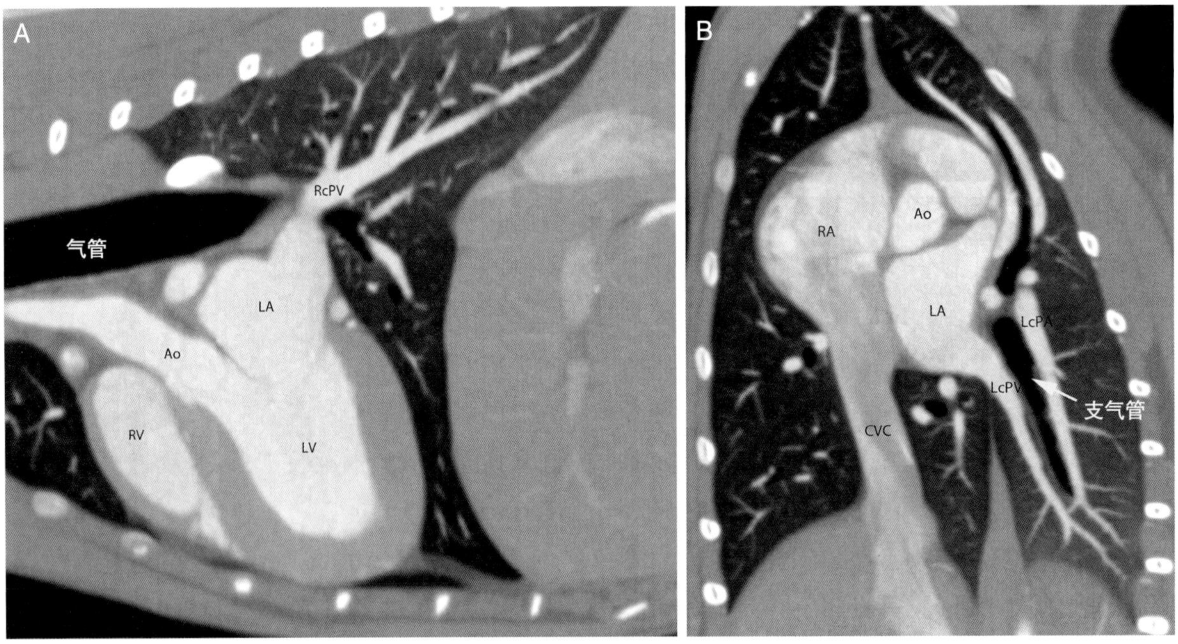

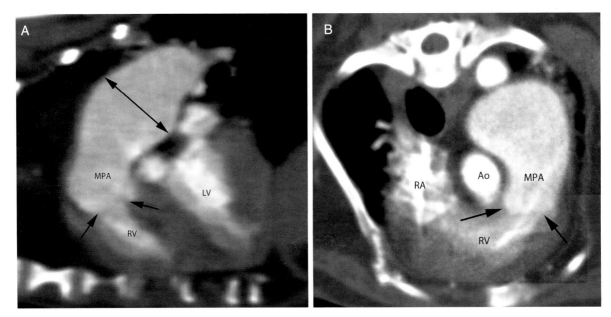

图 12.5　肺静脉汇入左心房

A. 显示右后叶肺静脉（RcPV）从右背侧进入左心房。B. 显示左后叶肺静脉（LcPV）从左侧进入左心房。LV，左心室；RV，右心室；RA，右心房；Ao，主动脉；LcPA，左后叶肺动脉；CVC，后腔静脉。

图 12.6　1 岁斗牛犬，瓣膜水平肺动脉狭窄（箭头）的斜矢状面（A）和横断面（B）。注意主肺动脉（MPA）狭窄后扩张（斜矢状面中的双箭头）。主观评估 MPA ：Ao 值增大

RV，右心室；RA，右心房；LV，左心室；Ao，主动脉。

肺动脉变细也是栓塞的指征之一。肺动脉腔轮廓不规则，与对侧血管的衰减值不同（即左、右后叶肺动脉对比），或没有确切鉴别诊断的多灶性肺泡型变化均为怀疑肺栓塞的标准征象。使用传统的 MDCT 进行 CTPA 检查难以诊断亚段 PTE，可通过使用双能量 CT 设备改善（参见第 13 章）。

4.3 肺动脉高压和心丝虫

肺动脉高压本身是不能通过 CTPA 评估的，需通过心脏超声或导管进行检查。在没有肺动脉狭

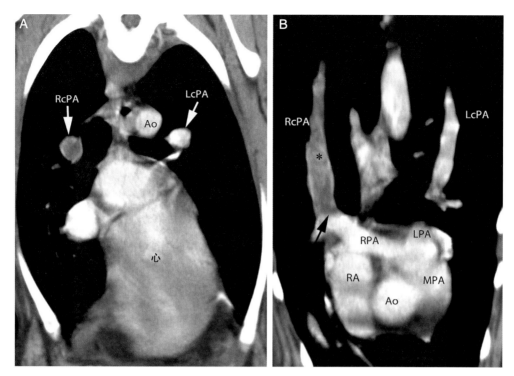

图 12.7 右后叶肺动脉（RcPA）肺栓塞（PTE）的横断面（A）和斜矢状面（B）图像。注意与正常充盈良好的左后叶肺动脉（LcPA）相比，右后叶肺动脉的造影剂充盈缺损（斜矢状面的箭头及 *）

Ao，主动脉；RA，右心房；RPA，右肺动脉；LPA，左肺动脉；MPA，主肺动脉。

窄的病例中出现了肺动脉扩张，大多与肺静脉疾病相关。肺纤维化最常见于㹴类犬，需关注肺动脉的直径，用以辅助其他非特异性的 CT 征象来诊断肺实质疾病。心丝虫感染可发生于热带、亚热带和暖温带地区，导致免疫介导性肺动脉病变，可能会出现动脉壁增厚（通常使用显微镜诊断）、血管直径增大且屈曲，以及血管周围浸润。PTE 可能由未成熟的成虫引起，导致肺动脉内的充盈缺损。

参考文献

[1] Drees R, Frydrychowicz A, Keuler NS, Reeder SB, Johnson R. Pulmonary angiography with 64–multidetector–row computed tomography in normal dogs. Vet Radiol Ultrasound. 2011; 52 (4):362–7.

[2] Fujii Y, Ishikawa T, Sunahara H, Sugimoto K, Kanai E, Kayanuma H, Mishina M, Aoki T. Partial anomalous pulmonary venous connection in 2 Miniature Schnauzers. J Vet Intern Med. 2014; 28(2):678–81.

[3] Goggs R, Chan DL, Benigni L, Hirst C, Kellett–Gregory L, Fuentes VL. Comparison of computed tomography pulmonary angiography and point–of–care tests for pulmonary thromboembolism diagnosis in dogs. J Small Anim Pract. 2014; 55(4):190–7.

[4] Granger LA, Pariaut R, Vila J, Coulter CE, Rademacher N, Queiroz–Williams P. Computed tomographic measurement of the main pulmonary artery to aortic diameter ratio in healthy dogs: a comparison to echocardiographically derived ratios. Vet Radiol Ultrasound. 2016; 57 (4):376–86.

[5] Habing A, Coelho JC, Nelson N, Brown A, Beal M, Kinns J. Pulmonary angiography using 16 slice multidetector computed tomography in normal dogs. Vet Radiol Ultrasound. 2011; 52 (2):173–8.

[6] Kang MH, Park HM. Evaluation of autologous blood clot subsegmental pulmonary thromboembolism in minimally invasive experimental canine model. Int J Exp Pathol. 2013; 94(5):329–35.

[7] Ledda G, Caldin M, Mezzalira G, Bertolini G. Multidetector–row computed tomography patterns of bronchoesophageal artery hypertrophy and systemic–to–pulmonary fistula in dogs. Vet Radiol Ultrasound. 2015; 56(4):347–58.

[8] Lee CM, Kim JH, Kang MH, Eom KD, Park HM. Unusual congenital pulmonary anomaly with presumed left lung hypoplasia in a young dog. J Small Anim Pract. 2014; 55(5):274–7.

[9] Locatelli C, Spalla I, Domenech O, Sala E, Brambilla PG, Bussadori C. Pulmonic stenosis in dogs: survival and risk factors in a retrospective cohort of patients. J Small Anim

Pract. 2013; 54 (9):445–52.

[10] Macgregor JM, Winter MD, Keating J, Tidwell AS, Brown DJ. Peripheral pulmonary artery stenosis in a four–month–old west highland white terrier. Vet Radiol Ultrasound. 2006; 47 (4):345–50.

[11] Makara M, Dennler M, Kuehn K, Kalchofner K, Kircher P. Effect of contrast medium injection duration on peak enhancement and time to peak enhancement of canine pulmonary arteries. Vet Radiol Ultrasound. 2011; 52(6):605–10.

[12] Markovic LE, Kellihan HB, Roldán–Alzate A, Drees R, Bjorling DE, Francois CJ. Advanced multimodality imaging of an anomalous vessel between the ascending aorta and main pulmonary artery in a dog. J Vet Cardiol. 2014; 16(1):59–65.

[13] Seiler GS, Nolan TJ, Withnall E, Reynolds C, Lok JB, Sleeper MM. Computed tomographic changes associated with the prepatent and early patent phase of dirofilariasis in an experimentally infected dog. Vet Radiol Ultrasound. 2010; 51(2):136–40.

[14] Takahashi A, Yamada K, Kishimoto M, Shimizu J, Maeda R. Computed tomography (CT) observation of pulmonary emboli caused by long–term administration of ivermectin in dogs experimentally infected with heartworms. Vet Parasitol. 2008; 155(3–4):242–8.

[15] Tang CX, Zhang LJ, Han ZH, Zhou CS, Krazinski AW, Silverman JR, Schoepf UJ, Lu GM. Dualenergy CT based vascular iodine analysis improves sensitivity for peripheral pulmonary artery thrombus detection: an experimental study in canines. Eur J Radiol. 2013; 82(12):2270–8.

第13章 肺 及 气 道

Giovanna Bertolini

1. 概述

CT之所以在肺部疾病检查中优于其他影像技术，是因为其可以为各种结构提供良好解剖细节。临床中有多种情况需要对肺部进行综合评估。CT扫描通常适用于患有肺部肿物或结节、呼吸道疾病以及存在呼吸道症状但X线征象不明确的动物。此外，肿瘤分期和胸部创伤病例也需要CT评估肺部。现在的MDCT设备能够在动物一次屏气（呼吸暂停）中采集整个胸部各向同性（x=y=z）的数据，可以在任一平面上以相同的分辨率显示图像。这进一步提高了CT在肺实质及小气道疾病上的诊断能力，并可提供更多肺脏团块、气道和血管疾病的细节信息。随着CT技术的进步，肺部成像也出现了变化，肺脏作为一个在自然状态下为动态的器官需要快速采集图像，而其复杂的解剖结构要求各向同性分辨率，以展现细微的解剖细节并进行真正的3D分析。随着在任一平面上空间分辨率的最大化，MDCT的征象往往与病理的征象高度接近，从而缩小鉴别诊断范围，并指导选择最合适的进一步诊断方法。

2. MDCT成像策略

镇静或麻醉下接受胸部CT检查的动物在麻醉诱导和麻醉维持期间应保持俯卧位来进行所有检查。无意识的动物会快速出现肺不张，可能会掩盖一些实质的变化，影响图像质量。应避免侧卧位和仰卧位，除非是创伤患者，先进行侧卧扫查排除脊柱损伤（见第21章）。

小动物胸部影像成像技术在扫描协议、图像质量及结果判读存在显著差异。制订适合的扫描协议需仔细检查患病动物的病史及临床症状，并在扫描时对患病动物的临床状况进行评估。理想的扫描协议可以最大限度地提高CT的诊断能力，同时将患病动物的风险降至最低。与人相同，评估犬猫肺实质和小气道疾病的形态需要高分辨率CT（HRCT）数据。HRCT的主要目标是发现、描述和确定疾病累及肺实质及小气道的程度。兽医文献中描述了使用传统和螺旋CT设备评估间质性肺脏疾病的HRCT技术。HRCT经典地结合了采集和重建参数（轴扫或进床模式、高mAs、低准直和精确的重建算法），以获取最优的解剖细节。参数的选择反映了设备能力以及临床适应证。使用轴扫或进床（incremental）HRCT，以5~10 mm的间隔获得整个肺部平面内（x–y）图像，并且在呼气暂停期间获取薄层图像（1.5~2.5 mm），以最大程度减小运动伪影。该HRCT协议也可用于双层CT和第一代MDCT扫描设备。由此产生的各向异性数据只能在轴向（x–y）平面上进行解读。使用更先进的MDCT扫描设备（16排或以上）可以在单次屏气（呼吸暂停）中通过较低的、接近各向同性的准直和较短的重建间隔完成胸部扫描。随着64-MDCT扫描设备的出现，全肺的螺旋各向同性或容积HRCT扫描可以在几秒钟内完成。容积HRCT数据集可以在任何空间平面上查看，因为所有平面上的图像质量都是相同的，这有助于评估和解读弥漫性实质性疾病和小气道疾病的分布。最新的 MDCT 扫描设备能够使用不同的重建参数对胸部进行常规容积 HRCT 评估，同时评估肺实质、小气道、支气管、血管树和肺外结构。在这种情况下，对肺部的全面评估需要增强前和增强后的序列。主要评估肺实质和小气道时不需要使用造影剂，肺内的造影剂可能会掩盖细微的征象。造影增强序列用于评估肺血管系统（见"肺血管"一章）、肺灌注以及肺外结构的定性和定量评估。

与大多数 MDCT 的其他临床应用一样，肺部评估，尤其是需要高分辨率的实质和小气道评估需要在麻醉下进行。在患有严重肺脏疾病的病例中这一要求无法完全达到。人的 HRCT 扫描协议，尤其是评估小气道疾病时会包含吸气和呼气序列。显然，这种方法在兽医病例上是不可能实现的。笔者个人的建议是对病例使用机械通气，在扩张性呼吸暂停（呼气性呼吸暂停前）时获得图像，有助于检测空气滞留。

已有在进行 16-MDCT 时，仅使用物理保定措施无化学保定，来评估动物上呼吸道阻塞的文献。然而，由于存在运动和呼吸伪影，清醒状态犬猫获得的容积数据几乎没有办法用来评估肺实质和血管结构。此外，对清醒动物进行保定（即使是几秒钟）可能会造成非常大的压力，并导致呼吸状况恶化。现在可以使用最先进的 MDCT 或 DSCT 扫描设备对清醒病例进行 HRCT 容积扫描（无伪影或伪影极小）。例如，320-MDCT 扫描设备能够在单次 0.35 s 旋转中进行轴向长度为 16 cm（50 cm 视野）的容积扫描。可以使用连续静态调强（step-and-shoot）协议来扩大扫描范围。迄今为止，还没有任何报告描述患病动物进行 320-MDCT 扫描的情况。笔者的医院在 2014 年安装了第二代 DSCT 扫描设备，可以使用 "flash mode 进行螺旋扫描。该扫描模式结合了 458 mm/s 的扫描速度和 75 ms 的时间分辨率，将胸部 HRCT 扫描时间减少至 0.4 ~ 1.5 s。笔者的协议包括 0.6 mm 的层厚、0.3 mm 的重建间隔，以及用于清醒病例同时评估肺和软组织的双重建算法。

显示参数（尤其是窗宽和窗位）对准确解读肺部 CT 数据有着至关重要的影响，这与数据采集方式无关。间质和小气道疾病可能仅出现细微的变化。当使用不适当的窗口设置进行评估时，可能会因为肺衰减的细微变化与正常肺实质之间的差异较低而被忽略。用于人肺部评估的经典预设值（窗宽 1500 HU，窗位 –700 HU）可用作大多数兽医病例的初始设置。然而，对于其他解剖区域，选择合适的肺窗并不等同于使用固定的窗值。例如，设置较窄的肺窗可能会增加正常肺和低衰减区域之间的差异，这是评估肺栓塞所必需的。

最新的肺容积 MDCT 方法包括同时评估 2D MPR 和 3D 容积后处理（MIP、MinIP、容积重建和腔内技术）图像。特别是 MPR 的标准面（横断面、矢状面、冠状面）和多斜平面有助于完整显示纵向结构，如支气管血管分支以及它们与周围实质结构的关系。MIP 可以快速评估小的高衰减病灶，如微结节和肺结节，并确定它们在肺实质中的分布。MinIP 对于快速检测、评估局灶或弥漫性低衰减肺部病变非常有用，如肺大疱及肺气肿。薄层 MinIP 也可用于检测早期肺实质高衰减变化，如不明显的或小的磨玻璃样变化。VR 技术在肺血管和肺外血管的综合评估以及肺肿瘤的术前评估中更有用。

3. 实质疾病的 MDCT 征象

准确解读肺部 CT 数据需要对兽医病例的肺部解剖有基本了解。实质结构解剖可大致分为肺气体交换单位和肺间质。由于间质组织在不同物种之间有一定差异，一些人医 HRCT 类型描述与兽医病例并不相似。由于技术限制或不适当的扫描协议及检查策略，有几种 CT 分型在兽医病例中不明显。通常使用普通的图像采集参数（尤其是非各向同性）时，其 CT 征象与肺泡水平以下疾病的微观分布无关。

HRCT 的征象与病理结果密切相关，但通常是非特异性的。然而，结合 HRCT 的征象特点及其解剖部位分布，可以提出最可能的诊断。当早期发现异常时，这些征象通常可用于预测肺部疾病的病因和病理生理机制，并指导选择最合适的进一步诊断方法（如支气管肺泡灌洗或肺活检）。就放射相关资料来说，肺部 HRCT 的解读基于对异常分型的识别和描述。混合型在兽医病例中很常见，特别是那些患有慢性呼吸道疾病的病例。要准确解读肺部原发性和继发性病变的征象，必须了解肺部疾病的基本生理病理机制和随后的 CT 表现。

3.1 MD-HRCT 的基本分型方法

肺的分型大致可分为高衰减和低衰减两类。正常肺的衰减为 –900 ～ –700 HU。高衰减的分型包括密度升高的情况，主要发生在肺部通气减少（如实变）时。相反，低衰减的分型包括肺衰减降低的情况，表明空气含量增加（如肺气肿）（图 13.1）。

3.1.1 高衰减型

高衰减型的特点是肺实质广泛性或局灶性衰减升高。相关的情况包括结节、线性征、磨玻璃样衰减增强、肺实变及肺塌陷。

结节

在兽医病例中，经常使用高空间分辨率的容积 MDCT 数据集检测肺结节和微结节。肺结节在实质中表现为边界清晰或不清晰的圆形或不规则影像。通常在大小、形状、边界清晰度、密度、数量和位置方面有更多的特征。一些研究比较了 CT 和 X 线片检测肺结节的敏感性，但没有关于 HRCT 评估小动物肺结节的研究。在人医中，结节通常分为小结节（＜1 cm）或大结节（1 ～ 3 cm）（图 13.2）。患病动物的标准肺部 CT 评估也可以检测到结节。在 HRCT 图像上，微结节表现为离散

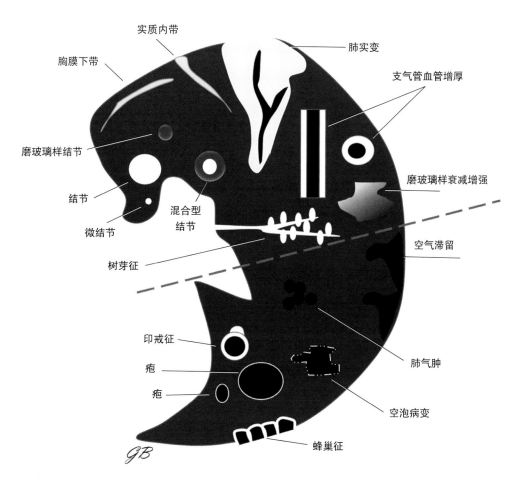

图 13.1　CT 高衰减和低衰减分型示意图

的、小的、圆形的、局灶性影像，直径＜3～5 mm（图 13.3）。犬猫肺部 HRCT 检查时经常会遇到稀疏分布的微结节。它们很难进行解读，且由于太小而无法取样。老年犬肺脏的矿化微结节（通常＜3 mm）可能为良性疾病（即肺的骨化生）（图 13.4）。然而在老年肿瘤病例中，良性的骨化生和

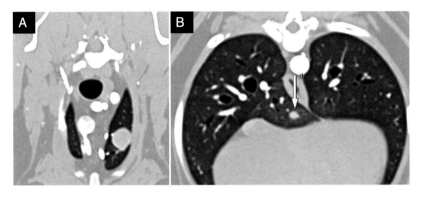

图 13.2　A. 犬左前叶肺结节（转移性黑色素瘤）。B. 同一病例副叶小结节（箭头）

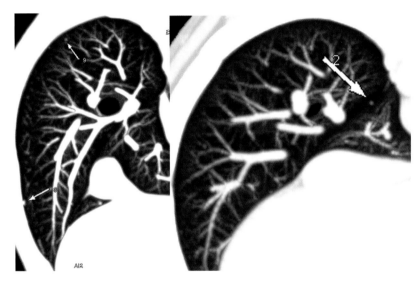

图 13.3　使用 CT 进行分期的两例犬肿瘤病例（乳腺癌和肛囊腺癌）中稀疏分布的微结节

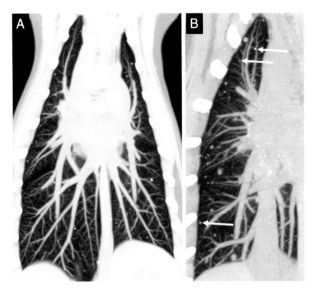

图 13.4　10 岁比格犬肺良性微结节（肺骨化生）

肺转移可以同时存在。这些病例的微结节应考虑其潜在肺转移的可能，提示进一步的 CT 检查。结节增大提高了其为恶性的可能性。多个肺脏微结节随机分布在肺间质内，可能提示早期的肺转移（图 13.5～图 13.7）。小叶中心的微结节伴线形分枝，形成"树芽"（"tree-in-bud"）型，在人医中已有很完善的描述，在兽医病例，尤其是在猫中也存在。这种分型可能出现在许多支气管内和支气管周围疾病中。反映了小叶中心支气管被黏液、脓液或液体阻塞，导致支气管扩张，并伴有细支气管周围炎症（图 13.8）。

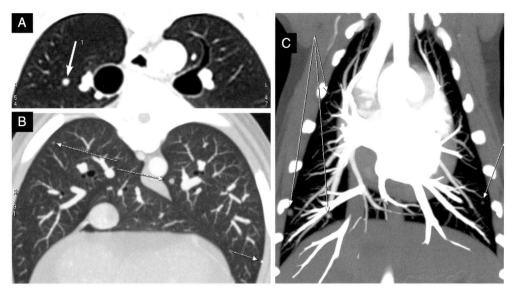

图 13.5　A. 甲状腺癌患犬的小肺结节（怀疑转移）。B. 脾脏血管肉瘤患犬早期转移灶，同时存在胸膜下肺骨化生（左叶，腹侧）。C. 乳腺癌患犬肺转移的冠状面 MIP 图像

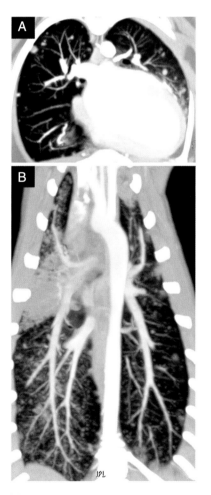

图 13.6　肺转移

A. 脾脏血管肉瘤患犬的转移。大量小结节呈随机分布（血源性转移）。B. 原发性肺癌的肺转移。右中叶和左前叶尖端实变，有弥散性边界不清（磨玻璃）的结节，以及多个小的边界清晰的结节。

线性征

线性征是高衰减型中一大类，提示肺间质增厚。兽医病例常见外周、胸膜下以及支气管血管周围的间质增厚。据报道，患有慢性间质性肺病（如西高地白㹴的特发性肺纤维化）的犬，以及癌症浸润性肺转移的犬猫均存在一些网格型变化（图 13.9）。

磨玻璃样衰减增强

磨玻璃样衰减增强（GGO）表现为弥漫性或局灶性肺实质衰减增加，保留支气管和血管边缘影像。因此 GGO 的密度低于肺实变，肺实变会让支气管血管束被覆盖。形成 GGO 的基本机制是肺泡中的空气被部分取代。间质和肺泡疾病会导致磨玻璃样衰减增强。原因包括肺泡内部分或全部充满液体或细胞；肺泡壁细胞增生、肿瘤浸润或间质增厚引起肺泡壁厚度增加；由于毛细血管流入增加或流出减少而引起毛细血管血容量增大；或以上两种或多种机制组合。因此 GGO 的鉴别诊断可能包括炎性疾病、肺泡出血和（或）肿瘤浸润（图 13.10 ~ 图 13.12）。对这样的衰减增强进行解读可能会比较困难，并需要结合病例的病史（急性或慢性呼吸道症状）、实际症状及临床的怀疑。对存在弥漫性磨玻璃样衰减增强和呼吸道症状的病例

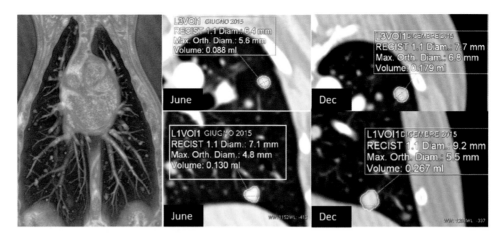

图 13.7　肾上腺癌患犬的肺转移性结节体积增长的评估。CT 监测以评估肿瘤的化疗反应

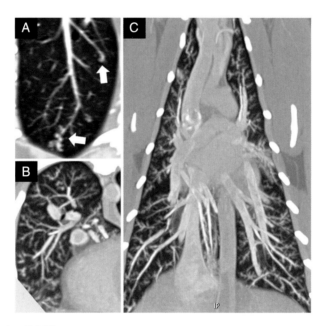

图 13.8　"树芽征"（"tree-in-bud"）型

A. 甲状腺癌患犬结节分布呈小叶中心线型分支样表现。B、C. 口腔鳞状细胞癌患猫的横断面及冠状面，呈弥漫性"树芽征"型。支气管肺泡灌洗液和细胞分析诊断为严重的非特异性慢性肺炎（含有淋巴细胞、粒细胞、巨噬细胞成分）。薄层 MIP 有助于检测这一肺型。

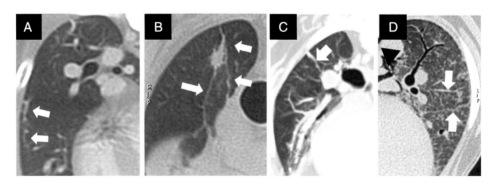

图 13.9　线性征

A. 猫的胸膜下增厚（非特异性混合炎症）。B. 患有败血性胸膜炎和慢性间质性肺病的西高地白狼，实质内带样影像与肺纤维化一致（经组织病理学证实）。C. 另一只患有慢性间质性肺病的西高地白狼。箭头指示实质内增厚的带样影像，反映了间质增厚。D. 美国斯塔福猎犬弥漫性间质增厚。注意实质内带样影像以及弥漫的网格样分型。无尾箭头（黑色）指示纵隔积气。

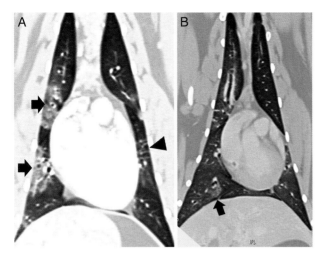

图 13.10　猫高衰减间质型

A. 箭头指示肺局部磨玻璃样衰减增强（血管和支气管结构仍可见）。无尾箭头指示实质内带样影像。B. 箭头指示小的磨玻璃样区域。注意支气管血管周围间质增厚（圆形）。

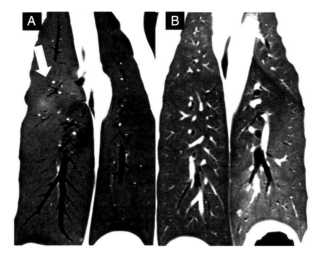

图 13.11　淋巴瘤患犬的磨玻璃样衰减增强

A. 冠状面 MinIP 图像显示右前叶和右中叶的磨玻璃样区域（箭头）。B. 另一只 B 细胞淋巴瘤患犬的冠状面 MPR 图像。注意整体密度升高，尤其是左后叶。

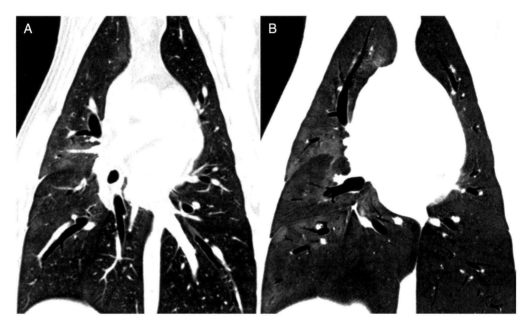

图 13.12　一只抗凝剂中毒的拉布拉多寻回猎犬右侧肺叶广泛性磨玻璃样衰减增强

A. 冠状面 MPR 图像。B. 同容积 MinIP 有助于检测磨玻璃样区域（肺泡出血）。

可能需要进行支气管肺泡灌洗。

　　磨玻璃样结节是非固态实体的薄雾样衰减增加。混合型结节有实体的核心以及不清晰的边界。据报道这些结节发生在肺纤维化（间质增厚）、恶性肿瘤（即淋巴瘤）、癌和骨肉瘤的早期转移以及转移性血管肉瘤的病例中（图 13.13～图 13.15）。肺结节或团块外周环形磨玻璃样衰减增强的征象被称为"光晕"征（"halo sign"）。这一征象在人医的几种恶性和非恶性疾病中都有描述，外层的磨玻璃样衰减增强通常提示出血或炎症浸润。一系列患有肿瘤性肺结节的犬中存在"光晕"征，组织学符合肿瘤扩张、坏死和（或）纤维化。"反晕"征表现为局灶性圆形的磨玻璃样衰减增强，外周环绕差不多完整的环形实变影像。已有关于

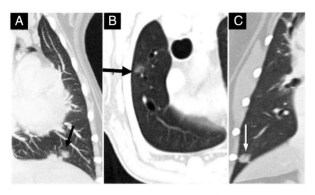

图 13.13　A. 组织细胞肉瘤患犬的磨玻璃样结节。B. 转移性脾血管肉瘤患犬的磨玻璃样结节。C. 伊文思综合征患犬的磨玻璃样结节（局灶性出血）

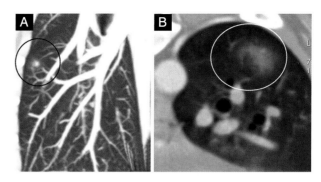

图 13.14　有实体核且边界不清的混合型结节（转移性血管肉瘤）

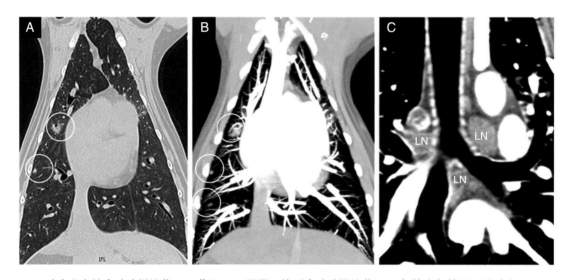

图 13.15　A. 肺炎患犬的磨玻璃样结节。B. 薄层 MIP 更易于检测磨玻璃样结节。C. 气管支气管淋巴结肿大
LN，淋巴结。

犬此征象的描述，提示肿瘤结节的坏死和（或）出血（图 13.16）。

肺梗死

肺梗死是由栓子或其他闭塞性血管疾病阻塞供血肺动脉引起。梗死的典型表现为一个密度升高的三角形区域，其底部靠近胸膜，尖端朝向肺门（图 13.17）。高衰减区代表局部实质出血，可能演变为坏死，但组织活性由支气管动脉供血维持（尽管伴有节段性支气管动脉肥大）。

肺实变

磨玻璃样衰减增强和肺实变的区别依赖于肺衰减增加的程度。实变表现为肺实质衰减均匀增强，血管和气道壁的边缘影像模糊（图 13.18）。实变

可能会看到空气支气管征，通常表明支气管腔与疾病进程无关。大面积肺实变可以很容易地在肺部 X 线片及标准 CT 上发现，HRCT 不会提供更多的信息。然而，HRCT 可能会发现早期或小面积的实变，这可能会影响后续诊断和治疗方案的制订。

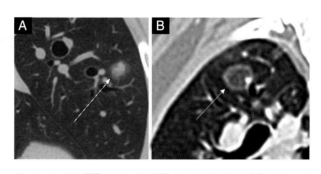

图 13.16　"光晕"征和"反晕"征（更多说明请参见正文）

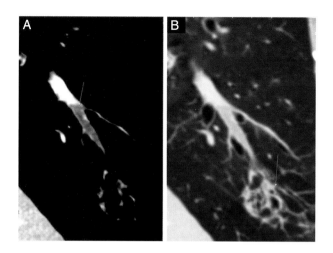

图 13.17　肺梗死

A. 肺栓塞。B. 栓塞供应区域的肺梗死。

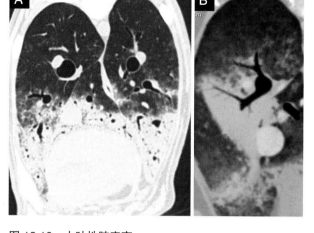

图 13.18　大叶性肺实变

A. 细菌性肺炎患犬。腹侧区域肺脏密度升高且支气管血管模糊。B. 空气支气管征。

肺不张

　　肺不张是指肺的全部或部分通气减少，导致受影响部分的容积减少和衰减增加。在标准 CT 上很容易检测到肺不张，HRCT 不会提供更多的信息。然而，HRCT 可能显示出伴有肺不张的小气道或实质性病灶，这有助于病因的诊断。根据潜在的发病机制，可以识别不同类型的肺不张。一般来说，

被动和主动机制会导致不同原因的肺不张。麻醉状态下 CT 扫查的病例经常会出现近外缘肺脏的非病理性被动性肺不张（摆位相关的肺不张）。如前所述，病例在诱导麻醉后置于俯卧位（最好直接在 CT 台上，立即定位），以尽量减少这种形式的肺不张。胸腔积液和气胸可发生被动性肺不张（图13.19）。有时会使用"肺塌陷"一词，但应在完全

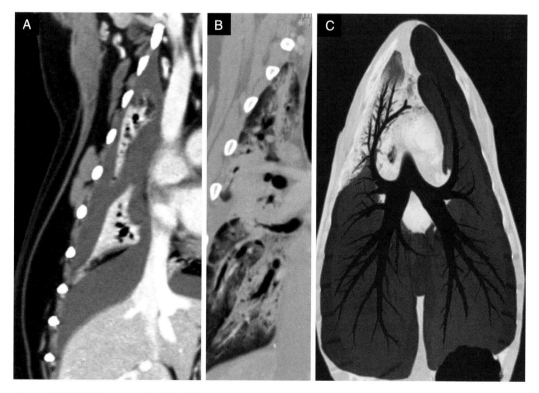

图 13.19　A、B. 胸腔积液患犬肺不张（被动性肺不张）。**C.** 右前叶肺塌陷患犬的 MinIP 图像，塌陷的肺内支气管结构可见

性肺不张时使用。在这种情况下，塌陷的肺内支气管结构可能会显影，必须与肺实变区分开。当胸内肿物挤压肺实质时会发生被动性肺不张。肺不张的其他原因包括急性呼吸窘迫综合征或肺泡表面活性剂缺乏引起的肺泡粘连，后者在小动物中罕见。最后，区域性肺不张可能是因自发性或医源性胸膜肺损伤后导致的瘢痕形成或回缩。局灶性肺不张可能会与肿瘤相混淆，如圆形肺不张，这是由胸膜疾病引起的外周肺泡塌陷。人医的圆形肺不张已有了很好的解释，圆形的肺塌陷与纤维化的胸膜内陷以及纤维化增厚的小叶间隔相关，呈现团块样外观。血管屈曲排列，并汇集至团块样病灶（"彗星尾"征）（图 13.20）。肺不张在造影后表现为均匀增强，可能会误诊为肺癌。

3.1.2 低衰减型

低衰减型是一个较大的类别，包含了所有因通气增加而使肺实质呈低衰减的情况。

空气滞留

空气滞留是指由于阻塞导致空气滞留在肺的远端。已在患有严重间质性肺部疾病的犬中描述，但也在其他临床情况下出现，如支气管塌陷（支气管软化）。在呼气末时评估空气滞留最佳，此时肺的通气和膨胀最小。空气滞留的区域呈高透射线性，且体积未减小（图 13.21）。正如本章前文提到的，笔者的经验表明，机械通气病例肺膨胀后的呼气性呼吸暂停期间更容易检测到空气滞留。

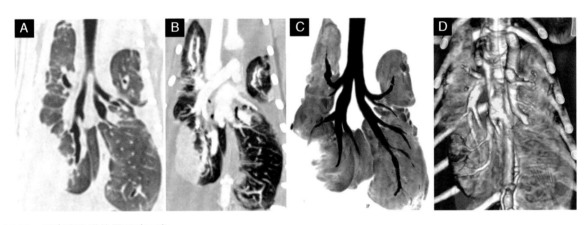

图 13.20 乳糜胸患猫的圆形肺不张
增强前（A）、增强后（B）和冠状面 MinIP 图像（C）显示右后叶团块样病灶。容积重建图像清晰显示了"彗星尾"征（D）。组织病理学检查显示圆形肺不张区域没有肿瘤细胞。

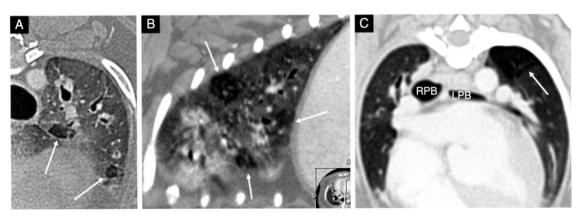

图 13.21 患有严重慢性间质性肺炎（肺纤维化）的西高地白㹴的横断面和矢状面图像（A、B）。箭头指示空气滞留区域。支气管狭窄患犬的空气滞留（箭头）（C）

RPB，右主支气管；LPB，左主支气管。

"蜂巢"征

"蜂巢"征是指出现坏死和纤维化的肺组织，其中含有许多纤维化厚壁的小囊性空腔。它代表各种肺部疾病的晚期，包括慢性间质性疾病（如犬特发性肺纤维化）。呈直径相近、壁清晰的囊性病变，通常分布在胸膜下（图 13.22）。

肺大疱

肺大疱是肺实质中局灶区域的肺气肿，没有明显的壁影像（它们可能被结缔组织包围）。它们是由肺泡内隔膜破裂，随后空气在肺组织中积聚引起的。疱的特点是空气聚集在肺的外周区域的脏胸膜内。肺大疱的大小是多变的。可能在因各种原因进行 MDCT 肺部检查时偶然发现，但常与犬自发性气胸有关（图 13.23 ~ 图 13.25）。兽医文献中有一些研究比较了使用 CT 和 X 线检测自发性气胸病例肺大疱的敏感性，结果是不一致的。CT 在检查这些病变时比 X 线更有效，但并非所有病变都能在胸部 CT 扫描中轻易识别出来。在实际病例中，大量的气胸会使肺大疱很难与周围胸膜内

的气体区分开。此外，破裂的肺大疱可能表现为局部的肺实变，很难与周围塌陷的肺组织（被动性肺不张）区分开，这些情况在气胸病例中都会存在。根据笔者使用 16-MDCT 设备的经验，以及文献中描述的病例报道，肺塌陷及运动伪影（如呼吸、心跳）会严重影响图像质量，从而影响 CT 对这些病例肺部的诊断能力。对于自发性气胸病例，笔者会在麻醉后未通气时进行初次扫描，对

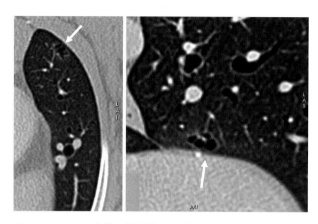

图 13.22　一只犬的"蜂巢"征（箭头）。胸膜下囊性空腔伴厚的纤维化壁

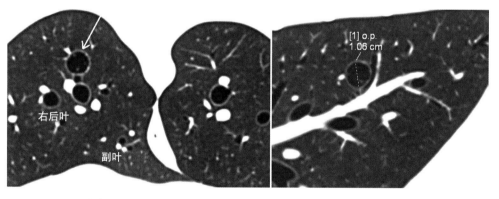

图 13.23　一只犬偶然发现的肺大疱

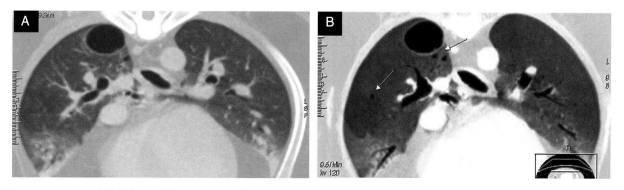

图 13.24　A. 一只犬的横断面图像，偶然发现胸膜下肺大疱。B. 同一图像使用 MinIP 分析，肺内可见多个小含气病灶（箭头）

肺和胸膜腔进行总体评估（量化和排除气胸的其他原因），随后在 CT 扫描床上进行胸腔穿刺复张肺脏后再进行薄层扫描（图 13.26）。

空泡病变

其他局灶性低衰减病变包括含有空气或少量液体的囊样病变。分类包括良性病变（如局灶性支气管扩张，支气管囊肿、脓肿）和恶性肿瘤、结节（如癌）。通常会存在其他 CT 征象（如并发实体结节性病灶、胸腔积液、淋巴结肿大）辅助解读（图 13.27 和图 13.28）。

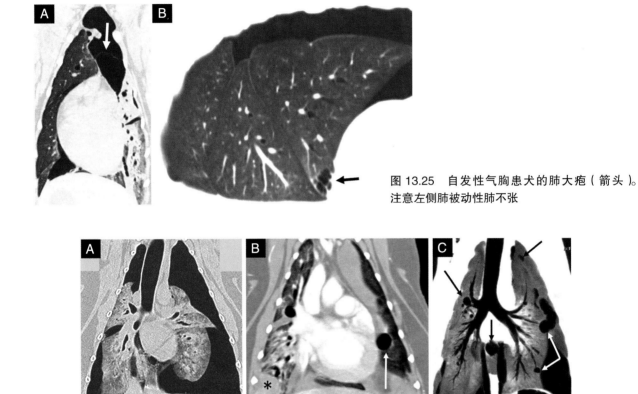

图 13.25　自发性气胸患犬的肺大疱（箭头）。注意左侧肺被动性肺不张

图 13.26　气胸和肺癌患犬相同容积下不同序列的 CT 图像
A. 第一个序列（肺为主）显示双侧气胸和弥散性肺不张。B. 胸腔穿刺和肺扩张后获得的造影后序列（软组织为主）显示肺大疱（箭头）和右后叶肿物（＊）。C.MinIP 图像显示多个含气的肺部病变（箭头）。

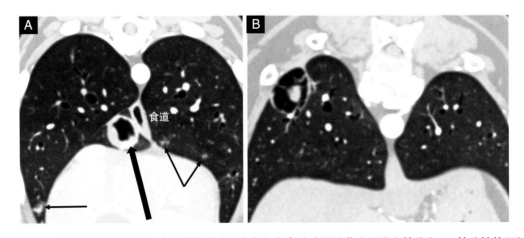

图 13.27　A. 副叶的含气病变（肺癌）。注意其他肺叶中存在多个磨玻璃样结节（可能为转移）。B. 转移性软组织肉瘤患犬的不规则空泡样病变伴中心实质结节

肺气肿

肺气肿的特征是终末细支气管远端含气空间永久性扩张,同时肺泡壁被破坏(CT 上不可见)。在人医,肺气肿的 CT 征象描述基于其在次级肺叶上的分布。到目前为止还没有关于犬猫肺气肿 CT 子分类的报道。然而已有几种肺气肿的类型报道,且在 CT 上很容易识别。通常肺气肿的 CT 表现为局灶性或区域性衰减降低,通常没有壁的影像(与"蜂巢"征形成对比)。据报道,发生肺扭转的肺叶会出现囊样肺气肿(图 13.29 和图 13.46)。大疱性肺气肿的特征是肺实质内存在界限分明的含气腔(实质内大疱)。它们通常较大且融合形成,有时呈海绵样(图 13.30)。大疱性肺气肿是犬自发性气胸众多的病因之一(图 13.30)。一个或多个肺叶细支气管被阻塞,肺叶过度通气,同时纵隔向对侧移位。这一情况在年轻的松狮犬、杰克罗素㹴、京巴犬、博美犬、西施犬及史宾格犬上均有描述。可能是先天性或获得性的。犬获得性肺气肿的报道包括支气管软骨异常引起呼气时支气管塌陷(空气滞留的机制)(图 13.31 和图 13.32)。

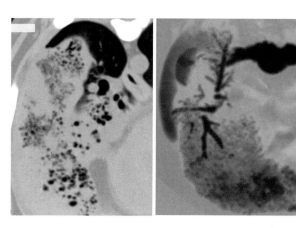

图 13.29　犬肺扭转时的囊样肺气肿

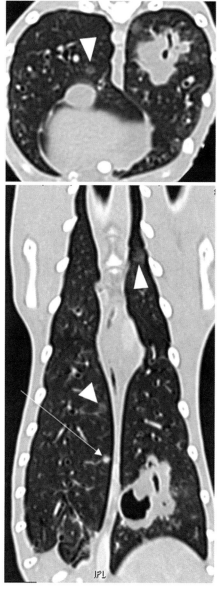

图 13.28　猫的转移性骨肉瘤。注意左后叶的腔性肺病变。广泛性支气管血管周围间质增厚、转移性微结节(箭头)和磨玻璃样结节(无尾箭头)

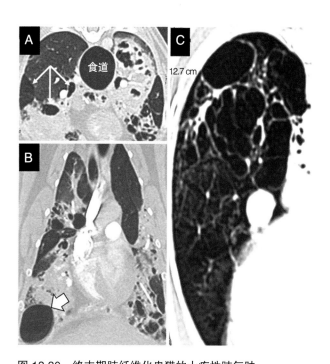

图 13.30　终末期肺纤维化患猫的大疱性肺气肿

A、B. 肺实质的囊性变化(大箭头)和空气滞留区域(箭头)。食道显著扩张。C. 幼犬的大疱性肺气肿损伤(原因不明)。

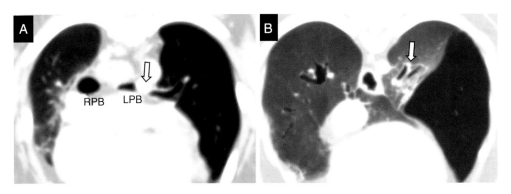

图 13.31　A. 一只巴哥犬左主支气管（LPB）狭窄（箭头）伴左前叶肺气肿。B. 箭头指示左侧次级支气管狭窄。注意重力侧高透射线性的肺叶

RPB，右主支气管。

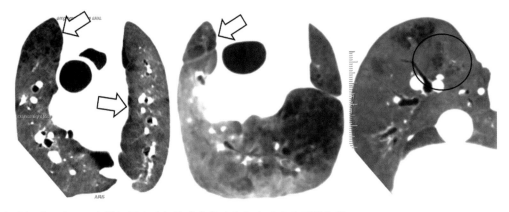

图 13.32　犬肺气肿，类似于人的间隔旁肺气肿（大箭头）和小叶中心型肺气肿

间质性肺气肿（PIE）是指血管周围间质和淋巴管中存在空气（图 13.33）。人的 PIE 常见于对早产儿使用机械通气或持续性正压通气后，气压过大引起肺泡过度膨胀破裂后的结果。成年人的自发性 PIE 罕见。在兽医中，其首次报道于一只患有严重肺部疾病的犬，通气且使用 16-MD-HRCT 扫描患犬。HRCT 可用于检测兽医临床中患有纵隔积气的 PIE 病例，因为这两种情况在病理生理学上有一定的联系（见 "纵隔与颈部" 一章第 3 节）。

3.1.3 "马赛克" 征

"马赛克" 征的特点是肺的衰减多样，这导致肺实质呈不均匀的表现。可在多种情况下发现，但最常见于阻塞性小气道疾病、阻塞性血管疾病和弥漫性实质性疾病。因此，混杂肺型的 HRCT 应提高对小气道的评估（检测细支气管和肺泡-

间质的分型），评估肺血管系统（确定中央肺动脉和外周肺动脉的直径和形态）和（或）全面评估实质（检测磨玻璃样衰减增强区域）。

由于血流的重新分布，慢性肺栓塞在肺部形成 "马赛克" 征（图 13.34）。在人医和兽医上，CT 增强图像不能明显的反应灌注缺损。基于碘光谱分化的双能量 CT 可以显示肺灌注，有助于识别灌注缺损。

3.2 双能量和肺灌注

在大多数情况下，肺 CTA 可以显示肺栓塞。然而小的外周栓塞可能仍然被忽略，或者它们对肺灌注的影响可能仍然不清楚。虽然肺 CTA 仅能提供形态学信息，不能直接评估血栓栓塞对肺灌注的影响，但双能量 CTA 可同时提供功能和形态学信息，有助于临床病例的管理。目前，小动物

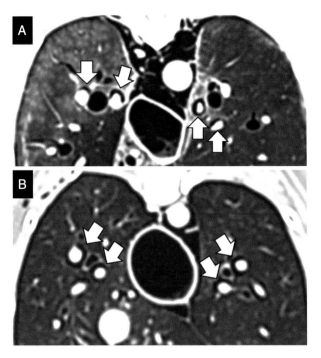

图 13.33 严重肺炎患犬（A）和患猫（B）的间质性肺气肿和纵隔积气

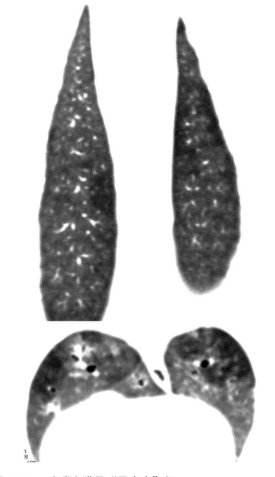

图 13.34 哮喘患猫呈"马赛克"征

的肺灌注成像是使用肺闪烁扫描实现的，在一些实用性和解读上存在局限性。在人和实验动物模型中，双能量 CTA 灌注成像与闪烁扫描显示出良好的一致性。双能量 CT 的基本原理是在不同的能级下依据材料衰减的差异进行解析。软组织、空气和碘组成了肺的三组分分析系统。低电压下的碘造影剂密度较高电压下密度更高，对其他元素（空气和软组织）的影响则可以忽略不计。因此，这种特殊的 X 射线吸收特性使选择性碘分布制图（对应于肺灌注）成为可能。最新一代的单源（单 X 线球管）MDCT 设备可以通过在 140 kVp 和 80 kVp 之间进行超快切换来获取双能量的数据。最新的（第二代和第三代）DSCT 设备具有双球管 - 探测器系统（DE-DSCT），可在不同能量水平（通常为 140 kVp 和 100 kVp）下同时采集高质量数据。使用专用软件可以从原始数据中获得虚拟未造影图像、彩色编码 MPR 图像以及特定的测量值。正常肺的彩色编码图像显示碘呈对称且均匀地分布（正常肺灌注）（见第 1 章）。肺栓塞的征象是局部三角形灌注缺损。根据笔者使用第二代 DSCT 2 年的经验来看，双能量 DSCTA 在检测犬肺栓塞以及其他影响小动物肺实质的疾病方面有很大的应用前景，与人医的描述也很相似（图 13.35）。

4. 肺肿瘤

犬猫胸部 CT 扫描最常见的适应证之一是肺肿瘤的定性和分期。多种原发性和继发性肿瘤均可能会累及肺部。肺肿物和结节可在系统性肿瘤疾病进程（如淋巴瘤或组织细胞肉瘤）中发现，也可在肺外原发性肿瘤经血液、淋巴系统或直接累及肺的肺转移（如乳腺癌或胸壁肉瘤）中发现（图 13.36）。

原发性肺肿瘤根据细胞起源、细胞形态和（或）解剖位置进行分类。小动物最常见的原发性肺肿瘤为腺癌、腺鳞癌、鳞状细胞癌和支气管源性肿瘤（包括支气管腺癌）。不同研究中各类肿瘤的发病率有所不同，但相对一致的是某些癌的亚型是犬猫最常见的肺部肿瘤。犬的原发性肺肿瘤（腺癌、支气管肺泡癌）最常见于右后叶。通常是孤立的实体肿物，边缘清晰，注射造影剂后增强

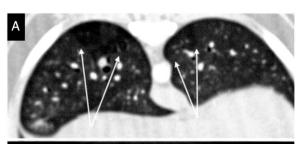
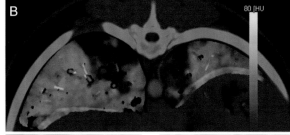
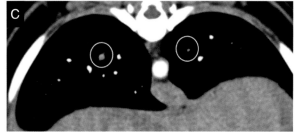

图 13.35　肺栓塞患犬的 DE–DSCT 研究

A. 增强后横断面图像，肺外周呈"马赛克"征（箭头）。B. 同一水平肺灌注彩色编码图像。注意次级节段的灌注缺损。C. 同一水平窄窗图像显示次级节段的血管灌注不足（肺栓塞）。

不均匀。由于肿瘤内不同区域的血供不同，表现为高衰减区和低衰减区（图 13.37 和图 13.38）。低衰减区通常代表坏死、水肿或黏液聚集。肿物内可能会有矿化灶，这在增强前的图像中更容易识别。一些大肿物内存在含有气体和（或）液体的假性空腔，这可能是肿瘤累及小支气管结构或肿瘤组织中存在囊性空腔所致。应全面评估胸部的淋巴结，尤其是前纵隔淋巴结和气管支气管淋巴结，这些淋巴结引流肺实质内的多种结构。使用 CT 评估淋巴结受累的敏感性在很大程度上取决于图像质量，需要薄层容积 CT 来检测和显影各种淋巴相关结构，尤其是气管支气管淋巴结可能很难评估。

猫的原发性肺肿瘤很罕见，据报道，尸检中其发病率为 0.69% ~ 0.75%。腺癌是猫最常见的肺肿瘤，通常预后较差。支气管源性肿瘤、腺鳞状细胞癌和鳞状细胞癌的报告较少。与犬一样，猫的原发性肺肿瘤在 CT 上表现为边界清晰的肿物，但大多数情况下轮廓不规则。也报道了猫肺肿瘤内的矿化灶和含气体病灶（图 13.28）。在犬猫中，肿物体积过大可导致支气管压迫或侵袭。犬猫的原发性肺肿瘤在增强后图像上可能表现为血管造影征。这一征象是由低衰减且实变的肺实质内血管增强形成的影像，可能有助于确定肿物是否为

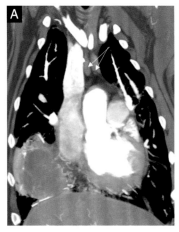
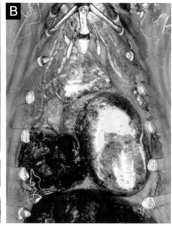
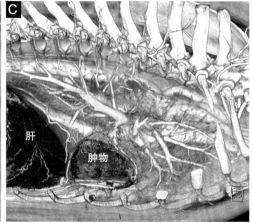

图 13.36　伯恩山犬的组织细胞肉瘤

A. 冠状面 MPR 图像显示右中叶存在一个巨大的不均质肿物。肿物未包含肺血管或支气管结构。箭头指示纵隔淋巴结。B、C. 容积重建图像显示肿物与胸内其他结构的关系。

肺起源。这一征象的首次出现是在患有支气管肺泡癌的人上，且可以提示该肿瘤的类型。然而，其他几种肿瘤性和非肿瘤性含气体空腔的疾病，如淋巴瘤和肺炎，也可能会出现血管造影征（图13.39）。临床信息及同时存在的肺内（如结节、"晕"征、磨玻璃样衰减增强）和肺外（淋巴结病、胸腔积液）的 CT 征象可能有助于解读。

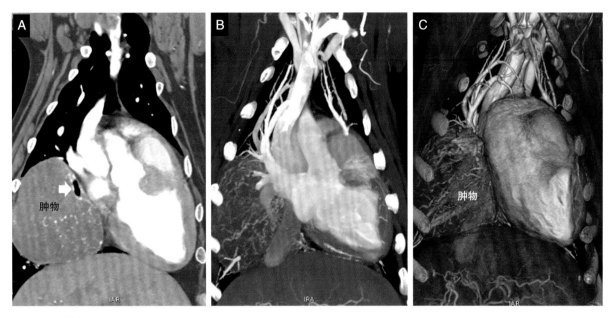

图 13.37　犬的右后叶肺腺癌

A. 冠状面 MPR 图像显示存在大肿物且有明确的支气管征象（箭头）。B. 薄层 MIP 图像显示肿物的新生血管。C. 容积重建图像显示心脏受到肿物压迫。

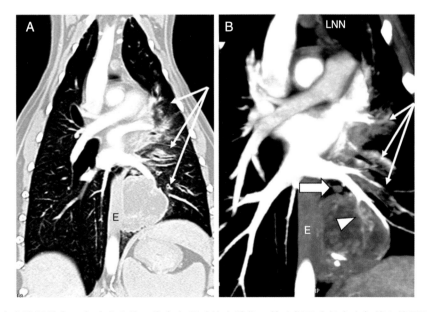

图 13.38　A. 患肺腺癌的混种犬，有咳嗽症状。注意左后叶的大肿物。箭头指示病灶旁支气管血管周围间质增厚，同时也影响了前叶的肺门处血管。**B.** 薄层 MIP 图像更好地显示血管周围的增厚（细箭头）。注意血管造影征（无尾箭头）以及肿物内的矿化灶。存在一个卫星样结节病灶（大箭头）。尸检和组织病理学评估证实为转移性癌

E，食道；LNN，纵隔淋巴结。

5. 呼吸道疾病的 MDCT 征象

使用 MDCT 评估清醒或镇静病例的原发性、非肿瘤性喉部和呼吸道阻塞时（如喉麻痹、气管发育不良、气管或支气管塌陷），建议使用 3D-VR 以及腔内技术（如虚拟内窥镜）。气道塌陷的动态评估、呼吸道黏膜的评估以及活检都需要使用内窥镜。因此应将这两种检查技术结合起来。在多发性创伤评估中，呼吸道损伤是进行 MDCT 检查的常见原因（见"身体创伤"一章）。然而，呼吸道的 MDCT 最常用于评估涉及喉、气管和支气管的肿瘤性疾病。

5.1 气道塌陷

气道塌陷可发生在颈段气管、胸段气管或支气管壁，可能为弥漫性病变或仅累及单个节段。气管软骨的软化会导致气管塌陷。其特征是气管环的背侧和腹侧贴近，气管背膜脱垂进入气管腔。当病变累及主支气管时称为气管支气管软化。气管支气管软化是指胸内气道、大支气管及软骨支撑的小支气管出现狭窄和管腔面积减小。支气管塌陷常见于短头品种犬（图 13.31、图 13.40～图 13.42）。在它们中最常见左前支气管狭窄，这也可能是巴哥和类似品种犬易出现左前叶肺扭转的原因。

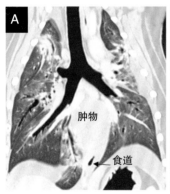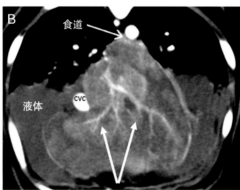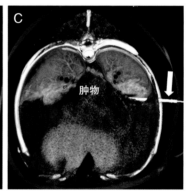

图 13.39　可卡犬的胸内大肿物

A. 胸部冠状面 MPR 图像。肿物与肺及纵隔结构有关。B. 肿物横断面图像。箭头指示血管造影征象，提示肿物为肺部起源（副叶腹侧）。C. 容积重建的断面图像显示 CT 引导下肿物的细针抽吸（箭头）。组织病理学（肺叶切除术后）证实为支气管肺泡细胞癌。CVC，后腔静脉。

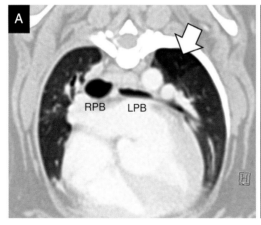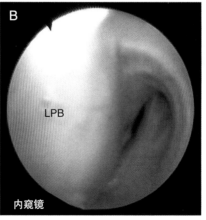

图 13.40　巴哥犬的左主支气管塌陷

A. 横断面图像。注意右主支气管（RPB）和左主支气管（LPB）之间的大小差异，左主支气管呈扁平状（在背腹侧方向）。箭头指示空气滞留的低衰减区域。B. 内窥镜评估 LPB 的图像（真实的内窥镜）。

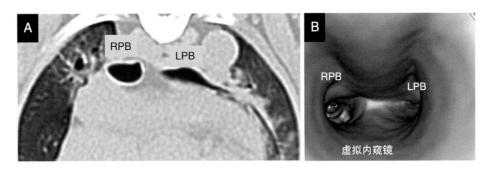

图 13.41 A. 巴哥犬的横断面图像显示支气管狭窄。B. 腔内成像（虚拟内窥镜）

RPB，右主支气管；LPB，左主支气管。

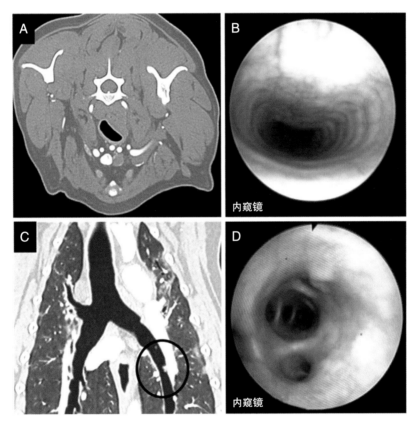

图 13.42 A. 混种犬的中度气管塌陷和慢性支气管病变。B. 气管内窥镜图像（真实的内窥镜）。C. 胸部冠状面 MPR 图像。
注意一些增生性结节突入支气管腔（圆形）。D. 左支气管同一节段的内窥镜图像

支气管塌陷与喉塌陷相关。用来诊断这些疾病的检查包括 X 线、透视以及内窥镜，同时还能评估这些短头品种犬的原发性鼻咽畸形。这些病例进行 CT 检查通常需要其他原因，如评估肺部并发症。

5.2 气道狭窄

气道狭窄是指气管和（或）支气管管腔的狭窄，可由多种内源性和外源性因素引起。狭窄的内源性因素主要包括累及气管和支气管的良性和恶性疾病。炎性支气管疾病和罕见的先天性疾病可能会使气道内充满黏性分泌物（黏液堵塞或嵌塞），而导致不同程度的支气管狭窄（图 13.43 和图 13.44）。

气道的原发性肿瘤很少见，可能表现为节段性支气管壁增厚或肿物突入腔内，导致气道部分或完全梗阻。呼吸道外源性狭窄见于多种影响颈

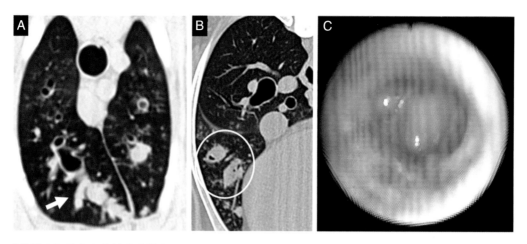

图 13.43　感染性支气管炎患犬的黏液嵌塞

A. 横断面图像。箭头指示支气管囊肿伴支气管内浓缩的黏液（"指套"征）。B. 黏液阻塞次级支气管（圆形）。C. 内窥镜检查图像显示支气管管腔内有致密的黏液。

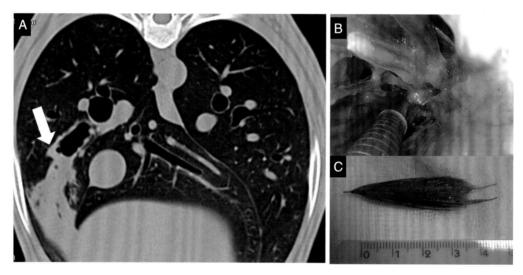

图 13.44　支气管植物性异物患犬的节段性黏液嵌塞

A. 横断面图像。箭头指示节段性支气管扩张。支气管腹侧充满黏性分泌物。B. 支气管镜取异物图像。C. 异物。

部结构（如脓肿、甲状腺大肿瘤）或纵隔结构（如前纵隔肿物中的胸腺肿瘤）的良性和恶性病变。原发性肺肿瘤增大后也可能会压迫支气管结构。

　　肺叶扭转（Lung lobe torsion，LLT）是由于肺叶绕其支气管血管根部扭转而导致支气管阻塞。LLT 的病因尚不清楚，但胸腔积液、肺不张或胸部手术导致肺的活动性增加可能是一种发病机制。深胸犬似乎有一定的品种倾向性，但巴哥犬在一些报道中出现的频率过高。CT 血管造影是能正确诊断的一种有效的无创方法。MinIP、MIP 和容积重建图像可以明确显示支气管血管的狭窄或阻塞

（图 13.45）。扭转的肺叶中可能含有滞留的气体，呈现囊样肺气肿征（图 13.29 和图 13.46）。

5.3 支气管疾病

　　小动物经常发生支气管疾病，如支气管炎、支气管扩张和支气管软化。所有这些疾病都与支气管直径的改变有关。CT 图像上支气管的大小和形态的主观定性评估是常规胸部 CT 评估的一部分。但是，现在建议将支气管直径的定量评估用于怀疑存在支气管肺部疾病的病例。人或动物正常支气管直径绝对值的范围尚未确定。然而，支

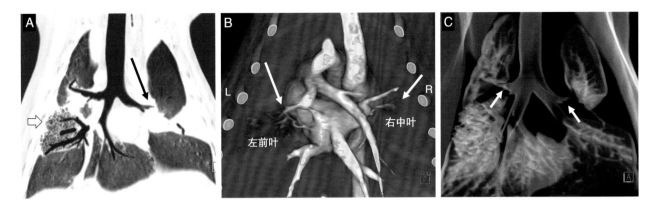

图 13.45　3 kg 马尔济斯犬的双侧肺扭转

A. 薄层冠状面 MinIP 图像。大箭头指示右中叶囊样肺气肿。细箭头指示左前叶后部支气管突然中断。B. 冠状面容积重建图像显示血管扭转。C. 含气结构的容积重建图像显示中断的支气管（箭头）。

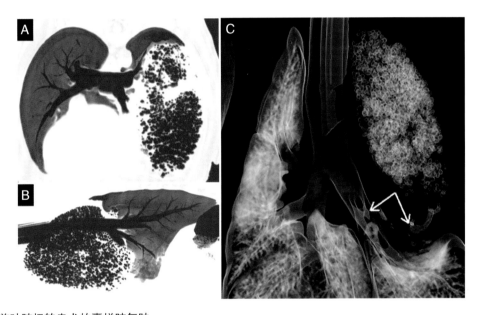

图 13.46　左前叶肺扭转患犬的囊样肺气肿

A、B.MinIP 横断面和矢状面图像。C.VR。箭头指示节段性支气管中断。

气管腔的直径可与其伴行的肺动脉直径进行比较，并以支气管动脉（BA）比值表示。可以选择一个或多个与支气管和动脉相切的面进行测量，有时使用斜的 MPR 显示结构真正的横断面会使测量结果更准确。据报道，正常犬的 BA 比值为 0.8 ~ 2.0，当 BA 比值为 2.0 时，通常被认为是区分正常和异常支气管的阈值。不同品种间存在数据差异，健康短头品种犬的平均 BA 比值为 1.08 ± 0.10，低于健康非短头品种犬 1.50 ± 0.06。猫的平均 BA 比值为 0.71 ± 0.10，建议将 0.91 作为区分正常和异常支气管的阈值。

BA 比值在多种情况下会增加或减少。各种引起支气管扩张的情况下都可以观察到 BA 比值增加。术语支气管扩张是指支气管壁结构完整性丧失后，支气管树的慢性、不可逆、节段性或弥漫性的异常扩张（图 13.47 ~ 图 13.49）。这在犬上是一种罕见的疾病，据报道，发病率为 0.05% ~ 0.08%。某些犬种似乎存在支气管扩张的品种倾向性，包括美国可卡猎犬、西高地白㹴、贵宾犬、西伯利亚哈士奇犬和史宾格猎犬。这种情况是许多先天性和获得性疾病导致的结果，包括感染、异物、肿瘤、免疫缺陷和原发性纤毛运动障碍。同时它与犬的气管塌陷及支气管软化有关。报道了三种兽医病例宏观的 CT 形态描述，分别为圆柱状（犬猫最常见的形式）、囊样和囊肿性。人医上报道的曲张样（支气管扩张伴外周收缩，呈"串珠状"外观）在犬猫上尚未见报道。在圆柱状分型中，一个或多个粗且厚壁的支气管均匀扩张，且远端未变细。囊状支气管扩张主要影响中等大小的支气管，支气管壁囊样扩张并受到终末支气管的局限，使支气管呈"葡萄串"状。囊

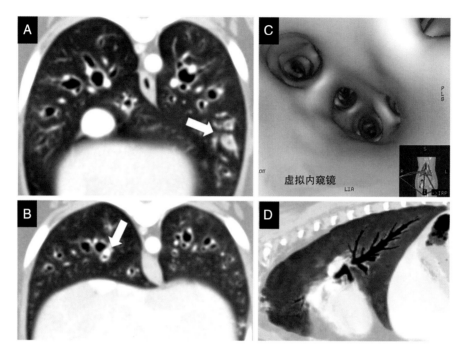

图 13.47　慢性咳嗽的可卡犬的圆柱状支气管扩张
A、B. 横断面显示中度弥漫性支气管扩张和支气管壁增厚。箭头指示次级支气管内黏液嵌塞。

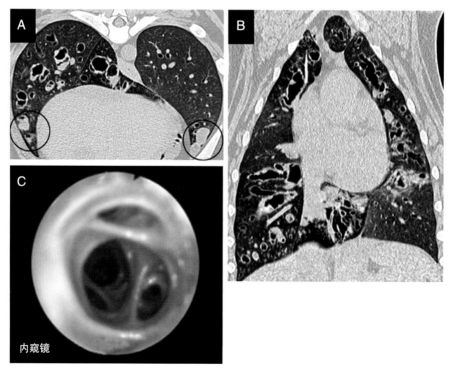

图 13.48　患有支气管肺脏感染（犬心丝虫和管圆线虫）的混种犬的支气管扩张，注意支气管呈串珠样不规则增粗。这与人的曲张型支气管扩张相似。腹侧的支气管内黏液嵌塞（圆形）

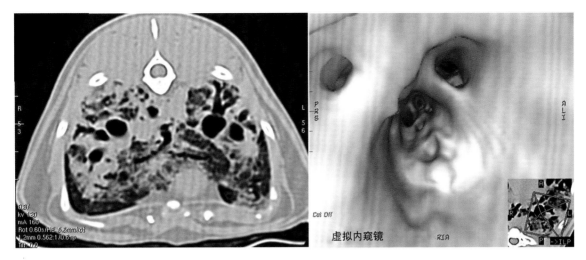

图 13.49　严重感染性支气管肺炎患猫的弥漫性支气管扩张

肿性支气管扩张是囊状扩张的终末期，累及终末支气管。支气管扩张常伴有黏液阻塞和小气道异常。受累及的支气管段支气管壁增厚，导致 BA 比值增加。在患有支气管树的慢性炎性疾病（慢性支气管炎）病例中，也可以观察到由支气管壁增厚导致的 BA 比值增加。BA 比值增加的其他原因包括慢性猫哮喘（当支气管壁增厚时）和肺血管直径减小，如慢性肺栓塞。如前所述，正常的短头品种犬存在 BA 比值下降，但也可以在任何导致支气管狭窄的情况下检测到。

参考文献

[1] Aarsvold S, Reetz JA, Reichle JK, Jones ID, Lamb CR, Evola MG, Keyerleber MA, Marolf AJ. Computed tomographic findings in 57 cats with primary pulmonary neoplasia. Vet Radiol Ultrasound. 2015; 56(3):272–7. doi:10.1111/vru.12240. Epub 2015 Jan 21.

[2] Alexander K, Joly H, Blond L, D'Anjou MA, Nadeau ME`, Olive J, Beauchamp G. A comparison of computed tomography, computed radiography, and film-screen radiography for the detection of canine pulmonary nodules. Vet Radiol Ultrasound. 2012; 53(3):258–65. doi:10.1111/j.1740-8261.2012.01924.x. Epub 2012 Mar 14.

[3] Ballegeer EA, Adams WM, Dubielzig RR, et al. Computed tomography characteristics of canine tracheobronchial lymph node metastasis. Vet Radiol Ultrasound. 2010; 51:397–403.

[4] Cannon MS, Wisner ER, Johnson LR, Kass PH. Computed tomography bronchial lumen to pulmonary artery diameter ratio in dogs without clinical pulmonary disease. Vet Radiol Ultrasound. 2009; 50(6):622–4.

[5] Cannon MS, Johnson LR, Pesavento PA, Kass PH, Wisner ER. Quantitative and qualitative computed tomographic characteristics of bronchiectasis in 12 dogs. Vet Radiol Ultrasound. 2013; 54(4):351–7. doi:10.1111/vru.12036. Epub 2013 Apr 12.

[6] Dungworth DL, Hauser B, Hahn FF, et al. Histological classification of tumors of the respiratory system of domestic animals. Washington, DC: Armed Forces Institute of Pathology in cooperation with the American Registry of Pathology and the World Health Organization Collaborating Center for Worldwide Reference on Comparative Oncology; 1999.

[7] Eberle N, Fork M, von Babo V, Nolte I, Simon D. Comparison of examination of thoracic radiographs and thoracic computed tomography in dogs with appendicular osteosarcoma. Vet Comp Oncol. 20119(2):131–40. doi:10.1111/j.1476-5829.2010.00241.x. Epub 2010 Aug 30.

[8] Goldfinch N, Argyle DJ. Feline lung-digit syndrome: unusual metastatic patterns of primary lung tumours in cats. J Feline Med Surg. 2012; 14(3):202–8. doi:10.1177/1098612X12439267.

[9] Hawkins EC, Basseches J, Berry CR, Stebbins ME, Ferris KK. Demographic, clinical, and radiographic features of bronchiectasis in dogs: 316 cases (1988–2000). J Am Vet Med Assoc. 2003; 223(11):1628–35.

[10] JJ A, Weisman DL, Stefanacci JD, Palmisano MP. Use of computed tomography for evaluation of lung lesions associated with spontaneous pneumothorax in dogs: 12 cases (1999–2002). J Am Vet Med Assoc. 2006; 228(5):733–7.

[11] Johnson EG, Wisner ER. Advances in respiratory imaging. Vet Clin North Am Small Anim Pract. 2007; 37(5):879–900, vi.

[12] Johnson VS, Ramsey IK, Thompson H, Cave TA, Barr FJ, Rudorf H, Williams A, Sullivan M. Thoracic high-resolution computed tomography in the diagnosis of metastatic carcinoma. J Small Anim Pract. 2004; 45(3):134–43.

[13] Johnson VS, Corcoran BM, Wotton PR, Schwarz T, Sullivan M. Thoracic high-resolution computed tomographic findings in dogs with canine idiopathic pulmonary fibrosis. J Small

Anim Pract. 2005; 46(8):381–8.

[14] Kim J, Kwon SY, Cena R, Park S, Oh J, Oui H, Cho KO, min JJ, Choi J. CT and PET–CT of a dog with multiple pulmonary adenocarcinoma. J Vet Med Sci. 2014; 76(4):615–20. Epub 2013 Dec 31.

[15] Lipscomb VJ, Hardie RJ, Dubielzig RR. Spontaneous pneumo–thorax caused by pulmonary blebs and bullae in 12 dogs. J Am Anim Hosp Assoc. 2003; 39(5):435–45.

[16] Marolf A, Blaik M, Specht A. A retrospective study of the relationship between tracheal collapse and bronchiectasis in dogs. Vet Radiol Ultrasound. 2007; 48(3):199–203.

[17] Marolf AJ, Gibbons DS, Podell BK, Park RD. Computed tomographic appearance of primary lung tumors in dogs. Vet Radiol Ultrasound. 2011; 52(2):168–72. doi:10.1111/j.1740–8261.2010. 01759.x.

[18] Mesquita L, Lam R, Lamb CR, McConnell JF. Computed tomographic findings in 15 dogs with eosinophilic bronchopn–eumopathy. Vet Radiol Ultrasound. 2015; 56(1):33–9. doi:10.1111/vru. 12187.

[19] Morandi F, Mattoon JS, Lakritz J, Turk JR, Wisner ER. Correlation of helical and incremental high–resolution thin–section computed tomographic imaging with histomorphometric quantitative evaluation of lungs in dogs. Am J Vet Res. 2003; 64(7):935–44.

[20] Morandi F, Mattoon JS, Lakritz J, Turk JR, Jaeger JQ, Wisner ER. Correlation of helical and incremental high–resolution thin–section computed tomographic and histomorphometric quantitative evaluation of an acute inflammatory response of lungs in dogs. Am J Vet Res. 2004; 65 (8):1114–23.

[21] Nemanic S, London CA, Wisner ER. Comparison of thoracic radiographs and single breath–hold helical CT for detection of pulmonary nodules in dogs with metastatic neoplasia. J Vet Intern Med. 2006; 20(3):508–15.

[22] Nunley J, Sutton J, Culp W, Wilson D, Coleman K, Demianiuk R, Schechter A, Moore G, Donovan T, Schwartz P. Primary pulmonary neoplasia in cats: assessment of computed tomography findings and survival. J Small Anim Pract. 2015; 56(11):651–6. doi:10.1111/ jsap.12401.

第 14 章　纵隔与颈部

Giovanna Bertolini

1. 概述

纵隔是位于胸廓中部肺胸膜之间的空间，从胸腔入口延伸到横膈。虽然在学术上分为前纵隔、中纵隔、后纵隔、背侧和腹侧纵隔，但它实际上是一个气体、液体能够自由流动的整体空间，这个空间内也会出现各种良、恶性病变。纵隔常用 MDCT 进行评估，而根据胚胎学，哺乳动物的纵隔和颈部存在解剖学上的连续。一些结构如甲状腺、气管和食道可能受多种情况影响，因此有必要同时评估这两个区域。此外，正因为颈部器官之间的空间与纵隔直接相通，各种病变也会在这两个部位之间蔓延，因此本章节将同时讨论纵隔和颈部。

2. MDCT 成像策略

通常，扫描协议取决于临床怀疑的疾病种类和仪器。对兽医来说，颈部影像学解读尤其具有挑战性，因为这个小空间中存在大量组织密度相似的器官结构，且由于存在用于麻醉的气管插管，喉部和颈段气管的评估变得更加困难。已尝试使用 16-MDCT 评估清醒犬猫的胸外和胸内原发性气道阻塞性疾病。由于清醒动物的运动伪影，结果可能不一，通常需要重新扫描才能获得质量更好的图像。笔者的医院使用喉罩而不是气管插管（图 14.1），以实现对喉部和颈段气管的高质量扫描。这种方法可对怀疑纵隔积气（PM）的喉部或气管损伤动物进行最佳评估。它对于评估颈部肿物也很有用，因为它可以在没有伪影或解剖变形的情况下获得图像。检查头颈部肿物时应保持张口位，这样可以更好地评估咽部区域。正确的体位在 MDCT 评估颈部时至关重要。有报道称犬猫可采用仰卧位和俯卧位。对于这两个体位，最重要的一点是前肢向尾侧牵拉，以免出现 CT 射线束硬化伪影。出于同样的原因，对于同时进行纵隔扫描和肿瘤分期的动物，应进行前肢前拉的额外

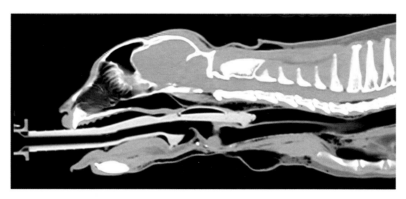

图 14.1　该图显示使用喉罩扫描患有纵隔积气和皮下气肿的猫

扫描（图 14.2）。通常不再需要其他额外的扫描。

造影前平扫对于良、恶性矿化（如涎石病、甲状腺肿物矿化）的检测是很重要的。纵隔积气患者也需要进行颈部和胸部造影前系列检查。当排除喉部或气管损伤后,肺部高分辨率 CT（HRCT）可以提供纵隔积气可能原因的有用信息（见本章下一节）。造影增强扫描协议取决于潜在的病理状态。当已知或怀疑纵隔或颈部肿物时，多相扫描对其定性是有用的。纵隔扫描过程中出现的主要伪影与患者的心跳和主动脉搏动有关（特别是大型犬）。条纹伪影是由于造影剂在头臂静脉和前腔静脉积累（经头静脉注射）和掩盖周围结构。心脏和大血管的生理运动可导致其他纵隔结构模糊和双重显像。使用非常快速的扫描仪，可以在一个心动周期内的舒张期扫描纵隔，这显著减轻了心脏运动的影响。心电门控检查也是可行的。对于慢速扫描仪，可行的策略包括薄准直采集和重叠建相。条纹伪影可以通过以下方式减少：使用较少（或低浓度）造影剂；注射速度较慢；稀释造影剂（对于单筒注射泵），或最好在造影剂注射后立即使用等量生理盐水（对于双筒注射泵）冲洗。

MDCT 颈部 – 纵隔图像的解读策略也取决于潜在的病理状态。一个系统的解读方法包括分别在

肺窗（窗宽 1500 HU；窗位 700 ~ 800 HU）和纵隔窗（窗宽 400 HU；窗位 40 HU）观察图像，然后使用介于这些值之间的窗宽水平进行进一步调节，以同时评估颈部和纵隔的所有实质、血管、软组织和含气结构，以及是否存在游离气体和（或）液体。

来自体数据集的 MPR 和 VR 可能有助于评估颈部和纵隔肿物的累及范围以及与周围血管结构的关系。这种方法对手术方案的制订十分有用。薄层 MinIP 图像对于在纵隔积气情况下检测少量的游离气体是非常有用的。

3. 纵隔积气和心包积气

MDCT 是评估纵隔积气的主要方法。X 线片可以显示异位的气体，但少量气体可能会被忽略。相比之下，CT 在检测少量正常和异常空气或气体积聚方面具有很高的敏感性。然而，CT 图像上严重的运动伪影可能使少量纵隔积气与内侧气胸的鉴别变得困难。确认存在纵隔积气后，确定其原因是至关重要的。在钝挫伤或穿透性创伤的情况下，可以单独使用 CT 或结合内窥镜检查确定继发性纵隔积气的明确原因，如气道或食道损伤（见第 21 章）。非创伤性动物会发生原发性或自发性纵隔积气。在人医中，发现了许多自发性纵隔积气的先决易感条件和诱发因素，它们都有一种被称为麦克林效应的独特发病机制。这种效应是指肺泡破裂，气体沿着支气管血管周围间质鞘、小叶间隔和脏胸膜进入纵隔。然后，气体沿着组织平面传播，并向颈部、头部，甚至腹部的头侧或尾侧分布，导致皮下气肿。这一机制在一系列猫和其他动物的实验中得到了很好的证明，也被证明是犬自发性纵隔积气的病理机制（图 14.3 ~ 图14.5）。人及犬猫的麦克林效应的 CT 征象是支气管或血管周围存在游离的气体积聚（PIE），沿支气管血管鞘扩散到肺门。这些征象在继发于大气道或食道破裂的纵隔积气病例中通常不存在（自发性纵隔积气没有肺实质损伤）。当充满气体的肺泡

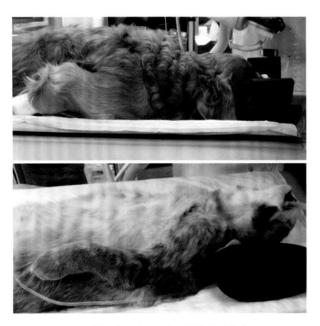

图 14.2　CT 评估颈部和纵隔时，推荐的动物摆位

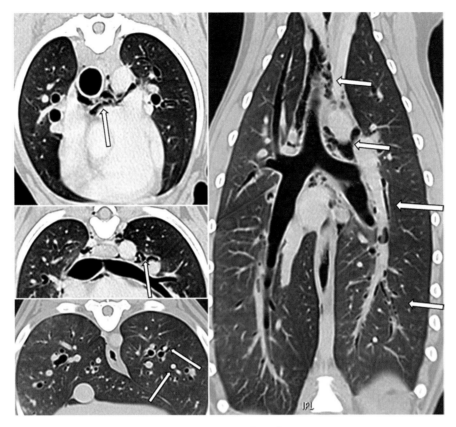

图 14.3　严重肺炎患犬的纵隔积气和间质积气（PIE）（钩端螺旋体感染）

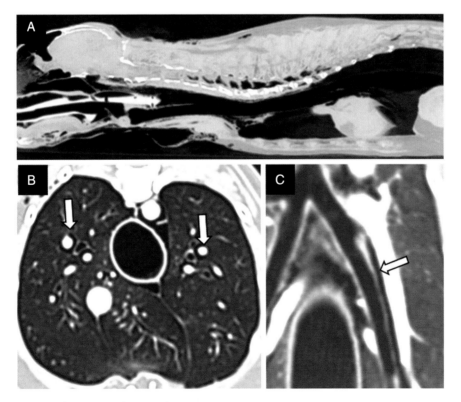

图 14.4　肺炎患猫的纵隔积气和间质积气（PIE）

A. 矢状面 MinIP 图像显示背侧纵隔积气和皮下气肿（颈部腹侧）。B. 肺横断面图像，可见扩张的食道被纵隔气体包围。箭头指示肺血管周围间质内的气体。C. 冠状面斜位 MPR 图像。箭头指示气体在支气管血管周围间质中流动。

和周围间质之间的压力梯度增加时，会出现麦克林效应、间质积气和自发性纵隔积气。一些结构性肺部疾病，包括严重肺病、支气管扩张、呼吸窘迫综合征和气压伤（严重肺病动物机械通气时间过长），可能使患病动物发展为纵隔积气。因此在发现肺间质积气时，医生应彻底评估肺实质情况，特别是要寻找小气道或间质病变的证据。在一项涉及超过 45 只经放射学诊断患有纵隔积气的猫的研究中，69% 的猫的纵隔积气继发于明显的刺激性原因，如正压通气、创伤和气道异物。31%的病例被诊断为自发性纵隔积气，其潜在原因仍不清楚。74% 继发性纵隔积气患猫和 50% 自发性纵隔积气患猫存在皮下气肿。继发性纵隔积气可能并发气胸和胸腔积液。

张力性纵隔积气是由于气体通过单向阀机制持续进入纵隔腔，腔内的气压持续增加。曾有一例关于犬颈部尾侧穿透伤的病例报道，单向阀机制允许气体进入，但无法从前纵隔排出。张力性纵隔积气是一种危及生命的情况，因为压力增加会阻碍静脉回流，干扰心脏功能。必须立即进行纵隔减压术（图 14.6）。

心包积气（PP）在犬猫中很少被描述。人医中，报告的心包积气的原因与纵隔积气相似，包括肺泡破裂、气压伤和钝性胸部创伤。心脏介入和食道或胃穿孔也可能引起心包积气。自发性心包积气的特点是在没有医源性或创伤性的情况下，心包内存在气体。迄今为止，兽医文献中描述的 6 例心包积气的原因是支气管肺病、钝性创伤和正

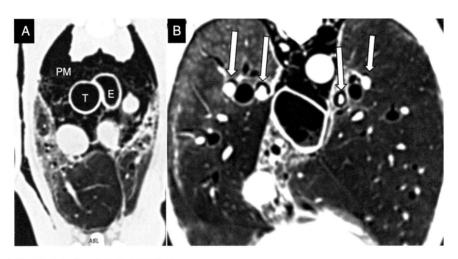

图 14.5　慢性胸膜肺炎患犬的纵隔积气和间质积气
A. 由于气体填充大血管，向腹侧移位，但没有压迫血管。气管（T）和食道（E）未被纵隔积气（PM）压迫。B. 箭头指示肺血管周围间质内的气体（PIE）。

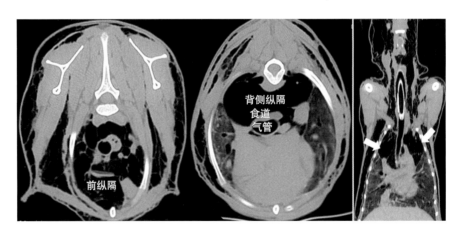

图 14.6　混种犬的张力性纵隔积气。前纵隔和后纵隔内有大量气体，大血管、气管和食道受到严重压迫。应同时注意筋膜和皮下积气。这只犬立即接受了手术治疗排出气体，几天后出院。张力性纵隔积气的原因尚未查明

压通气引起的气压伤。

4. 颈部和纵隔的血管疾病

胸部图像上的纵隔肿物大多来源于实体肿瘤。主动脉弓异常位于纵隔,很容易识别。然而,一些血管病变可能表现为纵隔肿物,它们应该列入纵隔肿物的鉴别诊断。应进行充分的增强 CT 系列以发现其血管性质。纵隔血管肿物样病变包括来自奇静脉或椎静脉的静脉侧支,如前腔静脉梗阻时的侧支血管,以及在前腔静脉或更常见的门静脉高压情况下食道静脉曲张,食道静脉曲张也可能伴先天性支气管动脉肥大(图 14.7)。关于这些血管疾病的更深入的描述,见第 11 章。

5. 纵隔肿物

纵隔肿物在犬猫中很常见,多发于前纵隔。CT 对肿物的边界确定、局部及远处恶性转移的分期具有重要作用。纵隔内的任何结构都有可能形成良性或恶性病灶,仅根据影像学诊断确定来源较为困难。

纵隔囊肿在犬猫中均有发生。它们可能与其他各种病变具有相似影像特征。纵隔囊肿可以发生在纵隔的任何区域,但最常见于前纵隔。纵隔囊肿包括先天性囊肿,如支气管囊肿、胸腺囊肿、心包囊肿和食道囊肿,起源于第三和第四胚胎咽囊的内胚层(鳃裂囊肿)。一般情况下,纵隔囊肿在 MDCT 上表现为边缘清晰的圆形病变,包含均质、不增强的液体,尺寸可能各异(图 14.8 和图 14.9)。尽管大多数先天性囊肿是良性的,但它们可能会变大并压迫其他纵隔结构,需要干预。或者出于其他检查目的在 MDCT 中偶然发现。重要的是,许多纵隔肿瘤(如胸腺瘤)会发生囊性转变,可能具有类似先天性囊肿的 CT 特征。然而,二者的临床表现是不同的(图 14.10)。在获得性囊肿中,可能出现纵隔寄生虫性病变和脓肿。动物的病史和临床症状有助于解读影像学结果(图

14.11)。

犬猫常见前纵隔实质性肿物,且多为恶性病变。然而随着越来越多先进多排螺旋 CT 的使用,能够常规获取近各向同性和真正各向同性的体素,越来越多良性病变被偶然的检测出来。

胸腺的胸腺淋巴样增生已在犬猫中被描述,可能单独发生或与其他良性和恶性胸腺疾病同时发生(图 14.12A)。在多排螺旋 CT 图像上,胸腺

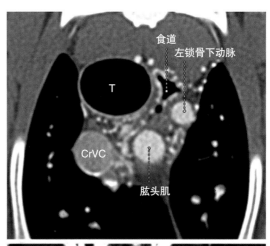

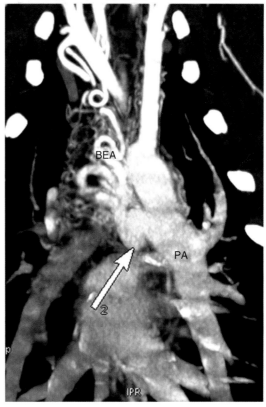

图 14.7 先天性支气管食道动脉(BEA)肥大伴支气管至肺动脉瘘患犬的纵隔侧支(箭头)

CrVC,前腔静脉;T,气管;PA,肺动脉。

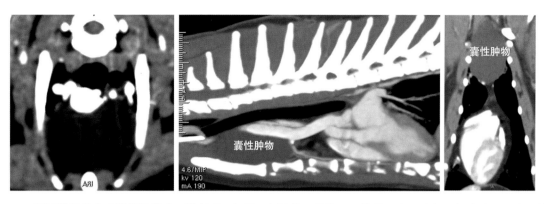

图 14.8　一只暹罗猫偶然发现的纵隔囊肿。横断面、矢状面和冠状面图像显示前纵隔内一均匀、低衰减、无增强的大的囊性病变

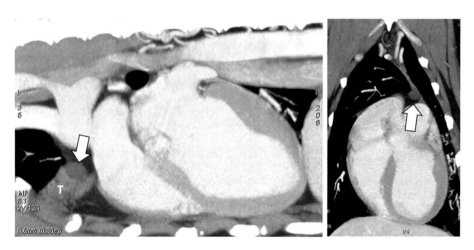

图 14.9　犬矢状面和冠状面 MPR 图像。箭头指示胸腺组织内小而圆的囊性病变。这是一个偶然发现

T，气管。

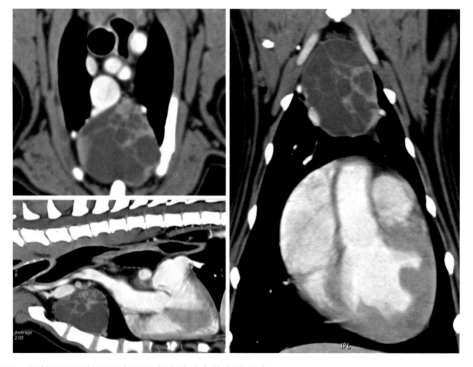

图 14.10　横断面、矢状面和冠状面图像显示犬胸腺瘤内的囊性病变

肿大在成年和发育完全动物中很常见。在人中，胸腺增生分为两种类型：①胸腺淋巴滤泡增生（类似于在犬猫中看到的增生），与各种自身免疫性疾病相关；②胸腺反弹性增生，见于经历过特别应激状态的患者，如化疗、皮质类固醇治疗或放疗。在这些病例中，成年患者的胸腺比预期的要大，但通常保持正常的形状。根据笔者的经验，这种 MDCT 特征在动物中也很常见，可能具有类似的意义（图 14.12B）。

良性纵隔增宽最常与弥漫性脂肪增多症相关，通常见于肥胖患者和库兴综合征患犬。在这种情况下，根据脂肪组织典型的负衰减值，通过 CT 可以很容易地分辨脂肪组织。纵隔脂肪瘤在犬中也有发现。虽然是良性的，但这些情况可能会导致心脏和大血管受压，或压迫导致前叶肺不张。因此纵隔内脂肪增多的鉴别诊断应包括胸腺脂肪瘤，这已在犬中发现。胸腺脂肪瘤可表现为几乎全部呈脂肪质地，部分区域软组织衰减不均匀，代表

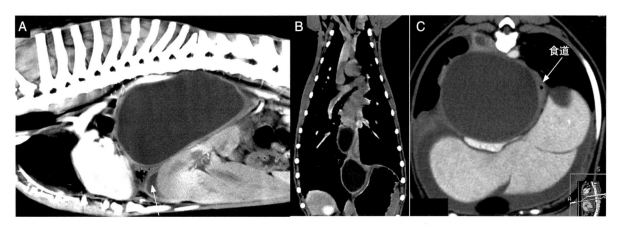

图 14.11　后纵隔囊性肿物

A、B. 两只不同犬的脓肿。C. 一只感染狼尾旋线虫犬的食道旁囊肿。请注意图 A（箭头）和图 C 中的腹腔积液，这是由于肿物压迫后腔静脉的肝后段（巴德 - 基亚里样综合征）。

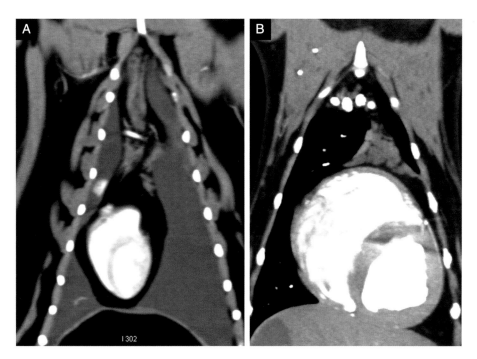

图 14.12　A.4 岁猫的胸腔积液和疑似的胸腺肿物，病理证实为胸腺增生。B. 犬在进行肛囊腺癌分期时，CT 发现反弹性胸腺增生

胸腺组织。

　　胸腺瘤和淋巴瘤是动物中最常见的纵隔肿瘤，纵隔内也可能发生其他恶性肿瘤，包括异位甲状腺、甲状旁腺、神经源性和心基部肿瘤（图 14.13～图 14.17）。此外，淋巴结肿大可发生于许多非肿瘤性和肿瘤性转移的情况下。前纵隔肿瘤可侵袭血管结构，如主动脉根部、锁骨下静

脉、前腔静脉、胸内静脉、腋静脉等。腔静脉可能出现严重狭窄或腔内不均匀缺损（图 14.17 和图 14.18）。在前腔静脉慢性梗阻的情况下，可继发侧支循环，以维持心脏的静脉引流。横断面 CT 图像能够评估血管形态的变化，并能显示侵袭程度，但来自近各向同性数据的 MPR 图像可以提供有关梗阻水平和程度，以及受影响腔静脉节段长度的

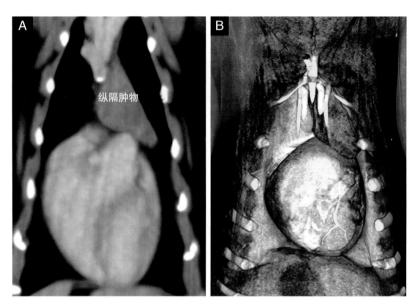

图 14.13　A. 猫胸腺瘤。B. 犬胸腺 T 细胞淋巴瘤

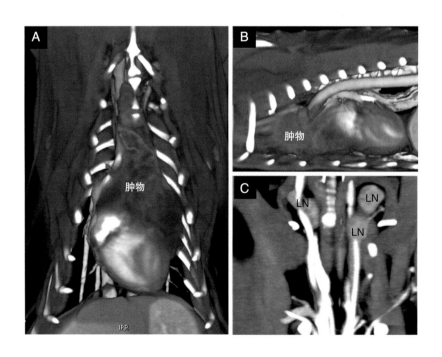

图 14.14　猫的胸腺瘤

A. 胸部 VR 图像显示大的纵隔肿物。B. 同一只猫纵隔左侧面的 VR 侧位图像。C. 颈部冠状面 MPR 图像，显示颈深淋巴结增大。LN，淋巴结。

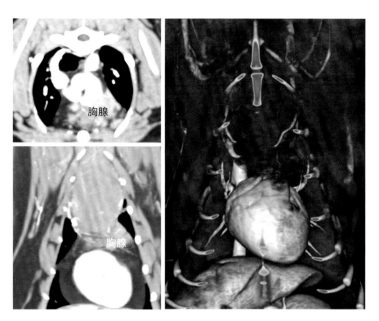

图 14.15 猫的胸腺 T 细胞淋巴瘤

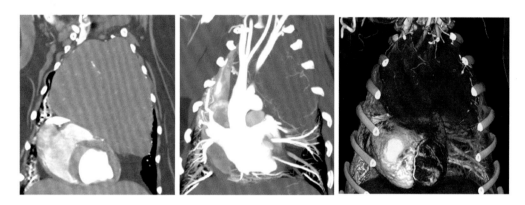

图 14.16 犬的胸部冠状面 MPR、MIP 和 VR 图像显示大胸腺瘤压迫（无侵袭）心脏和其他纵隔结构

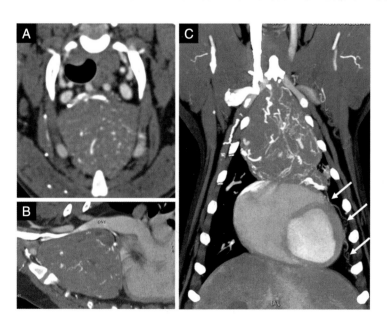

图 14.17 犬的胸腺癌

A. 横断面显示前纵隔有一个大肿物。B. 矢状面图像。肿物压迫前腔静脉（CrVC）。注意前腔静脉中造影剂的中断。C. 胸部冠状面薄层 MIP 图像。肿物高度血管化。由于慢性前腔静脉压迫（未被侵袭），可见一些侧支血管（箭头）。

宝贵信息，对于手术方案的制订非常有用。

对 CT 和手术结果的相关性研究得出了不一致的结果。在一项对犬纵隔肿物 CT 研究的 JPEG 和 DICOM 图像的回顾性研究中，CT 增强扫描对于术前预测前纵隔肿物的血管侵袭不敏感。然而是扫描协议、造影剂注射协议和图像的解读共同决定了成像方法的敏感性和最终结果。没有条纹伪影的、显影良好的前腔静脉是评估血管受累的必要条件。

最后，来自脊柱或消化系统的肿物可能侵袭前纵隔、背侧纵隔、后纵隔，不应被认为是真正的纵隔肿物。然而无论其的性质如何，发生在纵隔这些区域的病变可能会产生严重的临床后果（图 14.19）。肿物压迫后腔静脉肝后段可引起肝后性门静脉高压（PH）。大量其他 MDCT 征象，包括肝肿大、腹水、静脉曲张和其他门静脉侧支（巴德 – 基亚里样综合征）（图 14.11 和图 14.20）。

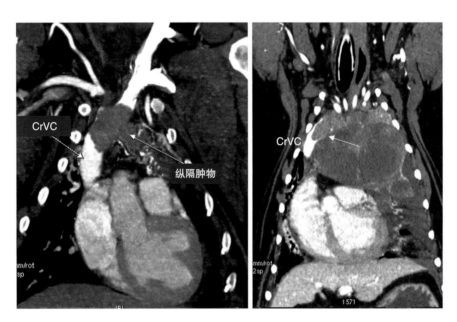

图 14.18　两只犬的前腔静脉综合征，胸腺癌侵袭前腔静脉
CrVC，前腔静脉。

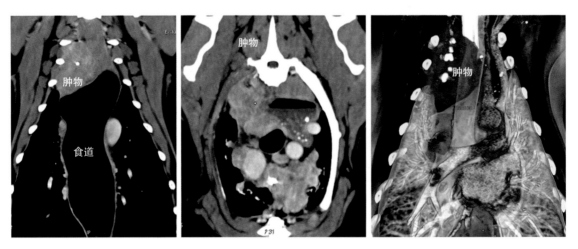

图 14.19　犬胸椎副神经节瘤复发，图中显示纵隔肿物及巨食道。肿物侵袭背侧纵隔、前纵隔，包裹血管结构，累及纵隔淋巴结

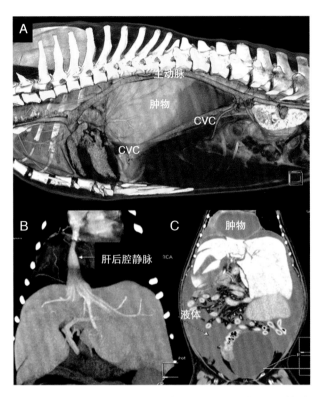

图 14.20　A. 犬后纵隔囊性肿物压迫肝后段后腔静脉（CVC）。B. 受压迫的肝后段后腔静脉。C.CVC 受压的继发性征象，即肝肿大、腹水（巴德 – 基亚里样综合征）

6. 颈部的病理学异常

在颈部有限的解剖空间内存在大量结构，使颈部解剖结构复杂，全面的局部解剖知识和对 CT 图像上常见疾病表现形式的识别有助于该区域的影像学诊断。颈部浅层和深层筋膜界定了颈部特定结构所在的空间，有些间隙与颅底相连，有些与前纵隔相连。筋膜层倾向于限制病理过程在特定的腔室内扩散。基于这一概念，人的颈部 CT 评估是基于解剖学的，以筋膜为标志。这种方法有助于在如此复杂的区域理解和解读横断面图像。在兽医 CT 文献中没有类似的方法。笔者个人认为，利用解剖 – 功能方法并结合临床和 CT 征象可以极大地帮助解读图像，在大多数病例中可以做出准确的诊断（图 14.21）。来源于颈部各个亚分区的原发性肿物通常与特定的临床症状相关，可归因于有限数量的结构。

颈部（喉部）中部亚分区的肿物包括咽部和

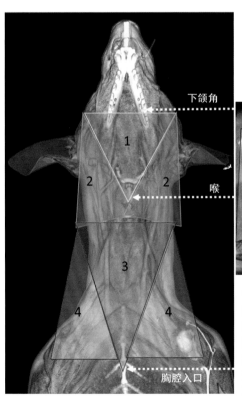

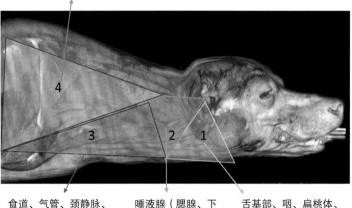

颈浅淋巴结（肩前淋巴结）、椎旁肌肉、脊神经、血管（颈椎疼痛、颈部僵硬、可触及肿物）

食道、气管、颈静脉、颈动脉、甲状腺、甲状旁腺、颈淋巴结、淋巴管、迷走神经、其他神经（咳嗽、反流、可触及肿物、疼痛）

唾液腺（腮腺、下颌腺）、下颌淋巴结、颈动脉的主支和分支、上颌静脉、颈静脉（耳后疼痛、张口困难）

舌基部、咽、扁桃体、咽淋巴结、肌肉、血管、神经（吞咽异常、下颌肿胀、咳嗽）

图 14.21　颈部亚分区示意图（解剖 – 功能入路）

A. 头颈部腹侧观。1. 从下颌角向喉部延伸的非成对器官头侧亚分区。2. 头侧成对器官，耳后亚分区。3. 未成对器官的中部亚分区（颈部脏器）。4. 尾侧的成对器官，肩胛骨前部亚分区。B. 头颈部右侧观。显示了每个亚分区的主要解剖结构。

喉部病变。咽部分为三个部分：口咽、鼻咽、喉咽。口咽和鼻咽分别属于口腔和近端呼吸道，因此通常不包括在颈部 CT 检查中。扁桃体鳞状细胞癌（TSCC）是犬猫最常见的口咽肿瘤，但这一区域

也可能出现其他类型的肿瘤（图 14.22 ~ 图 14.25）。喉咽肿物可伴有多种临床症状，如咳嗽、吞咽困难、发声改变等。该区域的良性病变包括囊性和类囊样病变，如脓肿。小动物中罕有恶性肿瘤的报道，可

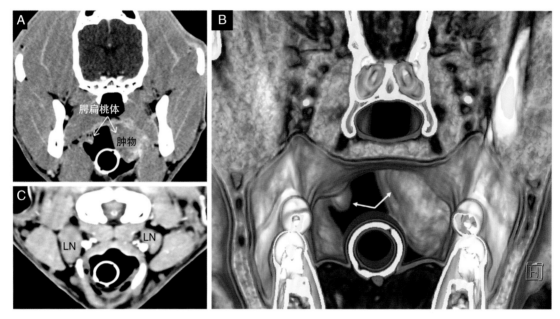

图 14.22　A. 犬扁桃体淋巴肉瘤。横断面显示左侧扁桃体肿物和突出的右侧腭扁桃体。B. 扁桃体的容积渲染图像（箭头）。C. 内侧咽后淋巴结（LN）

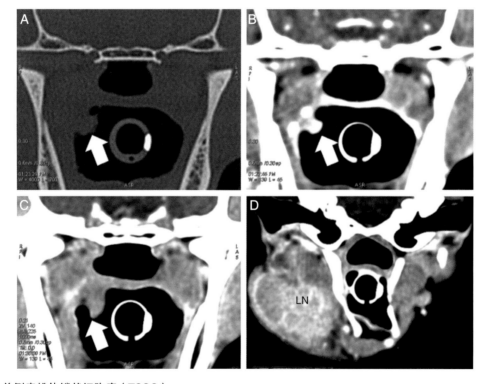

图 14.23　犬单侧扁桃体鳞状细胞癌（TSSC）

A. 平扫图像。B. 动脉相。C. 静脉相。D. 局部淋巴结转移（LN，右侧内侧咽后淋巴结）。

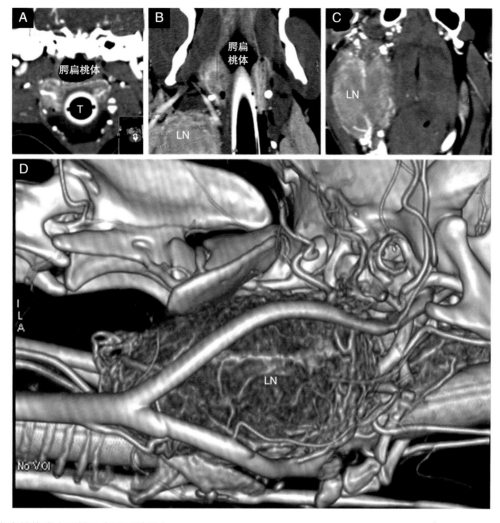

图 14.24 犬扁桃体癌（可触及右耳后肿物）

A. 横断面图像显示双侧腭扁桃体肿大。B. 冠状面 MPR 图像显示腭扁桃体和内侧咽后淋巴结肿大（LN）。对侧淋巴结形态正常。
C. 冠状面 MPR 图像显示淋巴结肿物。D. 右侧淋巴结肿物的容积重建图像。组织病理学证实为右侧扁桃体 TSCC 伴淋巴结转移。
左侧扁桃体增生。T，气管。

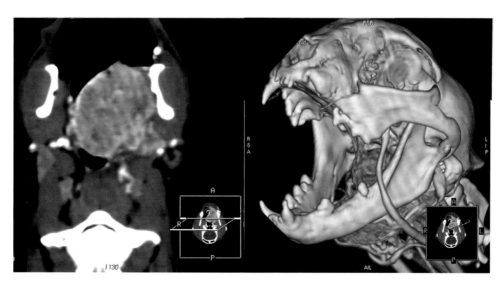

图 14.25 猫的左侧扁桃体鳞状细胞癌（TSCC）

能的类型包括鳞状细胞癌、腺癌、肉瘤、黑色素瘤和淋巴瘤（图 14.26）。更罕见的是原发性喉软骨和异位甲状腺肿瘤。多伴有单侧或双侧内侧咽后淋巴结肿大，肿物可累及舌骨（图 14.27）。

颈部最头侧的两侧肿物通常可触及，常伴有开口疼痛和吞咽困难。这些症状在严重的中耳疾病、唾液腺疾病、淋巴结肿大和颈动脉体瘤的病例中可能出现。已有几篇文章描述了颈外侧肿物的 CT 特征。对于怀疑唾液腺涎石、唾液腺囊肿、唾液腺炎或唾液腺恶性肿瘤的动物，CT 是评估其病变的极佳工具。唾液腺黏液囊肿（或唾液腺囊肿）可发生于任何唾液腺，有时双侧发病，临床上可分为颈部黏液囊肿、舌下黏液囊肿、咽部黏液囊肿和颧部黏液囊肿。CT 可以很容易地发现黏液囊肿中的涎石。当存在巨大的唾液腺黏液囊肿

的情况下，可能很难发现囊性结构和唾液腺之间的通道。通常，唾液腺黏液囊肿可累及多个腺体（图 14.28 和图 14.29）。唾液腺黏液囊肿的鉴别诊断应包括唾液腺脓肿和唾液腺恶性肿瘤伴囊性病变（图 14.30）。

最近一篇文章描述了犬颈动脉体副神经节瘤（PGs）的 CT 和 MRI 征象。副神经节瘤是一种生长缓慢的良性肿瘤，来源于神经嵴细胞衍生的肾上腺外副神经节组织。它们与自主（副交感）神经系统密切相关，通常位于血管和神经结构附近。在人中，头部和颈部的副神经节瘤可能位于 4 个主要位置，分别为颈动脉分叉（颈动脉副神经节瘤或颈动脉体瘤）、颈静脉球（颈静脉副神经节瘤）、鼓室丛（鼓室副神经节瘤）和迷走神经节（迷走神经节副神经节瘤）。前三种肿瘤类型已在

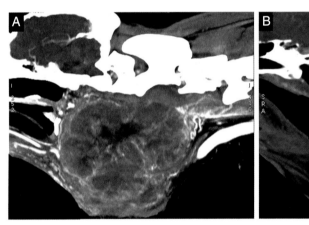
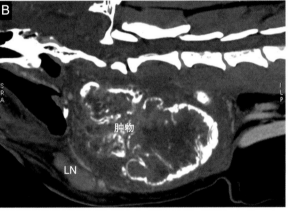

图 14.26　犬喉部肿瘤
A. 转移性黑色素瘤。B. 原发性软骨肉瘤。LN，内侧咽后淋巴结。

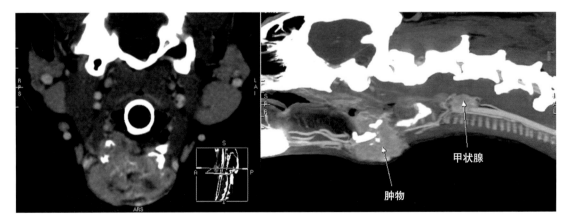

图 14.27　犬舌骨异位甲状腺癌

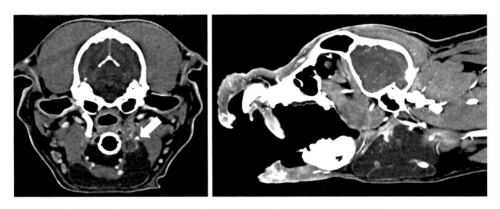

图 14.28 犬颈部波动性肿物（左下颌唾液腺膨出），为唾液腺黏液囊肿伴涎石（箭头）

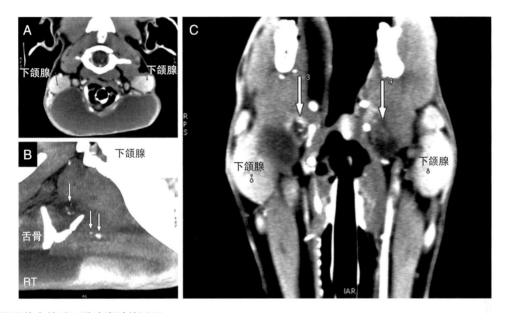

图 14.29 马耳他犬的舌下黏液囊肿伴涎石

A. 横断面图像显示一个大的波动性下颌肿物。下颌腺仍正常显影。B. 右侧矢状面图像显示沿下颌腺管分布的若干涎石。C. 冠状面 MRP 图像。箭头指示下颌腺管扩张。右侧导管内有一涎石。手术切除舌下腺和下颌腺。组织病理学提示为舌下腺炎和正常的下颌腺。

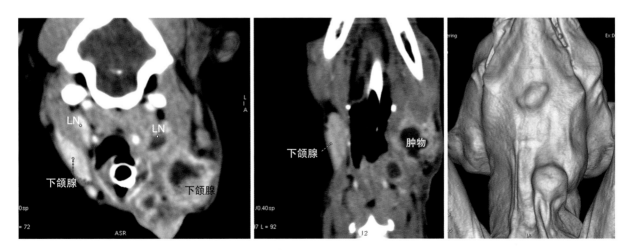

图 14.30 猫的唾液腺癌

头部和颈部的横断面、冠状面 MPR 图像和腹侧面容积重建图像。注意左侧的下颌腺肿物，中央有少量积液。左侧内侧咽后淋巴结与同侧下颌淋巴结具有相似的特征。LN，淋巴结。

犬中发现，但心基部副神经节瘤和化学感受器瘤在犬中更常见（图 14.31）。由于副神经节瘤的良性和非分泌性特征，当它增大到压迫局部组织、产生临床症状时才被诊断。然而根据笔者的经验，在 MDCT 检查中也可以偶然发现小的副神经节瘤。此外，在纵隔、颈部和颅底发现多个副神经节瘤的患者并不少见。这种表现在人医中有明确记录，其中 10%～20% 的病例为多中心肿瘤。独立于它们所在的位置，在造影前图像上副神经节瘤与周围肌肉是均匀的、等衰减至低衰减的，可能存在

矿化。在造影后序列中，早期时相表现为显著而不均匀的增强。非常大的颈动脉体瘤可能很难与巨大的甲状腺恶性肿瘤区分开。根据笔者的经验，在动脉相获得的颈部薄准直扫描在多数情况下能够识别肿瘤的供血动脉，以用来区分甲状腺肿瘤与颈动脉体瘤。

甲状腺和甲状旁腺肿物是最常见的颈中部肿物。它们在"内分泌系统"一章中进行了描述。其他恶性和非恶性炎症情况也可能影响这一区域（图 14.32）。

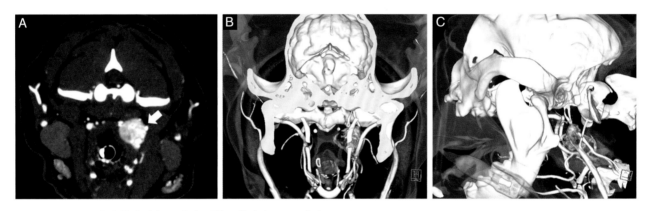

图 14.31　犬颈动脉体瘤（肾上腺外副神经节瘤），开口疼痛

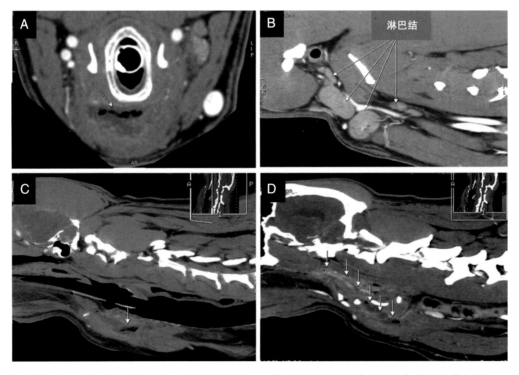

图 14.32　犬咽后蜂窝织炎和反应性淋巴结病（异物迁移）。A. 横断面显示颈部腹侧部分气体被液体包围。B. 咽后和下颌骨淋巴结肿大（左侧矢状旁切面图像）。C、D. 矢状面 MinIP 和 MPR 图像，显示异物迁移的路径

7. 气管和食道疾病

考虑到颈部、胸部气管和食道这些结构的延伸范围，一个完整的评估需要同时检查这两个区域。创伤、原发性阻塞性疾病（如气管塌陷、气管狭窄）、炎症、外源性压迫（另见第 13 章和第 21 章），以及肿物可能影响颈部或胸内气管（图 14.33）。原发性气管内肿瘤在犬猫中并不常见，这一类良性肿瘤包括软骨瘤、骨软骨瘤、平滑肌瘤和年轻犬的外生软骨瘤、骨软骨发育不良（图 14.34）。恶性肿瘤包括淋巴瘤、软骨肉瘤和鳞状细胞癌。支气管镜检查是首选的评估方法，因为它可以直接显示病灶，直接取样并进行细胞学和组织学分析，也可在存在呼吸道损伤的情况下及时干预。然而，多排螺旋 CT 在这些动物的分期中起主要作用。

涉及食道的情况包括创伤、巨食道、疝、狭窄、炎性变化、假囊肿、外源性压迫和肿瘤。食道创伤在第 21 章中描述。在接受多排螺旋 CT 检查的麻醉动物中，整个食道的中度扩张是常见的，不应与导致食道扩张的其他情况相混淆。巨食道是指食道张力和运动能力丧失，常常出现食道的广泛性扩张和反流症状。它可以是先天性的，也可以是获得性的。某些犬（如大丹犬、爱尔兰塞特犬、拉布拉多寻回猎犬、德国牧羊犬、沙皮犬、猎狐狸）被认为具有先天性广泛性巨食道的易感性。获得性巨食道症在犬猫中都可发生。发现巨食道征象时应进一步检查以确定潜在原因。巨食道可能继发于周围神经病变、喉麻痹、严重食道炎、慢性或复发性胃扩张，以及许多其他局部和系统性疾病（图 14.19 和图 14.34）。虽然甲状腺功能减退被认为是巨食道症的潜在病因，但目前还缺乏支持这一关联的数据。节段性巨食道可由血管环异常（见"胸部血管系统"一章）、异物和肿物引起。MDCT 在犬猫巨食道症评估中的作用是排除梗阻性、炎性和肿瘤性疾病或诊断血管环异常。

食道裂孔疝又称裂孔疝，其特点是胃或腹部部分食道经食道裂孔进入胸腔。滑动性食道裂孔疝是指食道远端、胃食道连接处、部分胃经食道裂孔动态间歇性脱垂。与其他类型的裂孔疝相比，

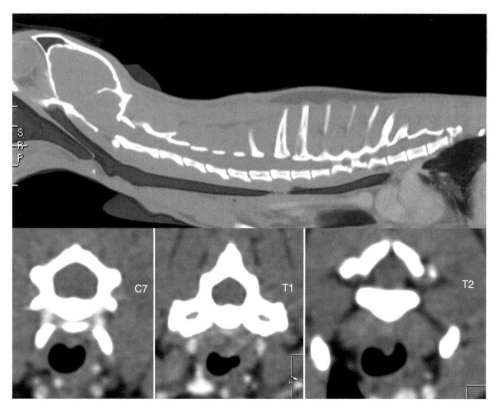

图 14.33　6 月龄猫的节段性气管狭窄（先天性气管狭窄）

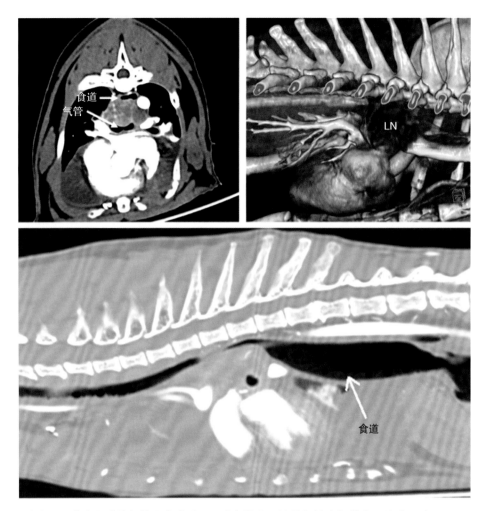

图 14.34　转移性肺癌和乳糜胸患猫的气管和食道受压。增大的淋巴结是气管支气管淋巴结（LN）

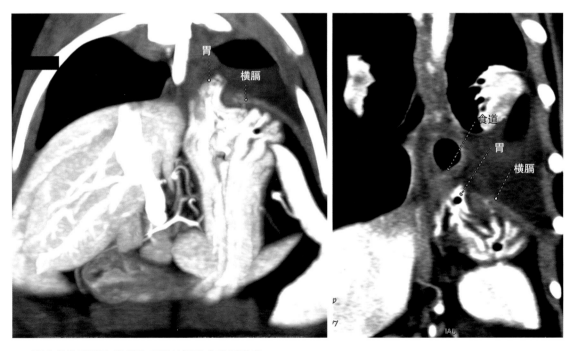

图 14.35　硬化性胸膜炎和乳糜胸患猫的滑动食道裂孔疝

这种类型的裂孔疝在伴侣动物中出现的频率更高，是猫中最常见的裂孔疝类型（图 14.35）。食道旁疝是指胃底区沿胸段食道下垂到胸腔内（食道裂孔仍在正常位置）。在几只犬和一只猫身上都曾发现这种疾病。其他器官（如胃、肝）或它们的一部分也可能通过食道裂孔疝出（图 14.35 和图 14.36）。

多排螺旋 CT 检查可发现食道囊样病变。它们包括罕见的先天性疾病，如重复性囊肿以及更常见的获得性疾病，后者包括狼尾旋线虫感染、脓肿和囊性肿瘤引起的食道囊肿（图 14.11 和图 14.20）。肉瘤是犬中最常见的食道恶性肿瘤。已有报道阐述犬的食道肉瘤和狼尾旋线虫感染之间的联系。其他原发性食道肿瘤包括平滑肌瘤、平滑肌肉瘤、鳞状细胞癌和淋巴瘤，但在犬猫中很罕见。

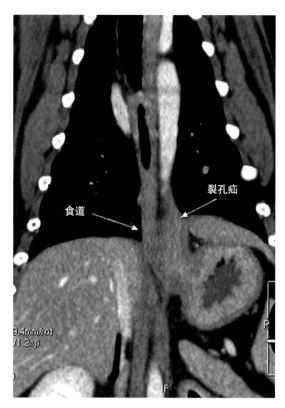

图 14.36 慢性肠炎和肠梗阻患犬的食道旁疝

参考文献

[1] Agut A, Talavera J, Buendia A, Anson A, Santarelli G, Gomez S. Imaging diagnosis–spontaneous pneumomediastinum secondary to primary pulmonary pathology in a dalmatian dog.Vet Radiol Ultrasound. 2015; 56(5):E54–7. doi:10.1111/vru.12223. Epub 2014 Nov 12.

[2] Bertolini G, Stefanello C, Caldin M. Imaging diagnosis—pulmonary interstitial emphysema in a dog. Vet Radiol Ultrasound. 2009; 50(1):80–2.

[3] Borgonovo S, Rocchi PM, Raiano V, Diana D, Greci V. Spontaneous pneumopericardium in a dog with bronchopulmonary disease complicated by pyothorax and pneumothorax. Can Vet J. 2014; 55(12):1186–91.

[4] Brown DC, Holt D. Subcutaneous emphysema, pneumothorax, pneumomediastinum, and pneumopericardium associated with positive–pressure ventilation in a cat. J Am Vet Med Assoc. 1995; 206(7):997–9.

[5] Carozzi G, Zotti A, Alberti M, Rossi F. Computed tomographic features of pharyngeal neoplasia in 25 dogs. Vet Radiol Ultrasound. 2015; 56(6):628–37. doi:10.1111/vru.12278. Epub 2015 Jul 14.

[6] Gabor LJ, Walshaw R. Esophageal duplication cyst in a dog. Vet Pathol. 2008; 45(1):61–2. doi:10. 1354/vp.45–1–61.

[7] Greci V, Baio A, Bibbiani L, Caggiano E, Borgonovo S, Olivero D, Rocchi PM, Raiano V. Pneumopericardium, pneumomediastinum, pneumothorax and pneumoretroperitoneum complicating pulmonary metastatic carcinoma in a cat. J Small Anim Pract. 2015; 56(11):679–83. doi:10.1111/jsap.12366. Epub 2015 May 11.

[8] Macklin CC. Transport of air along sheaths of pulmonic blood vessels from alveoli to mediastinum: clinical implications. Arch Intern Med. 1939; 64:913–26.

[9] Mai W, Seiler GS, Lindl–Bylicki BJ, Zwingenberger AL. CT and MRI features of carotid body paragangliomas in 16 dogs. Vet Radiol Ultrasound. 2015; 56(4):374–83. doi:10.1111/vru. 12254. Epub 2015 Apr 5.

[10] Morini M, Bettini G, Diana A, Spadari A, Casadio Tozzi A, Santi M, Romagnoli N, Scarpa F, Mandrioli L. Thymofibrolipoma in two dogs. J Comp Pathol. 2009; 141(1):74–7. doi:10.1016/j. jcpa.2009.03.001. Epub 2009 May 7.

[11] Nemanic S, Hollars K, Nelson NC, Bobe G. Combination of computed tomographic imaging characteristics of medial retropharyngeal lymph nodes and nasal passages aids discrimination between rhinitis and neoplasia in cats. Vet Radiol Ultrasound. 2015; 56(6):617–27. doi:10. 1111/vru.12279. Epub 2015 Jul 20.

[12] Oliveira CR, Mitchell MA, O'Brien RT. Thoracic computed tomography in feline patients without use of chemical restraint. Vet Radiol Ultrasound. 2011; 52(4):368–76. doi:10.1111/j.1740–8261.2011.01814.x. Epub 2011 Mar 29.

[13] Prather AB, Berry CR, Thrall DE. Use of radiography in combination with computed tomography for the assessment of noncardiac thoracic disease in the dog and cat. Vet Radiol Ultrasound. 2005; 46(2):114–21.

[14] Ramírez GA, Spattini G, Altimira J, García B, Vilafranca M. Clinical and histopathological features of a thymolipoma in a

dog. J Vet Diagn Invest. 2008; 20(3):360–4.

[15] Ramíez GA, Altimira J, Vilafranca M. Cartilaginous tumors of the larynx and trachea in the dog: literature review and 10 additional cases (1995–2014). Vet Pathol. 2015; 52(6):1019–26. doi:10.1177/0300985815579997. Epub 2015 Apr 16.

[16] Rossi F, Caleri E, Bacci B, Drees R, Groth A, Hammond G, Vignoli M, Schwarz T. Computed tomographic features of basihyoid ectopic thyroid carcinoma in dogs. Vet Radiol Ultrasound. 2013; 54(6):575–81. doi:10.1111/vru.12060. Epub 2013 Jun 23.

[17] Rudloff E, Crowe DT Jr, Kirby R, Mammato B. Suspected tension pneumomediastinum in a dog: a case report. J Vet Emerg Crit Care. 1996; 6:103–7.

[18] Scherrer W, Kyles A, Samii V, Hardie E, Kass P, Gregory C. Computed tomographic assessment of vascular invasion and resectability of mediastinal masses in dogs and a cat. N Z Vet J. 2008; 56(6):330–3. doi:10.1080/00480169.2008.3685 5.

[19] Taeymans O, Penninck DG, Peters RM. Comparison between clinical, ultrasound, CT, MRI, and pathology findings in dogs presented for suspected thyroid carcinoma. Vet Radiol Ultrasound. 2013; 54(1):61–70. doi:10.1111/j.1740-8261.2012.01966.x. Epub 2012 Sep 18.

[20] Taylor SS, Harvey AM, Barr FJ, Moore AH, Day MJ. Laryngeal disease in cats: a retrospective study of 35 cases. J Feline Med Surg. 2009; 11(12):954–62. doi:10.1016/j.jfms.2009.04.007. Epub 2009 Jun 17.

[21] Thomas EK, Syring RS. Pneumomediastinum in cats: 45 cases (2000–2010). J Vet Emerg Crit Care (San Antonio). 2013; 23(4):429–35. doi:10.1111/vec.12069. Epub 2013 Jul 15.

[22] Tobias JR, Cullen JM. Thymofibrolipoma in a labrador retriever. Vet Pathol. 2014; 51(4):816–9. doi:10.1177/0300985813502816. Epub 2013 Sep 10.

[23] Yoon J, Feeney DA, Cronk DE, Anderson KL, Ziegler LE. Computed tomographic evaluation of canine and feline mediastinal masses in 14 patients. Vet Radiol Ultrasound. 2004; 45(6):542–6.

[24] Zekas LJ, Crawford JT, O'Brien RT. Computed tomography-guided fine-needle aspirate and tissue-core biopsy of intrathoracic lesions in thirty dogs and cats. Vet Radiol Ultrasound. 2005; 46(3):200–4.

第 15 章　胸壁、胸膜和横膈

Giovanna Bertolini

1. 概述

胸壁、胸膜和横膈包围肺并相互连接。胸膜分为壁层和脏层。在解剖学上，壁胸膜可分为肋胸膜、纵隔胸膜和横膈胸膜。肋胸膜牢固地附着在肋骨和肋间肌肉的内侧面；纵隔胸膜形成纵隔腔的壁；横膈胸膜是覆盖于横膈上的壁胸膜的一部分。脏胸膜覆盖肺表面及叶间裂隙。胸膜壁层的血流经胸部体循环血管运送。脏胸膜则由肺循环供血及引流。壁胸膜和脏胸膜在双侧胸腔内均形成一个完整的囊或胸膜腔。每个胸膜腔都是实质上存在的空间（有时与对侧腔相通），内部包含液性的毛细管薄膜，在正常情况下的多排螺旋计算机断层扫描（MDCT）中不可见。

2. MDCT 成像策略

胸部计算机断层扫描（CT）检查包括胸壁、胸膜和横膈。探查胸膜腔内积聚的空气或液体十分容易，使用标准的 MDCT 扫描方案即可完成。在扫描设备允许的情况下，病情稳定的病例应在胸腔引流和（或）机械通气前进行首次 CT 扫描，以评估现状。在笔者的医院，病例通常在清醒状态下，使用第二代 128 排双源 CT 扫描仪的 FLASH 模式进行初始扫描，该模式可以获得亚秒级体积（各向同性的）胸部图像。最先进的 MDCT 扫描设备（如 256-320-MDCT）也可以做到这一点。当怀疑胸膜疾病时，应采用 CT 平扫和造影方案以获得最佳结果。最佳成像协议与评估胸腔和肺的类似。全面深入地评估如胸膜尾征、小结节或弥漫性增厚这些胸膜的微小变化，需要对胸腔进行高分辨率计算机断层扫描（HRCT）。CT 平扫有助于识别胸膜上的矿化和小的胸膜疱。在胸膜的炎性和肿瘤性病变中，早期造影相能更好地显示胸膜增厚、结节和血管增生。晚期造影相有助于诊断胸膜增厚、区分胸膜层积液和胸腔积液，以及鉴别胸膜腔少量积液。

此方法也适用于胸壁肿瘤。在这种情况下，早期造影相可以识别肿瘤血管和肿物的真实范围，这对于制订治疗方案（手术切除或姑息治疗，如放疗、动脉栓塞或化疗栓塞）至关重要。晚期造影相图像对于评估肿物的特征至关重要，特别是用于确定最佳的活检部位。此外，晚期造影相的 CT 图像可以帮助临床医生评估胸壁肿物是否累及胸膜。

3. 胸膜和胸膜腔疾病

犬猫胸膜和胸膜腔的常见疾病包括胸膜腔内积聚空气（气胸）或液体（胸腔积液）。炎性和肿瘤性疾病的病程可累及胸膜，常伴有胸腔积液。CT 不仅可以出色地检测到少量的气体和液体，通常也可确定潜在的胸腔内病因。

3.1 气胸

气胸指胸膜腔内出现气体，即在胸膜壁层和脏层之间。气胸通常分为开放性气胸和闭合性气胸。开放性气胸是指空气通过胸壁缺损处进入胸膜腔，导致胸膜腔与大气相通。闭合性气胸指胸壁没有缺损，空气因肺部或大气道的损伤进入胸膜腔。在笔者的病例中，开放性气胸通常由贯穿伤引起，而闭合性气胸可能由钝性创伤或肺浅表大疱或胸膜下大疱自发性破裂引起。张力性气胸是一种罕见的且会危及生命的疾病，即出现单向阀机制使空气只进不出，聚积于胸膜腔内，严重损害心血管系统和呼吸系统（图 15.1）。在笔者的病例中，最常见的三种与急性创伤相关的胸膜腔疾病包括气胸、血胸和膈疝。胸壁、胸膜和横膈肌损伤在第 21 章中进行描述。其他信息详见"肺及气道"一章，特别是胸膜下大疱。

3.2 胸腔积液

胸腔积液是一种常见的临床症状，有许多潜在的原因。加快胸腔积液发展的因素包括毛细血管静水压增加、毛细血管胶体渗透压降低（漏出液）和微血管循环渗透性增加（渗出液）。漏出液的主要原因通常是充血性心力衰竭，而渗出液通常是由炎症或肿瘤进程导致的。淋巴系统负责排出胸膜腔内积聚的液体。淋巴引流系统的阻塞、破坏和效率降低也可导致渗出性积液。

CT 常用于评估各种胸膜疾病或肺部疾病引起的胸腔积液。漏出液中总蛋白含量低，细胞数量

少。因此，一般衰减均匀，其 CT 衰减值范围为 0 ~ 30 HU。相反，渗出液含有大量细胞、蛋白质和其他物质，因此，呈现出更大的 CT 衰减值差异。最好在造影后序列中进行测量，以避免测量区域内包含胸膜或塌陷肺叶。通常，仅凭 CT 衰减值无法区分胸腔积液的性质（图 15.2）。

血胸

在笔者的病例中，多种因素均可引起血胸，包括创伤、凝血功能障碍、肿瘤、肺叶扭转和感染。原发性或继发性凝血功能障碍均可导致血胸，其中抗凝血灭鼠剂中毒是临床中最常见的情况。胸壁、胸膜和肺的肿瘤（如血管肉瘤、间皮瘤、转移癌、骨肉瘤和肺癌）也可引起胸膜外或胸膜腔内的血胸（图 15.3 和图 15.4）。血胸的其他原因包括肺叶扭转，以及寄生和非寄生性感染（如血管圆线虫病、旋尾线虫病）。血胸的 CT 征象包括 CT 衰减值各异的不均匀衰减的胸腔积液。近期出血的衰减值可能为 40 ~ 60 HU。当血性胸腔积液开始凝固时，衰减值可能升高，胸腔内形成分隔，也可能形成团状的纤维蛋白结构。CT 平扫上的高衰减影像可将这些胸膜假性肿瘤与胸膜肿物区分开。

脓胸

脓胸是胸腔内渗出液的积聚。脓胸的主要原

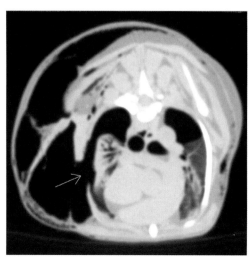
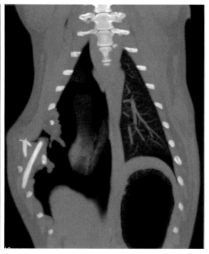

图 15.1　犬的张力性气胸，伴胸壁贯穿伤（咬伤）

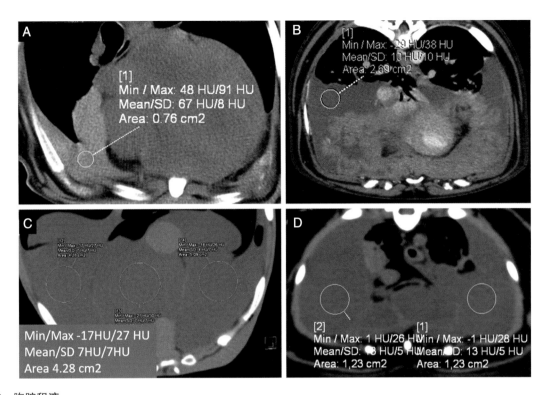

图 15.2 胸腔积液

A. 犬血胸（灭鼠剂中毒）。B. 犬脓胸伴败血性胸膜炎。C、D. 犬和猫乳糜胸。

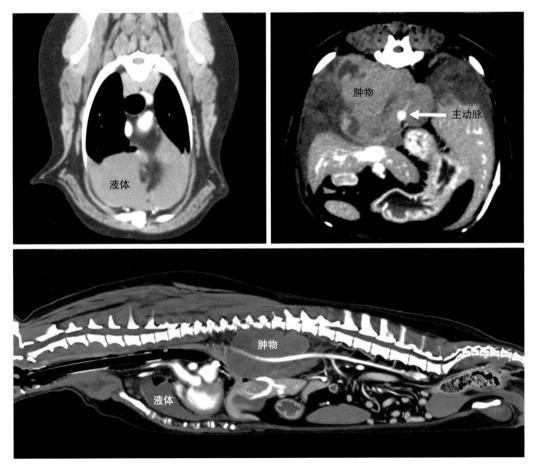

图 15.3 患有血胸的混种犬，伴背侧纵隔内（膈脚后间隙）肉瘤

因是胸腔内存在感染因子，导致胸膜腔内出现炎症反应和液体积聚。在小动物中已经发现了许多可能的感染途径，包括异物、贯穿伤、血源性传播、食道穿孔、寄生虫移行、胸腔穿刺或胸外科手术病史、椎间盘脊柱炎的进程以及存在脓肿的肿瘤性疾病（图 15.5 和图 15.6）。在猫中，脓胸可由肺炎旁传播、异物移行和胸部贯穿伤引起。CT 图像上出现胸膜炎征象。胸膜不规则增厚，造影后出现明显增强（图 15.5）。

在犬中，最常见的原因是植物或草芒的移行。最近的研究中已描述了 CT 在诊断及术前评估这些病例中的作用。植物性异物在 CT 图像中很难被看到。据报道，草籽在含气结构中表现为点状软组织衰减，在软组织中呈细长含气体的点状影像或轻微高衰减的点状影像。此外，CT 图像也可显示继发性征象，如软组织炎症、腔性病变或窦道、胸膜增厚、肺实变和胸壁软组织增厚，在不能直接观察到异物时，推测异物的位置（图 15.7）。可

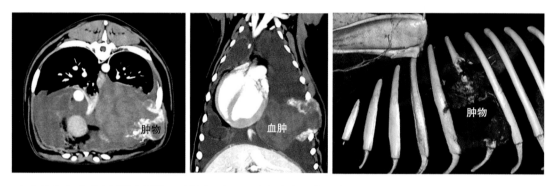

图 15.4　犬血管肉瘤破裂（累及左侧第 7 肋骨），出现血胸和胸膜腔内血肿

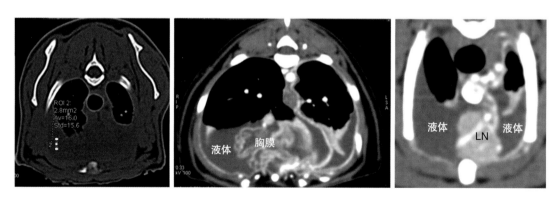

图 15.5　猫脓胸并伴有败血性胸膜炎。注意胸骨淋巴结（LN）肿大

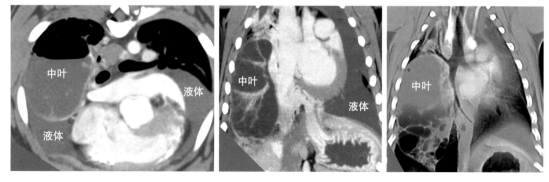

图 15.6　犬脓胸伴右肺叶脓肿。注意伴发的气胸

以通过超声介导或外科方法取出异物。

乳糜胸

乳糜胸是指淋巴液在胸膜腔内积聚。有关于小动物创伤性乳糜胸的报道，经常需要 CT 评估胸导管或其主要分支是否存在破裂。然而，胸导管破裂的病例不太常见，也不太可能出现明显的胸腔积液（图 15.8）。最常见的乳糜胸是由淋巴回流障碍或阻塞引起的。由于乳糜具有炎性特点，慢性积液增加发生胸膜炎和心包炎的概率。乳糜胸可由淋巴管异常、器官位置异常（如腹膜－心包膈疝或肺叶扭转）、右心静脉压升高、胸导管出口处静脉血栓，或任何其他阻碍淋巴回流的因素引起（如纵隔大肿物）。大多数情况下，乳糜胸的病因不明（特发性乳糜胸）（图 15.9）。各种兽医文

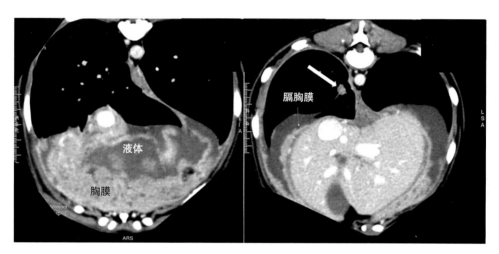

图 15.7　草芒移行引起犬败血性胸膜炎和脓胸

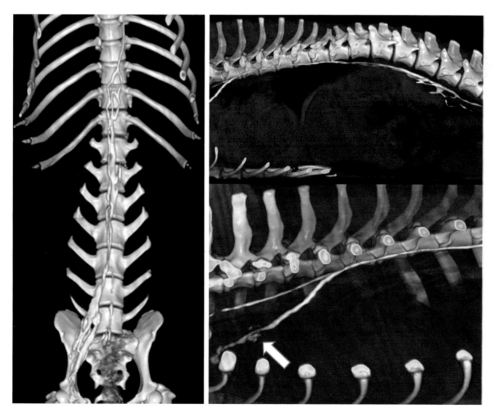

图 15.8　腊肠犬的经腘淋巴结 MDCT 淋巴管造影，该犬在钝性创伤 7 天后被诊断为乳糜胸。箭头指示前纵隔内淋巴液泄露部位

献中均认为 CT 是使胸导管可视化最理想的检查设备。与 X 线相比，CT 能识别出更多的胸导管分支。将稀释的碘造影剂直接注入一个或多个淋巴结。根据淋巴结的大小、术者的技术及熟练度来选择腘淋巴结、髂内淋巴结或肠系膜淋巴结（超声引导）。个人经验表明，多排螺旋 CT 淋巴管造影可能无法达到预期效果，造影剂可能无法像在正常犬猫中那样顺利进入患病动物的淋巴管。

3.3 胸膜增厚和肿物

胸膜疾病可大致分为良性或恶性。高质量的多排螺旋 CT 图像甚至可以发现轻微的胸膜改变。此外，MDCT 可为之后的诊断和治疗（胸腔镜或开胸术）提供指导。如前所述，对胸膜的全面评估需要薄准直、造影增强序列来识别弥漫性或局灶性胸膜增厚和胸膜小结节，这些在未增强的图像上是无法显示的。发炎的胸膜（胸膜炎）增厚并褶皱，有时呈肿物样外观（图 15.5、图 15.7、图 15.10）。在胸膜炎病例中，注射造影剂后，胸膜呈明显的早期增强，且胸膜表面可见明显的血管。根据潜在的病因，可出现各种类型的渗出液（脓胸、乳糜胸等）。无论良性或恶性疾病，都有可能出现胸膜小结节和胸膜增厚，如胸膜间皮瘤或癌（图 15.11 ~ 图 15.15）。胸膜最常见的原发性肿瘤是间皮瘤：间皮细胞来源的低分级恶性肿瘤可以覆盖整个体腔（包括心包、胸膜、腹膜和阴道壁）。这些肿瘤可呈局部或弥漫性分布，可表现为多发性至连续性结节或宽基部斑块样胸膜肿物。虽然很难鉴别胸膜间皮瘤与转移性癌，但其他临床数据和 MDCT 上的相关征象，如肺部病变、胸外的肿瘤和淋巴结肿大，可能有助于影像学诊断（图 15.16 和图 15.17）。

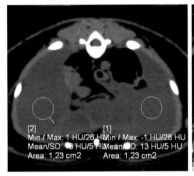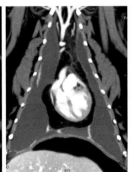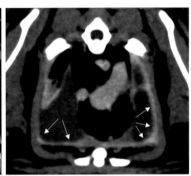

图 15.9 猫特发性乳糜胸的纤维性胸膜炎

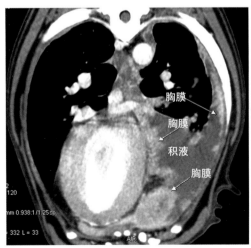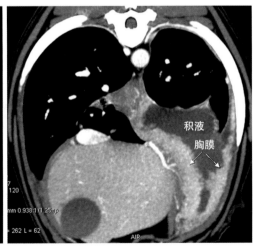

图 15.10 犬败血性胸膜炎，累及左侧胸腔。胸膜增厚，呈肿物样外观。怀疑异物移行，但未被证实。药物治疗后痊愈

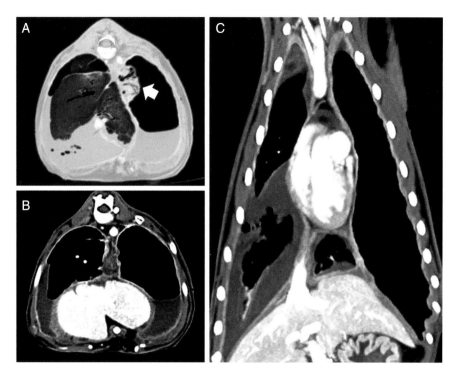

图 15.11　猫胸膜间皮瘤伴气胸和胸腔积液

A. 薄层 MinIP 图像显示气胸导致左侧肺不张（箭头）。B. 横断面显示胸腔积液（渗出液）和弥漫性胸膜增厚。C. 冠状面薄层 MIP 图像。

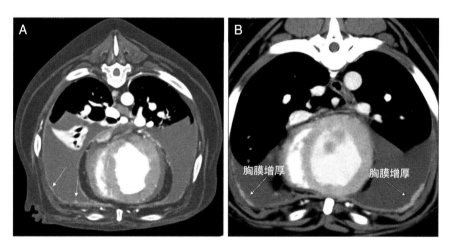

图 15.12　两只犬的胸膜间皮瘤

A. 胸膜不规则增厚（箭头）。B. 胸膜斑块样病灶。

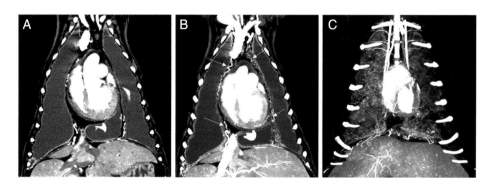

图 15.13　犬的胸膜间皮瘤

A. 注意双侧大量的胸腔积液。B. 胸膜增厚并出现明显的血管化（箭头）。C. 薄层 MIP 图像显示胸膜上弥漫性粟粒样结构。

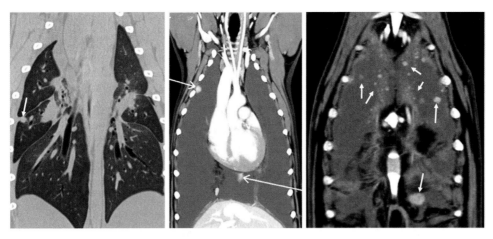

图 15.14　犬胸膜间皮瘤。注意若干壁胸膜和脏胸膜结节（箭头）、胸腔积液和弥漫性胸膜增厚

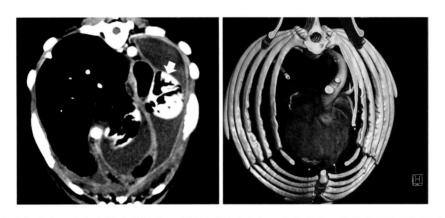

图 15.15　猫胸膜间皮瘤。注意左侧肺叶塌陷，对侧肺叶过度充气，纵隔移位。胸腔积液和弥漫性胸膜增厚。注意肋骨的骨重塑

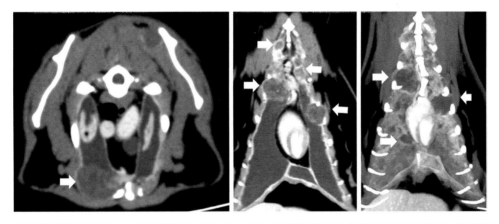

图 15.16　肩胛骨下猫注射部位肉瘤的胸膜转移（此图未见）。双侧胸腔积液（注意前叶肺不张），弥漫性胸膜增厚，胸膜多发性结节性病变（纤维肉瘤转移，箭头）

在猫上，胸膜尾征已被报道与原发性肺肿瘤有关。与人报道的类似，这些征象可能兼具肿瘤或非肿瘤的意义。因此，不应将其单一地解读为转移性扩散。

4. 胸壁和横膈疾病

胸壁由若干骨骼和软组织结构构成。胸膜外间隙位于胸膜壁层和胸壁之间。胸壁的任何结构，如胸膜外脂肪、肋骨、肋间肌和神经血管束，都可能产生胸腔或胸膜外效应。胸膜的膨胀性病变通常不会侵袭肋骨或累及胸壁的软组织。相反，胸膜外肿瘤常累及骨性结构（肋骨、胸骨）、脂肪、肌肉、神经和血管壁，向胸腔内突出后可能会累及胸膜。胸膜外的良性脂肪瘤是胸壁最常见的脂肪性软组织肿瘤。尽管本质上是良性的，但许多胸壁脂肪瘤位于深部，并累及深部肌间层或肌层，从而影响胸腔扩张或压迫胸腔内结构（图 15.18 和图 15.19）。因其 CT 扫描呈低衰减（CT 衰减值为

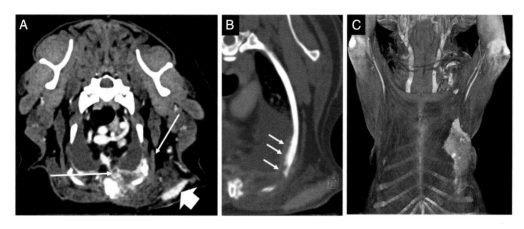

图 15.17 犬乳腺癌的继发性胸膜病变

A. 大箭头指示乳腺肿瘤。注意胸腔积液和胸膜增厚,肿物下方的胸膜外脂肪消失（箭头）。B. 箭头指示壁胸膜和肋骨被侵袭。C. 胸壁 VR 图像显示乳腺肿瘤。

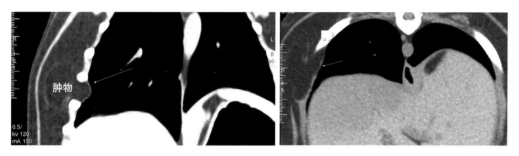

图 15.18 犬小的胸壁脂肪瘤，浸润胸膜

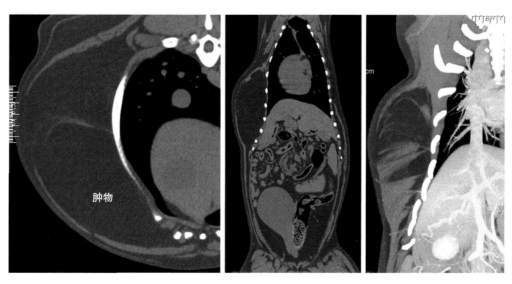

图 15.19 犬大的胸壁脂肪瘤。肿物压迫肋骨，牵拉肌肉

负值）且无明显增强而易于识别。在笔者的病例中，软骨瘤和良性骨肿瘤偶尔出现，但恶性胸壁肿瘤更常见。犬猫的胸壁恶性肿瘤包括骨肉瘤、软骨肉瘤、软组织肉瘤、皮下血管肉瘤和外周神经肿瘤。犬胸膜外出血和血肿通常与胸壁肉瘤相关（图 15.4、图 15.20 和图 15.21）。

横膈是一个大的圆顶状肌腱结构，位于胸膜腔尾部，将胸腔与腹腔分开，并且是通气过程中

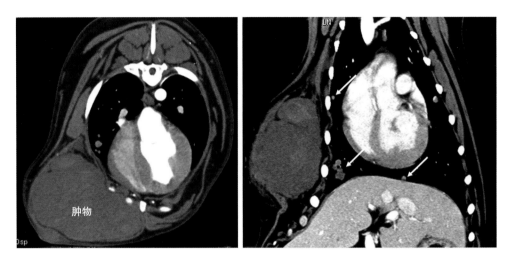

图 15.20　犬胸壁血管肉瘤。肿物压迫胸廓。箭头指示肺部转移性病变

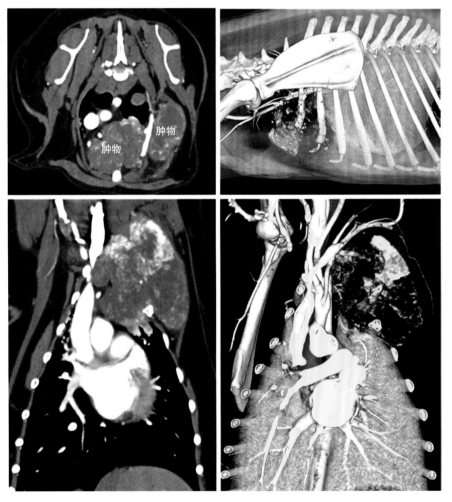

图 15.21　犬胸壁软骨肉瘤。肿物向胸腔内侵袭，累及胸膜、肺和前纵隔淋巴结

的主要肌肉。横膈与胸壁相连，因此胸壁的肿瘤也可能累及横膈（图 15.22）。

有关于犬猫先天性和获得性横膈功能障碍及结构缺陷的报道。横膈功能障碍可分为麻痹、无力或膈膨出，表现为膈顶部分头侧移位或扁平。先天性膈膨出是胎儿生命期间部分或全部膈肌发育不全的结果。影像上很难分辨这些先天性功能障碍。CT 有助于诊断获得性疾病，如继发于创伤、炎症或侵袭膈神经的肿瘤。

横膈的结构缺陷在 MDCT 图像上易于评估且特征明显。笔者认为，薄层 MDCT 的冠状面和矢状面更适合评估横膈及其与胸腹结构的关系。

横膈在胚胎发育早期形成，由 4 个部分组成：横隔、胸膜 – 腹膜皱襞、食道系膜和肌性体壁。横隔形成横膈的中心腱质部。这部分发育不完全可导致腹膜 – 心包膈疝，腹部脏器移位至心包内。这种先天性疝在 CT 图像上很容易发现，经常伴有其他胸部和腹部结构的先天性异常（图 15.23）。其他各种先天性或创伤性条件可能导致横膈破裂，一些腹部器官（如胃和肝）疝入胸腔（图 15.24）。

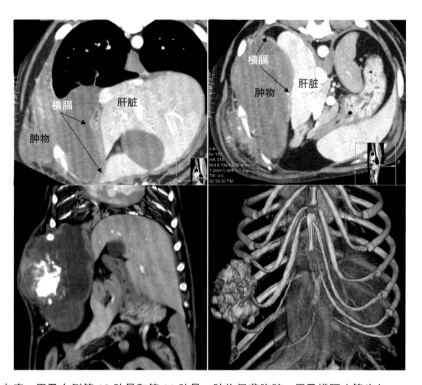

图 15.22　犬胸壁骨肉瘤，累及右侧第 10 肋骨和第 11 肋骨。肿物侵袭胸腔，累及横膈（箭头）

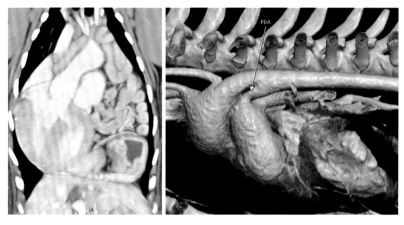

图 15.23　幼犬动脉导管未闭（PDA），合并腹膜 – 心包膈疝（PPDH）。胃和小肠疝入心包

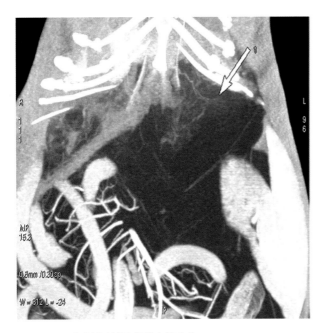

图 15.24　犬创伤性膈破裂（箭头）

这些病例的 CT 征象因潜在病因和疝出的结构而异（参见第 21 章）。膈疝也可以通过三个生理膈孔发生，即主动脉裂孔、食道裂孔和后腔静脉裂孔，仅用 X 线检查很难进行评估。参见第 14 章。关于犬后腔静脉裂孔疝的报道很少，但最近有使用 MDCT 进行诊断的报道。在笔者的病例中，后腔静脉裂孔疝的数量可能被低估，因为在 X 线片上该病易被误诊为胸腔内病变（如副肺叶肿物）、后纵隔肿物或膈膨出。

参考文献

[1] Ayres, C.J., Treharne, D.F. (1978) Eventration of the diaphragm in a Great Dane. Aust Vet Pract. ISSN: 0310-138X.

[2] Dhein CR, Rawlings CA, Rosin E, Losonsky JM, Chambers JN. Esophageal hiatal hernia and eventration of the diaphragm with resultant gastroesophageal reflux. J Am Anim Hosp Assoc. 1980; 16:517-22.

[3] Echandi RL, Morandi F, Newman SJ, Holford A. Imaging diagnosis – canine mesothelioma. Vet Radiol Ultrasound. 2007; 48:243-5.

[4] Johnson EG, Wisner ER, Kyles A, et al. Computed tomographic lymphography of the thoracic duct by mesenteric lymph node injection. Vet Surg. 2009; 38:361-7.

[5] Jones JC, Ober CP. Computed tomographic diagnosis of non-gastrointestinal foreign bodies in dogs. J Am Anim Hosp Assoc. 2007; 43(2):99-111.

[6] Kim M, Lee H, Lee N, et al. Ultrasound-guided mesenteric lymph node iohexol injection for thoracic duct computed tomographic lymphography in cats. Vet Radiol Ultrasound. 2011; 52(3):302-5.

[7] Kim J, Kim S, Jo J, Lee S, Eom K. Radiographic and computed tomographic features of caval foramen hernias of the liver in 7 dogs: mimicking lung nodules. J Vet Med Sci. 2016; 78(11):1693-7. doi:10.1292/jvms.16-0161.

[8] Kirkby KA, Bright RM, Owen HD. Paraoesophageal hiatal hernia and megaoesophagus in a threeweek-old Alaskan malamute. J Small Anim Pract. 2005; 46(8):402-5.

[9] Millward IR, Kirberger RM, Thompson PN. Comparative popliteal and mesenteric computed tomography lymphangiography of the canine thoracic duct. Vet Radiol Ultrasound. 2011; 52(3):295-301.

[10] Raj V, Kirke R, Bankart MJ, Entwisle JJ. Multidetector CT imaging of pleura: comparison of two contrast infusion protocols. Br J Radiol. 2011; 84(1005):796-9. doi:10.1259/bjr/55980445.

[11] Reetz JA, Buza EL, Krick EL. CT features of pleural masses and nodules. Vet Radiol Ultrasound. 2012; 53(2):121-7. doi:10.1111/j.1740-8261.2011.01883.x.

[12] Schultz RM, Zwingenberger A. Radiographic, computed tomographic, and ultrasonographic findings with migrating intrathoracic grass awns in dogs and cats. Vet Radiol Ultrasound. 2008; 49(3):249-55.

[13] Singh A, Brisson B, Nykamp S. Idiopathic chylothorax: pathophysiology, diagnosis and thoracic duct imaging. Compend Contin Educ Vet. 2012; 34(8):E2.

[14] Stillion JR, Letendre JA. A clinical review of the pathophysiology, diagnosis, and treatment of pyothorax in dogs and cats. J Vet Emerg Crit Care (San Antonio). 2015; 25(1):113-29. doi:10.1111/vec.12274. Epub 2015 Jan 13.

[15] Swinbourne F, Baines EA, Baines SJ, et al. Computed tomographic findings in canine pyothorax and correlation with findings at exploratory thoracotomy. J Small Anim Pract. 2011; 52:203-8.

[16] Vansteenkiste DP, Lee KC, Lamb CR. Computed tomographic findings in 44 dogs and 10 cats with grass seed foreign bodies. J Small Anim Pract. 2014; 55(11):579-84. doi:10.1111/jsap.12278. Epub 2014 Oct 7.

[17] Zoia A, Drigo M. Diagnostic value of Light's criteria and albumin gradient in classifying the pathophysiology of pleural effusion formation in cats. J Feline Med Surg. 2016; 18(8):666-72. doi:10.1177/1098612X15592170. Epub 2015 Jun 26.

[18] Zoia A, Drigo M, Caldin MA. new approach to pleural effusion in dogs: markers for distinguishing transudates from exudates. J Vet Intern Med. 2011; 25:1505.

第5部分 心 脏

第16章 心脏CT血管造影

Randi Drees

由于心脏在心动周期中不断跳动，因此使用标准扇形束计算机断层扫描（CT）设备获取自由运动的心脏图像具有挑战性。自从多排螺旋CT（MDCT）设备开始具有ECG门控功能，兽医领域引入了心脏计算机断层扫描血管造影（CCTA），ECG门控功能允许在舒张末期运动最小的时刻或通过ECG同步记录心动周期获取心脏图像。虽然心脏、心包和冠状动脉解剖的基本评估可以在无ECG门控的CCTA检查中进行，但功能或形态学参数评估还是需要使用ECG门控进行CCTA检查。

1. 心脏CT血管造影成像策略

在CCTA检查和造影剂注射期间，需要镇静或全身麻醉。虽然在评估心脏时没有明确的建议使用俯卧位或仰卧位，但是因为俯卧位通常能够更好地通气，更容易控制呼吸，所以首选俯卧位。

如果ECG导联用于心脏门控，可以在局部剃毛后将其放置于爪垫或胸壁上。使用64-MDCT设备进行心电门控CCTA检查的人推荐心率≤ 65 bpm，这在兽医病例中很难达到。犬已成功在更高的心率下进行了CCTA检查。这很可能是因为随着心率的增加，心肌的偏移更小，整体上引起的运动更少。一些协议经过测试适用于犬CCTA检查。血管扩张剂在改善冠状动脉可见度方面没有明显效果。建议根据病例的个体需求量身定制镇静和麻醉方案，将心率控制在较低范围内并保持规律的节律有助于成像。通过控制呼吸以避免CCTA检查中的呼吸运动必不可少，并且可以通过手动或药物方式实现。在心力衰竭的病例中，需要仔细评估其是否可以耐受快速注射造影剂。

CCTA检查将根据感兴趣的血管床中存在的造影剂团注剂量进行计时扫描。左相检查将主要显示左心房、左心室、冠状动脉和主动脉；右相检查将突出显示右心房、右心室和肺动脉。所谓的三联成像检查将显示所有四个腔室、冠状动脉、主动脉、肺动脉和肺静脉（图16.1）。根据临床需要选择显像方式，右相或左相检查在显示从左到右或从右到左分流时特别有用，而三联成像检查可以很好地显示心脏、冠状动脉、主动脉和肺血管及其分支的完整解剖结构。可以通过自动剂量跟踪或团注试验使造影剂到达目标血管床后开始自动扫描。在计划使用团注试验时需要注意，团注试验时感兴趣区与正式诊断扫描的区域并不完全相同，需要考虑从团注试验的扫描面结束到开始正式诊断扫描的时间延迟。

离子或非离子碘造影剂均可用于CCTA检查。所有CCTA检查均应使用高压注射泵，以确保充分输注造影剂。注射压力上限通常设置为不超过300 PSI。为了确保造影剂推注的紧密，可以使用双筒高压注射泵推注生理盐水。造影剂剂量取决于扫描的持续时间，并且可以使用600 ~ 800 mgI/kg（通常为2 mL/kg）的标准造影剂剂量作为起始目标。长时间注射造影剂可能有助于获得足够的衰减用于成像，如三联成像检查、稀释团注方案或较慢注射速率等方案，但应同时牢记可能会出现

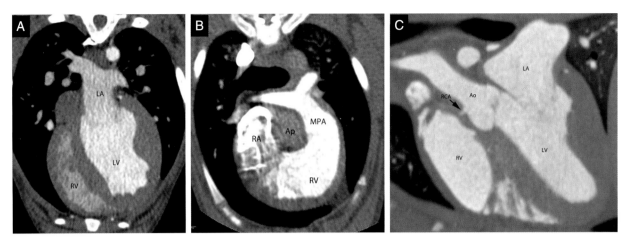

图 16.1　可以定制不同检查以突出显示感兴趣的特定血管床

左相检查突出显示左心房（LA）、左心室（LV）、主动脉（Ao）和冠状动脉（图 A 横断面）；右相检查突出显示右心房（RA）、右心室（RV）和肺动脉树（图 B 横断面）；三联成像检查结合了这两个时相，在检查期间通过造影剂同时显示所有上述结构（图 C 矢状面）。MPA，主肺动脉；RCA，右冠状动脉。

容量过载的并发症。

　　根据感兴趣的血管床中存在的造影剂剂量，扫描将自动开始。此外，它可以根据患病动物心电图的相位进行扫描。无 ECG 门控 CCTA 检查需要依靠运气在舒张期运动最小的时候获取心脏图像。心率较低时舒张期较长，使运气成分进一步增加。较大的病变，如心基部肿物，可以接受轻微的运动伪影。但图像采集期间心脏正在运动，冠状动脉等小的解剖结构可能不可见。若 CT 设备没有配备 ECG 门控软件，仍然能够辨识这些小结构的方法是立即重复心脏扫描 2~3 次，在计算出团注到达时间后，交替方向进行扫描以避免由于机架移动带来的延迟（图 16.2）。综上所述，最少运动下的扫描通常足以识别小的解剖结构。但这种技术的执行是以增加患病动物的辐射剂量为代价的，并且图像采集期间的心动周期不能与 ECG 相关联。

　　ECG 门控软件可进行前瞻性和回顾性应用（图 16.3）。前瞻性 ECG 门控 CCTA 检查在舒张末期由心电图触发图像采集，记录心动周期的快照，这对于评估心脏和冠状动脉的解剖结构非常有用。回顾性 ECG 门控 CCTA 检查记录整个心动周期，然后可以根据同时记录的心电图进行回顾性分段分析。将整个心动周期从 R-R 波设置为 100%，

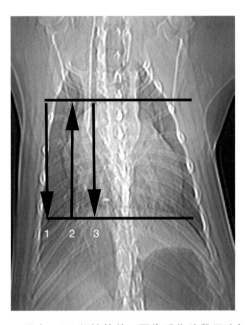

图 16.2　没有 ECG 门控软件，图像采集阶段无法与患病动物的 ECG 关联，不能可靠地识别或预测图像上显示的心动周期的相位。为了获得完整的解剖结构，需要在舒张末期运动最少的时间获取心脏图像。由于无法在没有 ECG 门控的情况下进行预测，因此可以使用相反的扫描方向（箭头）进行 2~3 次连续扫描（1~3），以最大限度地减少机架平移时间，并且如果运气好的话，该连续扫描中某张图像的心脏将处于舒张末期，以便评估解剖结构

通常重建心动周期 5%~10% 的片段，以便观察这一心动周期内心脏的运动。与前瞻性 ECG 门控检查相比，回顾性 ECG 门控检查辐射剂量更高，但是可以对心脏进行功能和解剖学评估。

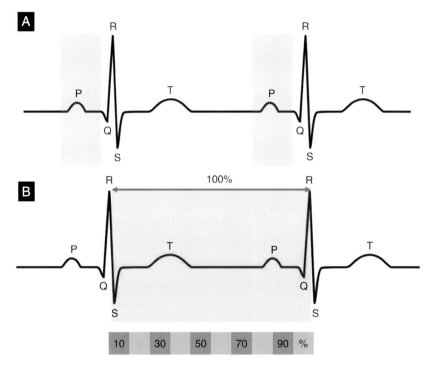

图 16.3　A. 前瞻性 ECG 门控将采集心动周期预定阶段的图像，通常是舒张末期（图 A 中的阴影区域）。B. 回顾性 ECG 门控获取整个心动周期的图像（图 B 中的阴影区域），可以在用户限定的心动周期间隔（%）重建这些图像。整个 R–R 间期是一个心动周期的 100%

考虑到心脏在心动周期中可能发生运动偏移，扫描长度应包括心脏的最头端到最尾端的范围。设置心脏周围的显示视野（DFOV）可提高 x/y 平面的分辨率，尤其有助于分辨小冠状血管。对于标准 MDCT 设备，管电压设置为 100 ~ 120 kVp，管电流为 200 mA 可能就足够了。配备心电门控的设备通常会根据心动周期调节辐射。传统 MDCT 设备使用螺旋检查，带有心电门控的高端 MDCT 设备可以实现单次旋转体积采集。传统 MDCT 设备旋转时间应设置得尽可能短（≤1 s），并配合低螺距（≤1.4），高端 ECG 门控的 MDCT 设备可能会根据心率调整这些参数。理想情况下切片厚度准直和重建切片厚度应低至 0.625 ~ 1.25 mm。使用中频空间重建内核生成诊断图像。

查看图像通常使用软组织窗宽（~ 400 HU）和窗位（~ 40 HU）。造影剂密度高时，稍宽的窗宽设置可能有助于查看图像。在横断面图像上进行图像的基本评估，使用多平面重建（MPRs）有助于理解和评估解剖结构，在进行定量的平面和体积评估时，有必要构建类似于超声心动图的切面以进行测量。最大密度投影（MIP）可以突出显示冠状动脉等小结构。人医中有冠状动脉的特定血管跟踪软件，并可应用于兽医，但由于动物血管尺寸相对较小，可能会在使用中遇到困难。功能定量评估的自动分割软件也是基于人体解剖学，需要经过验证才能在兽医中使用。

2.正常心脏CT血管造影（CCTA）

2.1 心脏

在 ECG 门控 CCTA 检查中，左、右心室和心房的造影剂填充心腔可以勾勒出心肌（包括室间隔和房间隔）。乳头肌和游离右心室壁的肉柱很容易显影。在正常动物中，通常需要心电门控 CCTA 检查显示瓣膜，房室瓣可能表现为细线状充盈缺损（图 16.4）。

2.2 心脏功能评估

心脏功能评估需要回顾性 ECG 门控检查。确定舒张末期和收缩末期并用于评估。使用多平面重建（MPR）技术重建类似于超声心动图切面以进行测量和体积评估。或者使用可以自动描绘轮廓的专用软件获得评估所需的测量值。但目前这些软件应用程序仅可用于人医，兽医病例略有不同的解剖结构仍需进一步测试。

通常使用经 MPR 生成的短轴平面进行体积测量。感兴趣区从心尖到瓣环水平，可以（半）自动或手动绘制左心室的心内膜和心外膜边界。如果超过 25% 的瓣环位于成像平面中，则绘制心室的基底边界，并且在成像平面中＞25% 的瓣环的图像被排除在分析之外。乳头肌可以包括或排除在心室容积，但尚未就犬或猫的评估达成共识（图 16.5）。

对于右心室来说，沿右心室心内膜边界手动

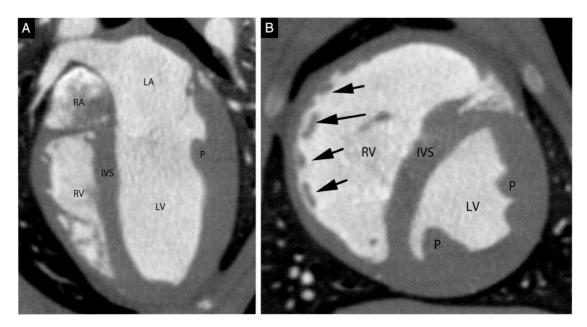

图 16.4 心脏 ECG 门控检查显示舒张期长轴面（A）和短轴面（B）。心腔和心肌均易于评估

RA，右心房；RV，右心室；LA，左心房；LV，左心室；IVS，室间隔；P，乳头肌；箭头，右心室壁肉柱。

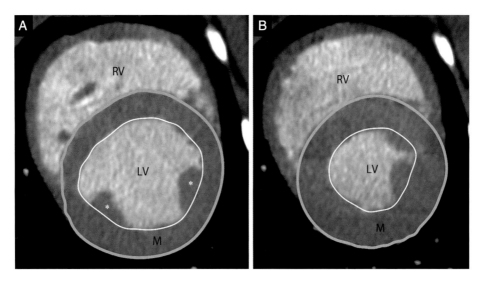

图 16.5 对于左心室（LV）的容积评估，需重建短轴平面，并在舒张末期所有图像，包括从心尖到瓣环水平的左心室上描绘心内膜（细白线）和心外膜（粗浅灰色线）边界（A）和（B）。创建的容积数值进一步用于计算左心室功能参数。在本例中乳头肌包含在心室容积中

RV，右心室；M，心肌；*，乳头肌。

或（半）自动绘制感兴趣区的方法，横断面图像上比短轴平面上一致性更高。三尖瓣和肺动脉瓣环是分析心室容积时的边界。乳头肌和肉柱可以包括在心室容积中以保持一致性（图 16.6）。右心室的心内膜表面比左心室更不规则，并且更难描记。

可以对感兴趣区使用辛普森方法计算以下容积变量：

- 左心室舒张末期和收缩末期容积（LVEDV 和 LVESV）。
- 左心室舒张末期和收缩末期心外膜容积（epiEDV 和 epiESV）。
- 左心室每搏输出量（LVSV=LVEDV–LVESV）。
- 左心室射血分数［LVEF（%）= LVSV/LVEDV × 100］。
- 右心室舒张末期容积（RVEDV）。
- 右心室收缩末期容积（RVESV）。
- 右心室每搏输出量（RVSV = RVEDV – RVESV）。
- 右心室射血分数［RVEF（%）= RVSV/RVESV × 100］。

为了验证在收缩末期和舒张末期之间绘制的感兴趣区的一致性，同一病例的左心室舒张末期和收缩末期心肌质量（LVmassD 和 LVmassS）测量值之前的最大变异性通常为 5% ~ 10%。

为了进行平面测量，可以在舒张末期或收缩末期通过 MPR 生成几个不同的平面。短轴视图与超声心动图的右侧胸骨旁短轴切面类似，用于测量以下参数（图 16.7）。

- 舒张末期和收缩末期心室间壁厚度（IVSd 和 IVSs）。
- 舒张末期和收缩末期左心室游离壁厚度（LVPWd 和 LVPWs）。
- 舒张末期和收缩末期左心室内径（LVIDd 和 LVIDs）。

缩短分数（%）由以下变量计算得出：FS =（LVIDd – LVIDs）/LVIDd × 100。

近似三腔切面，与超声心动图的胸骨旁长轴切面类似，用于测量收缩末期即在二尖瓣打开之前且主动脉瓣打开时的左心房直径和主动脉瓣环直径，以及在二尖瓣打开时测量舒张末期的二尖瓣环直径。左心房直径也可以使用主动脉瓣水平

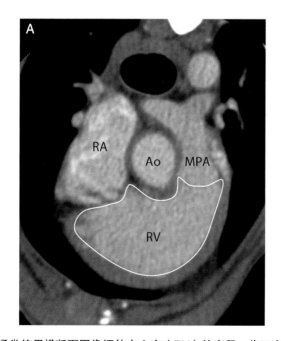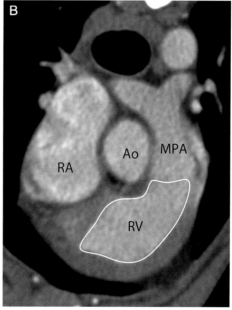

图 16.6　通常使用横断面图像评估右心室（RV）的容积。将三尖瓣和肺动脉瓣环作为边界，在所有显示右心室的图像上，在舒张期（A）和收缩期（B）中描记右心室的心内膜边缘（白线）。创建的容积用于计算右心室功能参数

RA，右心房；MPA，主肺动脉；Ao，主动脉。

的短轴平面测量（图 16.8）。从这些变量计算左心房和主动脉比值（LA：Ao 值）。

近似四腔切面可在另一个平面上测量二尖瓣环（图 16.9）。

2.3 冠状血管

在 ECG 门控 CCTA 检查中通常可以看到主动

脉瓣尖，表现为主动脉根部小的线性充盈缺损（图 16.10）。左冠状动脉（LCA）来自主动脉根部的左侧，就在左半月瓣的下游（图 16.11）。左冠状动脉是一条非常短的血管，它分支到左室间隔（left septal，LS）、圆锥旁室间支（Paraconal interventricular，LPIV）和回旋（LCX）支。并非所有犬都能看到明显的左冠状动脉，迄今为止尚未确定猫

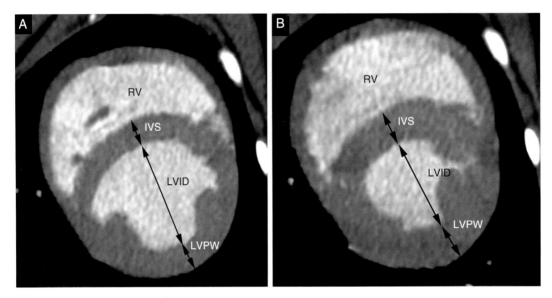

图 16.7　舒张期（A）和收缩期（B）的左心室（LV）短轴视图用于测量室间隔厚度、左心室内径（LVID）和左心室游离壁厚度（LVPW）

RV，右心室；IVS，室间隔。

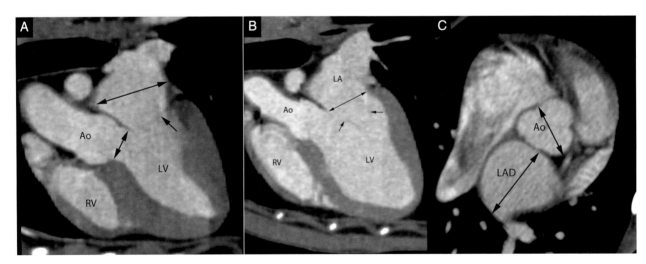

图 16.8　A. 近似三腔切面用于测量收缩末期的主动脉瓣环（短双箭头）和左心房直径（长双箭头），此时二尖瓣（箭头）已关闭。使用相同的视图（B）测量舒张末期的二尖瓣环直径（双箭头），此时二尖瓣（箭头）是打开的。左心房直径（LAD）也可以使用主动脉根部（Ao）水平的短轴视图（C）评估，其对齐方式类似于超声心动图中的右侧胸骨旁短轴切面，确定 LA：Ao 值

RV，右心室；LV，左心室；LA，左心房。

的 CCTA 解剖结构。左室间隔分支通常是犬最细的冠状动脉分支，在其发出后不久潜入室间隔，它可能有不同的起源，如有报道称其直接起源于主动脉或左冠状动脉的其他分支。圆锥旁室间支

起初垂直向腹侧延伸，随后沿着室间沟转向。它通常可以延伸到心尖区域。回旋支的粗细通常与 LPIV 相似，并从其起点立即向尾侧沿着冠状沟转向，往往可以延伸到心脏的右侧面。特别是从 LPIV 和

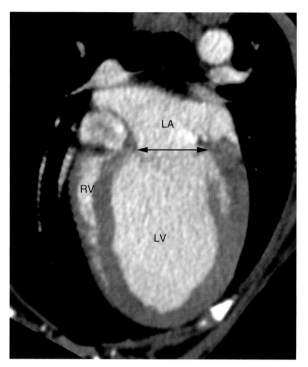

图 16.9　近似四腔切面可用于测量附加平面上的二尖瓣环直径（双箭头）

RV，右心室；LA，左心房；LV，左心室。

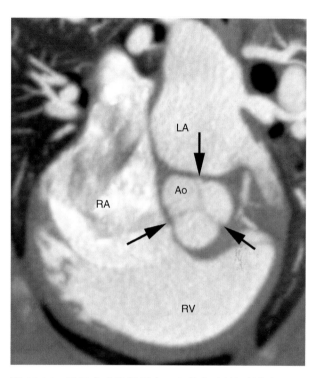

图 16.10　显示主动脉根部（Ao）的心脏斜短轴视图，显示主动脉瓣尖（箭头）为小的充盈缺损

RA，右心房；RV，右心室；LA，左心房。

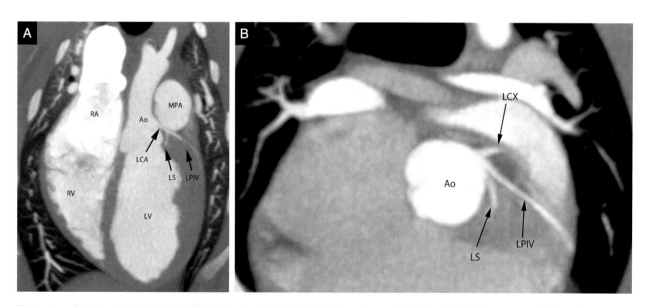

图 16.11　犬的左心室流出道的斜横断面（A），显示左冠状动脉（LCA）起源于左半月瓣近端。可以看到左圆锥旁室间支（LPIV）和小的左室间隔（LS）分支。斜短轴视图（B）显示左冠状动脉的所有三个分支。在这只犬中，主冠状动脉没有作为一个单独的血管。MIP 常被用来突出显示小的冠状血管

LV，左心室；Ao，主动脉；RA，右心房；RV，右心室；MPA，主肺动脉；LCX，左回旋支。

LCX 可以看到更小的冠状动脉分支。

右冠状动脉从主动脉的前侧、右半月瓣的下游分支发出（图 16.12）。该血管比 LCA 细，与 LPIV 和 LCX 相似或略细。它沿着冠状沟向右侧和前腹侧弯曲。

冠状动脉的评估最好在舒张中期至末期

（70%～95% 间期）进行，因为此时心脏的运动最少且血管灌注良好。目前尚未描述猫冠状动脉的 CCTA 表现。

尽管冠状静脉窦很容易在冠状沟中识别，其在冠状沟中的 LCX 分支腹侧且与之平行，但尚未专门描述犬或猫心脏静脉的 CCTA 表现。

3. 心脏病

3.1 先天性心脏缺陷

可能存在多种先天性缺陷，可以使用 CCTA 检查进行进一步评估。根据它们的生理特点，这些也可能为额外的发现，特别是在评估易发生先天性心脏变化的品种时，如短头品种。

动脉导管未闭（PDA）

PDA 表现为连接肺动脉和主动脉的短血管，在出生时闭合失败（图 16.13）。分流通常沿着主动脉和肺动脉之间的压力梯度从左向右发生，导致肺循环容量超负荷，从而可能导致左心房扩张和左心衰竭。此外，分流血管处的湍流可能会造成肺动脉和主动脉的特征性扩张。在压力梯度反转的情况下可能发生右向左分流，这可能在原发性肺动脉高压或更加复杂的心脏缺陷的情况下发

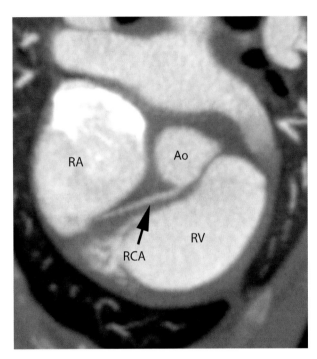

图 16.12 右冠状动脉（RCA）从主动脉（Ao）的前侧分支，刚好靠近右半月瓣，可以在冠状沟中看到

RA，右心房；RV，右心室。

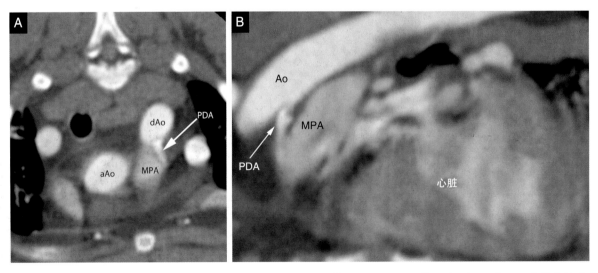

图 16.13 9 月龄的拉布拉多寻回猎犬的无 ECG 门控 CCTA 检查的横断面（A）和矢状面（B）。图像显示非常小的动脉导管未闭（PDA），降主动脉（dAo）连接到主肺动脉（MPA）

aAo，升主动脉；Ao，主动脉。

生。通常在无 ECG 门控的检查中，由于该区域的心脏运动受限，可以看到分流血管以及肺动脉和主动脉中的局灶性膨出。尚未专门描述肺叶的肺动脉和静脉扩张的 CCTA 表现。

肺动脉狭窄（pulmonic stenosis，PS）

瓣膜、瓣下或瓣上水平的肺动脉狭窄会导致继发性右心室肥厚，这在 CCTA 检查中可能会有所体现，但需要进行 ECG 门控 CCTA 检查才能进行准确分析。狭窄区域可以在 ECG 门控 CCTA 检查中看到，但与超声心动图检查不同，CCTA 并不总能清楚地区分瓣膜影像，所以准确地确定瓣膜水平相关的狭窄具有挑战性。在没有 ECG 门控的情况下进行的检查也很容易发现肺动脉狭窄后的扩张。

主动脉瓣狭窄（Aortic stenosis，AS）

主动脉瓣狭窄也可见于瓣膜、瓣下和瓣上水平，继发性左心室肥厚取决于狭窄的严重程度。ECG 门控 CCTA 检查需要确定心室功能和平面参数。在无 ECG 门控的检查中也很容易发现主动脉狭窄后的扩张。由于无法像超声心动图检查一样清晰地显示瓣膜，因此确定瓣膜水平狭窄的确切位置可能相对困难，尽管 ECG 门控检查有助于描绘局部的解剖结构。

室间隔缺损（Ventricular septal Defects，VSD）

室间隔缺损最常见于室间隔的膜周区域，邻近右主动脉瓣和无主动脉瓣尖以及前侧间隔三尖瓣连合处（图 16.14）。其他部位包括沿着肌肉壁或主动脉瓣和肺动脉瓣正下方的位置。对于小的缺损，左相检查可能是必不可少的，可以证明造影剂分流到无造影剂填充的右侧心脏。尽管在无 ECG 门控检查中可能会发现缺损，但 ECG 门控 CCTA 检查可以获得更精确的解剖图像。ECG 门控 CCTA 检查也可以检测到在左向右分流的情况下，由容量过载导致的右心室容量和肺动脉的继发性变化。

房间隔缺损（Atrial septal Defects，ASD）

房间隔缺损的临床意义可能有限，具体取决于其大小和分流方向，有时甚至可以在无 ECG 门控 CCTA 检查时偶然发现。

法洛四联症

法洛四联症呈现多种缺陷，包括肺动脉狭窄和继发性右心室肥厚、室间隔缺损和主动脉不同程度转位，导致流向肺部的血流量减少继发紫绀症状。心电门控 CCTA 检查最有助于勾勒和量化心脏功能以及解剖结构的变化。

血管环异常

持久性右主动脉弓是最常见的血管环异常。右主动脉弓位于食道和气管背侧，导致局灶性食道狭窄，临床表现为反流和吞咽困难（图 16.15）。CCTA 检查有助于确定所涉及的血管和结构。因为该区域的心脏运动影响有限，所以无 ECG 门控检查也非常有用。

AV 瓣膜发育不良或狭窄

瓣膜发育不良的特征为心房和心室之间的闭合不全，使血液从心室回流到心房，而狭窄性瓣膜疾病阻碍血液从心房流入心室。除非瓣膜增厚或瓣环缩窄，否则瓣膜变化可能难以在 CCTA 检查中明确发现。可能出现继发性心房扩张和静脉淤血。

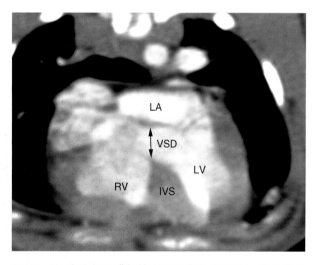

图 16.14　犬室间隔膜部的室间隔缺损（VSD）。该检查是使用无 ECG 门控的 16-MDCT 设备进行的。因此，虽然可以显示缺损，但解剖结构略模糊

LA, 左心房；LV, 左心室；RV, 右心室；IVS, 室间隔。

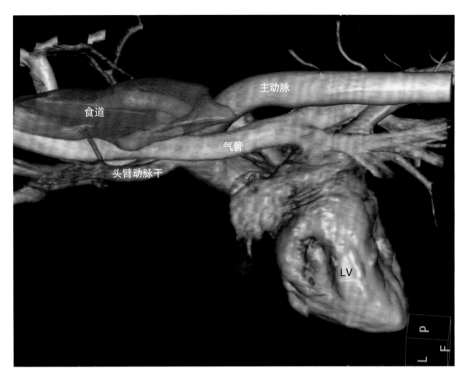

图 16.15　持久性右主动脉弓病例的三联成像检查 3D 重建，左侧面观。狭窄前段扩张的食道显示为浅蓝色

LV，左心室。

右三房心

纤维膜将右心房分成两个腔室，近端腔室接收来自前腔静脉和后腔静脉的静脉血，远端腔室连接房室交界处和三尖瓣。可能会发生充血性心力衰竭，这取决于膜上穿孔的情况。可以很明显看到心房扩张，而膜可能非常小并且难以在 CCTA 检查中发现。ECG 门控检查是评估这种情况的首选方法。

3.2 冠状动脉

3.2.1 冠状动脉解剖异常

异常的冠状动脉解剖可能具有临床意义，特别是其圈住了其他血管。这其中最常见的是 R2A 型异常冠状动脉，其左、右冠状动脉起源于右主动脉窦的共同主干，而左冠状动脉在肺动脉头侧周围环绕（图 16.16）。它可以与肺动脉狭窄并发，在尝试对 PS 进行球囊扩张时需要考虑这一点。虽然可以使用无 ECG 门控设备来描述冠状动脉的近端部分，但首选 ECG 门控设备进行评估。

3.2.2 冠状动脉狭窄

迄今为止，尚未在兽医病例中使用 CCTA 评估冠状动脉狭窄疾病。

3.3 心包积液

不需要 CCTA 检查来确定心包积液，任何心脏检查都可评估心包腔。心包积液的衰减值通常比心肌衰减值低，这在造影后检查中更容易区分（图 16.17）。根据积液的持续时间和性质，心包膜

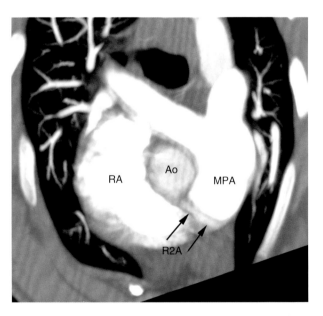

图 16.16　6 月龄的斗牛犬患有肺动脉瓣狭窄和异常包绕主肺动脉的冠状动脉，R2A 型异常冠状动脉。所示示例是在无 ECG 门控的 16–MDCT 设备上采集的

Ao，主动脉；MPA，主肺动脉；RA，右心房。

可能会出现轻度增厚或造影增强。

3.4 心脏或心基部肿瘤

原发性心脏肿瘤很少见，但心基部肿瘤（如化学感受器瘤）可能会干扰心脏解剖结构，也需要为可能的手术切除进行评估（图 16.18）。无 ECG 门控 CCTA 检查通常可以获得大体图像。在

右心房的曲面结构中很难发现右心房血管肉瘤，区分管腔内病变和侵入心肌的病变非常具有挑战性。在这些情况下，首选 ECG 门控 CCTA 检查，因为其可获得更详细的解剖学结构，从而提高诊断和制订治疗计划的能力。

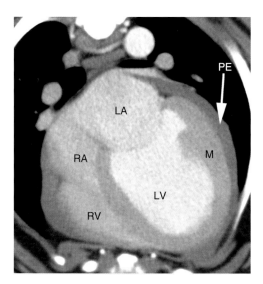

图 16.17　13 岁牧羊犬的心包积液（PE），心基部肿瘤（未显示）。与心肌（M）相比，心包液呈轻度低衰减

RA，右心房；RV，右心室；LA，左心房；LV，左心室。

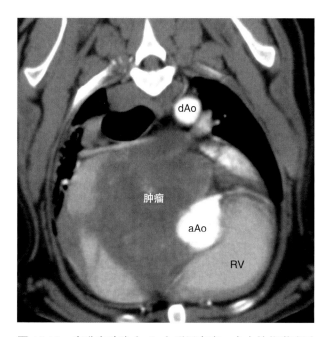

图 16.18　在升主动脉（aAo）附近存在一个大的化学感受器瘤（肿瘤），使心脏解剖结构向后偏离

RV，右心室；dAo，降主动脉。

参考文献

[1] Drees R, Frydrychowicz A, Reeder SB, Pinkerton ME, Johnson R. 64-multidetector computed tomographic angiography of the canine coronary arteries. Vet Radiol Ultrasound. 2011; 52 (5):507-15.

[2] Drees R, François CJ, Saunders JH. Invited review-Computed tomographic angiography (CTA) of the thoracic cardiovascular system in companion animals. Vet Radiol Ultrasound. 2014; 55(3):229-40.

[3] Drees R, Johnson RA, Pinkerton M, Del Rio AM, Saunders JH, François CJ. Effects of two different anesthetic protocols on 64-MDCT coronary angiography in dogs. Vet Radiol Ultrasound. 2015a; 56(1):46-54.

[4] Drees R, Johnson RA, Stepien RL, Munoz Del Rio A, Saunders JH, François CJ. Quantitative planar and volumetric cardiac measurements using 64 MDCT and 3T MRI vs. Standard 2d and m-mode echocardiography: does anesthetic protocol matter? Vet Radiol Ultrasound. 2015b; 56 (6):638-57.

[5] Laborda-Vidal P, Maddox TW, Navarro-Cubas X, Dukes-McEwan J, McConnell JF. Comparison between echocardiographic and non-ECG-gated CT measurements in dogs. Vet Rec. 2015; 176 (13):335.

[6] Park N, Lee M, Lee A, Lee S, Lee S, Song S, Jung J, Eom K. Comparative study of cardiac anatomic measurements obtained by echocardiography and dual-source computed tomography. J Vet Med Sci. 2012; 74(12):1597-602.

[7] Rutherford L, Stell A, Smith K, Kulendra N. Hemothorax in three dogs with intrathoracic extracardiac hemangiosarcoma. J Am Anim Hosp Assoc. 2016; 52:325-9.

[8] Scollan KF, Bottorff B, Stieger-Vanegas S, Nemanic S, Sisson D. Use of multidetector computed tomography in the assessment of dogs with pericardial effusion. J Vet Intern Med. 2015; 29 (1):79-87.

[9] Sieslack AK, Dziallas P, Nolte I, Wefstaedt P. Comparative assessment of left ventricular function variables determined via cardiac computed tomography and cardiac magnetic resonance imaging in dogs. Am J Vet Res. 2013; 74(7):990-8.

[10] Sieslack AK, Dziallas P, Nolte I, Wefstaedt P, Hungerbühler SO. Quantification of right ventricular volume in dogs: a comparative study between three-dimensional echocardiography and computed tomography with the reference method magnetic resonance imaging. BMC Vet Res. 2014; 10:242.

第 17 章　心脏双源 CT

Giovanna Bertolini

正如本书第 1 章中描述的那样，双源 CT（DSCT）是一种同时使用两个 X 射线管和两个相应探测器阵列的技术，这些探测器阵列以正交方向安装在机架中。这种扫描设计显著提高了 CT 系统基于硬件的时间分辨率，这与心脏成像高度相关。与前几代 MDCT 设备不同，DSCT 的时间分辨率与患病动物的心率无关，因为仅需单个心动周期的数据就可重建一个图像。最先进的 DSCT 设备通过组合两个探测器的数据，旋转时间为 0.25 s 时，时间分辨率已降至 66 ms。类似的时间分辨率值（<100 ms）在单源系统中需要通过多段重建技术实现，使用多个心脏周期的数据重建一个图像。因此，时间分辨率很大程度上取决于心率和旋转时间。结合两个探测系统的数据不仅可以提供高时间分辨率，还可以提供非常快的扫描速度。单源 MDCT 的最大螺距通常约为 1.5，DSCT 可达到这个值的

2 倍以上（128 排 DSCT 为 3.4，192 排 DSCT 为 3.2，最快扫描速度分别为 458 mm/s 和 737 mm/s；参见第 1 章）。这些改进对小动物的心脏 CT 应用产生了巨大影响。高心率和高呼吸频率的无 ECG 门控心脏成像中常出现运动伪影。在兽医病例中，轻微运动对于较大的病变是可以接受的，如心基部肿物，但可能看不到像冠状动脉这样小的解剖结构，并且可能会漏诊或误诊小的病变。根据笔者的经验，64 排 CT 或 DSCT 心脏成像与其他技术（即经胸和经食道超声心动图）相比，在兽医病例中具有辅助诊断价值。早期技术（如 16-MDCT）的时间分辨率不足（图 17.1 和图 17.2）。

DSCT 设备的高级扫描选项，如高螺距扫描和短旋转时间，大大提高了无 ECG 门控的诊断价值。无 ECG 门控采集比 ECG 门控采集更快，因此运动伪影更少。DSCT 可以在大约 1 s（或更短的时间）

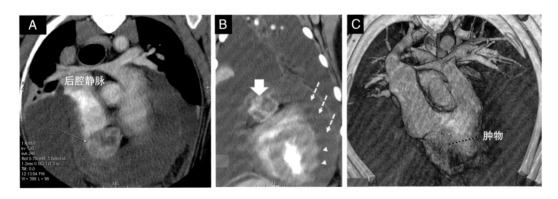

图 17.1　使用 16-MDCT 设备（Lightspeed 16；GE 医疗系统）对拳师犬进行无 ECG 门控心脏评估，患犬有心脏肿物（血管肉瘤）以及心包积液和胸腔积液

A. 肿物（箭头）在周围液体和正常组织的衬托下清晰可见。然而，心脏结构的边缘界限不清。B. 在冠状面 MPR 图像上，由心跳引起的运动伪影很明显（虚线箭头），并且还会影响心室边缘（无尾箭头）。大箭头指示肿物。C. 来自同一数据的容积重建图像。

内扫描患病动物的身体。因此即使患病动物处于清醒状态，呼吸伪影也很少（图 17.3）。当需要更详细的形态学细节（如显示冠状动脉以寻找可能的解剖变异），或进行心脏功能和灌注 CT 研究时，建议使用 ECG 门控方案（图 17.4）。DSCT 在两种

心脏成像模式中均可实现更快速地体积覆盖：回顾性门控和前瞻性触发（参见第 16 章）。在笔者的影像中心，患病动物通常处于俯卧位，ECG 导联放置在爪子上（图 17.5）。CT 方案根据成像的解剖结构、研究目的和评估的病理学而有所不同。先

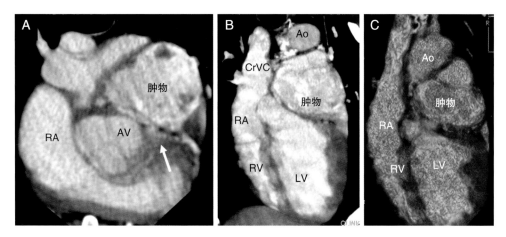

图 17.2　患有心基部肿瘤（化学感受器瘤）的波尔多獒犬的无 ECG 门控 16-MDCT 检查

A. 横断面。B. 冠状面 MPR 图像。C. 容积重建图像。肿物很容易被检测到，但一些伪影会影响图像并模糊一些解剖细节［即冠状血管的起始部和近端部分（图 A 中箭头）］。AV，房室交界处；RA，右心房；Ao，主动脉；RV，右心室；LV，左心室；CrVC，前腔静脉。

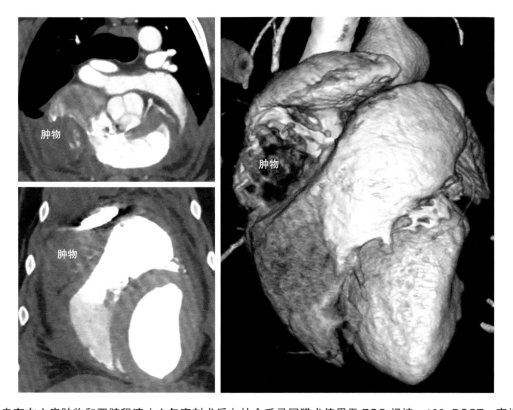

图 17.3　患有右心房肿物和双腔积液（心包穿刺术后）的金毛寻回猎犬使用无 ECG 门控、128-DSCT、高螺距（Flash 模式，Somatom Definition Flash，Siemens Healthcare），进行心脏评估和肿瘤分期，运动伪影很少。由于右心房造影剂增强不均匀，有少量条纹伪影

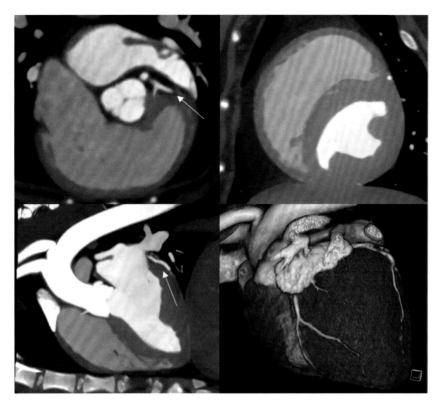

图 17.4 正常犬的 ECG 门控 128–DSCT "冻结" 心脏（各个 MPR 平面和 VR）。心腔边界清晰，造影剂分布均匀。解剖结构的外观非常详细，如 3D 容积重建图像上边缘清晰的冠状动脉血管（箭头）

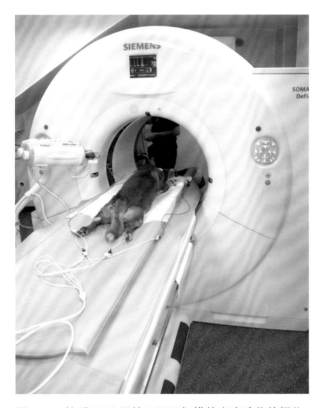

图 17.5 接受 ECG 门控 DSCT 扫描的患病动物的摆位。ECG 系统集成到 CT 扫查床且自动同步。ECG 数据在机架顶部的监视器上实时显示，同时在 CT 控制台的监视器上显示（此处不可见）

天性心脏病的 CT 成像技术与获得性心脏病的 CT 成像技术不同，后者通常需要肿瘤分期和（或）评估并发症的联合扫描（图 17.3 和图 17.6）。

迄今为止，回顾性 ECG 门控心脏 DSCT 已被用作参考标准模式，以比较健康犬左心室容积 CT 测量值与两种超声心动图方法（改良 Simpson 法和 Teichholz 方法）获得的结果。据报道，DSCT 是儿科先天性心脏病的一种高度准确的诊断方式，无须使用侵入性方法。除了无创性，DSCT 还同时提供有关心脏和其他纵隔结构、肺和腹内器官的详细解剖信息。在先天性心脏病的兽医病例中也有类似的应用（图 17.7 和图 17.8）。在笔者的影像中心，第二代 DSCT 设备用于对疑似或已知先天性心脏病的病例进行回顾性 ECG 门控研究，以进行进一步的评估和制订介入治疗计划。

DSCT 显著提高兽医病例心脏 CT 的可行性，并可能在不久的将来对心血管疾病的诊断和管理产生显著影响。

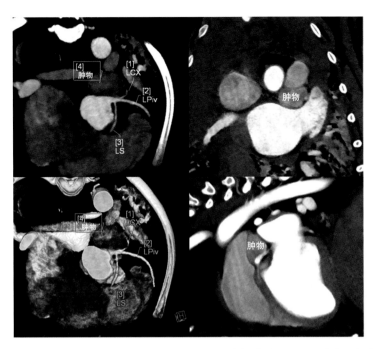

图 17.6　ECG 门控 128-DSCT 心脏成像显示一只 25 kg 沙皮犬的心基部肿瘤和双腔积液（心包穿刺术后）
LCX，左旋支；LPiv，左降支；LS，左隔支。

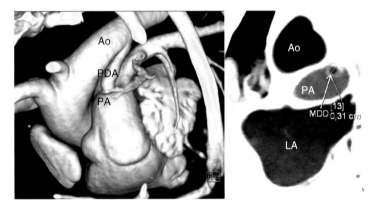

图 17.7　ECG 门控 DSCT 心脏成像显示一只 4 kg 马尔济斯犬的动脉导管未闭（PDA）
Ao，主动脉；PA，肺动脉；LA，左心房。

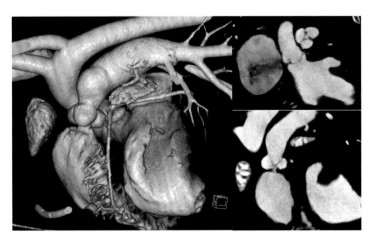

图 17.8　ECG 门控 DSCT 心脏成像显示一只拳师犬的肺动脉狭窄

参考文献

[1] Hausmann P, Stenger A, Dittrich S, Cesnjevar R, R ü ffer A, Hammon M, Uder M, Rompel O, Glöckler M. Application of dual-source-computed tomography in pediatric cardiology in children within the first year of life. Röfo. 2016; 188(2):179–87. doi:10.1055/s-0041-108912.

[2] Ihlenburg S, Rompel O, Rueffer A, Purbojo A, Cesnjevar R, Dittrich S, Gloeckler M. Dual source computed tomography in patients with congenital heart disease. Thorac Cardiovasc Surg. 2014; 62(3):203–10. doi:10.1055/s-0033-1349791.

[3] Lee M, Park N, Lee S, Lee A, Jung J, Kim Y, Ko S, Kim H, Jeong S, Eom K. Comparison of echocardiography with dual-source computed tomography for assessment of left ventricular volume in healthy Beagles. Am J Vet Res. 2013; 74(1):62–9. doi:10.2460/ajvr.74.1.62.

[4] Nakagawa M, Ozawa Y, Nomura N, Inukai S, Tsubokura S, Sakurai K, Shimohira M, Ogawa M, Shibamoto Y. Utility of dual source CT with ECG-triggered high-pitch spiral acquisition (Flash Spiral Cardio mode) to evaluate morphological features of ventricles in children with complex congenital heart defects. Jpn J Radiol. 2016; 34(4):284–91. doi:10.1007/s11604-016-0522-x.

[5] Sedaghat F, Pouraliakbar H, Motevalli M, Karimi MA, Armand S. Comparison of diagnostic accuracy of dual-source CT and conventional angiography in detecting congenital heart diseases. Pol J Radiol. 2014; 79:164–8. doi:10.12659/PJR.890732.

[6] Sun Z, Xu W, Huang S, Chen Y, Guo X, Shi Z. Dual-source computed tomography evaluation of children with congenital pulmonary valve stenosis. Iran J Radiol. 2016; 13(2):e34399.

第6部分 内分泌系统

第 18 章 肾上腺皮质功能亢进的 MDCT

Giovanna Bertolini

1. 概述

肾上腺皮质功能亢进（Hyperadrenocorticism，HAC）或库欣综合征是犬的一种复杂的内分泌综合征，发生在长期暴露于高皮质醇水平的动物上。HAC 有两个主要形式：①促肾上腺皮质激素依赖性肾上腺皮质功能亢进（ADHAC），与垂体肿瘤相关［也被称为垂体依赖性肾上腺皮质功能亢进（PDH）或库欣病］，也有很少一部分是由于促肾上腺皮质激素（ACTH）的异位分泌；②促肾上腺皮质激素非依赖性肾上腺皮质功能亢进（AIHAC），主要原因包括肾上腺皮质肿瘤、腺瘤、癌，以及较罕见的异位激素受体。准确区分 ADHAC 和 AIHAC 非常重要，因为治疗方案和预后都不同。自发性 HAC 在猫中非常罕见，同行评审的兽医文献中的病例不超过 100 例。猫 HAC 的 CT 征象描述仅限于 7 例评估脑垂体的病例。

这种复杂内分泌疾病的诊断要基于动物的病史、临床征象和实验室结果。但直接描述相关解剖结构的变化对于 HAC 的最终诊断或排除也至关重要。MDCT 为同时评估垂体和肾上腺提供了前所未有的机会。此外，MDCT 有助于提示分泌 ACTH 的异位肿瘤，且对于评估内分泌综合征相关的并发症至关重要，如血栓、血管侵袭、肾上腺肿物破裂、类固醇性肝病和颅内并发症（中风、垂体卒中、大垂体瘤压迫脑部）。

2. MDCT 成像策略

HAC 的扫描协议应至少包括脑颅和腹部，便于同时评估垂体和肾上腺。当怀疑肾上腺分泌性肿瘤时，建议增加胸部扫描以确定分期。

确定 MDCT 扫描协议时，应根据之前的临床评估和超声检查先考虑肿瘤的位置。使用单次造影剂注射，并获得全身高质量造影增强图像的扫描策略包括：①怀疑 PDH 的病例优先检查脑颅。在笔者的医院，HAC 的扫描协议包括脑颅的平扫，这有助于评估可能出现的肿瘤矿化或出血。注射造影剂后，笔者先进行大脑早期增强的序列扫描，然后进行全身的扫描。再进行大脑晚期增强扫描。这四个序列的 MDCT 扫描可以获得垂体早期和晚期增强图像，进行具有诊断价值的评估。②对于怀疑或已知肾上腺肿物的病例，优先进行腹部扫描。肾上腺区域平扫后，进行腹部的双相或三相扫描，以评估肿物的特征和可能出现的血管或组织侵袭。这些信息对于制订手术方案和预后至关重要。注射造影剂后应尽快进行胸部扫描以评估是否有肺转移和肺栓塞，这些在晚期图像中难以检测到。可以将胸部作为双相扫描的起始点，扫描范围包括胸部、头部和中腹部（包含肾上腺部分），静脉相需包含整个腹部，部分 CT（4 排、8 排、16 排）受球管热容量或其他原因限制。如果只能进行单个造影时相扫描，首选肝静脉相，因为可以提供膈腹区域、肾静脉和（或）后腔静脉血管侵袭的情况。如果使用更高级的设备（≥64排）则不会有这些问题。笔者的医院现在有一台二代 DSCT，可以通过单次造影剂注射获得脑颅和胸部的双相及腹部的三相扫描图像。

HAC 患病动物的 MDCT 图像分析应该系统包括：①评估受累腺体外观（垂体和肾上腺）；②评估腺体尺寸（垂体和脑部的比例，肾上腺二维或容积测量）；③评估增强模式（垂体、肾上腺肿物的血管和增强）；④评估肿瘤局部侵袭（垂体和肾上腺的血管和组织侵袭）；⑤评估 HAC 患病动物其他器官的继发病变（如类固醇性肝病、肾上腺肿物破裂、血栓栓塞、垂体卒中）。

3. 垂体依赖性肾上腺皮质功能亢进的 MDCT

由于长期暴露于垂体分泌的高水平 ACTH 下，PDH 患犬的肾上腺通常表现为双侧且对称性增大。CT 是评估 PDH 患犬垂体的传统方式。脑颅部分的

评估超过了本书涉及的内容范围，在此并不深入讨论。垂体微腺瘤和大腺瘤，以及有可能出现的并发症都很容易在 MDCT 图像中发现（图18.1）。

在笔者的医院进行了一项使用 16 排 MDCT 定量评估正常犬和 PDH 患犬肾上腺的研究。通过在肾上腺上放置圆形、卵圆形的多个感兴趣区（ROIs），对腺体的 CT 衰减值进行测量。ROIs 包括 1/2 ~ 2/3 的腺体区域，不包括腺体边缘，以减少局部容积效应及肾上腺周围脂肪的影响（图18.2）。CT 平扫正常犬左、右肾上腺的平均（±标准差）衰减值分别为（36.0±5.3）HU（范围为 22.0 ~ 42.0 HU）和（34.3±7.0）HU（范围为20.4 ~ 48.6 HU）。HAC 患犬的左、右肾上腺的衰减值分别为（33±9.1）HU 和（33±8.0）HU。这一研究显示，由于正常犬和 PDH 患犬的肾上腺衰减值有重叠，因此很难通过衰减值进行区分。但使用设备软件进行测量时，软件能自动计算出 ROI 内每个体素的衰减值并显示平均值和标准差，标准差可反映 ROI 内同质性程度。正常犬和 PDH 患

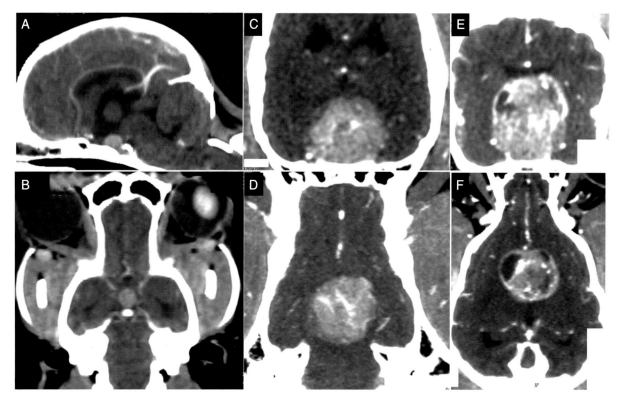

图 18.1　PDH 患犬脑部的矢状面和冠状面多平面重建图像

A、B. 垂体微腺瘤（非侵袭性）。C、D. 侵袭性垂体腺瘤。E、F. 垂体腺癌。

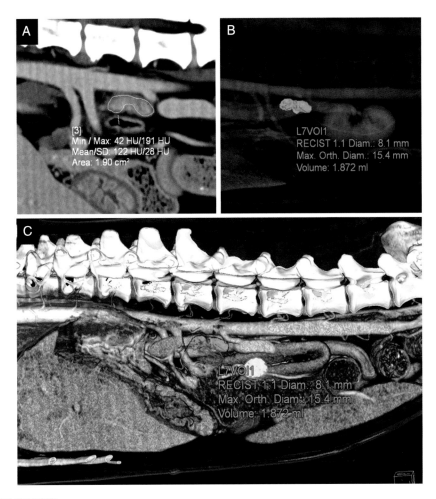

图 18.2　肾上腺 CT 定量评估

A. 测量衰减值。ROI 被手动放置于左侧肾上腺矢状面，避开膈腹静脉。软件计算所选区域内每个体素的衰减值，并给出平均值、最小值、最大值和标准差。后者反映了组织同质性。B. 使用基于实体瘤疗效评估标准 1.1 的自动软件测量肾上腺体积。C. 容积重建图像显示测量的肾上腺在正常位置。

犬标准差的差异可能为肾上腺组织同质性的差异。

使用 MDCT 进行的 2D 或 3D 测量已被建议用于评估肾上腺大小。如果只在横断面测量会出现腺体最大直径和长度的测量误差。相反，来自各向同性或近各向同性数据的 MPRs 图像能够直观显示腺体并使 2D 测量更精确（图 18.2B、C）。HAC 患犬的肾上腺体积通常比正常犬大。在笔者医院的一项研究中，正常犬左、右肾上腺平均 CT 体积为 0.60（0.20～0.95）cm³ 和 0.55（0.22～1.01）cm³。另一项研究中，患有微腺瘤和 HAC 的犬肾上腺平均 CT 体积为 1.60（0.35～2.85）cm³，巨腺瘤则为 2.88（1.2～4.48）cm³。通常肾上腺对称性增大被认为是 ADHAC 的证据，而不对称性增大是 AIHAC 的证据（图 18.3）。但是 MDCT 的研究（和使用其他

成像模式的方法）显示，两种类型 HAC 的 2D 和 3D 尺寸的数据之间也存在重叠。

一项研究对 64 只犬的肾上腺进行了 CT 横断面和重建图像最大直径测量及最大直径比计算，以区分 AIHAC 和 ADHAC。最大肾上腺直径比似乎是最有用的参数（而非腺体绝对大小），尤其是使用重建图像进行比例计算。当重建图像的肾上腺直径比＞2.08，高度提示 AIHAC。

4. 分泌性肾上腺皮质肿瘤的 MDCT

产生皮质醇的原发性肾上腺皮质肿瘤会引起犬非垂体依赖性 HAC 的症状。肾上腺腺瘤和腺癌出现的频率相似。即使一些 CT 征象可能反映其生

物学行为和病理特征，但仅凭 CT 无法区分肾上腺肿瘤的类型。肿物形状规则、未侵袭相邻组织或血管、造影后边缘薄层增强都提示其良性的生物学行为。形状不规则、质地不均匀、多个少血供或多血供病灶更倾向为恶性。重要的是 MDCT 和手术特征显示了良好的一致性。需要在适当的血管静脉相获得薄层容积数据以区分静脉粘连和管壁侵袭的早期征象（图 18.4）。薄层横断图像和 3D 容积渲染图像能突出显示肿瘤和血管之间薄层脂肪的缺失以及不规则的血管壁表面。肿瘤可以通过膈腹静脉在血管内移行或直接穿透血管壁，最终侵袭后腔静脉和（或）肾静脉。造影图像可以区分不均匀增强的癌栓和不增强的血栓（图 18.5 和图 18.6）。MDCT 中很容易发现其他邻近组织（轴

上肌和轴下肌或膈肌肌角）的侵袭。

5. 肾上腺皮质功能亢进并发症的 MDCT

营养不良性矿化通常和犬 HAC 相关。皮质醇的蛋白分解代谢作用造成钙磷在异常蛋白质的有机基质中沉积，尽管血清钙磷浓度正常，但这些动物仍可能出现矿化。矿化很容易在平扫的 MDCT 图像中看到，如皮肤钙质沉积，气管环、支气管壁、肾脏、胃黏膜、肝脏、骨骼肌、腹主动脉分支的矿化（图 18.7）。

HAC 患病动物的代谢变化是其广泛性骨质疏松的原因，尤其表现在椎骨。CT 可以对骨密度进

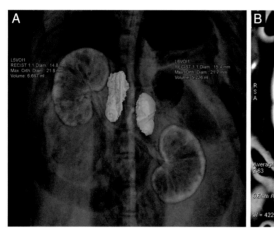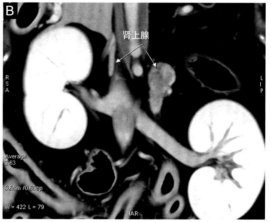

图 18.3　A. PDH 患犬双侧肾上腺增大。B. 肾上腺不对称

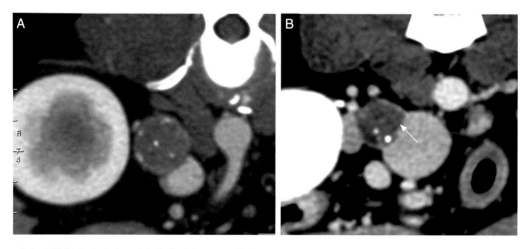

图 18.4　A. 非侵袭性肾上腺肿瘤。肿物内有矿化。后腔静脉受压迫但是没有侵袭。B. 注意肿瘤和血管中间薄的脂肪层缺失（箭头）。侵袭血管壁的肾上腺肿瘤。注意肿物内的矿化

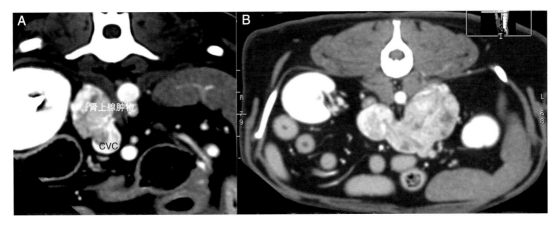

图 18.5　A. 右侧肾上腺肿物和后腔静脉侵袭。B. 左侧肾上腺肿物侵袭后腔静脉。两例病例都是经膈腹静脉侵袭腔静脉
CVC，后腔静脉。

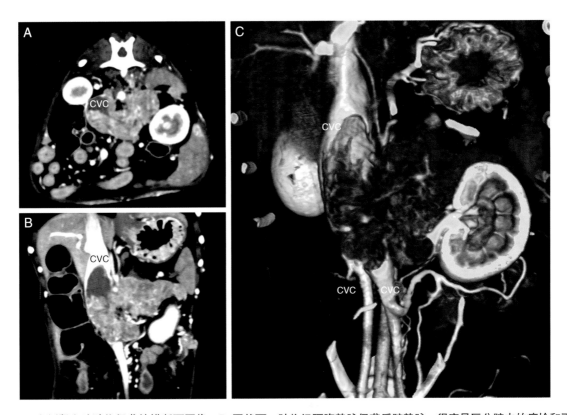

图 18.6　A. 左侧肾上腺肿物侵袭的横断面图像。B. 冠状面。肿物经膈腹静脉侵袭后腔静脉。很容易区分腔内的癌栓和不增强
的血栓。C.VR 图像显示肿物延伸进后腔静脉和左侧肾静脉。肿物还通过前腹部的静脉向背侧和外侧延伸。注意双后腔静脉
CVC，后腔静脉。

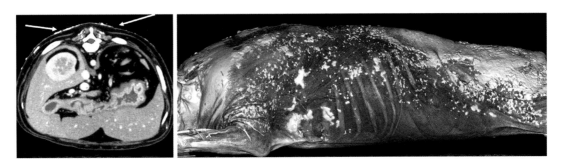

图 18.7　HAC 患犬的皮肤钙质沉积

行定性和定量的评估。一项最近的研究显示，正常犬和 PDH 患犬的椎骨骨密度有明显差异。

腹部并发症

由类固醇性空泡肝病引起的肝肿大是 HAC 患病动物常见的腹部特征。肝脏增大且不均质。糖原蓄积造成衰减值升高［正常值为（59.58±3.34）HU］。多相 MDCT 的研究中，患类固醇性肝病的动物在门静脉期表现为肝实质弥漫性不均质增强。一些动物的 MDCT 显示为一个或数个结节的局灶性病变。类固醇性肝病会使其进一步发展为肝脏大肿物。弥散性或局灶性病变可能造成肝脏破裂和被膜下积液（图 18.8）。HAC 患病动物处于高凝状态可能出现门静脉或肝静脉血栓（另见"肝脏"一章）。

HAC 患犬更易发生胆囊黏液囊肿，其特征是胆囊扩张充满黏液并伴有胆囊功能障碍。之前没有关于胆囊黏液囊肿的 MDCT 征象报道。但是因为和超声的征象相似，很容易在 HAC 患病动物或有其他易感因素的动物（如其他原因的高脂血症、高胆固醇血症或品种倾向，如迷你雪纳瑞、可卡犬、喜乐蒂牧羊犬）的薄层多时相 MDCT 中识别（图 18.8A）。胆囊黏液囊肿可导致严重的临床后果，如胆囊缺血和坏死，这会造成胆囊破裂和胆汁性腹膜炎。胆囊内产生的黏蛋白可进入并阻塞肝外胆管，造成胆道系统逐渐扩张，使动物更易患胆囊炎（另见第 5 章）。

肾上腺肿瘤破裂的病例可能会出现腹膜后腔

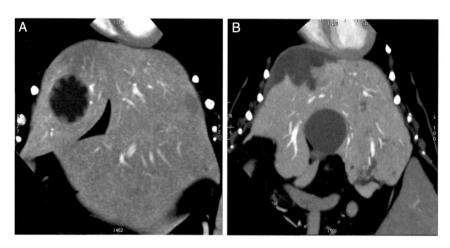

图 18.8　A. 患有 PDH、肝肿大和胆囊黏液囊肿犬的肝脏冠状面 MPR 图像。B. 另一只患有 PDH 和严重类固醇性肝病犬的冠状面 MPR 图像，伴有肝实质撕裂和积液

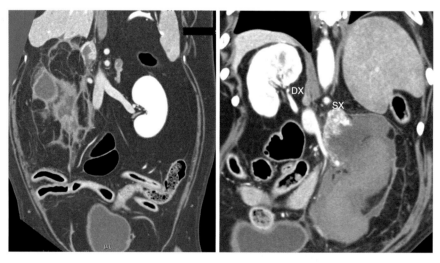

图 18.9　两只不同犬的肾上腺肿瘤破裂引起腹膜后腔积液和血肿
DX，右肾上腺；SX，左肾上腺。

积液。MDCT 常被用于这些病例的分期和术前评估（图 18.9）。造影前的图像可以显示大血肿内的"哨兵"征（40 ~ 70 HU）。薄层多时相 MDCT 能清楚地区分腹膜后腔血肿和腺体组织（另见第 10 章）。

胸部并发症

由于糖皮质激素可引起高凝状态，因此 HAC 患病动物患血栓的风险很高。血栓栓塞可以出现在任一血管内，其中肺部被认为是最常发的部位。胸部 MDCT 造影能显示一个或多个肺血管的充盈缺损（图 18.10 和图 18.11）。肺部多排螺旋 CT 血管造影（MDCTA）甚至能显示外周肺血管内小的充盈缺损。急性栓塞时，受支配部分的肺实质可能因为肺栓塞而出现不透明度升高。这些动物的肺灌注研究提供了高分辨率的肺动脉血管造影图像，同时能够评估肺栓塞引起的肺灌注缺损。

颅内并发症

有神经症状的 HAC 患病动物应进行全身 MDCT 检查，并以脑部评估优先。脑部造影前后的序列应先于身体造影的序列，以检测垂体和脑组织的变化。在笔者的医院会对那些神经学异常的病例先进行平扫，再进行 CT 脑部灌注和血管造影序列。

一些 PDH 病例，垂体肿物变大会压迫或侵袭下丘脑或其他相邻结构（巨瘤综合征）。大部分出现神经症状的 HAC 患病动物都经历过中风，使一个或数个大脑动脉梗阻或引起颅内出血（缺血性或出血性中风）（图 18.12 和图 18.13）。

垂体卒中是一个罕见的神经综合征，可发生在 HAC 患病动物中。垂体的出血或非出血性坏死会造成突发且严重的神经症状。截至目前，犬猫中已有部分报道。腺体的突然增大可能造成蝶鞍内压力急剧上升，进而出现局部坏死和下丘脑激素与垂体间传递受损。此外肿物还可能压迫鞍旁结构。MDCT 的平扫序列对于有梗死或出血症状的动物必不可少，有助于帮助确诊这种危及生命的疾病（图 18.14）。

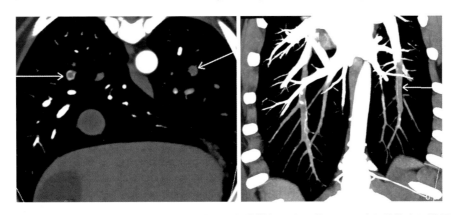

图 18.10　HAC 患犬的外周肺栓塞。薄层最大密度投影（MIP）的横断面和冠状面显示肺血管的充盈缺损

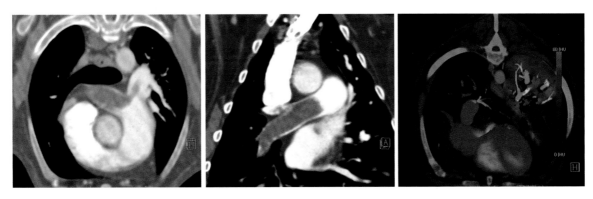

图 18.11　HAC 患犬的肺栓塞。注意血管造影序列中肺血管内大的充盈缺损和引起的实质灌注不足（DE-DSCT 肺灌注不足）

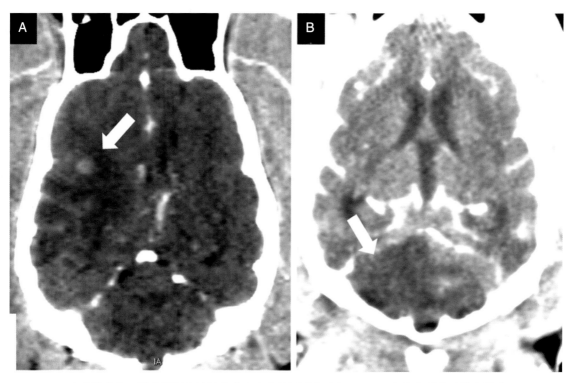

图 18.12 A.HAC 患犬脑出血。注意周围大的低衰减区（病灶周围水肿）。B.HAC 患犬右侧小脑缺血性中风

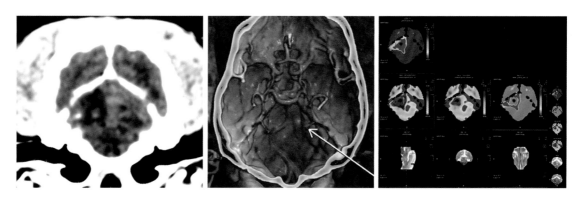

图 18.13 HAC 和小脑缺血性中风患犬的小脑 CT 形态学和灌注研究

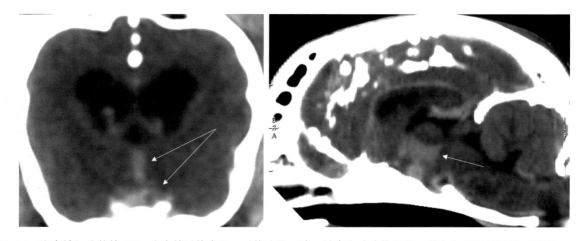

图 18.14 突发神经症状的 PDH 患犬的垂体出血。垂体边界不清，被高衰减液体围绕，并向背侧延伸至第三脑室

参考文献

[1] Auriemma E, Barthez PY, van der Vlugt-Meijer RH, Voorhout G, Meij BP. Computed tomography and low-field magnetic resonance imaging of the pituitary gland in dogs with pituitarydependent hyperadrenocorticism: 11 cases (2001-2003). J Am Vet Med Assoc. 2009; 235(4): 409-14. doi:10.2460/javma.235.4.409.

[2] Beltran E, Dennis R, Foote A, De Risio L, Matiasek L. Imaging diagnosis: pituitary apoplexy in a cat. Vet Radiol Ultrasound. 2012; 53(4):417-9. doi: 10.1111/j.1740-8261.2012.01933.x. Epub 2012 May 1.

[3] Bertolini G, Furlanello T, De Lorenzi D, Caldin M. Computed tomographic quantification of canine adrenal gland volume and attenuation. Vet Radiol Ultrasound. 2006; 47(5):444-8.

[4] Bertolini G, Rossetti E, Caldin M. Pituitary apoplexy-like disease in 4 dogs. J Vet Intern Med. 2007; 21(6):1251-7.

[5] Bertolini G, Borsetto A, Furlanello T, Caldin M. Multidetector CT attenuation values of the liver in canine pituitary dependent hyperadrenocorticism. Vet Radiol Ultrasound. 2008a; 49(2):196-219.

[6] Bertolini G, Furlanello T, Drigo M, Caldin M. Computed tomographic adrenal gland quantification in canine adrenocorticotroph hormone-dependent hyperadrenocorticism. Vet Radiol Ultrasound. 2008b; 49(5):449-53.

[7] Diaz-Espi~neira MM, Mol JA, van den Ingh TS, van der Vlugt-Meijer RH, Rijnberk A, Kooistra HS. Functional and morphological changes in the adenohypophysis of dogs with induced primary hypothyroidism: loss of TSH hypersecretion, hyper-somatotropism, hypoprolactinemia, and pituitary enlargement with transdifferen-tiation. Domest Anim Endocrinol. 2008; 35(1):98-111. doi:10.1016/j.domaniend. 2008.03.001. Epub 2008 Mar 31.

[8] Galac S, Kooistra HS, Voorhout G, van den Ingh TS, Mol JA, van den Berg G, Meij BP. Hyperadrenocorticism in a dog due to ectopic secretion of adrenocorticotropic hormone. Domest Anim Endocrinol. 2005; 28(3):338-48. Epub 2005 Jan 11.

[9] Gregori T, Mantis P, Benigni L, Priestnall SL, Lamb CR. Comparison of computed tomographic and pathologic findings in 17 dogs with primary adrenal neoplasia. Vet Radiol Ultrasound. 2015; 56(2):153-9. doi:10.1111/vru.12209.

[10] Epub 2014 Aug 19. Lee D, Lee Y, Choi W, Chang J, Kang JH, Na KJ, Chang DW, Quantitative CT. assessment of bone mineral density in dogs with hyperadrenocorticism. J Vet Sci. 2015; 16(4):531-42. doi:10. 4142/jvs.2015.16.4.531.

[11] Liotta A, Cavrenne R, Peeters D, Manens J, Bolen G. CT scan features of presumptive haemorrhagic stroke in a dog with cushing's disease. Case Rep Vet Med. 2014; 2014:1.

[12] Love NE, Fisher P, Hudson L. The computed tomographic enhancement pattern of the normal canine pituitary gland. Vet Radiol Ultrasound. 2000; 41(6):507-10.

[13] Paul AE, Lenard Z, Mansfield CS. Computed tomography diagnosis of eight dogs with brain infarction. Aust Vet J. 2010; 88(10):374-80. doi:10.1111/j.1751-0813.2010.00629.x.

[14] Pollard RE, Reilly CM, Uerling MR, Wood FD, Feldman EC. Cross-sectional imag-ing characteristics of pituitary adenomas, invasive adenomas and adenocarci-nomas in dogs: 33 cases (1988-2006). J Vet Intern Med. 2010; 24(1):160-5. doi:10.1111/j.1939-1676.2009.0414.x.

[15] Respess M, O'Toole TE, Taeymans O, Rogers CL, Johnston A, Webster CR. Portal vein thrombosis in 33 dogs: 1998-2011. J Vet Intern Med. 2012; 26(2):230-7. doi:10.1111/j.1939-1676. 2012.00893.x. Epub 2012 Feb 28.

[16] Rodríguez Pi~neiro MI, de Fornel-Thibaud P, Benchekroun G, Garnier F, Maurey-Guenec C, Delisle F, Rosenberg D. Use of computed tomography adrenal gland measurement for differentiating ACTH dependence from ACTH independence in 64 dogs with hyperadenocorticism. J Vet Intern Med. 2011; 25(5):1066-74. doi:10.1111/j.1939-1676.2011.0773. x. Epub 2011 Aug 16.

[17] Schultz RM, Wisner ER, Johnson EG, MacLeod JS. Contrast-enhanced computed tomography as a preoperative indicator of vascular invasion from adrenal mass-es in dogs. Vet Radiol Ultrasound. 2009; 50(6):625-9.

[18] Teshima T, Hara Y, Taoda T, Koyama H, Takahashi K, Nezu Y, Harada Y, Yogo T, Nishida K, Osamura RY, Teramoto A, Tagawa M. Cushing's disease compli-cated with thrombosis in a dog. J Vet Med Sci. 2008; 70(5):487-91.

[19] Valentin SY, Cortright CC, Nelson RW, Pressler BM, Rosenberg D, Moore GE, Scott-Moncrieff JC. Clinical findings, diagnostic test results, and treatment out-come in cats with spontaneous hyperadrenocorticism: 30 cases. J Vet Intern Med. 2014; 28(2):481-7. doi:10.1111/jvim.12298. Epub 2014 Jan 16.

[20] van der Vlugt-Meijer RH, Voorhout G, Meij BP. Imaging of the pituitary gland in dogs with pituitary-dependent hyperadrenocorticism. Mol Cell Endocrinol. 2002; 197(1-2):81-7.

[21] van der Vlugt-Meijer RH, Meij BP, van den Ingh TS, Rijnberk A, Voorhout G. Dynamic computed tomography of the pituitary gland in dogs with pituitary-dependent hyperadrenocorticism. J Vet Intern Med. 2003; 17(6):773-80.

[22] van der Vlugt-Meijer RH, Meij BP, Voorhout G. Intraobserver and interobserver agreement, reproducibility, and accuracy of computed tomographic measure-ments of pituitary gland dimensions in healthy dogs. Am J Vet Res. 2006; 67(10):1750-5.

[23] Whittemore JC, Preston CA, Kyles AE, Hardie EM, Feldman EC. Nontraumatic rupture of an adrenal gland tumor causing intra-abdominal or retroperitoneal hemorrhage in four dogs. J Am Vet Med Assoc. 2001; 219(3):324, 329-33.

[24] Wood FD, Pollard RE, Uerling MR, Feldman EC. Diagnostic imaging findings and endocrine test results in dogs with pituitary-dependent hyperadrenocorticism that did or did not have neurologic abnormalities: 157 cases (1989-2005). J Am Vet Med Assoc. 2007; 231(7):1081-5.

第 19 章　甲状腺和甲状旁腺的 MDCT

Giovanna Bertolini

1. 概述

甲状腺由两个细长的叶构成，位于气管前部的背外侧，颈总动脉的内侧。正常犬很难见到其薄的峡部，但其在甲状腺恶性肿瘤中会变得明显。在平扫图像中，和周围的肌肉相比，甲状腺呈高衰减，这是由于其内部含碘。由于甲状腺内血供丰富且其由前后甲状腺动脉和颈总动脉分支供血，造影后会明显增强（图 19.1）。

2. 甲状腺功能减退

甲状腺造影前犬的平均 CT 衰减值为 107.5 HU，猫为 123 HU。衰减值的变化可以反映出甲状腺的病理变化和碘含量水平的变化。人医中已有关于弥漫性甲状腺炎和甲状腺功能减退患者的甲状腺

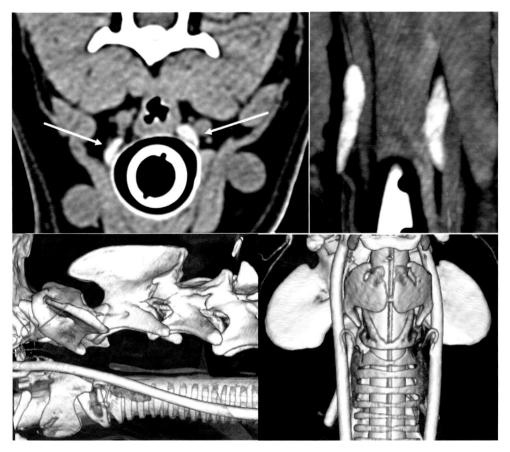

图 19.1　犬正常甲状腺的薄层 MDCT 平扫和增强后容积重建图像

外观变化及衰减值下降的描述。犬也可能有类似的 CT 表现，但还没有被报道。功能性甲状腺功能减退可能是由免疫介导的淋巴细胞性甲状腺炎或特发性腺体组织萎缩引起，造成甲状腺实质消失并被脂肪组织填充。因此甲状腺功能减退患犬的 MDCT 图像中常观察到发生甲状腺炎的腺体增大，或腺体萎缩造成的双叶体积减小（图 19.2）。此外由于含碘量下降和脂肪含量增加，腺体的衰减值降低，造影后呈中度不均匀的增强（图 19.3）。

3. 甲状腺肿物

老龄猫经常在因其他原因进行 MDCT 检查时发现单侧或双侧功能性甲状腺结节增生或腺瘤（图 19.4）。MDCT 用于犬甲状腺癌的分期。它可以评估局部淋巴结病、血管侵袭、肿瘤的局部侵袭（特别是累及气管和食道）、纵隔内的扩散，以及肺脏和肝脏的转移。

约 60% 患有甲状腺肿瘤的犬甲状腺功能正常，30% 为甲状腺功能减退，10% 为甲状腺功能亢进。临床检出甲状腺肿物的犬 90% 为甲状腺腺癌。大多数恶性肿物体积大，可触及，造影前和相邻的颈部腹侧肌肉组织衰减相同。可能表现为低衰减区、假囊性病变和矿化。良恶性肿物的造影增强特征有一定程度的重叠，因此无法仅通过图像进行区分。当然一些 MDCT 特征，如肿瘤内血管化以及血管和组织的侵袭都强烈提示恶性肿瘤（图 19.5 和图 19.6）。

近期基于超声或 MDCT 的检查，在犬中偶然发现了触诊阴性的甲状腺肿瘤。体格检查中可能

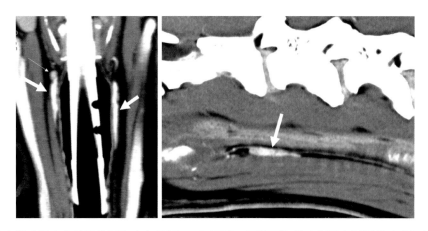

图 19.2　甲状腺功能减退患犬的冠状面和旁矢状面 MPR 图像。冠状面细箭头指示右侧甲状腺头极的甲状旁腺。左叶大小为 0.18 cm^3，右叶大为 0.03 cm^3（左叶平均范围为 0.22 ~ 0.78 cm^3，右叶为 0.22 ~ 0.87 cm^3）

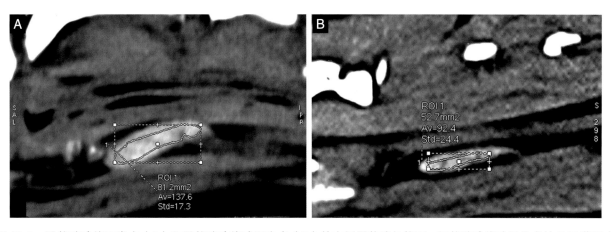

图 19.3　甲状腺功能正常犬（A）和甲状腺功能减退患犬（B）的左侧甲状腺矢状面。甲状腺功能减退患犬的 ROI 范围内甲状腺的衰减值更低，标准差较高，这反映了含碘量下降和内部组织不均匀

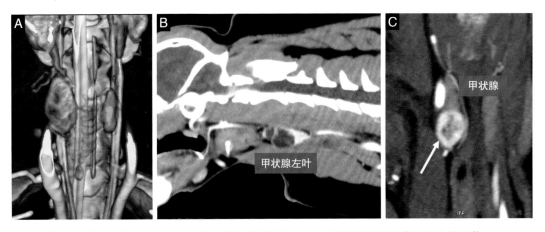

图 19.4 A. 老年猫双侧甲状腺增生性结节。B. 猫左侧甲状腺腺瘤。C. 右侧甲状腺尾极滤泡增生性结节

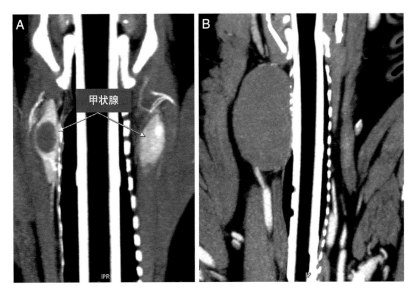

图 19.5 犬甲状腺腺瘤

A. 双侧甲状腺中度增大。注意右叶偶然发现的低衰减低血供的结节。B. 右叶低衰减低血供的大肿物。

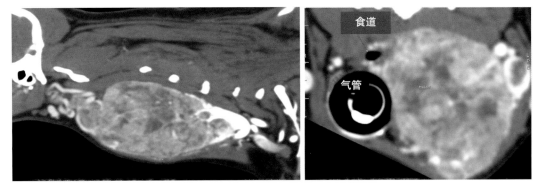

图 19.6 犬巨大甲状腺癌的矢状面和横断面，伴有血管侵袭与食道和气管壁的侵袭

会忽视小的良性和恶性甲状腺病变，而在因为其他原因进行全身 MDCT 检查中被意外发现。在笔者最近发表的一项研究中，4520 只经过 MDCT 检查的犬，甲状腺肿瘤的总体发病率为 2.12%（0.76% 为意外发现）。这些意外发现的甲状腺肿瘤中 70% 以上是癌（图 19.7 和图 19.8）。

　　检查者一定要牢记异位甲状腺组织可以出现在从舌根至胸腔的区域。在胚胎发育过程中，发育中的甲状腺主体自原始咽沿中线迁移下降至最终的正常位置。甲状腺原基不能完全下降造成其在舌部或舌下发育为异位甲状腺组织，而下降超过正常前颈部位置的异位甲状腺出现在前纵隔和（或）心基部（图 19.9）。异位和正常位置的甲状腺具有相同的病理过程，如炎症、增生和肿瘤。

犬异位甲状腺肿瘤已被描述出现在正常位置头侧的舌下区域或涉及舌骨，沿颈部正常位置尾侧的区域或前纵隔内。这些甲状腺肿瘤的异常位置反映了甲状腺组织的胚胎起源和迁移。很少有关于犬猫甲状舌管囊肿残余引起病变的报道。甲状舌管肿瘤与良性甲状舌管囊肿在临床难以区分。癌的术前诊断对手术方案和术后治疗计划有重要意义。这些动物需确定甲状腺位置正常，因为异

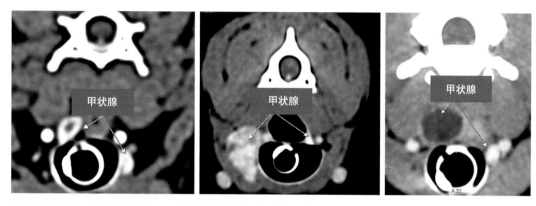

图 19.7　甲状腺偶发瘤。偶然发现的三只犬触诊阴性的甲状腺癌，表现出不同的特征

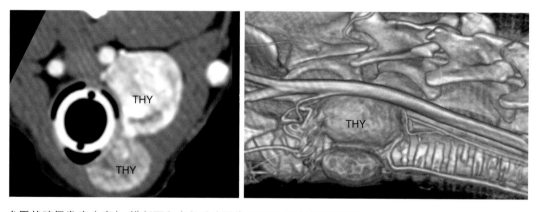

图 19.8　犬甲状腺偶发瘤（癌）。横断面和容积重建图像显示不均质的双叶肿物
THY，甲状腺。

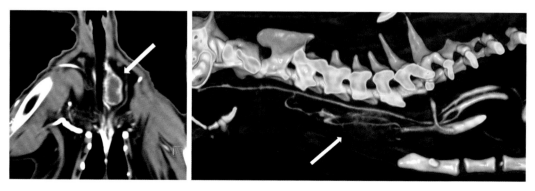

图 19.9　甲状腺功能亢进患猫的异位甲状腺结节

位甲状腺在临床上可能类似甲状舌管囊肿（图19.10）。

4. 甲状旁腺肿瘤

在解剖学上，甲状旁腺与甲状腺密切相关。通常具有靠近甲状腺表面的外甲状旁腺和嵌在甲状腺组织内的内甲状旁腺。甲状旁腺的数量和位置存在巨大差异。薄层 MDCT 图像中，外甲状旁腺很容易在甲状腺头内侧或内侧发现（图19.11）。内甲状旁腺位于甲状腺尾极，表现为一个或多个低衰减区嵌在甲状腺组织内。甲状旁腺腺瘤和癌通常只影响单个腺体且外观大致相似。其他甲状旁腺正常、萎缩或肉眼不可见。犬原发性甲状旁腺功能亢进最常见的原因是单发的甲状旁腺腺瘤（73%～86%），较少的情况是一个或多个腺体增生（11%～16%），罕见甲状旁腺腺癌（3%～11%）。在人医中，甲状旁腺的多时相（4D）MDCT 检查是评估甲状旁腺腺瘤的一种方法。普通 CT 和 4D MDCT 的主要区别在于后者通过扫描两个或多个增强时相获得甲状旁腺病变的额外信息。甲状旁腺腺瘤在平扫图像中呈低衰减，动脉相剧烈增强，延迟相造影剂洗脱（图19.12 和图19.13）。异位甲状旁腺肿瘤在犬中罕见（图19.14）。

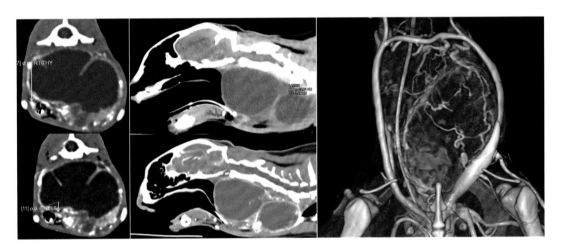

图 19.10　猫甲状舌管鳞状细胞癌

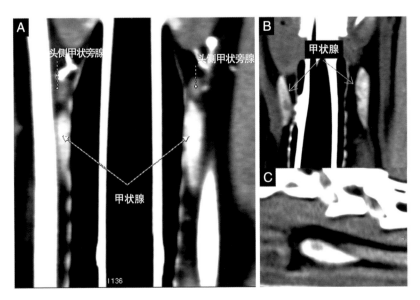

图 19.11　甲状旁腺 CT 征象

A. 冠状面 MPR 图像通常能显示外甲状旁腺。B. 内甲状旁腺是甲状腺尾极的低衰减区。C. 猫甲状旁腺（甲状腺头极的低衰减区）。

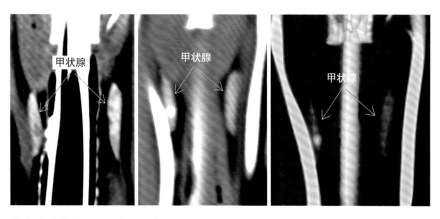

图 19.12　原发性甲状旁腺功能亢进患犬的甲状旁腺结节（造影前以及 2D 和 3D 动脉相图像）

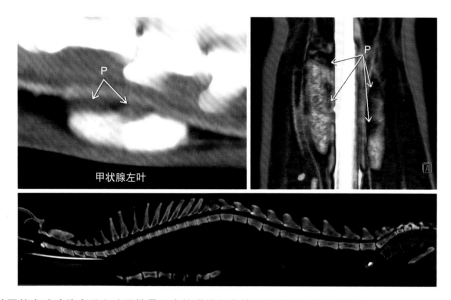

图 19.13　原发性甲状旁腺功能亢进和弥漫性骨丢失的猫的多发性甲状旁腺结节（腺瘤）

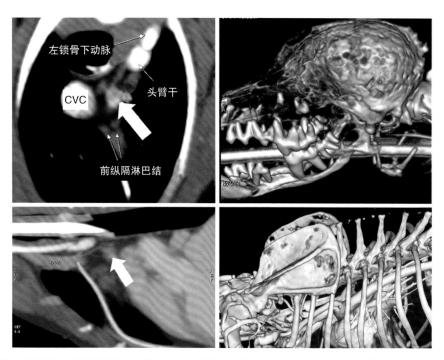

图 19.14　犬前纵隔内异位甲状旁腺腺癌（箭头），伴有原发性甲状旁腺功能亢进和弥漫性骨丢失

参考文献

[1] Bertolini G, Drigo M, Angeloni L, Caldin M (2017) Incidental and nonincidental canine thyroid tumors assessed by multidetector row computed tomography: a single–centre cross sectional study in 4520 dogs. Vet Radiol Ultrasound. doi:10.1111/vru.12477.

[2] Deitz K, Gilmour L, Wilke V, Riedesel E. Computed tomographic appearance of canine thyroid tumours. J Small Anim Pract. 2014; 55:323–9.

[3] Gear RNA, Neiger R, Skelly BJS, Herrtage ME. Primary hyperparathyroidism in 29 dogs: diagnosis, treatment, outcome and associated renal failure. J Small Anim Pract. 2005; 46:10–6.

[4] Moorer JD, Breshears MA, Dugat DR. Thyroglossal duct carcinoma in a cat. J Am Anim Hosp Assoc. 2016; 52(4):251–5. doi:10.5326/JAAHA–MS–6266. Epub 2016 Jun 3.

[5] Rodgers SE, Hunter GJ, Hamberg LM et al. (2006) Improved preoperative planning for directed parathyroidectomy with 4–dimensional computed tomography. Surgery 140(6):932–940; discussion 940–941.

[6] Taeymans O, Dennis R, Saunders JH. Magnetic resonance imaging of the normal canine thyroid gland. Vet Radiol Ultrasound. 2008a; 49:238–42.

[7] Taeymans O, Schwarz T, Duchateau L, Barberet V, Gielen I, Haskins M, Van Bree H, Saunders JH. Computed tomographic features of the normal canine thyroid gland. Vet Radiol Ultrasound. 2008b; 49:13–9.

[8] Taeymans O, Penninck DG, Peters RM. Comparison between clinical, ultrasound, CT, MRI, and pathology findings in dogs presented for suspected thyroid carcinoma. Vet Radiol Ultrasound. 2013; 54:61–70.

第 20 章 胰腺内分泌的 MDCT

Giovanna Bertolini

1. 概述

胰腺内分泌肿瘤起源于郎格汉斯胰岛内分泌组织（嵌在外分泌组织中），在小动物病例中通常为恶性肿瘤。胰岛瘤和胃泌素瘤是犬最常见的内分泌肿瘤。胰岛瘤是由胰腺 β 细胞产生的功能性胰岛素分泌肿瘤，是犬最常见的胰腺内分泌肿瘤。胰腺肿物的可视化对于明确诊断和治疗至关重要。双相或三相 MDCT 已被用于犬胰岛瘤的辨别和手术方案的制订。与其他成像技术相比，CT 能对整个胰腺进行彻底的评估。胰岛瘤通常是多血管的且完全由动脉系统灌注，因此建议在动脉相进行扫描以增加肿瘤和正常组织间的对比。

2. 胰腺内分泌肿瘤

人医认为多相薄层 MDCT 是胰腺内分泌肿瘤检测、分期、手术计划、随访的一线影像检查方法。人的胰岛瘤平扫显示为等衰减至高衰减病变，早期动脉相表现为多血管增强，在后期动脉相和静脉相表现为均匀的高衰减。迄今为止兽医文献中病例数量较少且使用的 CT 扫描协议存在差异，因此无法得出犬胰岛瘤多相 CT 特征的最终结论。基于双相检查的初期描述，胰岛瘤征象为多血管病变，在（晚期）动脉相中强烈增强。九只胰岛瘤患犬的三相 MDCT 检查表现出不一致的征象，部分病变在门静脉相、胰腺相或延迟相增强更为明显（更多扫描技术的信息见第 8 章）（图 20.1）。重要的是，

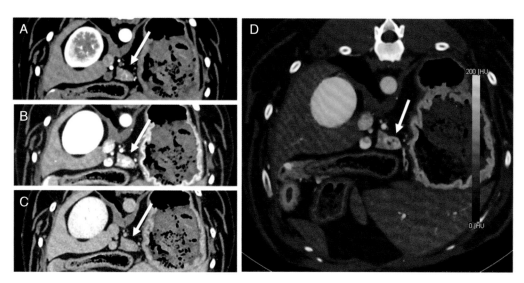

图 20.1 A~C. 犬胰体的小胰岛素瘤（箭头）的动脉相、门静脉相、延迟相的横断面图像。D. 从 DE 门静脉相数据生成的碘剂彩色编码图像。胰腺结节更加清楚，边界更清晰，异质性特征更明显

在所有已发表的研究中，关于肿物和转移灶的大小和位置，多相 CT 的发现和手术发现相似。恶性胰岛瘤常转移到淋巴结和肝脏。MDCT 是评估转移和肿瘤血管侵袭时必不可少的方法。胰体和右叶的胰岛瘤易侵袭胰十二指肠静脉，而胰腺左叶的胰岛瘤易侵袭脾静脉（图 20.2 和图 20.3）。

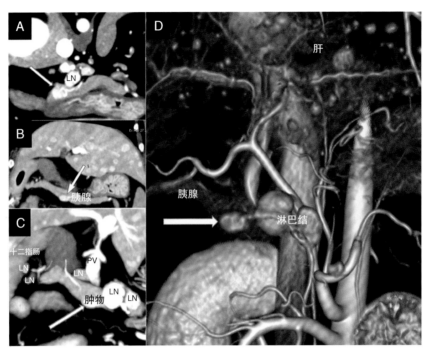

图 20.2 犬胰岛素瘤

A. 横断面显示胰体多血管性结节（箭头）。注意增大且强烈增强的胰腺淋巴结（LN）。B. 同一只犬的冠状面，显示胰腺左叶另一个多血管性小结节。C. 薄层最大密度投影图像显示胰腺左叶小结节（箭头）和增大的周围淋巴结（十二指肠淋巴结、胰腺淋巴结和脾脏淋巴结）。脾脏淋巴结和胰腺淋巴结的增强程度与胰腺肿物一致。PV，门静脉。D. 容积重建图像显示胰腺左叶结节、转移性淋巴结、肝脏实质内多个多血管性结节（转移）。

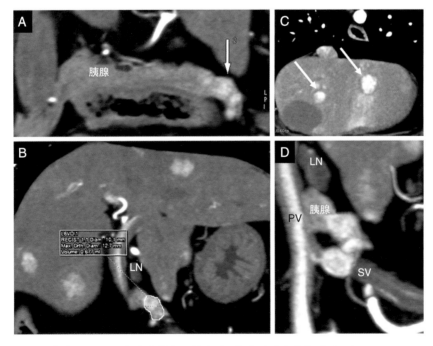

图 20.3 胰腺左叶转移性胰岛素瘤（A、B）患犬伴有肝转移（C）和脾脏血管侵袭（D）

PV，门静脉；LN，淋巴结；SV，脾静脉。

胃泌素瘤是一种罕见的神经内分泌肿瘤，通常为胰腺内分泌生长抑素的 δ 细胞向分泌胃泌素的细胞恶性转化的结果。胃泌素瘤的诊断基于胃 pH 值低且胃泌素水平高。与胰岛瘤不同，胃泌素瘤通常为多灶且位于胰腺外。在人医中，平扫 CT 图像中病变和正常胰腺组织等密度，通常为多血管性，因此可以在 CT 动脉相和血管造影中显影。截至目前，犬胃泌素瘤的 CT 特征还没有被描述。在笔者的医院，两只犬的胃泌素瘤 MDCT 平扫图像显示为等衰减，造影后为低血供（图 20.4）。

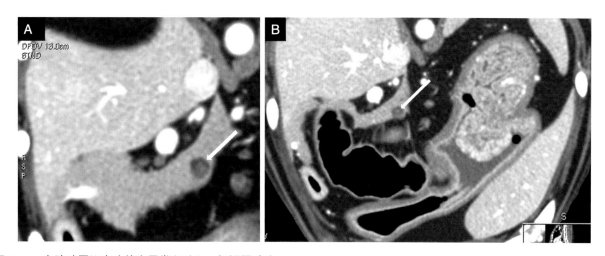

图 20.4　犬胰腺胃泌素瘤伴有黑粪和吐血，怀疑胃肿瘤

A. 胰体内一个不均质的低衰减结节。B. 注意胃皱襞肥大，与胃壁肿物相似。

参考文献

[1] Fukushima K, Fujiwara R, Yamamoto K, et al. Characterization of triple-phase computed tomography in dogs with pancreatic insulinoma. J Vet Med Sci. 2015; 77(12):1549-53. doi:10.1292/jvms.15-0077.

[2] Iseri T, Yamada K, Chijiwa K, Nishimura R, Matsunaga S, Fujiwara R, et al. Dynamic computed tomography of the pancreas in normal dogs and in a dog with pancreatic insulinoma. Vet Radiol Ultrasound. 2007; 48(4):328-31.

[3] Kishimoto M, Tsuji Y, Katabami N, Shimizu J, Lee KJ, Iwasaki T, et al. Measurement of canine pancreatic perfusion using dynamic computed tomography: influence of input-output vessels on deconvolution and maximum slope methods. Eur J Radiol. 2011; 77(1):175-81. doi:10. 1016/j.ejrad.2009.06.016.

[4] Lidbury JA, Suchodolski JS. New advances in the diagnosis of canine and feline liver and pancreatic disease. Vet J. 2016; 215:87-95. doi:10.1016/j.tvjl.2016.02.010.

[5] Mai W, Cáceres AV. Dual-phase computed tomographic angiography in three dogs with pancreatic insulinoma. Vet Radiol Ultrasound. 2008; 49(2):141-8.

[6] Marolf AJ. Computed tomography and MRI of the hepatobiliary system and pancreas. Vet Clin North Am Small Anim Pract. 2016; 46(3):481-97, vi. doi:10.1016/j.cvsm.2015.12.006.

[7] Robben JH, Pollak YW, Kirpensteijn J, Boroffka SA, van den Ingh TS, Teske E, et al. Comparison of ultrasonography, computed tomography, and single-photon emission computed tomography for the detection and localization of canine insulinoma. J Vet Intern Med. 2005; 19(1):15-22.

第7部分 身体创伤的MDCT

第21章 身体创伤

Randi Drees

1. 概述

小动物的身体创伤很常见。根据创伤原因可分为钝伤和贯穿伤。据报道,钝伤的发生频率更高,常见原因为车祸、高处坠落、小型犬与大型犬互动及人与宠物互动。贯穿伤在小动物中不太常见。大范围的身体创伤会危及生命,必需迅速识别并进行适当的治疗。

随着 MDCT 在兽医临床中的应用,钝伤病例的处理得以优化。MDCT、三维重建及容积重建（VR）的综合评估方案已很好地应用于犬猫的病例中。目前兽医文献中,MDCT 主要应用于脊椎、肌骨损伤及荐椎-骨盆创伤。这些情况下,MDCT 可提供复杂骨折和继发性损伤的相关信息,如尿道和膀胱的损伤（图 21.1）。

由于大部分创伤病例同时发生多区域或多器官损伤,通常建议进行全身 MDCT 扫描。MDCT 可快速识别活动性出血、血管破裂、横膈破裂及实质器官损伤。在胸部创伤的病例中,MDCT 是一种比 X 线更敏感的影像技术,可用于识别 X 线片中不易发现的气管支气管损伤、肺挫伤及轻度气胸。

2. MDCT 成像策略

多灶性创伤病例的 MDCT 扫描应考虑以下几个方面：动物的摆位、镇静剂和麻醉药的应用、图像获取及解读。小动物创伤 MDCT 的标准扫描流程暂时还未建立。理想的扫描流程应当保证重要部位损伤的高检出率, 同时最大限度降低动物的风险。创伤病例在无麻醉情况下进行扫描不失为一种替代方案。使用一些辅助工具（如楔形泡沫垫和绑带）或商品化装置有助于对清醒状态的犬猫进行扫描。怀疑脊柱创伤时,摆位需要十分谨慎,此时建议动物侧卧于透射线的担架上。特定情况下,清醒创伤动物的胸腹部或全身 MDCT 扫描可在一个呼吸周期内完成（取决于设备性能）。动物不能像成年人一样自主屏气进行扫描。随着 MDCT 扫描速度的提升,自主（呼吸）和非自主（如肠道蠕动和心跳）的生理性运动造成的运动伪影已被最大程度减少。由于需要进行多平面重建,所以 z 轴上需要使用最高的分辨率,这与现有的 CT 扫描技术相关。使用初代 MDCT（4 排、8 排和 16 排）时,通常建议联合使用高螺距（1.5）和相对高的初始准直（2.5～3 mm）。但厚层图像多平面重建和 3D 重建后图像的诊断价值有限,特别是小型动物和病灶较小时。高螺距和高准直造成的一个典型伪影为阶梯伪影。阶梯伪影在 2D 多平面重建图像和 3D 容积重建图像中比较明显,常出现在与扫描 z 轴成角度的平直结构上（如四肢骨和腹腔主要大血管）。阶梯伪影可通过保持高螺距但降低准直及重叠重建的方式来减少。使用 16 排 CT 扫描清醒和镇静病例时,推荐使用以下参数来提高时间分辨率和空间分辨率：螺旋扫描,球管旋转时间 0.5 s,螺距 0.9～1.3,层厚 2.5 mm,50% 重叠重建（重建层厚 1.2 mm）。使用高螺距进行腹部扫描时,应当使用高 mAs（230～325）来提高信噪比。低辐射量参数可用于胸部这种射线衰减小且本身具有良好对比的部位，如千伏值可降至 80～100 kV、毫安秒可降至 60～80 mAs，可以节省球管功率并有利于后续的扫描。

据笔者的经验，即使使用高螺距协议，使用 16 排 MDCT 对呼吸急促和呼吸困难的清醒动物进行扫描时，可能很难解读或无法解读软组织病灶以及较小的骨骼病灶（如肋骨骨折、气胸或大范围肺挫伤）（图 21.2）。对于镇静后、血流动力学稳定的创伤病例，16 排 MDCT 使用如下参数可获得良好的图像质量：螺旋扫描，使用 16 排探测器，球管旋转时间 0.7 s，螺距 0.98，层厚 1.25 mm，50% 重叠重建（重建层厚 0.6 mm）。

现在大部分 MDCT 和 DSCT 均可在几秒内完成单次扫描，获得亚毫米级别各向同性体素分辨率的头部、脊柱、胸部、腹部、骨盆和附肢骨图像，为各器官和组织损伤提供及时且详细的信息（图 21.3）（更多内容详见第 1 部分）。获得的图像需要快速且系统性地解读，并尽可能减少漏诊。影像医生应当使用专用工作站和软件来处理获得的大量 2D、3D 数据，得到斜面、多向斜面及 3D 容积重建图像，了解复杂的解剖结构（尤其是摆位不良的病例）和创伤的病理变化。

急性创伤病例中，损伤情况可能在收治时还未完全表现出来，因此临床医生无法确定应进行全身 MDCT 平扫及增强扫描，还是针对特定部位

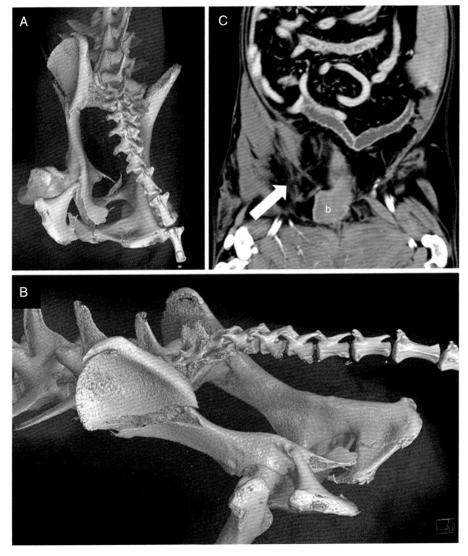

图 21.1　A、B. 犬创伤后多处骨折的容积重建图像。C. 箭头指示腹壁撕裂伴膀胱（b）疝出

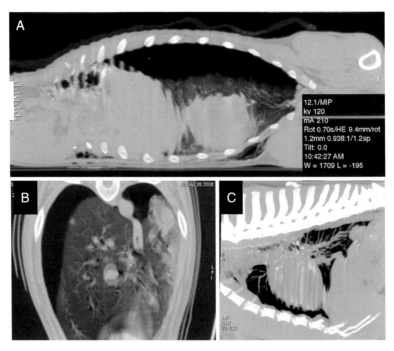

图 21.2　A.4 岁科尔索犬的 16 排 MDCT 胸部图像，其因车祸钝伤导致气胸和肋骨骨折。动物在自主通气时右侧卧扫描，螺距为 0.938、球管旋转时间为 0.7 s 和层厚为 1.2 mm。B. 严重胸部创伤的 7 岁犬的胸部横断面图像。图像质量受呼吸运动影响。C. 同一只犬的 10 mm 层厚矢状面最大密度投影图像

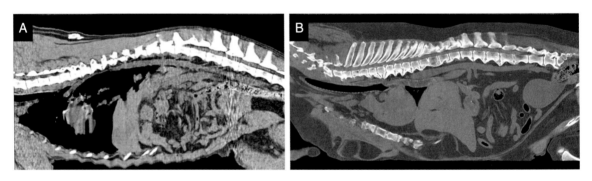

图 21.3　清醒状态下创伤犬 16 排 MDCT（A）和 128 排 DSCT（B）全身扫描的对比

进行扫描。在笔者医院，鉴于 X 线检查及初步临床评估损伤的高漏诊率和延迟诊断的可能性，严重的创伤病例通常会进行全身 MDCT 扫描。创伤病例处理流程包括直接扫描以识别活动性出血（清醒或插管但未机械通气的病例）。血流动力学稳定的动物，如基础检查结果怀疑血管、实质组织或集合系统损伤并需要重症监护和外科手术时，也会进行 MDCT 全身增强扫描、血管造影和尿路造影。在影像医生处理全身图像数据的同时，会在 CT 扫查床上进行进一步鉴伤分类及诊断性和治疗性操作［如采集积液、血气分析、包扎和（或）

胸腔引流］（图 21.4）。

基本的解读策略包括选择合适的窗宽、窗位。肺窗有助于评估整个胸腔（即使存在轻微气胸）、腹部和骨盆，检测腹膜腔或腹膜后腔的游离气体。窗宽范围更小的软组织窗或纵隔窗对胸膜腔、腹膜腔或腹膜后腔的少量积液也很敏感。测量 CT 衰减值可以分析积液的性质。存在高衰减积液或血凝块时，MDCTA 可用于确认动脉出血或活动性渗出，有助于选择适当的治疗方案（外科结扎或选择性栓塞）。其他提高图像判读准确性的策略包括更小视野的重建后处理，根据部位选用不同的重建算法。

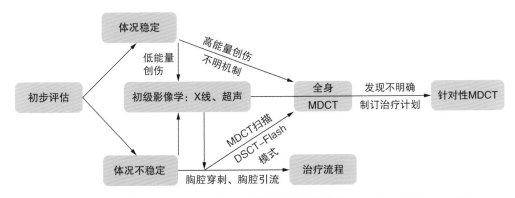

图 21.4 此流程图为笔者医院中创伤病例适用的诊断和治疗联合流程（低能量、高能量是指创伤机制）

3. 胸部创伤的 MDCT

MDCT 是评估胸腔的极佳技术，能发现其他影像学技术无法探查到的异常。低能量创伤通常进行胸部 X 线检查及超声检查。在这部分病例中，当存在征向不明或体况恶化时会进一步进行 MDCT 检查。对于发生机制不明的创伤或高能量创伤（如钝伤）都应直接进行 MDCT 检查。胸腔钝伤涉及三种主要机制：直接撞击、压缩和制动，通常在同一病例中同时发生，这些机制是出现不同 CT 征象的原因。胸部贯穿伤相比于钝伤更少见，但可能导致大血管损伤从而出现致死性的紧急状况。损伤的常见部位包括胸壁、胸膜、横膈和肺实质。纵隔结构、心脏及气道的损伤不常见。

3.1 胸壁、胸膜及横膈损伤

胸部钝伤时常见肋骨骨折。胸部贯穿伤（如咬伤）导致的胸壁损伤通常包括胸部肌肉撕裂、胸膜腔和肺实质损伤（图 21.5 ~ 图 21.7）。肋骨骨折会导致剧烈疼痛和过度通气，这使得第一代 MDCT 难以在未镇静或未麻醉的病例上获得具有诊断价值的图像。肋骨骨折可能会对周围实质组织造成严重影响。向体内移位的肋骨碎片可能刺穿、划伤肺实质。多个连续的肋骨骨折可能造成胸壁不稳定，伴发胸腔内压力改变和反常的胸壁运动（连枷胸）。虽然 MDCT 及其他影像学技术对于诊断连枷胸来说都不是必需的，但 MDCT 可以同时评估骨折肋骨数量和继发性实质组织损伤，从而为治疗干预提供必要信息。

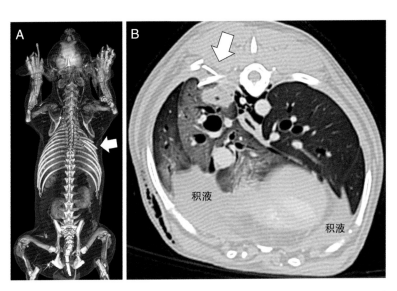

图 21.5 A. 混种犬胸部贯穿伤（箭头）的容积重建图像。B. 横断面显示肋骨碎片向胸腔内移位，刺穿并划伤肺实质。注意肺叶衰减值升高（磨玻璃样变和肺实变），提示肺挫伤和出血。注意同时存在纵隔积气和轻度气胸

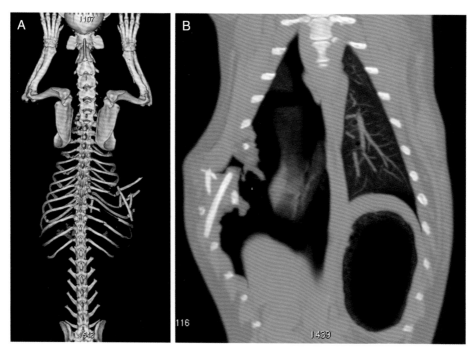

图 21.6　腊肠犬贯穿伤（咬伤）的 3D 容积重建图像（背侧观）。胸壁撕裂，气胸伴被动性肺不张

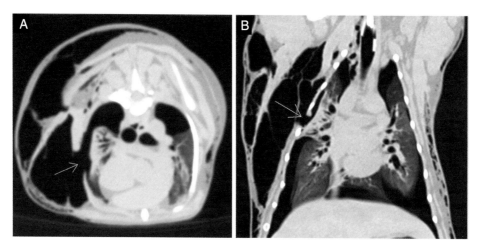

图 21.7　胸部撕裂伤（咬伤）导致气胸和皮下气肿

气胸（胸膜腔内积气）是小动物创伤最常见的并发症。气胸可能由肺脏、气管、食道损伤或贯穿伤引起（图 21.6 ~ 图 21.8）。MDCT 可轻易识别气胸，并能识别 X 线片中难以确定的少量积气。值得注意的是，麻醉动物进行正压通气时气胸程度会加重。因此，扫描前应假设所有病例都可能存在气胸（即使在 X 线片中未发现气胸）。在笔者的医院，通常在进行其他操作前，对动物进行不插管非机械通气下的平扫来评估胸腔。初步快速评估可提示是否存在气胸及气胸类型（闭合性、

开放性、张力性）。闭合性气胸继发于肺脏或纵隔损伤，而开放性气胸通常继发于贯穿伤。MDCT 检查比较容易确定气胸的病因和并发损伤（如肋骨骨折、胸壁撕裂伤、肺脏撕裂）。继发于气道或肺脏损伤的张力性气胸属于临床急症，常与胸膜腔内气体的单向聚积相关。随着胸膜腔内压力升高，纵隔内结构被挤压，回心血量下降将导致严重的血流动力学障碍。MDCT 图像中显示单侧胸腔膨胀过度、同侧横膈扁平和纵隔向对侧移位。

血胸（胸膜腔内血液聚积）可能继发于胸壁、

横膈、肺脏或纵隔内结构的损伤。当胸膜腔积液的衰减值为 30～40 HU 时，MDCT 可确认为血胸。MDCT 可用于确定血胸的病因。胸膜腔内出血最常见的原因是肺实质撕裂伤和胸膜损伤（图21.5）。此外血胸也可能由胸壁血管、肺血管、大血管和心脏的损伤引起。因此，应通过增强扫描来评估这些关键脏器，并排查可引起活动性出血的小病灶。

横膈破裂是严重创伤时较不常见的并发症，通常发生在高能量创伤后腹内压力急剧升高，且主要能量向头侧作用于横膈时（图 21.9 和图 21.10）。贯穿伤损伤胸腹壁的横膈附着点也可能导致横膈破裂。即使是很小的横膈破裂，早期诊断也非常重要。横膈破裂的直接 CT 征象包括横膈不连续且损伤处横膈增厚。间接 CT 征象包括腹腔脏器和大网膜向胸腔移位。腹腔脏器通过破裂的横膈进入胸腔，造成肺膨胀不全损害呼吸系统。脏器嵌顿可导致绞窄、穿孔或其他严重的并发症（图 21.11）。

3.2 纵隔损伤

纵隔积气（PM）是指纵隔内积聚气体。钝伤和贯穿伤均可造成纵隔积气。MDCT 可以发现在 X 线片中无法识别的轻微纵隔积气。纵隔积气需要被快速识别以确定潜在病因。纵隔内含气结构

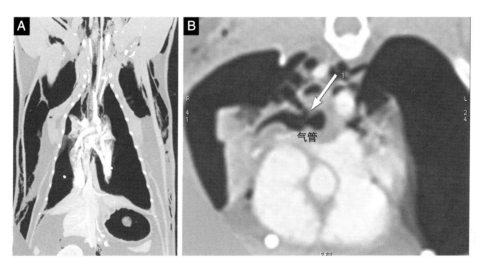

图 21.8　猫高处坠落导致气胸、纵隔积气和皮下气肿

A. 注意肺不张。B. 横断面显示气管分叉处穿孔。

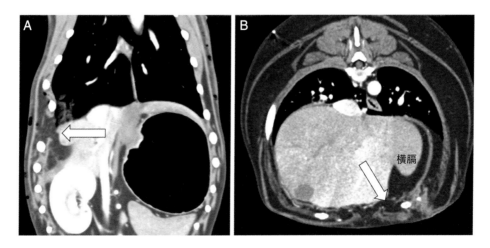

图 21.9　犬创伤性横膈破裂

A. 咬伤导致肋部横膈破裂（箭头）犬的冠状面 MPR 图像。B. 钝伤导致胸骨部横膈破裂犬的横断面。

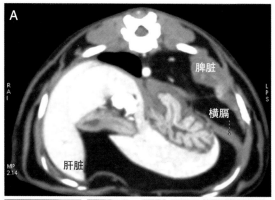

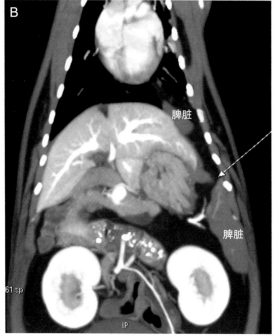

图 21.10　A、B. 钝伤导致猫横膈破裂（箭头），伴发脾脏向胸腔内移位

（如喉部、气管和食道）破裂是纵隔积气最常见的病因。咽喉、气管和食道损伤通常由内窥镜确诊，但常在使用 MDCT 评估多发性创伤时被首先发现（图 21.5、图 21.8 和图 21.12）。在颈部创伤病例（临床评估确定）中，游离气体可沿着颈部气道和血管结构进入纵隔。

颈段和胸段食道损伤罕见。食道破裂可通过碘造影剂泄漏至纵隔来确诊（使用弹性饲管进行造影）。使用 MDCT 评估气管创伤具有一定难度。气管线性创伤通常与气管环垂直。横断面、薄层多平面重建、虚拟内窥镜及其他容积重建 3D 技术有助于评估破裂点。最小密度投影（MinIP）有助于确定气管损伤处周围泄露的气体。据报道，猫较犬更常见气管撕裂，由头颈部快速地过度伸展所致。气管撕裂更常发生于胸段。气管撕裂病例中，气体不断通过撕裂的气管进入筋膜面，导致皮下气体积聚（皮下气肿）。当撕裂累及支气管时（气管支气管撕裂），将同时出现气胸（图 21.8、图 21.13 和图 21.14）。肺部损伤引起肺泡撕裂可导致纵隔积气。破裂肺泡中的气体随间质分布至纵隔。据笔者的经验，这种情况比气管支气管破裂和食道破裂更常见。纵隔积气病例的 CT 图像中可观察到条纹样气体伴行在支气管血管束周围或平行于支气管血管束（更详细的描述请参考第 13 章）。

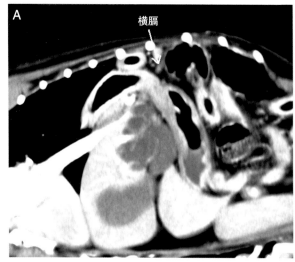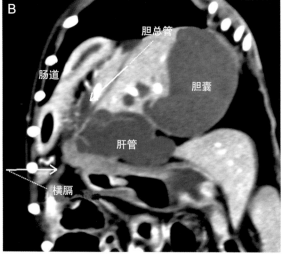

图 21.11　数月前创伤史导致慢性横膈破裂的小鹿犬

A. 旁矢状面可见较小的横膈破裂口，十二指肠、胆总管及胰体进入胸腔，注意绞窄导致的胆囊和肝管扩张。B. 冠状面。

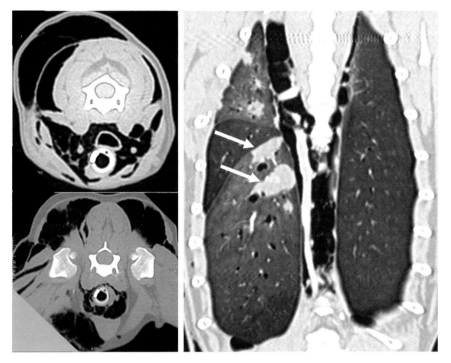

图 21.12　犬创伤，气体沿颈部气道和血管结构进入纵隔。冠状面多平面重建图像，箭头指示严重胸部创伤导致的肺实变（挫伤、出血）

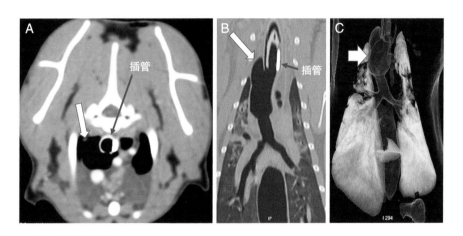

图 21.13　钝伤导致胸段气管撕裂的猫

A. 横断面显示气管周围的游离气体。B、C. 冠状面多平面重建图像和容积重建图像显示气管轮廓不连续（箭头）。

累及心脏及大血管的纵隔损伤是罕见但严重的并发症，可能出现心包积液、心肌挫伤、动静脉撕裂伴纵隔积血或胸腔积血。

3.3 肺实质损伤

肺挫伤是小动物胸腔钝伤后最常见的损伤。其最主要的机制是撞击点肺实质的压迫和撕裂，这导致局部肺泡毛细血管损伤，虽然无显著性实质损伤但会造成肺泡塌陷和肺实变。这种损伤在创伤时即出现，但可能在创伤后几小时内无法通过胸部 X 线片诊断，并在 1 ~ 2 天后加重。CT 对于肺挫伤很敏感，可在创伤后快速诊断。此外 CT 还能对肺挫伤进行定量评估，这有助于后续治疗方案的制订。创伤后立即进行的 CT 扫描，其后续病程的发展应被纳入考量。MDCT 图像中肺挫伤呈磨玻璃样衰减值升高，通常位于撞击点周围（也可能出现对冲性损伤），这意味着损伤局限于肺泡间质。大部分严重损伤会导致肺实变，未填充血液的细支气管呈空气支气管征（图 21.5、图 21.12 和图 21.15）。高能量创伤中，肺挫伤可在肺撕裂伤周围出现。

肺撕裂伤是由比肺挫伤更高能量的钝伤造成

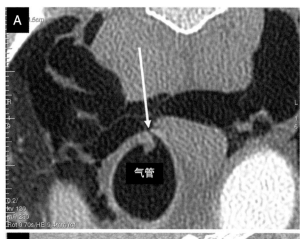

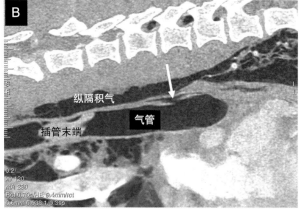

图 21.14　A、B. 近期（7 天前）有钝伤史犬的多平面重建横断面和矢状面，现出现严重呼吸困难。该犬存在气管撕裂导致的纵隔积气（箭头）

的。其原因为肺实质在机械性剪切力或穿孔后出现实质内断面。CT 图像上肺撕裂伤可根据不同损伤机制和撕裂位置进行分类。肋骨贯穿伤会导致肺衰减值升高和肺实变（图 21.5 和图 21.7）。高能量创伤导致的肺实质撕裂伤在 CT 中表现为孤立或多灶性、圆形或椭圆形空腔，这与其他实质性脏器的典型线性表现不同。由于正常肺实质具有弹性回缩力，撕裂周围的肺组织会出现回缩。创伤导致的空腔可能被气体和（或）血液填充（图21.16）。

4. 腹部创伤的 MDCT

对于血流动力学稳定的创伤动物，MDCT 是一种极佳的腹部成像方式。它可以提供解剖学和生理学信息，为腹部创伤选择适当的管理方案，并筛选出需要紧急手术治疗的病例。钝性的胸部创伤，也可能因压迫和制动导致腹部损伤。其他可能的创伤机制包括贯穿伤和高处坠落（猫中常见）。创伤机制会影响各脏器发生损伤的可能性。腹膜腔、腹膜后腔、横膈、实质组织均可能在钝伤或贯穿伤中被累及。

4.1 腹腔积液

应使用软组织窗来初步评估腹腔积液情况。积液可能不易被立即发现，这种情况下腹腔重力

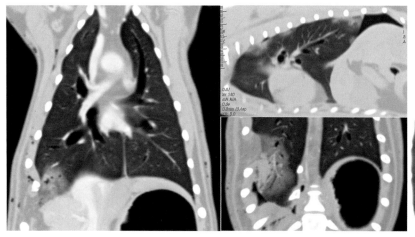

图 21.15　肺挫伤，撞击点下方呈磨玻璃样衰减值升高增强和肺实变（同时存在气胸）

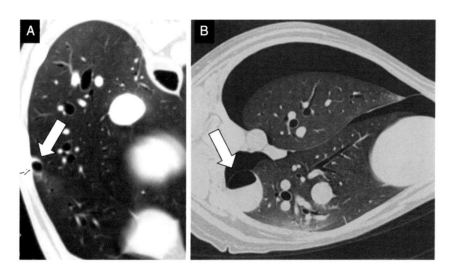

图 21.16　犬的肺撕裂伤

A. 钝伤犬的横断面，箭头提示一处胸膜下肺撕裂伤，周围肺实质衰减值升高。B. 清醒状态下右侧卧病例的横断面（快速模式），箭头提示一处被血液部分填充的巨大肺撕裂伤（气 - 液交界）。

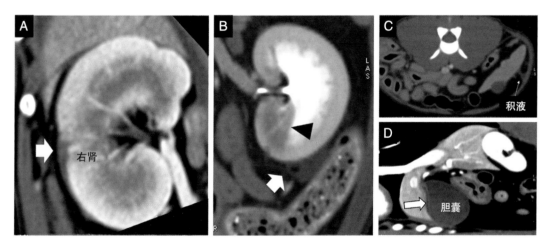

图 21.17　A. 创伤犬的右肾被膜下少量积液。B. 创伤犬的腹膜后腔少量积液（箭头），注意肾脏梗死区（无尾箭头）。C. 创伤猫脾脏周围的少量积液，同时存在脾脏被膜下血肿。D. 创伤犬的旁矢状面图像。注意胆囊（GB）周围少量积液

侧需要被全面评估，以检测少量积液。

确定存在腹膜腔或腹膜后腔积液后，需要仔细评估各脏器破裂和活动性出血的可能。创伤后腹腔积液的可能原因包括：实质组织、肠道或肠系膜损伤后出血；肠腔内容物泄漏；胆囊和（或）胆管破裂后胆汁泄漏；膀胱破裂后尿液泄漏。积液所在位置非常有助于确定出血位置。最初的出血会出现在受损脏器周围。因此，仔细评估脏器边缘是否存在积液有助于发现微小撕裂伤（图 21.17 和图 21.18）。肠道损伤时，最初的出血可进入肠祥间隙。无主要脏器损伤证据时，也可能发现少量

游离积液。提示可能存在隐匿性实质微小破裂或肠道损伤，应当在 24～48 小时后复查超声或 CT。肠腔外的腹腔游离气体强烈提示胃肠道穿孔。但不存在游离气体时并不能排除肠壁损伤，这需要仔细评估以免漏诊，尤其是在贯穿伤病例中。

CT 有助于确定大量积液的来源。CT 衰减值可用于鉴别蛋白含量低的积液，如腹水（＜ 15 HU）和腹腔积血（～40 HU）。但是在一些病例中，难以鉴别低衰减积液的来源，如腹水、胆汁或膀胱和尿道泄漏的尿液。肝脏和脾脏周围的积液通常为血液。肾脏周围和腹膜后腔的积液可能为血液

或尿液。延迟相图像有助于识别造影剂是否进入积液，这可能需要几分钟，并取决于破裂的位置和大小（图 21.19 和图 21.20）。在笔者医院，已知或怀疑输尿管 / 膀胱破裂的病例需要进行排泄性 MDCT 尿路造影，以评估尿液收集系统并识别损伤部位。怀疑输尿管 / 膀胱破裂的病例，也可逆行性充盈膀胱，进行 CT 膀胱造影。

在出血点周围可检测到凝结的血液（"哨兵"征），其衰减值较高（40 ~ 70 HU）（图 21.21）。不同时相图像的采集有助于区分活动性静脉出血和活动性动脉出血，这对于钝伤的治疗很重要。在放射学文献中，活动性动脉出血被定义为动脉相出现血管外高衰减区，其衰减值近似于或高于主动脉。门静脉相和延迟相中，活动性动脉出血的范围会增大，且始终高于主动脉的衰减值。

排除动脉相出血的可能后，门静脉相或更晚

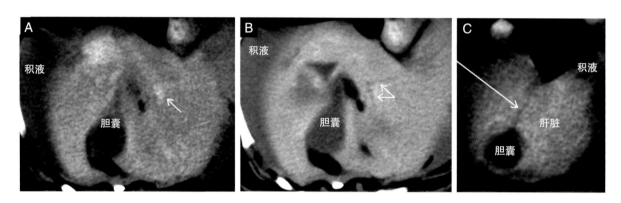

图 21.18　肝脏创伤及腹腔积血（液体）犬的平扫图像

A. 横断面显示小的高衰减区（出血）。B、C. 另外两只犬的横断面显示实质内低衰减线，提示肝脏撕裂伤。

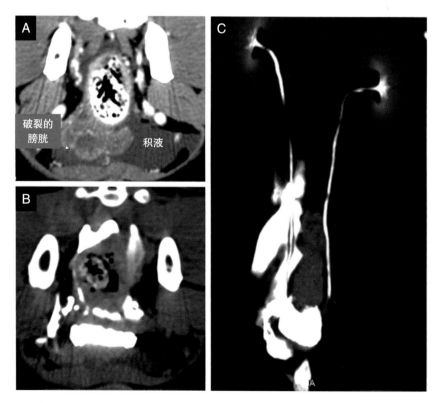

图 21.19　钝伤导致膀胱破裂的犬

A. 注意膀胱壁的细小撕裂伤及膀胱周围的积液（尿腹）。B. 同水平排泄相图像，注意骨盆腔内的游离造影剂。C. 排泄相最大密度投影（MIP）冠状面，提示造影剂从膀胱向腹膜后腔泄漏。

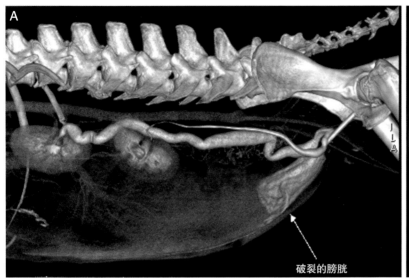
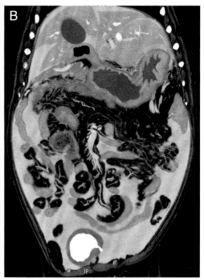

图 21.20　犬膀胱破裂和尿腹

A. 排泄相容积重建图像显示破裂的膀胱，注意右侧输尿管扩张。B. 膀胱残留部分壁增厚，造影剂由膀胱向腹腔泄漏（尿腹）。

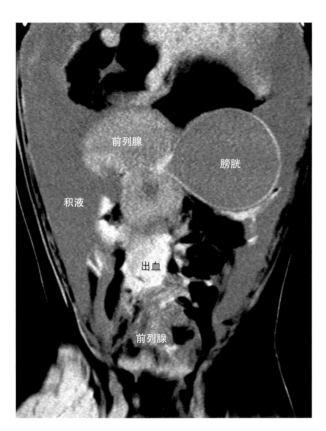

图 21.21　犬严重骨盆创伤，后腹部的冠状面多平面重建平扫图像。前列腺和前列腺段尿道破裂并向头侧移位，伴活动性出血（血液）和尿腹（液体）

时相中出现的血管外高衰减区通常来源于静脉。在严重创伤同时累及动静脉时，两种征象可能同时出现。除非破裂的血管较易确认，否则单时相

扫描无法有效鉴别这两种出血类型。确定创伤病例的活动性出血至关重要，因为其涉及血管或重要实质组织的损伤。因此在初步评估怀疑有活动性出血时［存在腹腔积液和（或）"哨兵"征］，应进行增强扫描寻找出血点。在笔者医院，通常使用包括动脉相和门静脉相的多相扫描协议，对血流动力学稳定的病例进行扫描，以便于区分出血类型（动脉出血或静脉出血），并评估出血处于稳定期还是活动期。出血的活动期表现为造影剂在血管相喷射进入周围血肿（扫描时间是确诊的关键）。延迟相中血肿体积增大和（或）衰减值升高，有助于确定存在出血。

4.2 腹壁及实质组织损伤

大型犬与小型犬互动时发生贯穿伤，造成腹壁创伤的情况很容易诊断。发生腹部贯穿伤时，MDCT 的作用体现在识别腹内损伤，尤其是肠道和肠系膜的损伤。当出现肠壁增厚、肠道异常增强、肠系膜渗出、"条索征"或血肿的征象时应进行开腹探查（图 21.1 和图 21.22）。此外肠道和肠系膜脂肪还可能通过腹壁缺口疝出，存在梗阻和绞窄的风险。

钝伤和贯穿伤可造成腹腔内重要实质器官的

损伤。MDCT 可以轻易识别实质组织损伤的直接和间接征象，同时排除如胰腺和肠道的手术损伤。实质脏器的损伤最常影响肝脏和脾脏。脾脏损伤的直接 CT 征象包括实质内或被膜下的血肿和累及被膜的撕裂伤（断裂）。这些损伤表现为低衰减线性或腔隙性病灶，在增强扫描中更易识别（图 21.23）。

肝脏挫伤的 MDCT 增强扫描征象为正常增强的肝实质中出现边界不清的低衰减区。肝脏撕裂伤表现为正常增强的肝实质中边界清晰的线性低衰减病灶，通常为分叉状。这些病变通常伴发不同程度的腹腔积血，积血的程度取决于肝实质内病灶的数量和位置。严重的肝脏创伤可能导致胆汁泄漏，表现为低衰减游离液体积聚且衰减值等同于胆囊内胆汁（图 21.18 和图 21.24）。

MDCT 可以准确描述犬猫的肾脏损伤。如前文所述，在笔者医院疑似泌尿系统创伤的病例会进行多相扫描，包括延迟相以评估集合系统。在

动脉相（皮质髓质相），MDCT 可识别肾脏挫伤和撕裂伤。挫伤表现为肾脏实质内边界不清的低衰减区。撕裂伤则为实质内线性低衰减裂痕伴肾周积血或被膜下血肿。肾两极可见由小动脉拉伸或血栓形成的局部肾梗死灶（图 21.17 和图 21.25）。尿液泄漏表现为平扫或增强早期（动脉相）腹膜后腔或腹腔内存在低衰减液区（取决于破裂位置），延迟相显示造影剂从受损的集合系统中泄漏。

兽医文献中总结了 MDCT 在骨盆创伤病例中的优势，主要表现在可为复杂性骨盆骨折提供详细的信息。根据笔者的经验，MDCT 也有助于评估犬猫钝伤后骨盆内结构和软组织的损伤情况。64 排及以上排数的 CT 扫描速度快，可以定制复杂的多相扫描。骨盆和腹主髂动脉 CTA 合并为单次综合扫描，以便于同时评估骨骼、肌肉、血管和骨盆内结构（如膀胱、前列腺和尿道）（图 21.26）。

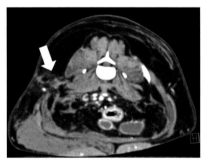
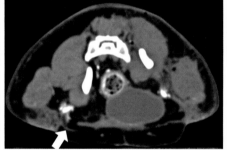
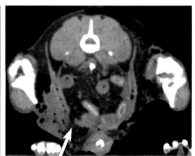

图 21.22　创伤性腹壁撕裂伤示例（箭头）

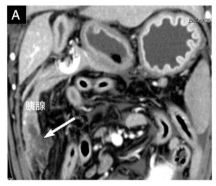
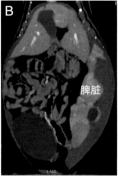
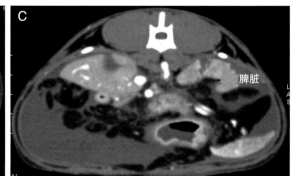

图 21.23　A. 腹部严重钝伤犬的冠状面多平面重建图像，箭头指示胰腺右叶破裂。B. 创伤猫的腹部冠状面多平面重建图像，脾脏破裂伴周围积液（腹腔积血）。C. 创伤犬的横断面，肝脏和脾脏破裂后大量腹腔积血

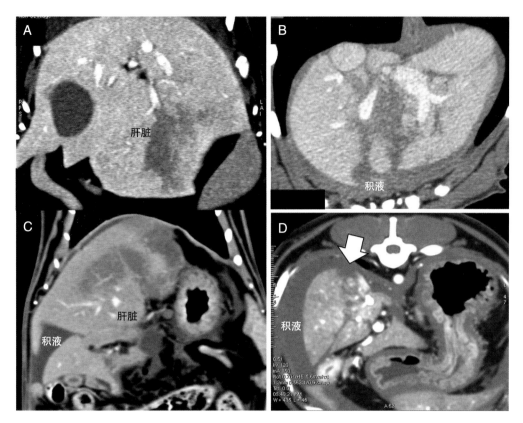

图 21.24　A、B. 犬钝伤后肝脏挫伤。注意肝实质内低衰减区和肝周积液（腹腔积血）。C. 创伤后胆汁性腹膜炎的猫。D. 犬严重腹部创伤，肝脏撕裂（箭头）和肝周积液（腹腔积血）

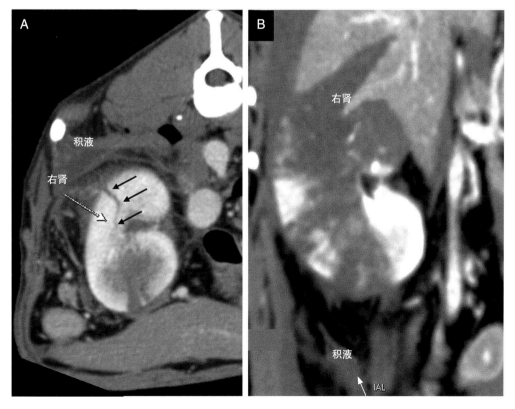

图 21.25　A. 犬钝伤的腹部横断面。右肾实质内细的低衰减线（箭头），提示肾脏撕裂伤，注意右肾腹侧 2 处楔形低衰减梗死灶。B. 注意腹膜后腔内肾周积液（箭头）

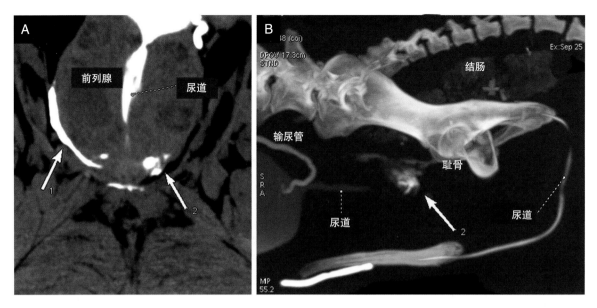

图 21.26 犬严重骨盆创伤，前列腺段尿道破裂

A. 排泄相骨盆冠状面 MPR 图像，前列腺段尿道部分增强，前列腺周围少量游离造影剂（箭头）。B. 同时期最大密度投影图像，显示尿道中断伴造影剂泄漏。

参考文献

[1] Fields EL, Robertson ID, Brown JC Jr. Optimization of contrast-enhanced multidetector abdominal computed tomography in sedated canine patients. Vet Radiol Ultrasound. 2012; 53(5): 507–12. doi:10.1111/j.1740–8261.2012.01950.x.

[2] Hoffberg JE, Koenigshof AM, Guiot LP. Retrospective evaluation of concurrent intra–abdominal injuries in dogs with traumatic pelvic fractures: 83 cases (2008–2013). J Vet Emerg Crit Care (San Antonio). 2016; 26(2):288–94. doi:10.1111/vec.12430. Epub 2016 Jan 11.

[3] Liang T, McLaughlin P, Arepalli CD, Louis LJ, Bilawich AM, Mayo J, Nicolaou S. Dual–source CT in blunt trauma patients: elimination of diaphragmatic motion using high–pitch spiral technique. Emerg Radiol 2016; 23(2):127–32. doi:10.1007/s10140–015–1365–y. Epub 2015 Dec 4.

[4] Nishino M, Kubo T, Kataoka ML, Raptopoulos V, Hatabu H. Coronal reformations of the chest on 64–row multi–detector row CT: evaluation of image quality in comparison with 16–, 8– and 4–row multi–detector row CT. Eur J Radiol. 2006; 59(2):231–7. Epub 2006 Mar 29.

[5] Oliveira CR, Mitchell MA, O'Brien RT. Thoracic computed tomography in feline patients without use of chemical restraint. Vet Radiol Ultrasound. 2011; 52(4):368–76. doi:10.1111/j.1740–261. 2011.01814.x.

[6] Ricciardi M. Usefulness of multidetector computed tomography in the evaluation of spinal neuromusculoskeletal injuries. Vet Comp Orthop Traumatol. 2016; 29(1):1–13. doi:10.3415/VCOT–15–05–0082.

[7] Shanaman MM, Hartman SK, O'Brien RT. Feasibility for using dual–phase contrast–enhanced multi–detector helical computed tomography to evaluate awake and sedated dogs with acute abdominal signs. Vet Radiol Ultrasound. 2012; 53(6):605–12. doi:10.1111/j.1740–8261. 2012.01973.x.

[8] Specchi S, Auriemma E, Morabito S, Ferri F, Zini E, Piola V, Pey P, Rossi F. Evaluation of the computed tomographic "sentinel clot sign" to identify bleeding abdominal organs in dogs with hemoabdomen. Vet Radiol Ultrasound. 2016. doi:10.1111/vru.12439. Epub ahead of print.

[9] Stieger–Vanegas SM, Senthirajah SK, Nemanic S, Baltzer W, Warnock J, Bobe G. Evaluation of the diagnostic accuracy of four–view radiography and conventional computed tomography analysing sacral and pelvic fractures in dogs. Vet Comp Orthop Traumatol. 2015a; 28(3): 155–63. doi:10.3415/VCOT–14–06–0096.

[10] Stieger–Vanegas SM, Senthirajah SK, Nemanic S, Baltzer W, Warnock J, Hollars K, Lee SS, Bobe G. Evaluation of the diagnostic accuracy of conventional 2–dimensional and 3–dimensional computed tomography for assessing canine sacral and pelvic fractures by radiologists, orthopedic surgeons, and veterinary medical students. Vet Surg. 2015b; 44(6):694–703. doi:10.1111/j.1532–950X.2014.12313.x.

索　　引

A

癌症浸润性肺转移 189
奥迪括约肌 82, 89, 90

B

巴德基亚里样综合征 43
靶血管区域 34
瓣膜发育不良 249
瓣膜上型 181
瓣膜下型 181
瓣膜型 181
闭合性气胸 229, 230, 280
壁胸膜 229, 236, 237
扁桃体鳞状细胞癌 220, 221
标准延迟技术 60
表面阴影显示 16
丙泊酚 93
病理性被动性肺不张 193
布加综合征 77

C

材料标记法 12-14
材料分解法 12-14
采集积液 278
成离肝性门体侧支旁路 56
持久性右主动脉弓 172, 249, 250
持久性左前腔静脉 172-174
充血性心力衰竭 230, 250
充盈缺损 37, 41, 56, 172, 180, 183, 243, 246, 247, 263
重复性囊肿 227
出血性中风 263
传染性腹膜炎 152, 153
创伤性血管损伤 35
床速 3, 28, 34
垂体卒中 257, 258, 263
垂体依赖性肾上腺皮质功能亢进 257, 258
促肾上腺皮质激素 257
促肾上腺皮质激素非依赖性肾上腺皮质功能亢进 257
促肾上腺皮质激素依赖性肾上腺皮质功能亢进 257

D

大脑动脉梗阻 263
大疱性肺气肿 197
代偿机制 56
单侧肾不发育 136, 138
胆管癌 68, 72
胆管积气 88, 90, 91
胆管结石 82-84, 91
胆管局灶性炎症 83
胆管扩张 61, 66, 83-89, 128

胆管囊腺瘤 67, 85
胆管树 82-84, 86, 89
胆囊壁游离 90
胆囊肠瘘 90
胆囊动脉血栓 83
胆囊发育不全 89, 90
胆囊结石 83
胆囊静脉曲张 52
胆囊黏液囊肿 84, 85, 90, 262
胆囊破裂 85, 90, 153, 262
胆泥 83, 85, 86, 90
胆石症 83, 90, 91
胆汁瘤 91, 153
胆汁淤积 84, 86
胆总管囊肿 89
低流量异常门静脉连接 49
低千伏成像 8
低血管化 124, 129, 132, 133
低血管化结节 129
低血管性结节 71, 74
碘矢量 12
动静脉畸形 35, 48, 60
动静脉瘘 35, 36, 62, 76, 77
动脉出血 35, 278, 286, 287
动脉导管未闭 239, 248, 255
动脉门静脉瘘 47, 48, 60, 62
动脉栓塞 70, 73, 181, 229
动脉阻塞 98
动态心肌灌注 6, 8
窦后性门静脉高压 43
对比度噪声比 8
钝伤 276, 281, 285, 287, 288
钝性创伤 85, 90, 95, 163, 212, 230, 233
多囊肾 68, 89, 128, 131, 142, 144, 145
多排计算机断层扫描血管造影 21
多脾综合征 46

E

恶性血管侵袭 95
恶性血栓 41, 43
恶性组织细胞增多症 68

F

法洛四联症 249
反应性脾脏疾病 95
房间隔缺损 249
非创伤性胆管破裂 83
非寄生性感染 230
非气道侧支血管 170
非侵入式断层成像 4

肺动脉栓塞 181
肺动脉狭窄 181, 182, 249, 250, 255
肺灌注 186, 198, 199, 200, 263
肺活检 187
肺间质 186, 188, 189, 212
肺结节 7, 186–189, 191
肺泡粘连 194
肺泡破裂 210, 212
肺气肿 186, 187, 195, 197, 198, 199, 204, 205
肺闪烁扫描 199
肺实变 187, 189, 192–195, 232, 279, 283, 284
肺实质损伤 210, 279, 283
肺血管造影 179
肺循环血管 168
肺亚段动脉 170
肺炎 173, 190, 192, 199, 201, 207, 211, 212, 232
肺叶 168, 191, 198, 230, 232, 233, 236, 240, 249, 279
肺叶扭转 204, 230, 233
肺脏撕裂 280
肺肿瘤 98, 186, 199, 200, 204, 236
肺转移 188–190, 199, 257
分体滤波器 10
蜂窝织炎 157–159, 224
复发性胃扩张 225
复杂性骨盆骨折 288
副脾 93
副神经节瘤 158, 159, 218, 222, 224
副叶静脉 181
腹壁静脉曲张 52
腹壁疝 159, 164
腹部动脉 31, 34
腹部贯穿伤 287
腹部淋巴管 80
腹部血管 7, 28, 31, 33, 34, 38, 73, 78, 79
腹股沟疝 163–166
腹股沟斜疝 165, 166
腹股沟直疝 165
腹膜后间隙积气 109, 111
腹膜后腔积液 142, 156, 158, 161, 262, 285
腹膜后腔肿瘤 157–161
腹膜心包疝 163–165
腹膜炎 90, 111, 130, 152–156, 163, 262, 289
腹膜褶皱 152
腹内疝 163, 165, 166
腹腔 90, 154, 165, 238, 276, 281, 284–289
腹腔动脉 31, 32, 36, 94, 123, 169
腹腔积血 285, 286, 288, 289
腹腔积液 153, 154, 156, 157, 215, 284, 285, 287
腹水 43, 78, 80, 86, 88, 154, 156, 218, 219, 285
腹主动脉 23, 31, 32, 35, 36, 61, 159, 260
腹主髂动脉 288

G

肝动脉 36, 56, 59, 83, 95, 105, 123, 127, 154
肝动脉缓冲反应 64
肝动脉相 24, 60, 62, 65, 83, 95, 105, 106, 124
肝窦 46, 56, 75

肝管梗阻 85
肝活检 48
肝静脉血栓 41, 262
肝淋巴结充血 80
肝门淋巴结 67, 123, 126, 127
肝囊肿 61, 68, 89, 131
肝囊肿综合征 89
肝内胆管扩张 66, 89
肝内门静脉壁 59
肝内门体分流 49, 51
肝扭转 74, 153
肝外门体分流 46, 49, 51
肝细胞癌 67, 70–73
肝细胞腺瘤 67
肝纤维化 65, 76, 80, 88
肝硬化 66, 76–80, 88
肝右静脉 32
肝脏淀粉样变性 67
肝脏灌注 47, 56, 62–65, 77, 86, 88, 103, 157
肝脏灌注异常 65, 103
肝脏灌注障碍 47, 77, 86, 88
肝脏浸润性疾病 67
肝脏局灶性病变 67, 70, 71
肝脏脂肪变性 60, 62, 63, 67, 69
肝中静脉 32
肝肿大 66, 67, 87, 89, 218, 219, 262
肝左静脉 32
肛囊腺癌 159, 188, 215
高胆固醇血症 84, 262
高分辨率 CT 185, 210
高回声内容物 84
高流量异常门静脉连接 47
高螺距扫描模式 7
高凝状态 55, 98, 99, 141, 181, 262, 263
高频滤波函数 179
高衰减积液 278
高衰减区 35, 192, 200, 286, 287
高衰减物质 108, 109
高脂血症 84, 262
膈动脉 31
膈腹静脉 41, 43, 55, 80, 259, 260, 261
膈肌 31, 230, 239, 260
膈疝 85, 163, 230, 233, 239, 240
膈下动脉 170
功能性甲状腺功能减退 267
孤立性团块 129
骨化生 188, 189
骨软骨发育不良 225
骨软骨瘤 225
骨髓增殖性疾病 55
骨肿瘤 238
鼓室丛 222
鼓室副神经节瘤 222
固定阵列探测器 2
冠状窦 173, 174
光电效应 8, 9, 12
过度通气 197, 279

H

横膈　7, 51, 169, 209, 226, 236, 276, 279–282, 284
横膈功能障碍　239
横膈破裂　239, 276, 281, 282
横纹肌肉瘤　147
喉麻痹　202, 225
喉塌陷　203
后肠系膜动脉　31, 32, 38
后腔静脉　31, 47, 64, 162, 182, 202, 215, 252, 257, 260, 261
后腔静脉重复畸形　39, 51
后腔静脉梗阻　43, 45, 49
后腔静脉瘤　39, 40, 42
后腔静脉阻塞　168
呼吸道黏膜　202
呼吸伪影　179, 186, 253
滑动性食道裂孔疝　225
化疗栓塞　70, 229
化脓性肉芽肿性膀胱炎　150
化学感受器瘤　224, 251, 253
坏死性胆囊炎　83, 85, 90
获得性肺气肿　197
获得性门静脉侧支　35, 46, 47, 52, 54, 88
获得性肾萎缩　136
获得性血管异常　43, 46
腘淋巴结　233, 234

J

肌骨损伤　276
机械通气　186, 194, 198, 212, 229, 278, 280
机械性梗阻　112, 113, 117
急性腹膜炎　154
急性呼吸窘迫综合征　194
急性肾梗死　141, 142
急性肾盂肾炎　142
急性胰腺炎　128, 129
集成电子探测器　2
计算机断层扫描　5, 6, 1, 21, 229, 241
计算机断层扫描血管造影　21, 241
继发性腹膜后腔肿瘤　159
继发性凝血功能障碍　230
继发性心房扩张　249
继发性右心室肥厚　249
继发性左心室肥厚　249
寄生虫移行　232
甲状腺大肿瘤　204
甲状腺功能减退　225, 266, 267
甲状腺功能亢进　267, 269
甲状腺静脉　175
甲状腺肿物矿化　210
假囊性病变　267
假性肠梗阻　113
假性动脉瘤　35, 37
间充质软骨肉瘤　158
间皮瘤　154, 156, 230, 234–236
间质积气　211, 212
间质细胞　68
间质性肺气肿　198, 199
浆细胞瘤　68, 119

K

开放性气胸　229, 230, 280
开胸术　234
康普顿散射分量　12
空肠淋巴结　123
空气滞留　186, 187, 194, 197, 202
口咽肿瘤　220
库兴综合征　215
矿化微结节　188
矿化灶　200, 201

L

肋骨骨折　277–280
肋间动脉　168, 169, 170, 171
肋胸膜　229
类癌　68, 71, 119
类固醇性肝病　65, 67, 69, 257, 258, 262
连枷胸　279
裂孔疝　163, 225, 226, 227, 240
淋巴管　64, 65, 79, 80, 123, 152, 198, 219, 233, 234
淋巴回流障碍　233
淋巴结病　102, 201, 224, 267
淋巴细胞性甲状腺炎　267
淋巴细胞性胰腺炎　126
淋巴组织增生　95
漏出液　230
颅内出血　263
卵黄静脉　46, 47, 51
螺距　3–5, 7, 28, 179, 243, 252, 253, 276–278
螺旋扫描　2, 169, 179, 186, 276, 277

结节性再生性增生　71
结节增生　74, 100, 267
浸润性血液肿瘤　98
浸润性肿瘤　67, 159
经导管血管栓塞术　48
颈段气管　202, 209
颈静脉副神经节瘤　222
颈静脉球　222
颈总动脉　170, 266
静脉出血　35, 286, 287
静脉窦　173, 248
静脉梗死　98
静脉旁路　39, 43, 176
静脉淤血　249
静态调强　186
局限性腹膜炎　90
局灶性胆囊缺损　90
局灶性肝脏疾病　59, 66
局灶性食道狭窄　249
局灶性支气管扩张　196
巨瘤综合征　263
巨食道　173, 174, 218, 225

M

麦克林效应　210, 212
慢性胆囊破裂　90
慢性肺栓塞　198, 207
慢性肝病　47, 65, 76

慢性积液 233
慢性猫哮喘 207
慢性门静脉阻塞 66, 88
慢性尿路梗阻 147
慢性前腔静脉压迫 175, 217
慢性血栓 170
慢性胰腺炎 126–128, 131
慢性支气管炎 207
门静脉侧支循环 56, 57, 77
门静脉发育不良 35
门静脉发育不全 40, 46, 51, 59
门静脉分流 40, 46, 56, 59, 65, 66
门静脉高压 43, 46–48, 51, 56, 88, 90, 175, 176, 213, 218
门静脉海绵样变 56, 88
门静脉间质 59
门静脉瘤 47, 51
门静脉瘤破裂 47
门静脉旁路 43
门静脉狭窄 46, 54, 77
门静脉纤维化 46, 88
门脉系统侧支血管网 76
弥漫性肝实质疾病 66, 67
弥漫性肝纤维化 65
弥漫性肝脏非肿瘤疾病 67
弥漫性甲状腺炎 266
弥漫性实质疾病 65
弥漫性脂肪增多症 215
弥散性血管内凝血 98
泌尿系统 7, 134, 135, 136, 288
免疫介导1性溶血性贫血
免疫介导性疾病 125
免疫缺陷 205
模数转换器 1

N

囊性空腔 195, 200
囊样肺气肿 197, 204, 205
内分泌系统 8, 224, 257
内分泌肿瘤 160, 273, 275
内脏反位 46
尿道结石 140
尿石症 134, 140
尿酸单钠 13
凝血功能障碍 230
脓胸 230, 231, 232, 233, 234

P

膀胱结石 140
膀胱破裂 285–287
胚胎层组织 158
皮肤钙质沉积 260, 261
皮下气肿 209, 210, 211, 212, 280–282
皮下血管肉瘤 238
皮质类固醇暴露 98
脾动脉 31, 76, 93, 94–96, 98, 99, 123, 154
脾膈静脉分流 52
脾梗死 94, 95, 96, 98, 99, 100
脾静脉血栓 95, 96, 98, 99
脾淋巴结 93, 94, 123, 127

脾扭转 95, 98, 99, 100
脾实质 62, 93, 94, 95, 98, 100, 103
脾脏 7, 33, 71, 75, 93–102, 146, 153, 157, 166, 189, 274, 282
脾脏充血 93
脾脏淋巴瘤 102
脾脏扭转 93, 154
脾脏髓外造血 95, 96
脾肿瘤 98
平衡相 24, 61, 62
平滑肌瘤 118, 119, 150, 166, 225, 227
平滑肌肉瘤 100, 105, 118, 119, 147, 227
平面内时间分辨率 3

Q

气道塌陷 202
气道狭窄 203
气管插管 209
气管发育不良 202
气管环 202, 260, 282
气管食道静脉 175
气管支气管淋巴结 192, 200, 226
气管支气管撕裂 282
气体交换 168, 170, 186
气压伤 212, 213
气肿性胆囊炎 86
髂动脉 8, 22, 24, 31, 34, 36–38, 288
髂内淋巴结 234
前肠系膜动脉 31, 32, 36
前肠系膜静脉 33, 45, 47, 53, 123
前腹部 82, 91, 123, 168, 170, 261
前腔静脉梗阻 52, 175, 176, 177, 213
前腔静脉慢性梗阻 216
前腔静脉综合征 77, 79, 177, 218
腔静脉侧支旁路 43
腔静脉 – 门静脉侧支 39, 49
腔内成像 29, 118, 203
腔性病变 232
球管热容量 257
球囊扩张术 181
区域性肺不张 194
曲面多平面重建 16, 83
全层活检 105
全能性初级胚胎细胞 158
颧部黏液囊肿 222

R

容积重建技术 17
容积覆盖率 3, 34
肉芽肿性腹膜炎 154, 155, 163
乳糜池 152
乳糜胸 177, 194, 226, 231, 233, 234
乳头肌 243–245
乳头状瘤 150
乳腺癌 73, 188, 189, 199, 237
软骨瘤 225, 238
软骨肉瘤 158, 222, 225, 238
软组织窗 17, 180, 243, 278, 284
软组织肉瘤 196, 238
软组织矢量 12

软组织炎症　232

S

鳃裂囊肿　213
三尖瓣　245, 249, 250
三维　15, 21, 28, 29, 31, 70, 104, 276
深层旁路　43, 45
神经内分泌癌　68, 99
肾发育不良　138
肾发育不全　136-139
肾梗死　141, 142, 143, 288
肾功能衰竭　98
肾母细胞瘤　144
肾上腺动脉　31
肾上腺分泌性肿瘤　257
肾上腺皮质肿瘤　257, 259
肾上腺外副神经节瘤　158, 224
肾上腺外副神经节组织　222
肾上腺肿瘤　41, 43, 159, 160, 260, 262
肾脏挫伤　288
肾脏集合系统　134, 135
肾脏淋巴瘤　144
肾脏肿瘤　144, 159
肾肿瘤　41, 144
渗出液　230, 234, 235
十二指肠肠系膜　123
十二指肠静脉曲张　52
十二指肠淋巴结　123, 274
十二指肠黏膜缺损　105
实体结节性病灶　196
食道穿孔　232
食道创伤　225
食道静脉丛　170, 175
食道静脉曲张　52, 54, 55, 175, 213
食道裂孔疝　163, 225, 226, 227
食道囊肿　213, 227
食道旁静脉曲张　55, 79, 80, 175, 176
食道旁疝　227
食道损伤　210, 280, 282
食道狭窄　173, 249
室间隔缺损　249
嗜铬细胞瘤　71
收缩末期　243, 245, 246
收缩末期心室间壁厚度　245
收缩末期左心室内径　245
收缩末期左心室游离壁厚度　245
输尿管囊肿　138, 139
双相注射　25, 34, 169
髓脂肪瘤　100
锁骨下动脉　170, 172-174, 213, 271

T

弹簧圈栓塞术　50
糖尿病　63, 129
糖皮质激素　62, 263
特发性肺纤维化　189, 195
特发性乳糜胸　233, 234
特发性腺体组织萎缩　267
体素　12, 13, 28, 29, 118, 213, 258, 259, 277

体循环血管　51, 168, 170, 175, 229
条纹伪影　27, 180, 210, 218, 253
图片存档和通信系统　15
团注试验　23, 24, 26, 29, 34, 60, 125, 169, 170, 180, 241
团注追踪技术　23, 34, 125, 135, 169, 170, 180
唾液腺恶性肿瘤　222
唾液腺囊肿　222
唾液腺黏液囊肿　222, 223
唾液腺脓肿　222
唾液腺涎石　222
唾液腺炎　222

W

外生软骨瘤　225
外源性压迫　54, 225
外源性肿瘤压迫　46
外周神经肿瘤　238
完全性肺不张　193
网膜静脉曲张　52
胃癌　106, 113, 118
胃肠道出血　88, 104, 108
胃肠道穿孔　109, 285
胃肠道梗阻　104, 109, 112, 113, 154
胃膈静脉曲张　52
胃泌素瘤　108, 273, 275
胃十二指肠静脉　33, 47, 123
胃十二指肠溃疡　105, 108
胃网膜静脉　33, 94
胃右静脉　33, 44, 51, 53
胃左动脉　31, 32, 36, 154
胃左静脉　33, 44, 46, 47, 51-54, 56, 59, 78, 94, 132
胃左静脉曲张　52, 54, 56
胃左 – 心脏食道分支　52
吻合口胆汁泄漏　91
无菌胆汁性腹膜炎　153

X

息肉性膀胱炎　150
系统性高血压　36, 176
下坡型食道静脉曲张　175
下主动脉弓　170
下主静脉　39, 40
先天性动脉瘤　173
先天性肝动静脉畸形　48
先天性肝纤维化　80, 88
先天性膈膨出　239
先天性门静脉缺如　46, 51
先天性门静脉系统异常　46
先天性门体分流　34, 49, 55, 64
先天性囊肿　213
先天性肾脏异常　136
先天性输尿管畸形　134
先天性血管异常　51, 136, 170
先天性支气管动脉肥大　213
纤维肉瘤　100, 147, 236
心包出血　36
心包积气　210, 212
心包积液　250, 251, 252, 283
心包囊肿　213

心肌挫伤 283
心丝虫感染 183
心脏病 37, 46, 98, 181, 248, 254
性腺动脉 31
胸壁肉瘤 199, 238
胸壁撕裂伤 280
胸壁肿瘤 229, 238
胸廓内动脉 170
胸膜层积液 229
胸膜假性肿瘤 230
胸膜内陷 194
胸膜疱 229
胸腺反弹性增生 215
胸腺淋巴滤泡增生 215
胸腺淋巴样增生 213
胸腺囊肿 213
胸腺增生 215
胸腺脂肪瘤 215
胸腺肿大 213
血凝块 278
血气分析 278
血性血栓 41, 43
血液淋巴肿瘤 68

Y

咽部黏液囊肿 222
腰动脉 31, 35, 38, 161, 168
腰静脉 32, 45
胰十二指肠后静脉 53, 123
胰十二指肠静脉 46, 123, 274
胰腺低血管性肿瘤 124
胰腺动脉 129
胰腺囊肿 128, 131
胰腺内分泌 8, 123, 273, 275
胰腺内分泌肿瘤 273
移行细胞癌 144
异位输尿管 136, 138, 139
硬化性包膜性腹膜炎 154
永久性脾动脉血栓 98
幽门狭窄 111, 112, 113, 130
右后叶肺静脉 181, 182
右后叶静脉 181
右前叶静脉 181
右三房心 250
右肾静脉 40, 41, 42
右锁骨下动脉 170, 172, 173
右心房血管肉瘤 251
右心室流出道 180, 181
右心室收缩末期容积 245
右心室舒张末期容积 245
原发性败血性腹膜炎 152
原发性鼻咽畸形 203
原发性肺动脉高压 248
原发性肺肿瘤 199, 200, 204, 236
原发性肝脏肿瘤 67-70
原发性喉软骨 222

原发性门静脉发育不全 46
原发性气管内肿瘤 225
原发性纤毛运动障碍 205
原发性心脏肿瘤 251
圆形肺不张 194
圆锥旁室间支 246, 247
远端胸段降主动脉 170

Z

张力性气胸 230, 280
张力性纵隔积气 212
支气管肺泡癌 200, 201
支气管肺泡灌洗 187, 190, 191
支气管扩张 188, 196, 204-207, 212
支气管软化 194, 202, 204, 205
支气管食道动脉肥大 170
支气管血管束 168, 189, 282
支气管炎 204, 207
支气管源性肿瘤 199, 200
脂质沉积 60, 62, 63, 67
中间旁路 43, 44
中频滤波函数 179, 180
中央血管室 61
终支 31, 32, 37
肿瘤矿化 257
中风 257, 263, 264
逐层采集模式 2
主动脉瓣狭窄 249
主动脉夹层 5, 36, 37, 175, 176
主动脉缩窄 172
主动脉体肿瘤 158
主动脉血栓栓塞 37
主动脉血栓形成 36, 37
椎间盘脊柱炎 232
子宫肿瘤 144
自发性气胸 195, 196, 197
自发性心包积气 212
自发性纵隔积气 210, 212
自适应阵列探测器 2
自主（副交感）神经系统 222
纵隔减压术 212
纵隔囊肿 213, 214
纵隔胸膜 229
纵隔脂肪瘤 215
足跟效应 6
左肺动脉 171, 181, 183
左冠状动脉 246, 247, 250
左后叶肺静脉 181, 182
左结肠 – 阴部静脉 52
左脾性腺静脉分流 52, 55, 56
左肾静脉 32, 40, 41, 42
左室间隔 246, 247
左位后腔静脉 39, 40
左位腔静脉后输尿管 39
左性腺静脉 32, 41, 54, 55